焊接结构原理
(第2版)

张彦华　编著

北京航空航天大学出版社

内容简介

本教材重点围绕焊接结构的基本原理进行编写，共分 6 章。其中：第 1 章介绍焊接热力过程及分析方法；第 2 章介绍焊接接头质量及评定；第 3 章介绍焊接接头及其强度计算；第 4 章介绍焊接结构断裂分析及控制基本原理；第 5 章介绍焊接接头的疲劳强度及分析方法；第 6 章介绍焊接结构设计及制造。

本教材适合材料成形与控制工程专业高年级本科生以及材料加工工程学科研究生使用，也可供有关科学研究和工程技术人员参考。

图书在版编目(CIP)数据

焊接结构原理 / 张彦华编著. -- 2 版. -- 北京 : 北京航空航天大学出版社，2022.8

ISBN 978-7-5124-3855-2

Ⅰ. ①焊… Ⅱ. ①张… Ⅲ. ①焊接结构—教材 Ⅳ. ①TG403

中国版本图书馆 CIP 数据核字(2022)第 138543 号

焊接结构原理(第 2 版)

张彦华　编著

策划编辑　陈守平　　责任编辑　王　实

*

北京航空航天大学出版社出版发行

北京市海淀区学院路 37 号(邮编 100191)　http://www.buaapress.com.cn

发行部电话:(010)82317024　传真:(010)82328026

读者信箱: goodtextbook@126.com　邮购电话:(010)82316936

北京富资园科技发展有限公司印装　各地书店经销

*

开本:787×1 092　1/16　印张:19　字数:486 千字

2022 年 8 月第 2 版　2022 年 8 月第 1 次印刷　印数:1 000 册

ISBN 978-7-5124-3855-2　定价:58.00 元

第2版前言

随着新材料、新结构与先进焊接工艺的应用，加之极端的作用条件，结构材料的效能越来越接近极限水平，这对焊接结构的可靠性提出了更高的要求。因此，建立与高可靠性要求相匹配的焊接结构技术体系具有重要意义。

先进的焊接制造技术既可以获得优质的结构和高的尺寸精度，又可以满足结构轻量化的要求，同时在焊接结构可靠性方面也产生了新的课题。突出的问题是焊接对材料的热力损伤，这种热力损伤对焊接结构质量产生了影响。焊接结构行为的显著特点可归结为焊接损伤与使役损伤的叠加效应，研究焊接损伤与使役损伤对焊接结构全生命周期结构完整性的影响是发展焊接结构原理的主题。

目前，焊接结构已不再局限于构件通过焊接组成的整体结构，也包括基于焊接的增材制造结构。在基于焊接的金属增材制造过程中同样会产生复杂的应力、变形及缺陷，进而影响工件的结构完整性。经典的焊接结构理论对于认识金属增材制造热力过程及结构性能调控具有重要意义，同时也为焊接结构的研究与应用提供了新的发展空间。

焊接结构原理集中体现了多学科集成的特点，目标是将现代结构完整性分析方法应用于焊接结构的设计、制造、使用和维护等阶段，以保证焊接结构的全寿命周期的安全性、经济性和适用性。焊接结构要素也是产品建模与工艺分析的基础信息，焊接数字化与智能化更需要焊接结构原理的支撑。因此，《焊接结构原理》编写的定位是培养学生集成应用多学科知识解决工程问题的能力。

第2版在经典焊接结构知识体系的基础上，根据焊接结构的焊接质量及结构完整性要求，适当拓展了焊接结构知识边界并加强系统性和科学性。为了强调焊接接头质量及评定对于焊接结构的基础性作用，本版教材将原第1版中第3章的内容扩充后作为本版的第2章，第1版中第2章调整为本版的第3章，其余各章进行了适当修订。对于本书内容的不妥之处，敬请读者不吝赐教，以共同促进焊接结构原理的教学。

作　者

2022年2月

前　言

焊接结构在航空、航天、兵器、舰船及核能等工程装备与结构中得到广泛应用。焊接结构具有减轻质量、提高结构的整体性等优势，现代金属结构正在不断扩大焊接结构的应用范围。

尽管焊接结构具有特定的优势，但是，焊接应力与变形、焊接接头的不均匀性、应力集中以及焊接缺陷等问题都会对焊接结构力学行为产生影响。研究焊接结构行为，发展焊接结构分析方法，是现代焊接结构设计与制造、使用与维护、安全评定、新材料与新结构的应用等方面的重要基础。焊接结构的设计与制造需要以焊接结构基本原理为指导。编写焊接结构原理教材是有关学科人才培养的重要基础，同时也可为工程技术人员系统认识焊接结构行为提供参考。

焊接是一个包括热力耦合、热流耦合、热冶金耦合的复杂过程，焊接热作用贯穿于整个焊接结构的制造过程。焊接热过程具有集中、瞬时的特点，对材料的显微组织状态有很大影响，也使构件产生焊接应力变形。焊接热过程研究是焊接应力与变形分析的重要基础，涉及传热学、弹塑性力学等理论，研究的目的是掌握焊接应力与变形的规律，以便在焊接结构设计和制造中对焊接应力与变形进行控制。

构成焊接结构的可以是大型复杂的工程结构，也可以是微小型连接件。由于焊接接头是焊接结构的关键环节，因此焊接结构研究的重点是焊接接头的力学行为。根据焊接结构的设计、制造和使用要求，焊接结构研究的主要内容包括焊接应力与变形、焊接结构的强度、断裂行为和疲劳性能等问题。

本教材以焊接结构基本原理为核心编写，共分 6 章。其中：第 1 章介绍焊接热力过程及分析方法；第 2 章介绍焊接接头的应力分布及其强度计算；第 3 章介绍焊接结构的不完整性问题；第 4 章介绍焊接结构断裂行为、断裂力学分析方法和断裂控制基本原理；第 5 章介绍焊接结构疲劳强度及分析方法；第 6 章介绍焊接结构设计的基本方法。

本教材是作者在 20 年来从事焊接结构理论教学与学术研究的基础上完成的。在编写过程中参考了大量有关的经典著作和最新研究成果，部分参考文献已列于书末，尚有一些资料未能一一列出，敬请谅解。作者力求使本教材能够适应现代焊接结构教学的需要，但由于作者相关领域的知识和水平有限，书中的内容难免存在疏漏和错误，望读者予以指正。

本教材的编写得到北京市精品教材建设项目的资助。

作　者
2010 年 9 月

目　　录

绪　论

焊接是实现材料精确、可靠、低成本、高效连接的关键技术，是产品设计与工艺创新的手段。研究焊接结构行为及分析方法是现代焊接结构设计与制造、使用与维护及完整性评定等方面的重要基础，有利于促进新材料与新结构的应用。

0.1　焊接结构的应用

焊接结构在航空、航天、交通、能源、化工、建筑等工程装备与结构中得到广泛应用。现代飞机结构正在不断扩大焊接结构的应用范围。钛合金构件的氩弧焊、电子束与激光焊、等离子电弧焊、摩擦焊等先进工艺具有减轻质量、提高结构的整体性等优势。新型战斗机的承力框、带筋壁板采用焊接结构可降低加工制造成本。在高性能发动机制造中，大力发展摩擦焊、扩散焊、电子束焊接技术，积极采用整体结构，以减少零件数量并减轻结构质量，提高航空发动机的推重比。如应用线性摩擦焊（见图 0－1(a)）制造整体叶盘，超塑成形-扩散连接方法制造风扇叶片，从而大大减轻了轮盘的质量。

航天器的发展要求不断采用新材料、新结构和先进的制造技术。焊接是运载火箭与导弹、卫星、航天飞机和空间站等航天结构的主要制造工艺。如采用变极性等离子弧焊焊接铝合金贮箱，比用钨极气体保护电弧焊焊接的质量有所提高，成本有所降低。近年来，搅拌摩擦焊（见图 0－1(b)）受到航天工业的关注并开展了系统的研究与应用开发，现已成功应用于运载火箭推进剂贮箱和航天器壳体制造。

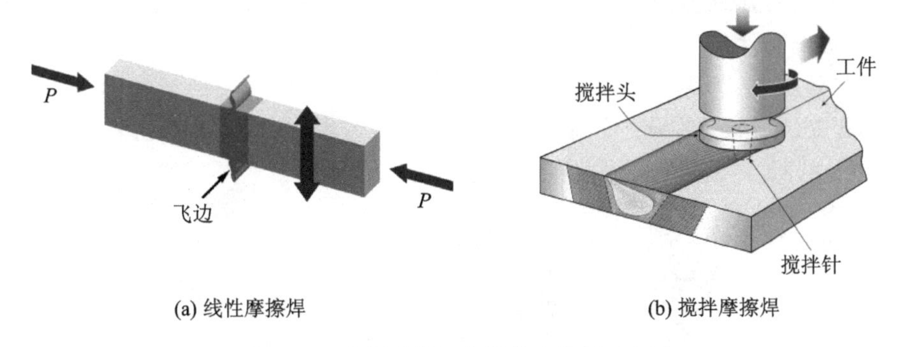

图 0－1　线性摩擦焊与搅拌摩擦焊示意图

在现代造船中，焊接是一项很关键的工艺，它不仅对船舶的建造质量有很大影响，而且对提高生产率、降低成本、缩短造船周期都起着很大作用。焊接工时在整个船体建造中占 30%～40%。船体结构由板材和型材利用焊接方法连接而成。由于焊接是对船体结构的局部加热过程，加热范围小，温度梯度大，致使结构产生复杂的热应力和变形，冷却后就会出现残余应力和变形。热应力和残余应力容易导致构件在焊接过程中或焊后出现开裂；而变形使构件的后续装配工作发生困难，同时也影响外表的美观，降低连接构件的承载能力。因此，焊接应力与变形直接影响船舶结构的连接质量和使用安全，并影响船体建造工作的顺利进行，必须予以重视。

随着石油天然气工业的发展,长距离、大口径、高压力管道已成为石油天然气输送的重要手段,X56～X70 系列管线用高强钢已广泛用于管道建设中, X80、X100 钢级管线也进入应用阶段。在焊接工艺方面,20 世纪 70—90 年代管线的焊接主要以纤维素焊条手工下向焊和半自动 CO_2 焊为主,由于这些方法为手工操作,因此效率低,且焊接质量也受到人工技能水平的制约。近年来,药芯焊丝的自保护半自动焊、表面张力过渡型 CO_2 气体保护焊、管道全位置自动焊以及闪光焊、激光焊都得到发展和应用,大大提高了焊接效率和质量。

为了开采海上油气资源,需要建造海上平台。海上平台是大型焊接结构,工作环境恶劣,对安全性有极高的要求。海上平台应用的日益增多,要求先进的焊接技术来焊接这些应用于极端环境中的工程结构。焊缝的质量和性能是此类工程结构的关键。深海上油气的开采,特别需要发展海上平台焊接结构的完整性评估技术以及安全标准,降低维修要求并提高焊接结构的效益。

核电设备中要求最高的是核反应堆压力容器。它一般由高强度低合金钢锻件焊接而成,锻件厚度通常在 200 mm 以上,长期在高温高压下工作,并承受中子和 γ 射线辐照。核反应堆压力容器内表面均堆焊超低碳不锈钢,压力壳顶盖组合件和筒体的环缝均采用自动埋弧焊。由于壳壁较厚,多层焊时产生的残余应力大,需经多次消除应力热处理。因此,要求核反应堆压力容器所用的高强度低合金钢必须具有良好的焊接性,以避免裂纹的产生,并保证焊缝和热影响区有较好的塑性和低温冲击韧度。对辐照区的焊缝,则要求具有足够的塑性、韧性储备,以确保核反应堆压力容器长期安全可靠地运行。

近年来,基于焊接的增材制造结构在复杂结构和功能性金属部件的快速制造中具有优势。例如,采用激光熔化沉积技术和激光选区熔化技术制造飞机和发动机以及航天器的复杂结构零件,可有效解决钛合金、高温合金等难加工材料的成形问题。同时,可以显著减轻结构质量,节约昂贵的航空材料,降低加工成本。利用电弧热形成焊接熔池并熔化填充金属,冷却凝固获得多道多层全焊缝制件(见图 0-2(a))。与激光和电子束增材制造相比,电弧焊焊接成形的成本较低,生产效率高,适用于大尺寸工件的制造。与整体铸锻件成形相比,生产柔性大大提高,可有效缩短制造流程。在基于焊接的金属增材制造过程中,同样会产生复杂的应力、变形(见图-2(b))及缺陷,进而影响工件的结构完整性。

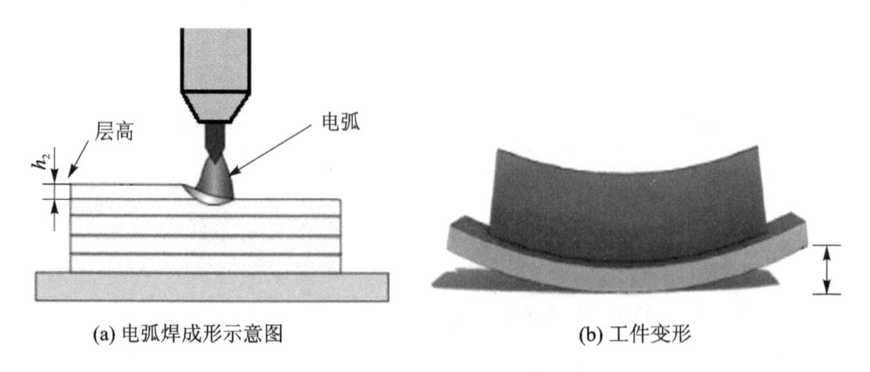

(a) 电弧焊成形示意图　　(b) 工件变形

图 0-2　电弧焊成形及变形

0.2 焊接结构分析方法概述

焊接结构具有整体性和承载能力强等优点，但是焊接过程又对结构产生影响。研究焊接损伤与使役损伤对焊接结构全生命周期结构完整性的影响成为现代焊接结构原理的主题。焊接结构分析要充分考虑焊接作用效应，进而研究焊接结构的完整性及合于使用性。

1. 焊接作用效应

焊接作用效应是指焊接过程对结构产生的影响。焊接作用效应与材料、工艺和结构形式等多种因素有关。焊接作用效应构成了结构完整性的初始状态。焊接结构全生命周期结构完整性管理需要综合考虑多种焊接作用效应。

(1) 焊接应力与变形

由于焊接过程是局部加热，不可避免地产生内应力和变形。若加热时产生较大拉伸应力，则会导致焊接裂纹或开裂。焊后的残余应力对结构的强度、刚度、稳定性，以及尺寸精度都有较大的影响。

(2) 焊接接头性能的不均匀性

焊接接头是一个组织性能不均匀体。焊缝、热影响区和母材之间的强度和韧性存在不同程度的非匹配性，这种非匹配性对整个结构的强度和断裂行为产生显著的影响，是焊接结构合于使用评定中需要考虑的重要因素。

(3) 焊接缺陷

焊接过程的快速加热和冷却使得局部材料在极不平衡的条件发生熔化、凝固及固态相变，在焊接区常常会产生裂纹、气孔、未焊透和夹渣等焊接缺陷。焊接缺陷往往是结构破坏的根源，因此在焊接生产中，对焊接缺陷进行检测和判别是保证焊接质量的重要手段。在焊接结构使用过程中，监测缺陷行为并进行评价，对于保证焊接结构的完整性具有重要意义。

(4) 应力集中

焊接结构的应力集中，包括接头区焊趾、焊根、焊接缺陷引起的应力集中和结构截面突变造成的结构应力集中。若在结构截面突变处有焊接接头，则其应力集中更为严重。应力集中对结构的脆性断裂和疲劳强度有很大的影响，应采取合理的结构设计和工艺，控制焊接结构的应力集中。

(5) 整体性强使结构刚性大

焊接结构的整体性使结构具有良好的水密性和气密性，同时也带来了问题，整体性使结构的刚性增大，提高了对应力集中的敏感性。由于整体性强，一旦有裂纹产生并扩展，裂纹就难以被止住。而在铆接结构中，当有裂纹产生并扩展时，裂纹扩展到板材边缘和铆钉孔处而终止，铆接接头起到限制裂纹继续扩展的作用。

2. 焊接结构分析方法

现代焊接结构分析的关键是在焊接结构全寿命周期引入结构完整性及合于使用性评定。基于焊接结构完整性及合于使用性分析的焊接质量体系是多学科交叉的系统工程方法，是多学科交叉的集成分析，具有综合性与科学性。开展焊接结构完整性及合于使用性研究对于焊接结构的可靠性、安全性及经济性具有重要意义。

(1) 焊接结构完整性分析

焊接结构的显著特点之一就是整体性强，焊接结构的完整性就是要保证焊接结构在承受外载和环境作用下的整体性要求。焊接结构的整体性要求包括接头的强度、结构的刚度与稳定性、抗断裂性、耐久性等。焊接接头的性能不均匀性、焊接应力与变形、接头细节应力集中、焊接缺陷等因素对焊接结构的完整性都有不同程度的影响,充分考虑这些因素是焊接结构完整性分析的重点内容。因此,焊接结构完整性分析要比均质材料结构复杂得多。

焊接质量是保证结构完整性的重要基础,焊接制造结果为结构完整性提供了初始状态,结构初始完整性在很大程度上影响结构的服役完整性。因此,在焊接生产中建立以结构完整性为核心的质量体系是焊接结构的全寿命周期管理的主要任务。

以结构完整性为核心的焊接质量体系的关键是在常规质量控制的基础上引入结构完整性计划,在焊接结构制造阶段考虑其全寿命周期的合于使用性。焊接质量控制中对结构完整性构成较大影响的要素,包括焊接工艺对缺陷和接头性能的影响,焊接过程中应力与变形控制对结构强度的影响等方面。

结构完整性是焊接结构全寿命周期合于使用的重要内容。从焊接结构的设计到制造,以及使用和维护等各个阶段都需要考虑结构完整性问题。焊接结构的完整性计划要根据产品结构的性能要求,在设计、制造、使用及维护各个阶段制定具体的分析方法、试验项目、评价准则等工作内容,以保证焊接结构的完整性目标。

(2) 焊接结构的合于使用分析

根据焊接结构的经济可承受性要求,完整性应保证结构的可用性(适用性或合于使用性)。焊接结构的合于使用是指结构在规定的寿命期内具有足够的可以承受预见的载荷和环境条件(包括统计变异性)的功能,即合于使用是结构完整性要求所要达到的目标,而证明结构的功能或能力是否足够,则是完整性评定所要探索的内容。目前,焊接结构完整性评定方法都是建立在“合于使用”原则的基础上。

焊接结构的完整性与合于使用性之间既有差异,又是统一的。焊接结构完整性的目标力求将风险降到最低,合于使用原则是考虑如何在经济可承受的条件下保证结构的功能。保证结构的完整性是确保合于使用的基础。焊接结构的绝对完整往往是很难做到的,其完整程度被接受的准则是合于使用性,或者说其损伤程度不影响使用性能。合于使用评定就是分析损伤对焊接结构完整性的影响,确定焊接结构的完整程度。因此,合于使用评定是焊接结构完整性研究的主要内容之一。

合于使用评定又称工程临界分析 ECA(Engineering Critical Assessment),是以断裂力学、弹塑性力学及可靠性系统工程为基础的工程分析方法。在制造过程中,结构中出现了缺陷,根据“合于使用”原则确定该结构是否可以验收。在结构使用过程中,评定所发现的缺陷是否允许存在;在设计新的焊接结构时,规定缺陷验收的标准。国内外长期以来广泛开展了断裂评估技术的研究工作,形成了以断裂力学为基础的合于使用评定方法,有关应用已产生了显著的经济效益和社会效益。多个国家已经建立了适用于焊接结构设计、制造和验收的“合于使用”原则的标准,成为焊接结构设计、制造、验收相关标准的补充。

焊接结构的合于使用分析要充分考虑焊接接头性能不均匀性、焊接应力与变形、焊接缺陷、接头细节应力集中等因素对结构完整性的影响。研究焊接力学行为、焊接结构断裂力学判据、损伤容限准则及耐久性,建立焊接结构合于使用评定方法,是焊接结构完整性分析的关键。焊接结构的合于使用评定方法包括简单的检测评定和复杂的计算机模拟分析,需要多学科知识和多数据源提供支持。发展方向是应用现代计算技术,建立基于多物理场的多尺度和多变量的焊接结构模型，通过数字仿真模拟预测、评价焊接结构的可制造性和合于使用性。

0.3 本教材的学习要点

如前所述，焊接结构行为可归结为焊接损伤与使役损伤的叠加效应。焊接结构充分体现了焊接与结构的作用，其结果是在实现连接的同时产生了损伤，损伤构成了对结构完整性的影响。焊接结构原理的主要任务就是围绕焊接与结构的相互作用机理进行分析，探讨焊接热力作用与结构使役功能的关联性，目的是为焊接结构的全寿命周期的安全可靠提供技术支撑。

本教材在经典焊接结构知识体系的基础上，根据焊接结构的焊接质量及结构完整性要求，积极探索引入先进结构分析的理论与方法，适当拓展焊接结构知识边界与内涵，强化焊接作用与结构行为要素等知识的集成与融合。建议读者在学习过程中围绕以下方面进行深度思考。

1. 焊接热力效应

焊接通常是在材料连接区（焊接区）处于局部塑性或熔化状态下进行的，为使材料达到焊接的条件，需要高度集中的热输入。因此，在材料的焊接过程中要利用焊接热源对焊接区进行加热，使其熔化（熔化焊）或进入塑性状态（固相焊接），随后在冷却过程中形成焊缝和焊接接头。这种加热和冷却贯穿于材料焊接过程的始终，称为焊接热过程。

焊接热过程具有集中瞬时的特点，对材料的显微组织状态有很大影响，也使构件产生焊接应力变形。这种热作用称为焊接热效应。

在焊接过程中，对焊件进行不均匀的加热和冷却，焊件内部将产生不协调应变，从而引起焊接应力与变形。焊接加热时，焊接区受到周围母材的约束作用无法自由热膨胀，只能随焊件同步变形，因此焊接区因膨胀受阻而产生压应力，当压应力超过材料屈服极限后发生不可逆的压缩塑性变形。冷却过程中，焊接区在约束下收缩，最终在构件内部形成残余应力，同时伴随有焊接变形的产生。

2. 焊接结构的质量特征

焊接结构的质量包括焊接质量和结构完整性品质。焊接质量是保证结构完整性的重要基础。焊接质量的评定在很大程度上是对焊接缺陷及接头性能的评定；焊接结构完整性品质是焊接质量特性的延伸，是焊接结构全寿命周期管理的要素。焊接质量与结构完整性品质共同关注的问题是焊接缺陷，由此形成两大类评定标准：一是以控制质量为基础的标准；二是以符合使用要求为基础的标准，又称“合于使用原则”。前者以相应的强度特性为前提，后者是以断裂力学理论为基础。

影响焊接接头的完整性包括力学和材质两方面。力学方面的影响有焊接缺陷、接头形状的不连续性、残余应力和焊接变形等。材质方面的影响（或称焊接接头的不均匀性）主要是指由于焊接热循环引起的组织变化，热塑性应变循环产生的材质变化，焊后热处理和矫正变形引起的材质变化等。焊接结构件中由于焊接接头处几何上的不连续性以及焊接过程的复杂性容易在焊接接头处产生缺陷（如未焊透、未熔合、夹渣和气孔等），当焊接结构件承受外载荷作用时，接头缺陷处将会产生应力集中，从而形成断裂源。焊接结构破坏大部分是由存在的焊接缺陷引起的。

一般可以认为，焊接质量是结构完整性品质的初始状态。焊接质量控制标准对缺陷的判定,很难考虑缺陷在结构使用过程中的行为。合于使用原则对缺陷的评定是综合考虑材料性能、缺陷及载荷条件的作用,评定缺陷对结构寿命周期剩余强度的影响,确定缺陷是否可以接受。对于具有高可靠性要求的结构,在焊接制造中应建立符合结构完整性要求的质量控制体系。其发展方向是面向焊接结构全寿命周期的全面结构完整性控制,目的是保证焊接结构的可靠性与安全性。焊接结构的全面结构完整性控制要充分考虑焊接接头性能不均匀性、焊接应力与变形、焊接缺陷、接头细节应力集中等焊接质量因素对结构行为的影响。

3. 焊接接头的应力集中与强度失配效应

焊接接头不可避免地存在应力集中问题。应力集中对结构的直接作用就是所谓的缺口效应。应当强调的是,焊接接头的应力集中有显式和隐式两种形式。焊接接头的几何形状或缺陷所引起的应力集中以显式存在,材料性能差异(特别是异种材料界面连接情况)所导致的应力集中以隐式存在。隐式应力集中所产生的缺口效应在接头外观上是不体现的,也往往被忽视。因此,在考虑焊接接头的应力集中问题时要充分认识这两种形式的缺口效应。此外,焊接残余应力与变形也会影响结构承载的应力分布。

焊接接头是由焊缝、熔合区、热影响区(HAZ)和母材组成的不均匀体,其整体强度与母材金属和焊缝金属之间的力学组配有关。焊接接头性能不仅与焊缝金属和母材金属的屈服强度和抗拉强度有关,而且与母材金属和焊缝金属的应变硬化性能有关。焊接接头强度是焊接结构承受外载荷作用的基本保证,与接头的几何形状及焊缝与母材的强度组配有关。焊缝与母材的强度组配对焊接接头强度有重要影响,是焊接接头强度设计必须考虑的主要因素之一。

4. 焊接结构的断裂抗力及耐久性

焊接结构的强度是要保证焊接结构达到在承受外载和环境作用下的整体性要求。焊接结构的强度要求包括接头的强度、结构的刚度与稳定性、抗断裂性、耐久性等。焊接接头的性能不均匀性、焊接应力与变形、接头细节应力集中、焊接缺陷等因素对焊接结构的强度都有不同程度的影响。因此,在进行焊接结构强度分析时,应充分考虑这些因素的影响。

断裂抗力与耐久性是焊接结构完整性的两大重要指标。采用工程临界评定(ECA)方法可确定焊接结构的极限状态,结合结构的耐久性要求,可对服役过程中的结构出现的缺陷按合于使用原则确定该结构的修复性。

焊接结构工程临界评定需要考虑焊缝强度失配问题。焊缝强度失配直接影响接头或结构的承载性能,也将直接影响接头局部非均匀区的断裂阻力行为,由此所决定的焊接结构断裂临界条件明显区别于均质材料结构行为。不充分考虑力学性能变异性问题,而沿用均匀材料结构安全评定方法,那么所得的结果对于焊接结构或者是不安全的,或者是过于保守以致实际工程很难满足要求。研究表明,上述现象也使得焊接接头局部非均匀区的断裂行为具有可控性,通过调整焊接接头局部区强度失配度可以优化焊接结构的抗断裂力,这一设计思想是均匀材料系统所无法实现的。

目前,焊接结构的合于使用评定理论和方法已经发展成为一门重要的工程学科方向,研究范围从断裂与疲劳评定向高温及腐蚀损伤、塑性极限分析、材料性能劣化、失效概率和风险评估等方面拓展。焊接结构的合于使用评定方法包括简单的检测评定和复杂的计算机模拟分析,需要多学科知识和多数据源提供支持。因此,不断深化焊接结构原理,拓展焊接结构知识边界是非常必要的。

5. 焊接结构设计的多学科集成

焊接结构的设计是根据产品功能的要求，按照有关设计规范确定结构的形状、尺寸和焊接接头，选择所采用的材料，进行结构和接头的强度、刚度、稳定性等有关计算分析。焊接结构设计必须考虑焊接结构合理性、安全性、可靠性、可焊接性、适用性等方面的要求。焊接结构设计在常规设计方法的基础上不断引入先进的设计方法，特别是数字化技术的发展，基于数字化模型和多学科优化的设计方法在焊接结构设计中具有显著的优势，是智能化焊接结构设计分析的发展方向。应当特别强调，焊接结构要素是产品建模与分析的基础信息，焊接结构设计的数字化与智能化更需要焊接结构原理的支撑。因此，焊接结构原理的教学需要着力培养学生集成应用多学科知识解决工程问题的能力。

焊接结构原理集中体现了多学科集成的特点，目标是将现代结构完整性分析方法应用于焊接结构的设计制造，以及使用和维护等阶段，以保证焊接结构的全寿命周期的安全、经济和适用性。焊接结构要素也是产品建模与工艺分析的基础信息，焊接数字化与智能化更需要焊接结构原理的支撑。

第1章　焊接力学分析

焊接过程中需要对焊接区域进行加热，使其达到或超过材料的熔点(熔化焊)，或接近熔点的温度(固相焊接)，随后在冷却过程中形成焊缝和焊接接头。焊接力学分析是研究焊接热过程耦合产生的焊接应力与变形行为。

1.1　焊接热源及其热功率

焊接通常是在材料连接区(焊接区)处于局部塑性或熔化状态下进行的，为使材料达到形成焊接的条件，需要高度集中的热输入。因此，在材料的焊接过程中要利用焊接热源对焊接区进行加热。热源是将电能、化学能或机械能转变为热能的系统，发展高效、洁净、低耗的热源是现代焊接技术的重要研究方向。

1.1.1　焊接热源

1. 焊接对热源的主要要求

现代焊接生产对于焊接热源的主要要求如下：

① 具有高能量密度，并能产生足够高的温度。高能量密度和高温可以使焊接加热区域尽可能小，热量集中，减小热影响区，可实现高速焊接过程，提高生产率。

② 热源性能稳定，易于调节和控制。热源性能稳定是保证焊接质量的基本条件。同时，为了适应各种产品的焊接要求，焊接热源必须具有较宽的功率调节范围，以及对于焊接工艺参数的有效控制。

③ 具有较高的热效率，降低能源消耗。焊接能源消耗在焊接生产总成本中所占的比例是比较高的。因此，尽可能提高焊接热效率对节约能源消耗有着重要的技术经济意义。

2. 常用焊接热源

目前，焊接技术中广泛应用的热源主要有以下形式：

(1) 电　弧

利用在气体介质中放电产生的电弧热为热源，如焊条电弧焊、埋弧焊、CO_2 气体保护焊、惰性气体保护焊(TIG、MIG)等。电弧所产生的热量通过传导、辐射和(或)对流传递到工件上。

(2) 电阻热

利用电流通过导体产生的电阻热作为焊接热源。如电阻焊(点焊和缝焊)及电渣焊。前者利用焊件金属本身电阻产生的电阻热，后者则利用液态熔渣的电阻产生的电阻热来进行焊接。

(3) 电磁感应

感应加热利用涡流原理和变压器原理来实现。将导电的工件置于一个感应线圈的感应场内，线圈通以高频(5 kHz～5 MHz)电流，靠物体内感应出的涡流使物体直接产生热量，这就是涡流原理。变压器原理是让工件本身起一个二级线圈的作用，工件感应出低电压、大电流，这也是一种间接供热的方式。如果采用二级线圈为加热元件，那么就变成导电加热的方式了。

(4) 等离子束

将电弧放电或高频放电形成的等离子体通过一水冷喷嘴引出形成等离子体束电弧，由于喷嘴中电弧受到电磁压缩和热压缩的作用，使等离子束具有较高的能量密度和极高的温度(1 800～2 400 K)，是一种高能量密度焊接热源。

(5) 激光束

利用经聚焦后具有高能量密度的激光束作为焊接热源。用于焊接的主要是 CO_2 激光和 YAG 激光。当激光束到达材料上时，一部分能量被反射掉了，其余部分在工件上转换为热量。生成的热量能使大多数金属熔化并气化。由于激光束可聚集在 10～100 μm 这样极小的范围，所以激光束的能量密度很高(10^4～10^6 W/mm^2)。

(6) 电子束

在真空中高电压场作用下，高速运动的电子经过聚焦形成高能密度电子束，当它猛烈轰击金属表面时，电子的动能转化为热能，利用这种热源的焊接方法称为电子束焊，它也是一种高能束焊接方法。电子束的能量密度可达 10^7 W/mm^2，它可用磁性透镜聚焦，使之达到足够的高密度去熔化工件并使材料气化。

(7) 化学热

利用可燃气体的燃烧反应热或铝、镁热剂的化学反应热来进行焊接。如应用氧-乙炔焰(或氢氧焰、液化气焰)为热源的气焊、切割、铝热剂焊和镁热剂焊等。这些能量转换过程是燃烧或其他放热的化学反应。

(8) 摩擦热

摩擦生热是机械能转换为热能的不可逆过程。在摩擦过程中，机械能可以高效地转换为热能，因此科学地利用摩擦进行材料焊接受到关注。目前，已发展了多种摩擦焊方法，其中以线性摩擦焊、搅拌摩擦焊、耗材摩擦焊等先进摩擦焊接技术最具代表性。

1.1.2　焊接热源的热功率

焊接热源的主要参数是在焊接区的热流量或热功率。焊接热源的种类不同、性能不同，其在焊接过程中的热流量也不同。这里仅以应用最广且具有代表性的电弧焊热源——焊接电弧加热为主进行讨论。

1. 焊接电弧的热效率

焊接时电弧将电能转换为热能，其总功率或热流量 Φ_0 为

$$\Phi_0 = IU \tag{1-1}$$

加热工件和焊丝的有效功率 Φ 为

$$\Phi = \eta IU \tag{1-2}$$

式中：η——电弧热效率系数；

I——焊接电流，A；

U——电弧电压，V；

Φ_0，Φ——焊接电弧总功率和有效功率，W。

制定焊接工艺中，常用单位长度焊缝的热输入 q_w(也称为焊接线能量)作为焊接规范(焊

接电流、电弧电压、焊接速度)的一个综合指标,可由下式表示:

$$q_w = \frac{\eta IU}{v} \tag{1-3}$$

式中:q_w——焊接热输入或线能量,J/mm;

v——焊接速度,mm/s。

焊接热输入对焊缝成形、热影响区组织和焊接生产率等都有较大影响。

2. 焊接电弧的能量密度

焊接电弧的加热通常仅作用于焊件上的一个很小面积上。受到电弧直接作用的小面积加热区域叫做加热斑点,电弧通过加热区将热能传递给焊件(见图1-1)。在加热区中,热能的分布一般也不是均匀的。加热区的大小及其上的热能分布,主要取决于电弧的集中程度及焊接规范参数等因素。将单位有效面积上的热功率称为能量密度,单位为W/cm²。能量密度大时,可更为有效地将热源有效功率用于熔化金属并减小热影响区。电弧的能量密度可达到$10^2 \sim 10^4$ W/cm²,而气焊火焰的能量密度为1~10 W/cm²。典型焊接热源的能量密度分布如图1-2所示。

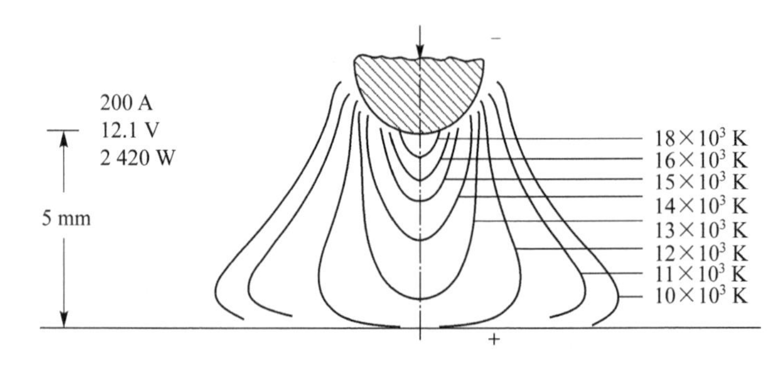

图1-1 电弧温度分布

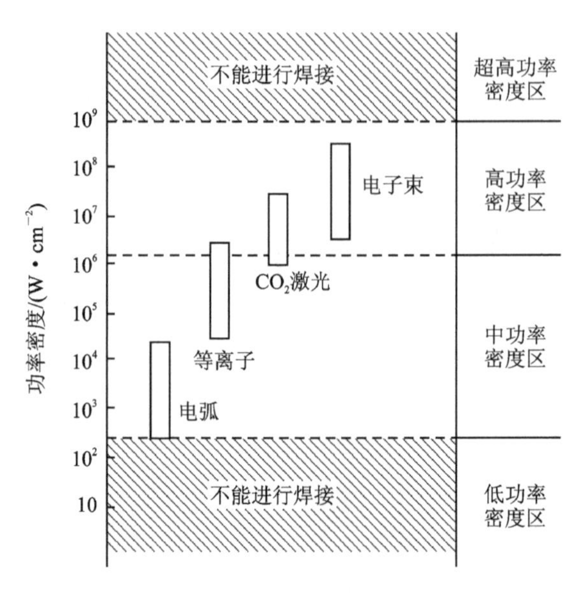

图1-2 焊接热源功率密度

提高焊接热源功率密度可增大焊接熔深，提高焊速和焊缝质量，降低热源对材料的损伤以及设备成本，如图1-3所示。

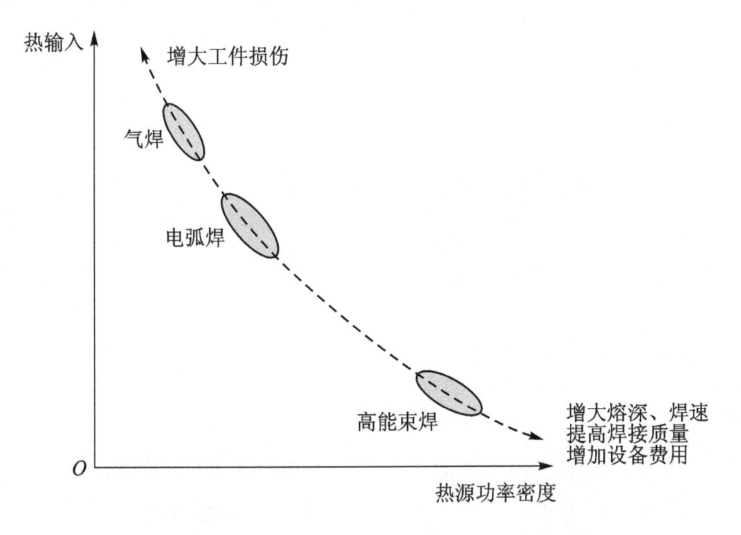

图1-3　焊接热输入与热源功率密度

加热斑点中电弧直接作用的阴极斑点或阳极斑点称为活性斑点，是带电粒子直接轰击的地区。在活性斑点区内具有很高的能量密度。活性斑点区周围地区则主要是通过电弧弧柱的强烈辐射和电弧气流的传热而加热，它们的能量密度由中心向边缘逐渐降低。将在单位时间内通过单位面积的热能定义为比热流。在整个加热区中的比热流分布近似于高斯正态分布，即

$$q(r)=q_{m}e^{-kr^2} \tag{1-4}$$

式中：$q(r)$——比热流分布函数，$J/(s\cdot mm^2)$或W/m^2；

q_m——加热斑点中心的最大比热流，$q_m=\frac{k}{\pi}q$；

k——热能集中系数，mm^{-2}；

r——距电弧中心的径向距离，mm。

图1-4所示为不同电弧集中系数的比热流分布。一般而言，在$q^*=0.05q_m$以外的区域，其比热流可忽略不计。由此可计算出高斯正态分布比热流的加热斑点直径为

$$d=\frac{2\sqrt{3}}{\sqrt{k}} \tag{1-5}$$

等效均匀分布比热流的加热斑点（见图1-5）直径$d_0=2r_0$为

$$d_0=\frac{2}{\sqrt{k}} \tag{1-6}$$

由此可见，热能集中系数k越大，加热斑点直径越小。

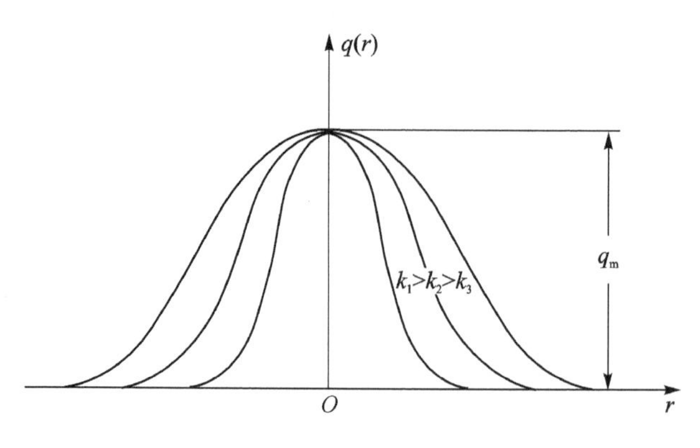

图1-4　不同电弧集中系数的比热流分布

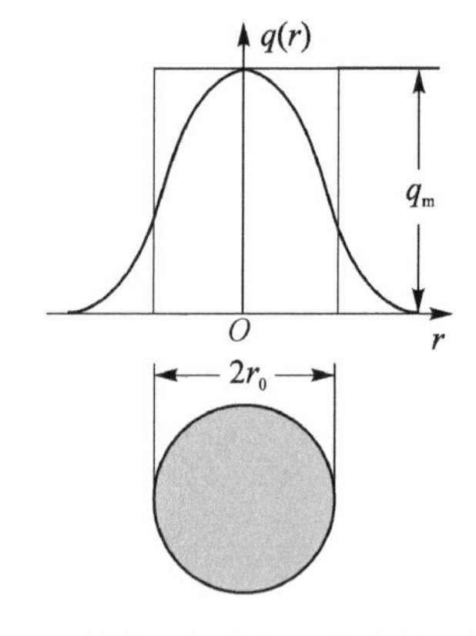

图1-5　等效均匀分布比热流的加热斑点

3. 焊接熔池

焊接电弧的加热斑点作用于母材表面时，使其发生瞬时的局部熔化，熔化金属形成的具有一定几何形状的液体金属称为焊接熔池（见图1-6）。焊接熔池的表面由于电弧的吹力作用而形成弧坑。图1-7所示为焊接熔池几何形状。

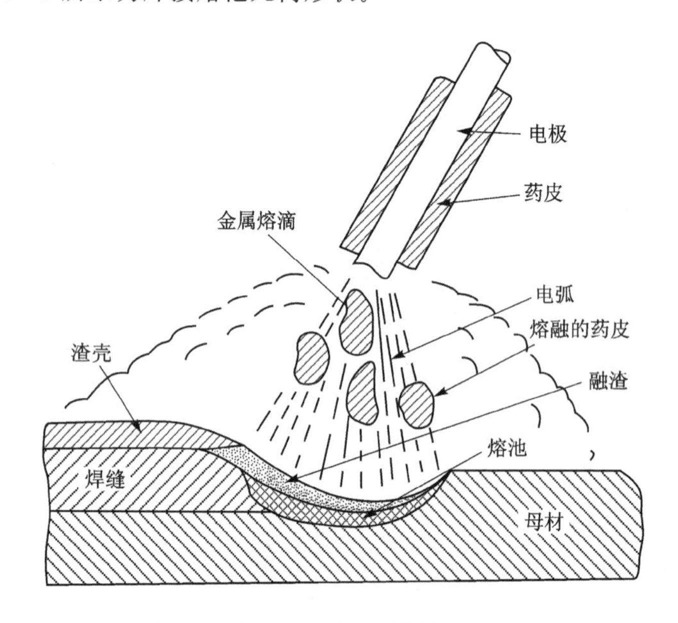

图1-6　焊条电弧焊

焊接熔池的体积远比一般金属冶炼和铸造时小。焊接熔池最大深度处的横截面称为熔透截面积，如图1-7所示。焊接熔池中温度极高，在低碳钢和低合金钢电弧焊时，熔池温度可达（1 770±100）℃。熔池中的液态金属处于很高的过热状态，而一般炼钢时，其浇铸温度仅为1 550 ℃左右。

焊接熔池是以等速随同热源一起移动的。熔池的形状，也就是液相等温面所界定的区域，在焊接过程中一般保持不变。由于电弧吹力的作用，焊接熔池中的液态金属处于强烈湍流状态，焊缝金属成分混合良好。但是，熔池中也易于混入杂质，同时母材的熔化对焊缝金属有稀释作用。焊接熔池形状和尺寸与焊接方法、焊接规范和被焊材料的性能等因素有关。一般情况下，随电流的增加熔池的最大深度增加，熔池的最大宽度相对减小；而随电压的升高，熔池的最大深度减小，熔池的最大宽度增加。

图 1－8 所示为焊接热源功率密度对熔池形状的影响。

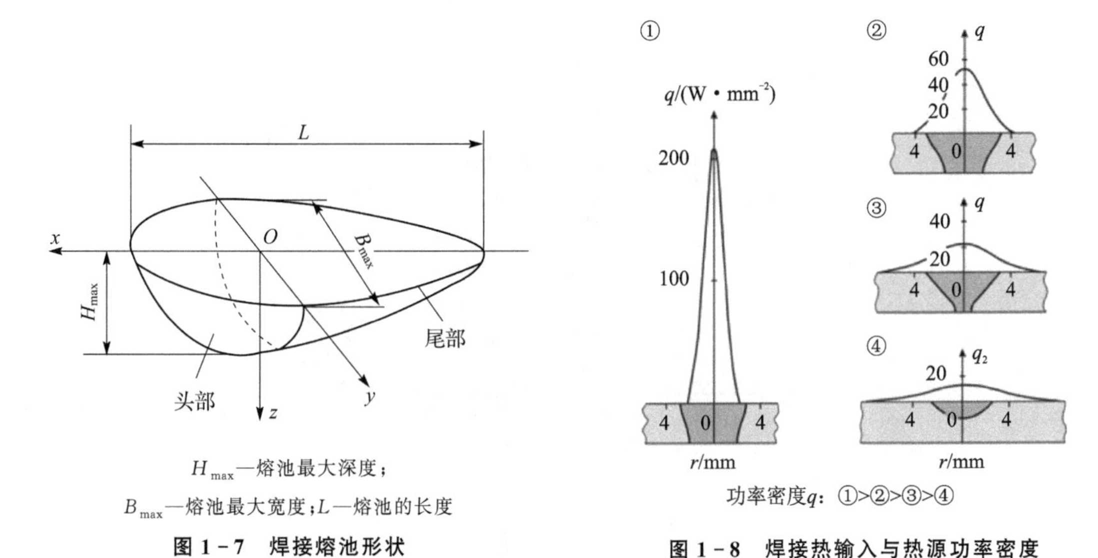

H_{max}—熔池最大深度；
B_{max}—熔池最大宽度；L—熔池的长度

图 1－7　焊接熔池形状

图 1－8　焊接热输入与热源功率密度

在钨极氩弧焊时，使用的电流种类（直流正接、直流反接以及交流）对焊接熔池形状和尺寸有较大影响（见图 1－9）。直流钨极氩弧焊时，阳极的发热量远大于阴极。用直流正接时，钨极发热量小，不易过热，工件发热量大，且电弧稳定而集中，熔深大，生产率高。因此，大多数金属（铝、镁及其合金除外）钨极氩弧焊时宜采用直流正接。直流反接时，钨极容易过热熔化，且熔深浅而宽，一般不推荐使用。但是，直流反接时，因正离子轰击处于阴极的工件表面，可使其表面氧化膜破碎且除去（称为阴极雾化或阴极清理作用），焊接铝、镁及其合金时可获得表面成形良好的焊缝。为了兼顾阴极清理和两极发热量的合理分配，对于铝、镁等金属及其合金可采用交流钨极氩弧焊。

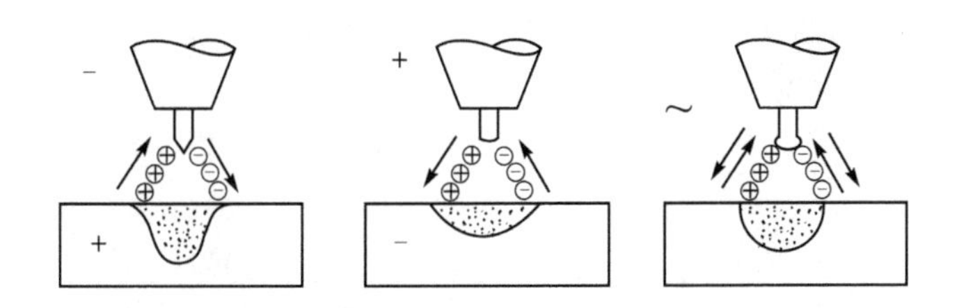

图 1－9　钨极氩弧焊的电流种类对焊接熔池的影响

高能量密度的电子束或激光的能量沉积使材料熔化和气化，强烈的热力作用形成匙孔（keyhole）。电子束或激光束深熔焊是通过匙孔效应来实现的，等离子束焊也会产生匙孔效应。如图 1－10 所示，随着电子束或激光束的移动，熔化金属沿匙孔壁向后运动，凝固后产生一个深宽比很大的焊缝。

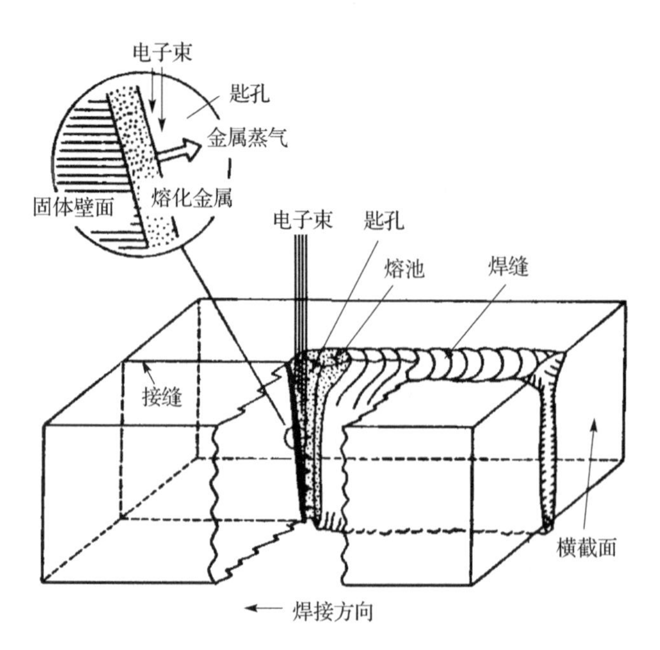

图 1-10　高能束深熔焊示意图

1.2　焊接传热分析

1.2.1　热传导基本概念

1. 温度场

物体内各点温度的分布情况,称为温度场。由于物体内任一点的温度是该点的位置和时间的函数,因而温度场可表示为空间坐标和时间的函数,即

$$T=f(x,y,z,t) \tag{1-7}$$

式中：x,y,z——空间直角坐标；

t——时间坐标。

如果温度场内各点的温度随时间而变化,此温度场称为不稳定温度场;如果各点温度不随时间而变化,则称为稳定温度场。

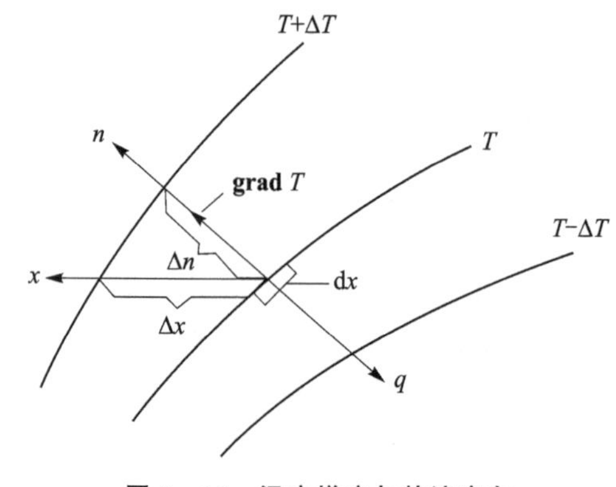

图 1-11　温度梯度与热流方向

在某个时刻,相同温度的各点所组成的平面称为等温面。等温面可以是平面,也可以是曲面。从任一点起,沿着等温面移动,由于温度不发生变化,因而无热量传递;而沿着与等温面相交的任何方向移动,温度都要发生变化,即有热量传递,这种温度随距离的变化在与等温面垂直的方向上最大,如图 1-11 所示。

温度场中任意一点的温度沿着等温面法线方向的增加率称为该点的温度梯度 **grad** T。

$$\mathbf{grad}\ T=\lim_{\Delta n\to 0}\frac{\Delta T}{\Delta n}=\frac{\partial T}{\partial n}\boldsymbol{n} \tag{1-8}$$

式中：$\boldsymbol{n}$——单位法向矢量；

$\frac{\partial T}{\partial n}$——温度在 $\boldsymbol{n}$ 方向上的偏导数。

温度梯度是个向量，它垂直于等温面，并以温度增加的方向为正。热量传输方向为指向温度降低方向，与温度梯度方向相反。

对于一维的稳定温度场，式(1-7)可简化为 $T=f(x)$，此时温度梯度可表示为

$$\mathbf{grad}\ T=\frac{\mathrm{d}T}{\mathrm{d}x} \tag{1-9}$$

2. 傅里叶定律

傅里叶定律是导热的基本定律。根据这一定律，在一维导热过程中，单位时间内通过给定截面的热量，正比于该截面法线方向上的温度变化率和截面面积(见图1-12)，即

$$\Phi=-\lambda A\,\frac{\mathrm{d}T}{\mathrm{d}x} \tag{1-10}$$

式中：Φ——热量；

A——面积；

λ——导热系数；

$\frac{\mathrm{d}T}{\mathrm{d}x}$——温度变化率，$\frac{\mathrm{d}T}{\mathrm{d}x}=\lim\limits_{\Delta x\to 0}\frac{\Delta T}{\Delta x}$。

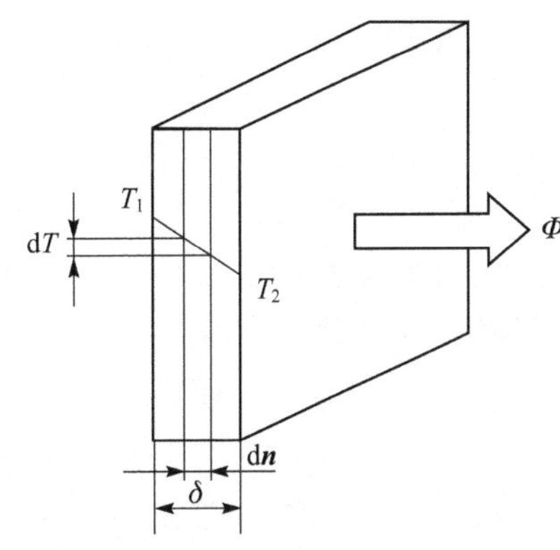

图1-12　导热基本关系

单位时间内通过单位面积的热量称为热流密度，记为 q，单位为 $\mathrm{W/m^2}$。傅里叶定律用热流密度 q 表示时有下列形式：

$$q=-\lambda\,\frac{\mathrm{d}T}{\mathrm{d}x} \tag{1-11}$$

导热系数的定义可由傅里叶定律的数学表达式给出，由式(1-11)可得

$$\lambda=-\frac{q}{\frac{\mathrm{d}T}{\mathrm{d}x}} \tag{1-12}$$

导热系数在数值上等于在单位温度梯度作用下物体内所产生的热流密度，单位为W/(m·℃)。导热系数是物质导热性能的标志，是物质的物理性质之一。导热系数 λ 的值越大，表示其导热性能越好。物质的导热系数与物质的组成、结构、密度、温度及压力等有关。物质的导热系数可用实验的方法测定。一般来说，金属的导热系数值最大，固体非金属的导热系数值较小，液体更小，而气体的导热系数值最小。

3. 热传导微分方程

对于一维稳态导热问题，求解比较简单，直接对傅里叶定律的表达式进行积分就可获得其解。但对于三维导热问题的数学描述，需要结合傅里叶定律和能量守恒原理，对微元体内热量的平衡状态进行分析后才能得到。三维导热微分方程依赖于傅里叶定律和能量守恒原理，研究在微元体内热量的平衡状态。

考虑有内热源情况时，三维热传导方程为

$$\rho c \frac{\partial T}{\partial t}=\frac{\partial}{\partial x}\left[\lambda_x(T)\frac{\partial T}{\partial x}\right]+\frac{\partial}{\partial y}\left[\lambda_y(T)\frac{\partial T}{\partial y}\right]+\frac{\partial}{\partial z}\left[\lambda_z(T)\frac{\partial T}{\partial z}\right]+\dot{\Phi} \tag{1-13}$$

式中：$\lambda_x(T)$,$\lambda_y(T)$,$\lambda_z(T)$——x,y,z 方向上随温度变化的导热系数，对于各向同性材料，三者相等；

$\dot{\Phi}$——内热源强度，表示单位体积的导热体在单位时间内所产生的热量，W/m^3。

若导热系数为常数，则有

$$\frac{\partial T}{\partial t}=a\left(\frac{\partial^2 T}{\partial x^2}+\frac{\partial^2 T}{\partial y^2}+\frac{\partial^2 T}{\partial z^2}\right)+\frac{\dot{\Phi}}{\rho c} \tag{1-14}$$

式中：$a=\lambda/\rho c$——热扩散系数(或导温系数，m^2/s)，表示温度波动在物体中的扩散速率。

在稳态、无内热源条件下，导热微分方程简化为

$$\frac{\partial^2 T}{\partial x^2}+\frac{\partial^2 T}{\partial y^2}+\frac{\partial^2 T}{\partial z^2}=0 \tag{1-15}$$

4. 换热定律

(1) 对流传热定律

根据牛顿冷却定律，对于与流动的气体或液体接触的固体的表面，其热流密度 q_c 与固体表面温度 T 和气体或液体温度 T_0 之差成比例：

$$q_c=\alpha_c(T-T_0) \tag{1-16}$$

式中：α_c——对流换热系数，$J/(mm^2 \cdot K)$，α_c 的取值决定于表面流动条件(特别是其边界层的结构)、表面的性质、流动介质的性质和温差$(T-T_0)$。

(2) 辐射传热定律

加热体的辐射传热是一种空间的电磁波辐射过程，可穿过透明体，被不透光的物体吸收后又转变成热能。热辐射的一个最重要的基本定律是斯忒藩-玻耳兹曼定律：

$$q_r=C_1\left(\frac{T+273\ K}{100}\right)^4 \tag{1-17}$$

式中：$T+273\ K$——物体的热力学温度，K。

C_1——比例系数，决定于物体表面的情况，对于绝对黑体，即能够吸收全部表面辐射能的物体，$C_1=C_0=5.67\ W/(m^2 \cdot K^4)$；对于灰体而言，$C_1=\varepsilon C_0$，此处 ε 为黑度系数，它的数值变化范围为 0～1。

为便于计算，把辐射换热的热流 q_r 和物体表面的温差$(T-T_0)$联系起来，引入辐射换热系数 α_r，则有

$$q_r=\alpha_r(T-T_0) \tag{1-18}$$

式中：$\alpha_r=\varepsilon C_0\dfrac{\left(\dfrac{T+273\ K}{100}\right)^4-\left(\dfrac{T_0+273\ K}{100}\right)^4}{T-T_0}$，单位为 $J/(mm^2 \cdot K)$。

5. 初始条件和边界条件

经常遇到的焊接传热问题是，在某确定的初始温度状态下和有限维数结构内，焊接热源如何影响焊接温度场的问题，即求解给定了初始条件和边界条件的热传导微分方程。应用

热传导方程求解焊接传热问题，需要一个初始条件和两个边界条件作为其单值性的定解条件。

(1) 初始条件

初始条件指周围介质在固定位置上的温度或预热温度，在特殊的情况下，也可以是某种确定的温度分布，例如在多道焊时，前一焊道产生的温度场。初始条件的温度分布记为

$$T_0 = T(x, y, z) \tag{1-19}$$

(2) 边界条件

边界条件指结构表面边界 Γ 的热交换条件。在实际情况分析时，通常有三种类型的边界条件。

① 第一类边界条件　规定了温度在边界上的值，即

$$T|_\Gamma = f(t) \tag{1-20}$$

② 第二类边界条件　边界上的温度值未知，但规定了边界上的热流密度值，即

$$-\lambda \frac{\partial T}{\partial n}\bigg|_\Gamma = q|_\Gamma \tag{1-21}$$

式中：$q|_\Gamma$——通过边界的热流密度。当 $q|_\Gamma = 0$ 时为绝热边界，物体与外界不发生热传递。

③ 第三类边界条件　规定了物体边界上温度和温度梯度的线性组合，即

$$cT|_\Gamma + \frac{\partial T}{\partial n}\bigg|_\Gamma = f(t) \tag{1-22}$$

式中：c——常数。当物体边界和外部环境之间以对流换热的形式进行热交换时，上式可写为

$$-\lambda \frac{\partial T}{\partial n}\bigg|_\Gamma = h(T_f - T|_\Gamma) \tag{1-23}$$

式中：h——对流换热系数；

　　T_f——环境介质温度。

具体到焊接传热分析，主要考虑两种边界条件，即表面热输入条件与表面热损失条件。表面热输入为单位面积上的热流密度，表示焊接热源的作用强度。表面热损失主要考虑工件向周围环境的对流和辐射。

1.2.2 焊接温度场的解析分析

焊接温度场根据其传热方向，可分为三维传热、二维传热和一维传热三种类型，如图1-13所示。在厚大件焊接时，点状热源作用在厚大件表面，热能除在平面方向上传播外，还向板厚方向传播，形成三维传热温度场，如图1-13(a)所示。在焊接薄板时，板厚 h 方向上的温差不显著，此时可以将其看做在板厚方向均匀分布的线状热源，热能向平面方向传播的二维传热温度场，如图1-13(b)所示。而细长杆对接焊则属于在杆截面(面积为 A)上均匀分布的面热源，沿杆轴线方向传播的一维传热温度场，如图1-13(c)所示。

图1-14所示为焊缝几何形状对热流的影响。

1. 焊接温度场计算的基本方程

根据傅里叶定律和能量守恒原理，可以推导出三维传热过程的热传导微分方程，为使问题简化，须作如下假定：

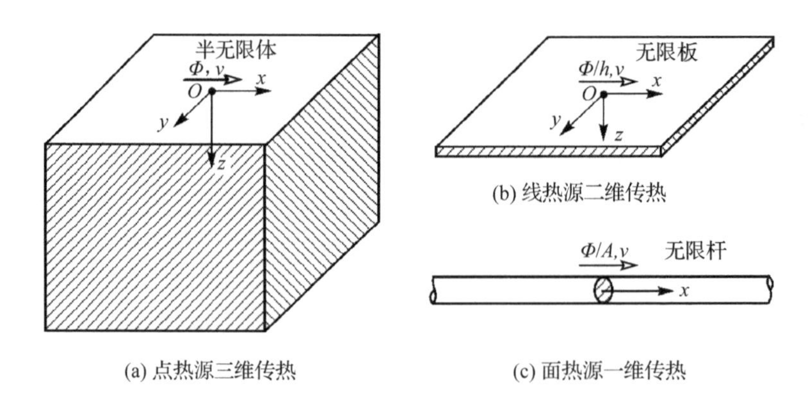

图 1-13 焊接温度场分析的几何模型

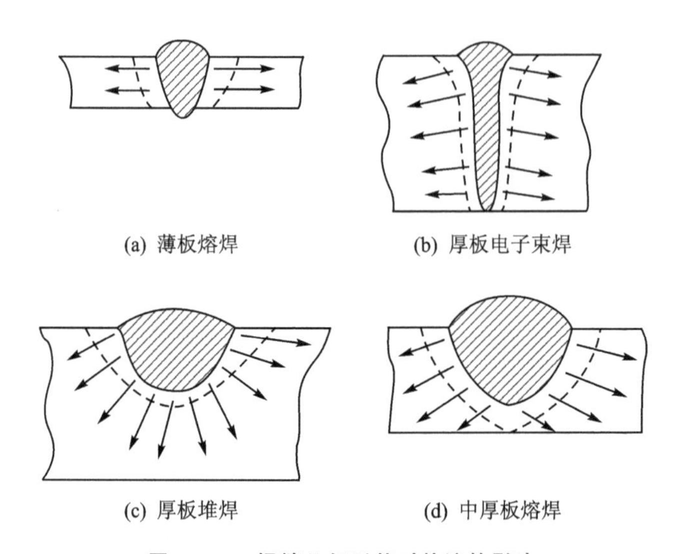

图 1-14 焊缝几何形状对热流的影响

① 在焊接过程中,热物理参数是常数,不随温度而变化;

② 不考虑熔化、结晶、相变过程的热效应对传热过程的影响;

③ 焊件上的初始温度分布是均匀一致的,并且不考虑焊件周围介质间的热交换过程;

④ 焊件上具有无限大边界尺寸;

⑤ 热源是点状、线状或面状集中热源。

为考虑热源的移动,引入动坐标,动坐标和静坐标的关系为

$$\xi = x - vt \tag{1-24}$$

将式(1-14)转换成对 ξ 求导,且不考虑内热源,即可得到在动坐标系中的导热微分方程

$$\frac{\partial T}{\partial t} - v\frac{\partial T}{\partial \xi} = \frac{\lambda}{\rho c}\left(\frac{\partial^2 T}{\partial \xi^2} + \frac{\partial^2 T}{\partial y^2} + \frac{\partial^2 T}{\partial z^2}\right) \tag{1-25}$$

一般来说,如果焊接热源的有效功率 Φ 和焊接速度 v 为定值,即焊接线能量 $\Phi/v=$ 常数时,焊接温度场为准稳定温度场。因此,在动坐标系中,移动点热源周围的温度场形状不随时间而变化,即在式(1-25)中 $\partial T/\partial t=0$,于是式(1-25)可进一步简化为

$$-v\frac{\partial T}{\partial \xi} = \frac{\lambda}{\rho c}\left(\frac{\partial^2 T}{\partial \xi^2} + \frac{\partial^2 T}{\partial y^2} + \frac{\partial^2 T}{\partial z^2}\right) \tag{1-26}$$

式(1-26)为等速移动热源焊接温度场的微分方程。为了计算实际焊接温度场,还需要根据实际焊接条件对式(1-26)求解。对此,罗森萨尔和雷卡林所做的工作具有重要意义。

2. 焊接温度场计算的基本公式

(1) 移动点热源的温度场

对于移动点状热源的半无限体三维传热情况,求解式(1-26)可得

$$T - T_0 = \frac{\Phi}{2\pi\lambda R}\exp\left[-\frac{v(\xi + R)}{2a}\right] \tag{1-27}$$

式中：R——半无限体上任意点与移动热源的距离,mm,$R=\sqrt{\xi^2+y^2+z^2}$。

在移动热源运动轴线上的热源后方各点($y=0,z=0,\xi=-R$),由式(1-27)可得温度分布为

$$T - T_0 = \frac{\Phi}{2\pi\lambda R} \tag{1-28}$$

即在固定时刻,点热源后方运动轴线上的各点温度与 R 成反比,与热源移动速度无关。而移动热源运动轴线上的热源前方各点($y=0,z=0,\xi=R$)的温度分布为

$$T - T_0 = \frac{\Phi}{2\pi\lambda R}\exp\left(-\frac{vR}{a}\right) \tag{1-29}$$

由此可见,热源移动速度越快,热源前方的温度下降越急剧(见图 1-15)。

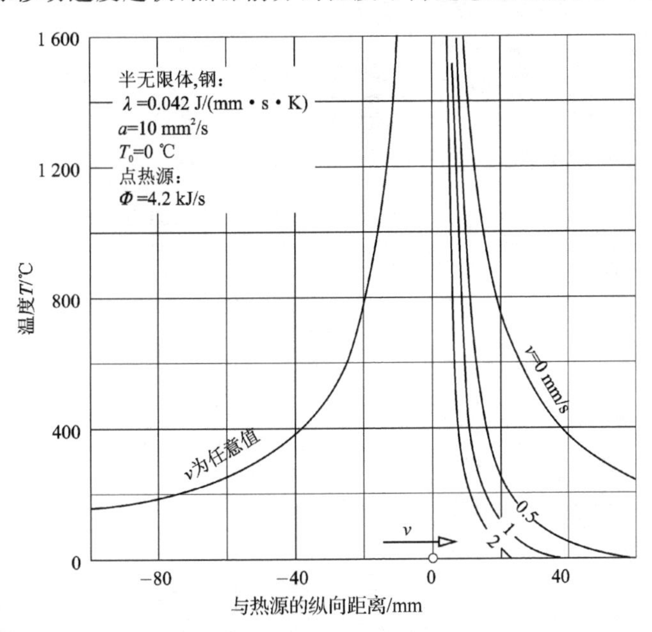

图 1-15　半无限体移动点热源前方和后方的温度分布曲线

移动热源中心的横向($\xi=0$)温度分布为

$$T - T_0 = \frac{\Phi}{2\pi\lambda R}\exp\left(-\frac{vR}{2a}\right) \tag{1-30}$$

图 1-16 所示为半无限体上的移动点热源周围的温度场。

(2) 移动线热源的温度场

厚度为 h 的无限平板上做匀速直线移动的线状热源(厚度方向的热功率为 Φ/h),距移动

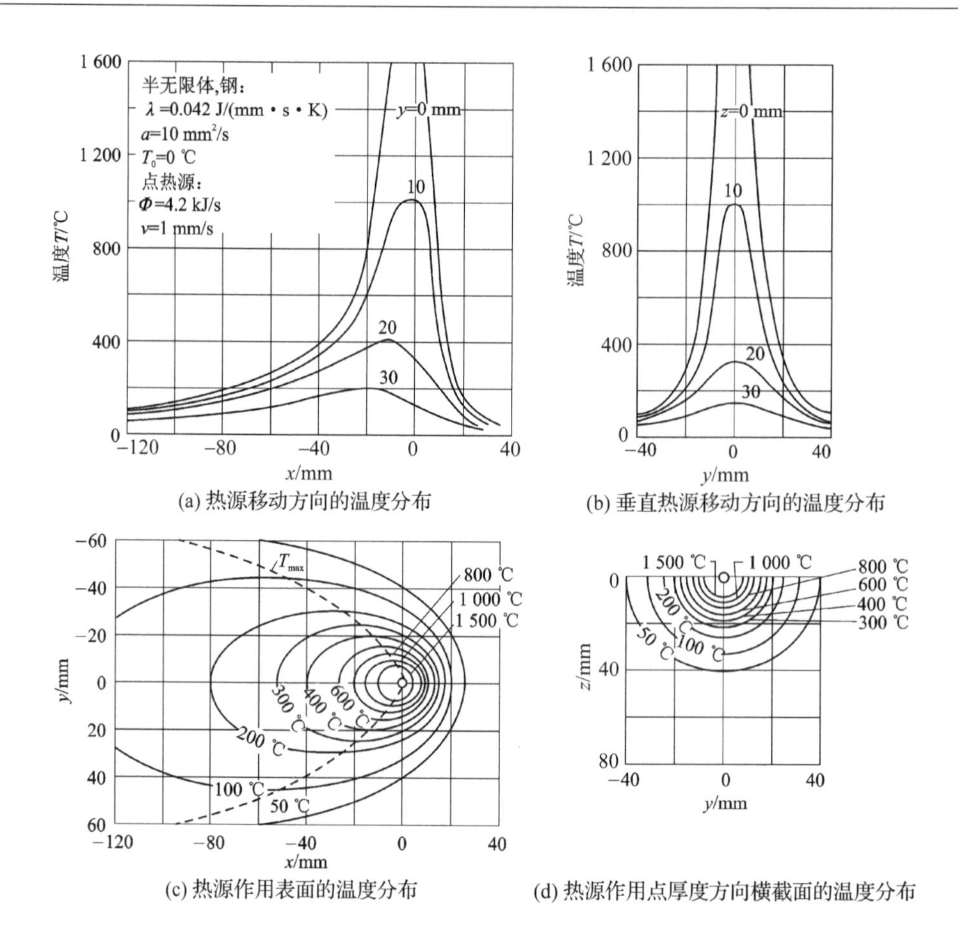

(a) 热源移动方向的温度分布 (b) 垂直热源移动方向的温度分布

(c) 热源作用表面的温度分布 (d) 热源作用点厚度方向横截面的温度分布

图 1-16 半无限体上的移动点热源周围的温度场

热源 r 处的温度分布为

$$T-T_0=\frac{\Phi}{2\pi\lambda h}\exp\left(-\frac{v\xi}{2a}\right)K_0\left(r\sqrt{\frac{v^2}{4a^2}+\frac{b}{a}}\right) \tag{1-31}$$

式中：h——板厚，mm；

r——所考虑点到热源的距离，mm，$r=\sqrt{\xi^2+y^2}$；

K_0——第一类零阶贝塞尔函数；

b——散热系数，$b=2(a_c+a_r)/c\rho h$。

根据式(1-31)计算可得到薄板焊接的温度场，如图 1-17 所示。

在移动线热源的后方，温度分布与速度有关，这与半无限体上移动热源作用的情况不同。热功率一定的条件下，提高焊接速度，等温线在焊缝的横向变窄，沿焊接方向变短；焊接速度一定的条件下，提高热功率，等温线在焊缝的横向变宽，沿焊接方向变长。

材料的热传导系数 λ 对温度分布有较大影响。对于较小 λ 的材料，焊接所需要的热功率低；对于较大 λ 的材料，焊接所需要的热功率高。图 1-18 所示为相同热功率和热源移动速度条件下，不同材料平板上移动线热源周围的温度场。

移动线热源适用于厚板的深穿透电子束焊或薄板的熔焊。

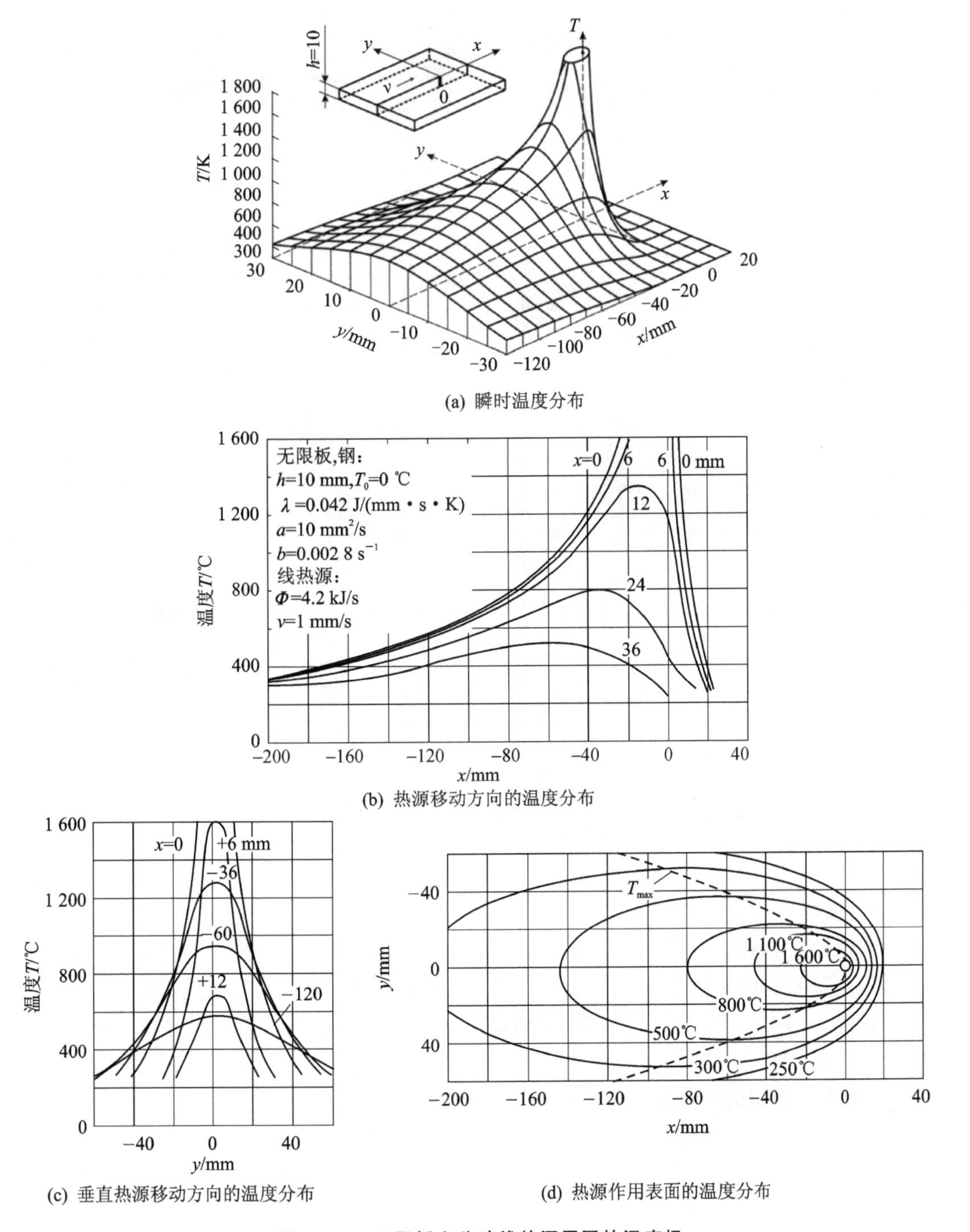

图 1-17　无限板上移动线热源周围的温度场

(3) 面热源

对作用于无限长杆件(杆的横截面周长为 P,面积为 A)的匀速移动的面状热源(速度为 v,单位面积上的热功率为 Φ/A),距移动热源 x 处($x>0$,在热源前方;$x<0$,在热源后方)的温度分布为

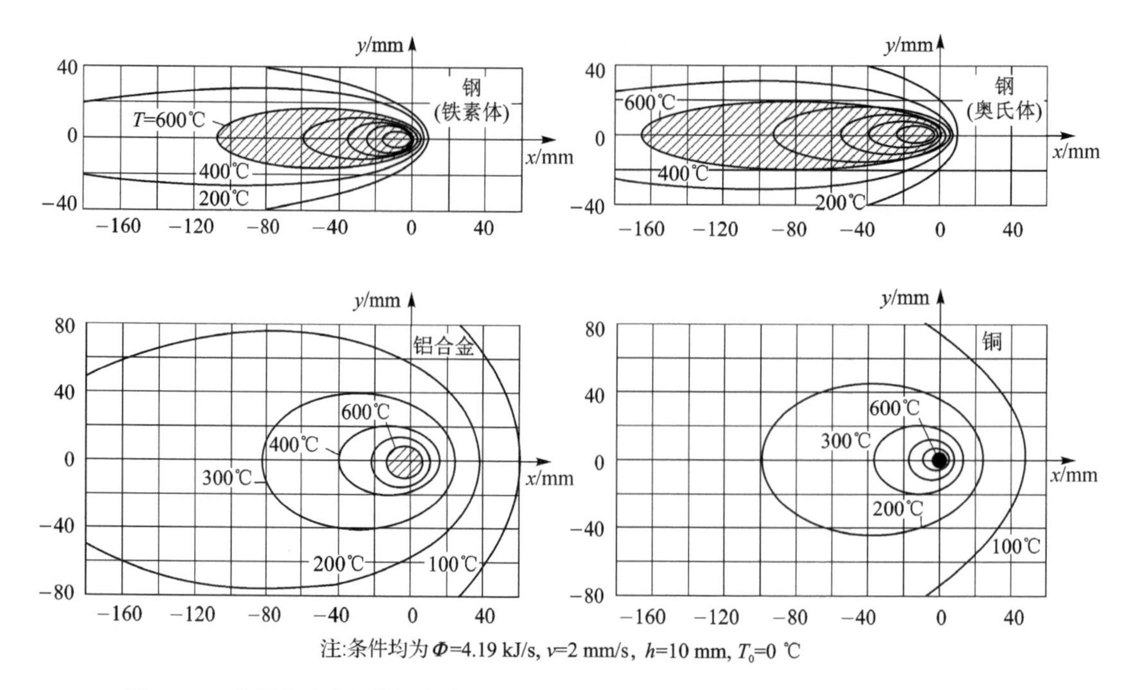

图 1-18 相同热功率和热源移动速度条件下,不同材料平板上移动线热源周围的温度场

$$T-T_0=\frac{\Phi}{Ac\rho v}\exp\left[-\sqrt{\left(\frac{v}{2a}\right)^2+\frac{P}{A}\frac{a_c+a_r}{\lambda}}-\frac{v}{2a}\right]x \qquad (x>0) \qquad (1-32a)$$

$$T-T_0=\frac{\Phi}{Ac\rho v}\exp\left[\sqrt{\left(\frac{v}{2a}\right)^2+\frac{P}{A}\frac{a_c+a_r}{\lambda}}-\frac{v}{2a}\right]x \qquad (x<0) \qquad (1-32b)$$

在 $x=0$ 处的最高温度为

$$T_{\max}-T_0=\frac{\Phi}{Ac\rho v} \qquad (1-33)$$

(4) 快速移动热源

在实际焊接过程中,如果焊接速度很高,那么热源的移动速度远比热扩散率高得多。换句话说,就是在运动方向上的传热要比垂直方向上的传热小得多。于是,可以将高速移动的热源看做一种瞬时作用于焊缝全长上的固定热源来考虑,从而可使式(1-27)和式(1-31)进一步简化。

半无限体上作用的快速移动点热源的温度分布为

$$T-T_0=\frac{\Phi/v}{2\pi\lambda t}\exp\left(-\frac{r^2}{4at}\right) \qquad (1-34)$$

式中:$r=\sqrt{\xi^2+y^2}$。

无限板上作用的快速移动线热源的温度分布为

$$T-T_0=\frac{\Phi/v}{h(4\pi\lambda c\rho t)^{1/2}}\exp\left(-\frac{y^2}{4at}\right) \qquad (1-35)$$

式(1-34)和式(1-35)为高速移动热源焊接温度场的计算公式。式中,T_0 为焊件初始温度,也可以是预热温度。对于低碳钢焊接,焊接速度大于 36 m/h,就可以应用高速移动热源计算公式,但是由于推导式(1-34)和式(1-35)时的假定条件与实际焊接过程间有一定出入,因此式(1-34)和式(1-35)只能适用于热源后方的区域，而不适合于计算热源前方和距焊缝较远地区的温度。

1.2.3 焊接热循环

焊接加热的局部性在焊件上产生不均匀的温度分布，同时，由于热源的不断移动，焊件上各点的温度随时间变化，因此其焊接温度场也随时间演变。在连续移动热源焊接温度场中，焊接区某点所经受的急剧加热和冷却的过程叫做焊接热循环。

焊接热循环具有加热速度快、温度高(在熔合线附近接近母材熔点)、高温停留时间短和冷却速度快等特点。由于焊接加热的局部性，母材上距焊缝距离不同的点所经受的热循环也不相同，距焊缝中心越近的点，其加热速度和所达到的最高温度越高。反之，其加热速度和最高温度越低，冷却速度也越慢。图 1-19 所示为距焊缝不同距离的各点的焊接热循环曲线。不同的焊接热循环会引起金属内部组织不同的变化，从而影响接头性能，同时还会产生复杂的焊接应力与变形。因此，对于焊接热循环的研究具有重要意义。

焊接热循环对焊接接头性能影响较大的参数是加热速度、最高温度、相变点以上停留时间和瞬时冷却速度(见图 1-20)。

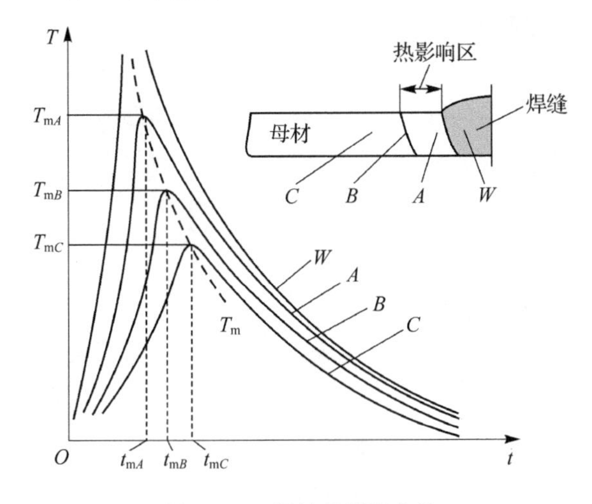

图 1-19　焊接热循环曲线

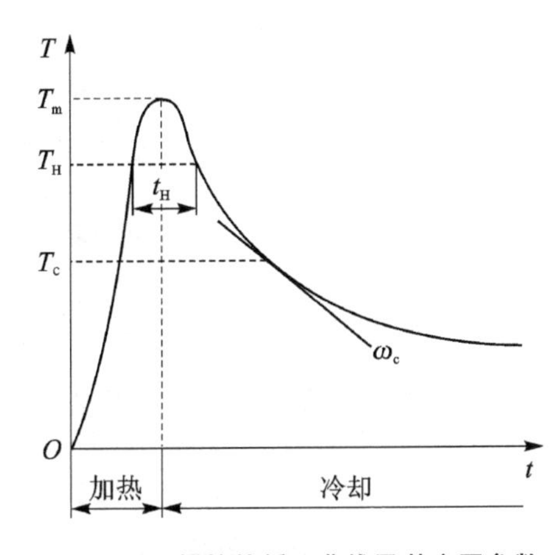

图 1-20　焊接热循环曲线及其主要参数

1. 加热速度

焊接过程中加热速度极高，在一般电弧焊时，可以达到 200～390 ℃/s，这种高速加热将导致母材金属相变点的提高，对冷却后的组织变化产生影响。加热速度主要与焊接热源集中程度、热源的功率或线能量、焊件的厚度及接头形式等因素有关。

2. 加热最高温度

热循环曲线中加热最高温度是对金属组织变化具有决定性影响的参数之一。在焊接过程中，距焊缝距离不同的区，所达到的最高加热温度也不相同，因此在接头近缝区的组织变化也不一致。根据焊件上最高温度的变化范围，可以估计热影响区的宽度和焊件中内应力和塑性变形区的范围。

加热的最高温度可以通过对高速热源传热式(1-34)和式(1-35)求极大值来得到。

半无限体上作用的移动点热源后方附近各点的加热最高温度为

$$T_{max} - T_0 = 0.234 \frac{\Phi}{vc\rho r^2} \tag{1-36}$$

无限板上作用的移动线热源后方附近各点的温度分布为

$$T_{max} - T_0 = 0.242 \frac{\Phi}{vc\rho hy} \tag{1-37}$$

3. 高温停留时间

高温停留时间是指在相变点温度以上停留的时间。在此时间内停留时间越长,金属组织变化过程进行得也越充分。但是,焊接时,加热和冷却均很迅速,高温停留时间也十分短促,在这种情况下发生的相变过程远不能达到平衡相图的状态。

4. 瞬时冷却速度

冷却速度是决定热影响区组织性能的重要参数之一。在热循环曲线的冷却段,不同温度时的冷却速度也不相同。近缝区(特别是熔合线附近)冷却速度过快时,易产生淬硬组织,这也是引起焊接裂纹的重要原因之一。对于易淬火钢和高强钢,在焊接过程中必须严格控制冷却速度。

在焊接热循环曲线冷却段上某一温度下的冷却速度为 $\omega_c = \mathrm{d}T/\mathrm{d}t$。为简化分析,一般情况下只考虑焊缝上的冷却速度。

根据式(1-34),当 $r=0$ 时,可求得半无限体上作用的移动点热源焊缝上的冷却速度为

$$\omega_c = \frac{\mathrm{d}T}{\mathrm{d}t} = 2\pi\lambda \frac{(T-T_0)^2}{q/v} \tag{1-38}$$

根据式(1-35),当 $y=0$ 时,可求得无限板上作用的移动线热源焊缝上的冷却速度为

$$\omega_c = \frac{\mathrm{d}T}{\mathrm{d}t} = 2\pi\lambda c\rho \frac{(T-T_0)^3}{(q/vh)^2} \tag{1-39}$$

在材料和焊接热输入一定的条件下,随板厚的增加,焊接区的冷却速度提高,但当板厚达到某一临界厚度时,冷却速度就与板厚无关,而是一个常数。这一板厚称为临界板厚。根据式(1-38)和式(1-39)计算冷却速度并使之相等,便可求得临界板厚 h_c 为

$$h_c = \sqrt{\frac{\Phi/v}{c\rho(T-T_0)}} \tag{1-40}$$

对于介于薄板与厚板之间的有限厚板情况,冷却速度受板厚的影响较大(见图1-21),计算冷却速度时需要进行修正。

在实际应用中,常采用由相变点以上某一温度冷却到相变点以下某一温度所需的平均冷却时间作为判据。例如从800 ℃冷却到500 ℃(或300 ℃)的平均冷却时间 $t_{8/5}$(或 $t_{8/3}$)等,来分析钢材焊接热影响区中的组织变化。

在多层焊接时,后焊的焊道对前层焊道起着热处理的作用,而前道焊对后道焊又起着焊前预热的作用。因此,多层焊时近缝区中的热循环要比单层焊时复杂得多。但是,多层焊时层间焊缝相互的热处理作用对于提高接头性能是有利的。多层焊时的热循环与其施焊方法有关。在实际生产中,多层焊的方法有长段多层焊和短段多层焊两种,它们的热循环也有很大差别。

长段多层焊时,每层的焊缝均较长,在焊完第一层焊缝后接着焊第二层焊缝时,第一层焊

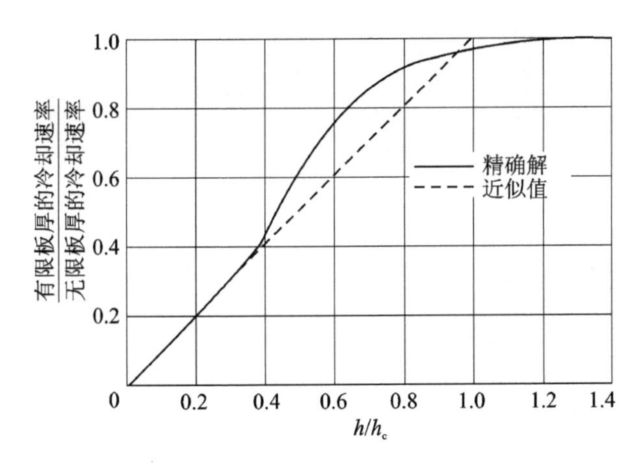

图 1－21　冷却速率与板厚的关系

缝已有较长的时间冷却，其温度已下降到 200 ℃以下的低温。长段多层焊时，各层焊缝间的相互热处理作用及焊接热循环如图 1－22 所示。

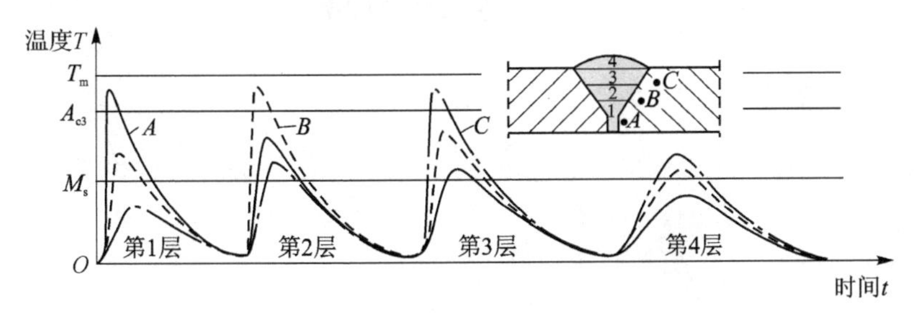

图 1－22　长焊缝多层焊热影响区的温度循环

可以看出，近缝区 A、B、C 各点均经受了 4 次热循环作用，由于各点位置不同，每次热循环作用的最高温度也不相同。一般来说，在焊接易淬火硬化的钢种时，长段多层焊各层均有产生裂纹的可能，为此，在各层施焊前仍需配合与所焊钢种相应的工艺措施，如焊前预热，焊后缓冷等。

短段多层焊接时，每层的焊缝长度较短，为 50～400 mm。在每层焊接时，前一层焊缝近缝区的温度尚未完全冷却，一般尚处于 M_s 点以上温度。因此，除了第一层焊缝及最后一层焊缝近缝区具有较高冷却速度外，中间各层焊缝施焊时，近缝区的冷却速度较低。所以，短段多层焊较适合焊接易淬硬钢，此时，只要控制第一层焊缝及最后一层焊缝不出现裂纹，在焊接中间各层焊缝时，也不致出现裂纹。短段多层焊时，接头根部点 A 与接头上部点 C 所经受的焊接热循环如图 1－23 所示。对于点 A，在 A_{c3} 以上温度停留时间较短，避免了晶粒长大，另一方面，在 A_{c3} 以下温度时，冷却速度较慢，可以防止产生淬硬组织。对于点 C，第四层焊缝是在前几层焊缝预热基础上施焊的，只要规范控制适当，它在 A_{c3} 以上温度停留时间也可以较短，不致引起晶粒长大和产生过热组织，而此时其焊缝冷却速度较低，不易产生淬硬组织和裂纹。有时，为了防止最后一层焊缝产生淬硬组织，改善接头组织性能，可以再施焊一道退火焊缝。

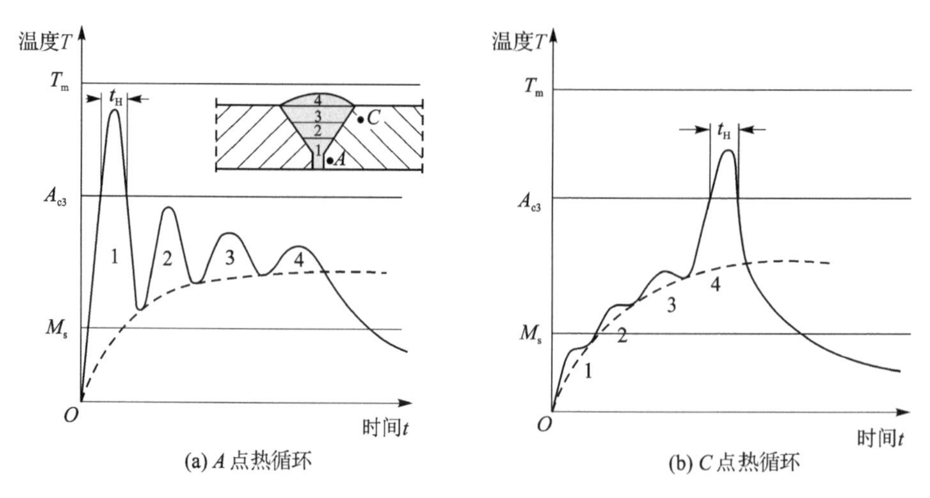

图1-23 短焊缝多层焊热影响区的温度循环

1.3 热变形与应力

1.3.1 热变形与热应力

热与力是焊接过程中的两种主要的能量传递现象,焊接过程热力行为对于焊接结构性能具有重要影响。为了掌握焊接热力行为,这里首先对物体的热变形与应力进行分析。

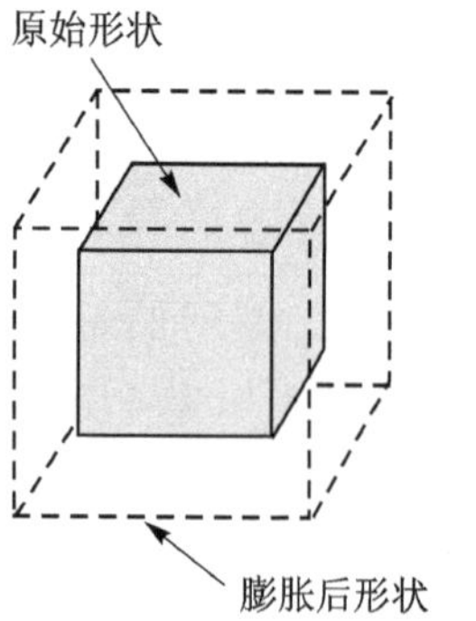

原始形状

膨胀后形状

图1-24 微元体的热变形

当物体的温度发生变化时,其尺寸和形状就会发生变化,称为热变形。微元体均匀受热或冷却时,在3个方向上产生同样的自由变形(见图1-24),无剪切变形,物体体积变化率为

$$\frac{\Delta V}{V_0}=\alpha_V \Delta T \tag{1-41}$$

式中:V_0——初始体积;

ΔV——由于温度改变ΔT而产生的体积变化量;

α_V——体膨胀系数。

同样,可定义线膨胀量为

$$\varepsilon_T=\alpha \Delta T \tag{1-42}$$

式中:α——金属的线膨胀系数(以下称热膨胀系数),其数值随材料而异(见图1-25),在不同温度下也有一定的变化。

如果热变形不受外界的任何约束而自由地进行,则称为自由变形。如图1-26中的金属杆件,当温度为T_0时,其长度为L_0;当温度由T_0升至T_1时,如不受阻碍,其自由变形为

$$\Delta L_T=\alpha(T_1-T_0)L_0 \tag{1-43}$$

单位长度上的自由变形量称为自由变形率,用ε_T表示

$$\varepsilon_T=\frac{\Delta L_T}{L_0}=\alpha(T_1-T_0) \tag{1-44}$$

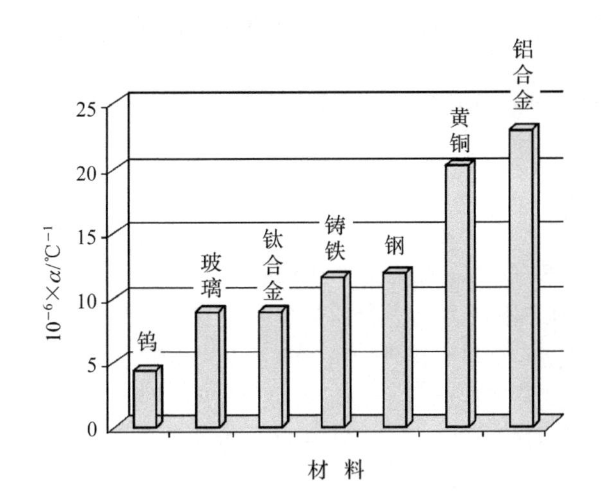

图 1-25　典型材料的热膨胀系数比较

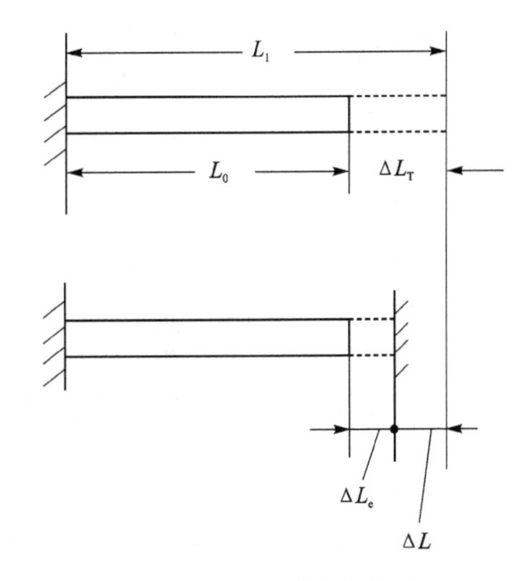

图 1-26　杆件的热变形

如果物体在温度变化过程中受到阻碍，使其不能完全自由变形，只能部分地表现出来，则能表现出来的这部分变形，称为外观变形，用 ΔL_e 表示。其变形率 ε_e 为

$$\varepsilon_e = \frac{\Delta L_e}{L_0} \tag{1-45}$$

而未表现出来的那部分变形，称为内部变形，它的数值是自由变形与外观变形之差，因为是受压故为负值，可用下式表示：

$$\Delta L = -(\Delta L_T - \Delta L_e) = \Delta L_e - \Delta L_T \tag{1-46}$$

内部变形率为

$$\varepsilon = \frac{\Delta L}{L_0} \tag{1-47}$$

在弹性范围内，应力与应变之间的关系可以用胡克定律来表示

$$\sigma = E\varepsilon = E(\varepsilon_e - \varepsilon_T) \tag{1-48}$$

当金属杆件在加热过程中受到阻碍，其长度不能自由伸长，则在杆件中产生内部变形，如果杆中内部变形率的绝对值小于金属屈服时的变形率（$|\varepsilon| < \varepsilon_s$），则杆件中的热应力小于屈服的应力（$\sigma < \sigma_s$）。当杆件的温度从 T_1 恢复到 T_0 时，如果允许杆件自由收缩，则杆件将恢复到原来长度 L_0，此时杆件内也不存在应力。

如果杆件温度升到 T_2（$T_2 > T_1$），使杆件中的内部变形率大于金属屈服时的变形率，即 $|\varepsilon| > \varepsilon_s$。在这种情况下，杆件中不但产生达到屈服极限的应力，同时还产生压缩塑性变形，根据理想应力与应变的关系（见图 1-27），压缩塑性应变为

$$|\varepsilon_p| = |\varepsilon_e - \varepsilon_T| - \varepsilon_s \tag{1-49}$$

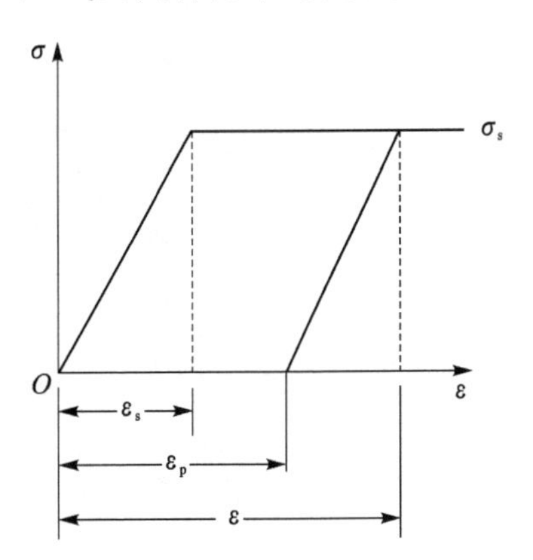

图 1-27　理想应力与应变的关系

当杆件的温度从 T_2 恢复到 T_0 时，如果允许杆件自由收缩，则杆件将比原来缩短 ΔL_p，杆件中也不存

在内应力。若不允许杆件自由收缩,则在杆件中存在拉伸应力,称为残余应力。残余应力的大小视杆件内部变形率的大小而异。

如果杆件两端都是完全固定的,则杆件在热循环作用下,完全没有变形的自由,此时外观变形 $\varepsilon_e=0$,内部变形为

$$\varepsilon=-\varepsilon_T=-\alpha T \tag{1-50}$$

杆件在加热过程中一直受到压缩作用。图 1-28 所示为杆件经受 $0\to T_M\to 0$ 的热循环过程中的应变循环过程,T_M 为力学熔点。图 1-28(a)中,AB 为弹性压缩阶段,温度高于 T_e 后发生压缩塑性变形,压应力最大为相应温度下的屈服应力,T_e 为加热过程中发生塑性变形的临界温度。在 T_e 点以下加热,杆件只有弹性变形,冷却后杆件中既无变形也无应力。如果加热到 $T_1(T_1>T_e)$,这时杆件产生了压缩塑性变形,杆件的应变循环沿 ABC_1E_1 进行;冷却至初始温度后,杆件中有弹性应变 $E_1A<\varepsilon_s$,杆件内产生残余应力,没有拉伸塑性变形。当温度升至 T_2 以上时(如 $T=T_3$),杆件的应变循环沿 ABC_3D_3E 进行;冷却至初始温度后,杆件中既有拉伸弹性应变,也有拉伸塑性变形,这时杆件中的拉伸塑性变形抵消了加热时产生的压缩塑性变形。从图 1-28(a)可以看出,$T_2=T_t=2T_e$ 是温度下降过程中不产生塑性变形的下限温度,根据式(1-42)可得

$$\varepsilon_s=\alpha T_e \tag{1-51}$$

则

$$T_e=\frac{\varepsilon_s}{\alpha}=\frac{\sigma_s}{E\alpha} \tag{1-52}$$

对于 235～470 MPa 强度级别的钢材而言,$T_e=100\sim200$ ℃,$T_t=200\sim400$ ℃。

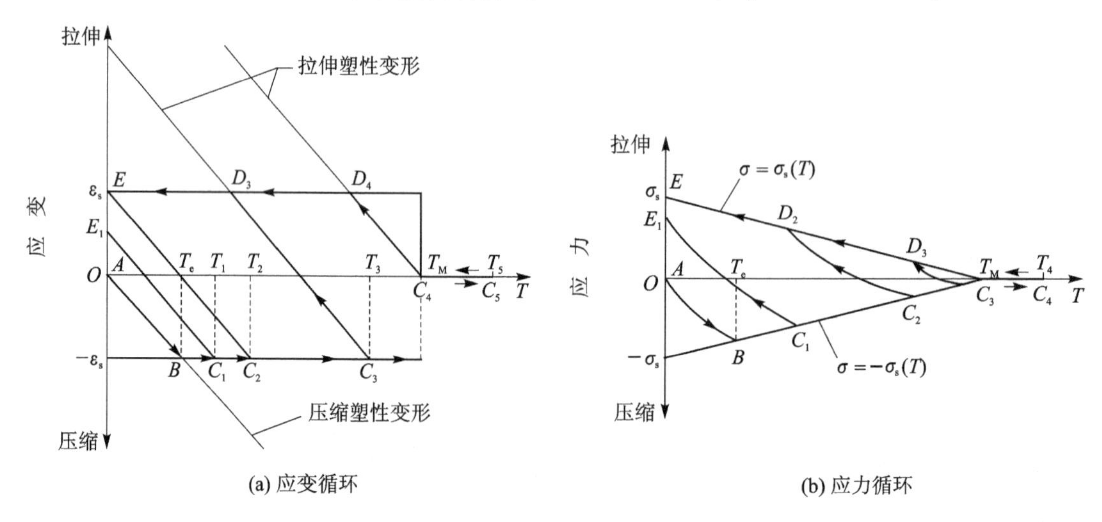

(a) 应变循环　　(b) 应力循环

图 1-28　热应力应变循环

若 $T\geqslant T_M$,则 $\sigma_s=0$,$E=0$,此时无论 T 如何,在冷却过程中,弹性应变均沿 C_4D_4E 变化。

上述分析并未考虑 σ_s 和 E 在 $T<T_M$ 时随温度的变化,σ_s 和 E 与温度的关系可以表示为

$$\sigma_s=\sigma_{s0}\left(1-\frac{T}{T_M}\right) \tag{1-53}$$

$$E = E_0\left(1 - \frac{T}{T_M}\right) \tag{1-54}$$

式中：σ_{s0}、E_0——常温下的屈服应力和弹性模量。对于碳钢而言，σ_s 在 500 ℃以下基本恒定，在 500～600 ℃按线性下降至零。图 1-28(b)所示为 σ_s 按线性下降时的应力循环。

在同一物体内部，如果温度的分布是不均匀的，虽然物体不受外界约束，但由于各处的温度不同，每一部分因受到相邻不同温度部分的影响，不能自由伸缩，也会在内部产生热应力。

由不同材料组成的构件，当受到均匀温度场的作用时，由于各种材料的膨胀系数不同，材料之间为保证变形协调而产生相互约束，不能自由变形，从而产生不同的热应力，见图 1-29。

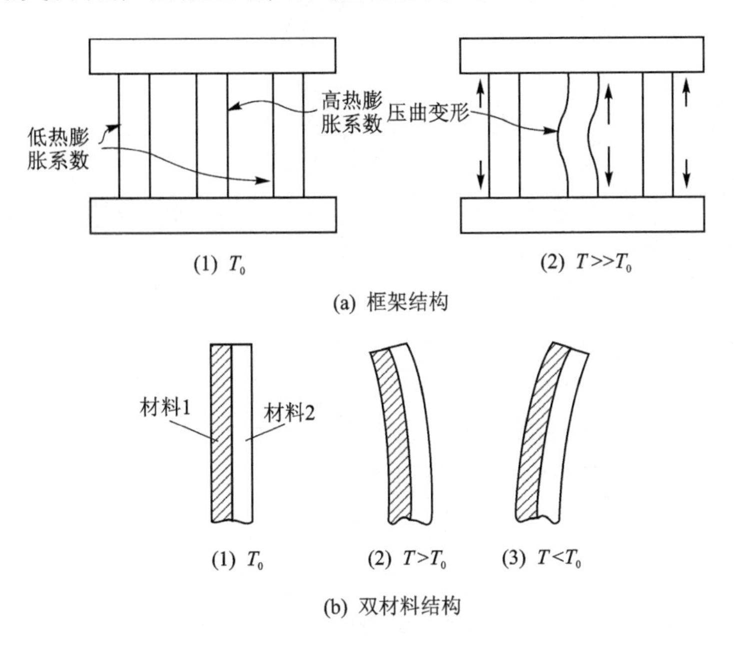

图 1-29　异种材料的热变形

对于双材料复合体，材料的弹性模量、泊松比和热膨胀系数分别为 E_1、ν_1、α_1 和 E_2、ν_2、α_2，且 $\alpha_1<\alpha_2$。在加热或冷却过程中，材料 1 的热变形小于材料 2 的热变形，为了保持界面处的位移连续条件，接头内部有内应力产生，即热应力。热应力的大小与两种材料的热应变差($\alpha_1 T_1-\alpha_2 T_2$)、弹性系数比($E_1/E_2$)、泊松比($\nu_1$，$\nu_2$)、板厚比($B_1/B_2$)及板长等参数有关，即热应力取决于材料特性、接头形状尺寸和温度分布三个主要因素。

1.3.2　残余应力

1. 残余应力的产生

如果不均匀温度场所造成的内应力达到材料的屈服限，则使局部区域产生塑性变形。当温度恢复原始的均匀状态后，就会产生新的内应力。这种内应力是温度均匀后残存在物体中的，称为残余应力。残余应力为平衡于物体内部的应力，满足下列平衡条件

$$\int \sigma \mathrm{d}A = 0 \tag{1-55a}$$

$$\int \mathrm{d}M = 0 \tag{1-55b}$$

如图1-30所示的三根等截面杆件与横梁连接组成的金属框架,上下横梁具有足够的刚性,中间杆Ⅰ加热到600 ℃,然后再冷却到室温。在加热过程中,两侧的杆Ⅱ保持室温。图中的曲线 $ABCDE$ 就是中间杆Ⅰ的应力与温度的关系。由于两侧杆阻碍中间杆的自由变形,根据对称性,两侧杆的应力等于中间杆应力的一半,但方向相反,即 $\sigma_{\mathrm{II}} = -\sigma_{\mathrm{I}}/2$。

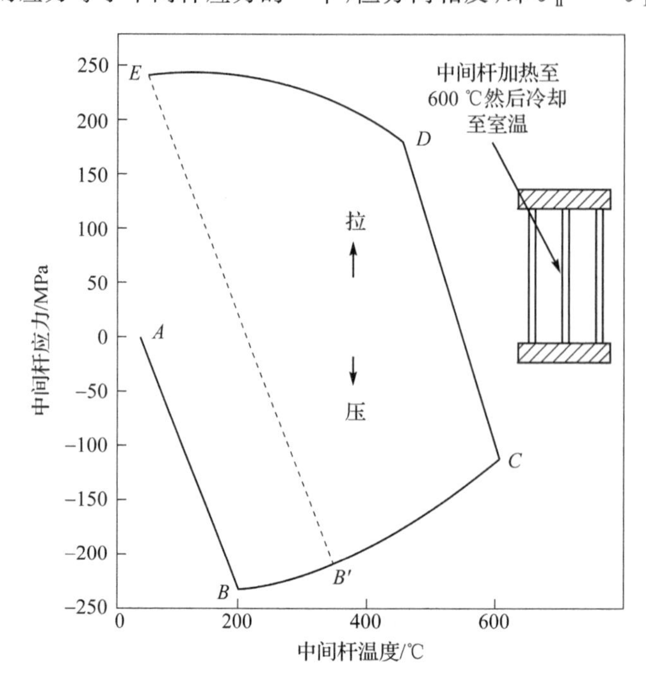

图1-30 受约束杆件的热应力循环

当中间杆Ⅰ温度升高时,由于膨胀受到两侧杆Ⅱ的约束而产生压应力,其值随温度上升而变大。杆Ⅰ的应力为

$$\sigma_{\mathrm{I}} = E_{\mathrm{T}}(\varepsilon_{\mathrm{e}} - \alpha \Delta T) \tag{1-56}$$

式中:E_{T}——温度为 T 时材料的弹性模量;

ε_{e}——框架的外观变形,在弹性约束条件下有

$$\varepsilon_{\mathrm{e}} = \frac{\sigma_{\mathrm{II}}}{E} = -\frac{\sigma_{\mathrm{I}}}{2E}$$

代入式(1-56)可得

$$\sigma_{\mathrm{I}} = -\alpha \Delta T \frac{2E}{1 + 2E/E_{\mathrm{T}}} \tag{1-57}$$

当温度达到 B 点后,中间杆的压力反而下降。这是因为温度继续升高时,杆件材料的屈服应力降低,应力的大小不能超过给定温度下材料的屈服限,当压应力达到给定温度下的材料屈服限时,杆Ⅰ中发生压缩塑性变形。

根据式(1-57)可确定杆Ⅰ发生屈服的温升 ΔT_{s},令 $\sigma_{\mathrm{I}} = -\sigma_{\mathrm{s}}$,得

$$\Delta T_{\mathrm{s}} = \frac{1 + 2E/E_{\mathrm{T}}}{2\alpha E}\sigma_{\mathrm{s}} \tag{1-58}$$

如果不考虑温度对弹性模量的影响，即 $E=E_T$，则有

$$\Delta T_s=\frac{3}{2}\frac{\sigma_s}{\alpha E} \tag{1-59}$$

杆Ⅰ加热到 600 ℃(图 1-30 中 C 点)，然后冷却。在冷却过程中(CDE 段)，杆Ⅰ收缩，但由于杆内已发生了塑性压缩变形，继续收缩将受到两侧杆Ⅱ的约束而使压应力转变为拉应力，并很快达到拉伸屈服应力(D 点)。此后，随着温度的进一步降低，杆Ⅰ的应力限定在相应温度下的屈服应力水平(DE 段)，并产生拉伸塑性变形，部分抵消了加热阶段所产生的压缩塑性变形。这样，冷却至 E 点后，杆Ⅰ内产生的拉伸残余应力就等于室温下的屈服应力，而两侧杆的压缩残余应力等于中间杆拉伸残余应力的一半。

图 1-30 中，$B'E$ 线表示当杆Ⅰ加热到 B' 后冷却至室温过程中的应力与温度的关系，其残余应力值也达到 E 点的水平。这说明 B' 点所对应的温度是杆Ⅰ经热循环产生的残余应力达到屈服应力水平的最低温度，在此温度以下，杆Ⅰ冷却后的残余应力的大小取决于加热最高温度。

2. 残余应力基本方程

这里以平面应力问题为例分析残余应力场的基本关系。平面应力问题所产生的应变分量为

$$\varepsilon_x=\varepsilon'_x+\varepsilon''_x \tag{1-60a}$$

$$\varepsilon_y=\varepsilon'_y+\varepsilon''_y \tag{1-60b}$$

$$\gamma_x=\gamma'_x+\gamma''_x \tag{1-60c}$$

式中：$\varepsilon_x,\varepsilon_y,\gamma_x$——总应变分量；

$\varepsilon'_x,\varepsilon'_y,\gamma'_x$——弹性应变分量；

$\varepsilon''_x,\varepsilon''_y,\gamma''_x$——非弹性应变分量，可以是塑性应变、热应变等。

弹性应变与应力之间的关系符合胡克定律：

$$\varepsilon'_x=\frac{1}{E}(\sigma_x-\mu\sigma_y) \tag{1-61a}$$

$$\varepsilon'_y=\frac{1}{E}(\sigma_y-\mu\sigma_x) \tag{1-61b}$$

$$\gamma'_{xy}=\frac{1}{G}\tau_{xy}=\frac{2(1+\mu)}{E}\tau_{xy} \tag{1-61c}$$

应力平衡条件为

$$\frac{\partial\sigma_x}{\partial x}+\frac{\partial\tau_{xy}}{\partial y}=0 \tag{1-62a}$$

$$\frac{\partial\sigma_y}{\partial y}+\frac{\partial\tau_{xy}}{\partial x}=0 \tag{1-62b}$$

总应变须满足变形协调条件：

$$\left(\frac{\partial^2\varepsilon'_x}{\partial y^2}+\frac{\partial^2\varepsilon'_y}{\partial x^2}-\frac{\partial^2\gamma'_{xy}}{\partial x\partial y}\right)+\left(\frac{\partial^2\varepsilon''_x}{\partial y^2}+\frac{\partial^2\varepsilon''_y}{\partial x^2}-\frac{\partial^2\gamma''_{xy}}{\partial x\partial y}\right)=0 \tag{1-63}$$

根据上式可用下式作为判断是否出现残余应力的条件：

$$R=-\left(\frac{\partial^2\varepsilon''_x}{\partial y^2}+\frac{\partial^2\varepsilon''_y}{\partial x^2}-\frac{\partial^2\gamma''_{xy}}{\partial x\partial y}\right) \tag{1-64}$$

当$R=0$时,不产生残余应力,此时非弹性应变为坐标的线性函数,变形梯度为常数。在这种情况下,变形在物体内部是互相协调的。当$R\neq 0$时,产生残余应力,R是变形的非协调性的表征,变形的非协调性是残余应力产生的原因。如果解除这种变形的非协调性,连续介质的物体中就不再连续了,就会出现“空隙”或“错位”,而残余应力就是将“空隙”或“错位”强制“连接”或“复位”,使物体保持连续性。

根据弹性力学的解法,引入应力函数$F(x,y)$,则有

$$\sigma_x=\frac{\partial^2 F}{\partial y^2} \tag{1-65a}$$

$$\sigma_y=\frac{\partial^2 F}{\partial x^2} \tag{1-65b}$$

$$\tau_{xy}=-\frac{\partial^2 F}{\partial x\partial y} \tag{1-65c}$$

代入式(1-61)可得

$$\varepsilon'_x=\frac{1}{E}\left(\frac{\partial^2 F}{\partial y^2}-\mu\frac{\partial^2 F}{\partial x^2}\right) \tag{1-66a}$$

$$\varepsilon'_y=\frac{1}{E}\left(\frac{\partial^2 F}{\partial x^2}-\mu\frac{\partial^2 F}{\partial y^2}\right) \tag{1-66b}$$

$$\gamma'_{xy}=-\frac{2(1+\mu)}{E}\frac{\partial^2 F}{\partial x\partial y} \tag{1-66c}$$

代入式(1-63)可得

$$\frac{1}{E}\left(\frac{\partial^4 F}{\partial x^4}+2\frac{\partial^4 F}{\partial x^2\partial x^2}+\frac{\partial^4 F}{\partial y^4}\right)=R(x,y) \tag{1-67}$$

或

$$\nabla^2\left(\frac{\partial^2 F}{\partial y^2}+\frac{\partial^2 F}{\partial x^2}\right)=\nabla^2\nabla^2 F=\nabla^4 F=ER(x,y) \tag{1-68}$$

式(1-68)是一个四阶非齐次偏微分方程,其解包含齐次解$F_1(x,y)$和特解$F_2(x,y)$,即

$$F(x,y)=F_1(x,y)+F_2(x,y) \tag{1-69}$$

齐次解$F_1(x,y)$是$R=0$时的双调和方程的解,即

$$\nabla^4 F_1=0 \tag{1-70}$$

其解为双调和函数。特解$F_2(x,y)$满足的方程为

$$\nabla^4 F_2=ER(x,y) \tag{1-71}$$

即采用应力函数求解平面热应力问题,可归结为对式(1-68)求应力函数的问题,也就是要寻求方程(1-71)的特解和双调和方程的一般解,并使应力函数满足边界条件。在复杂的边界条件下,要得到精确解往往是很困难的。对于实际结构的热应力分析,目前多采用数值计算方法。

可以证明,对于一个单连通域的平面,在平面应力和平面应变的状态下,无内热源的稳定温度场将不产生热应力,也就不会形成非协调变形。若内部有热源,即使单连通域,也要产生热应力。对于多连通域,即使无内热源的稳定温度场,一般也要产生热应力。

在金属结构的加热或冷却过程中,当温度达到一定界限时,便会发生组织转变(即相变);在相变时金属体积发生变化,当相变在较低的温度下进行时,金属已处于弹性状态,能够形成应力,这种因相变产生的内应力称为相变应力。如焊接合金钢时奥氏体到马氏体的转变,相变

区域产生应力。

1.4　焊接应力

1.4.1　焊接热应力

图1-31所示为熔焊过程中的温度场变化所引起的焊接热应力变化。电弧以速度 v 沿 x 方向移动，在某时刻到达 O 点。电弧前方为待焊区域，电弧后方为已凝固的焊缝。

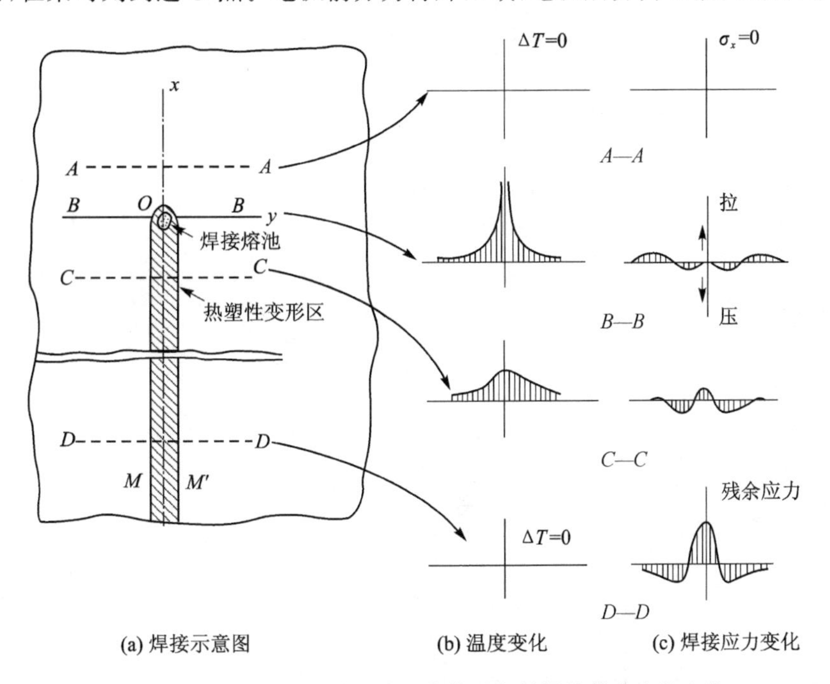

图1-31　熔焊过程中的温度场变化引起的焊接热应力的变化

在焊接电弧前方的 $A—A$ 截面未受到焊接热作用，温度变化 $\Delta T \approx 0$，瞬时热应力也近乎为零。

在通过焊接电弧加热的熔化区的 $B—B$ 截面上，温度发生剧烈变化。因熔化金属不承受载荷，所以位于焊接电弧中心区的截面内的应力接近于零。电弧临近区域的金属热膨胀受到周围温度较低的金属的拘束作用而产生压应力，其应力为相应温度下的材料屈服应力，由此产生压缩塑性变形。远离焊缝的区域的应力为拉应力，该拉应力与焊接区附近的压应力相平衡。

截面 $C—C$ 位于已凝固的焊缝区，焊缝及临近母材已经冷却收缩，在焊缝区引起拉应力，接近焊缝的区域仍为压应力，而远离焊缝区的拉应力开始降低。

截面 $D—D$ 的温度差已趋于零，在焊缝及临近区产生较高的拉应力，而在远离焊缝的区域产生压应力。焊接完成后，沿 x 方向各截面都存在这样分布的残余应力。

图中阴影区 $M—M'$ 是焊接热循环过程中产生的塑性变形区。塑性变形区以外的区域在热循环过程中不发生塑性变形，仅有与 $M—M'$ 区内的塑性变形相适应的弹性变形。所以，焊接残余应力的产生是由于不均匀加热引起的不均匀塑性变形，再由不均匀变形引起的弹性应力，是强制协调焊缝与母材变形不一致的结果。

图1-32所示为板边堆焊焊件的焊接变形与应力的变化过程。在焊接加热过程中，堆焊

边膨胀大于未焊边,焊件为保持变形协调,横截面要发生偏转,导致焊件向未焊边弯曲,而焊后收缩使得焊件向堆焊侧弯曲。应用前述热应力研究方法,根据板边堆焊过程中的自由变形与外观变形的关系,可分析板边堆焊的热应力与变形的演化过程。

如图1-32所示,焊接电弧中心区的应力接近于零。板条自由变形率 ε_T 与温度分布近似。根据平面假设,板条外观变形率 ε_e 沿板宽线性变化($m-n$ 线)。显然,自由变形与外观变形不重合,因此必然产生内部变形,从而形成内应力。电弧临近区域的金属自由变形率 ε_T 大于外观变形率 ε_e 而产生压应力,未焊边因板弯曲变形而产生压应力,内应力平衡的结果使得半条中部产生拉应力。随着焊接电弧的移动,板条自由变形率 ε_T 与外观变形率 ε_e 的关系发生变化。

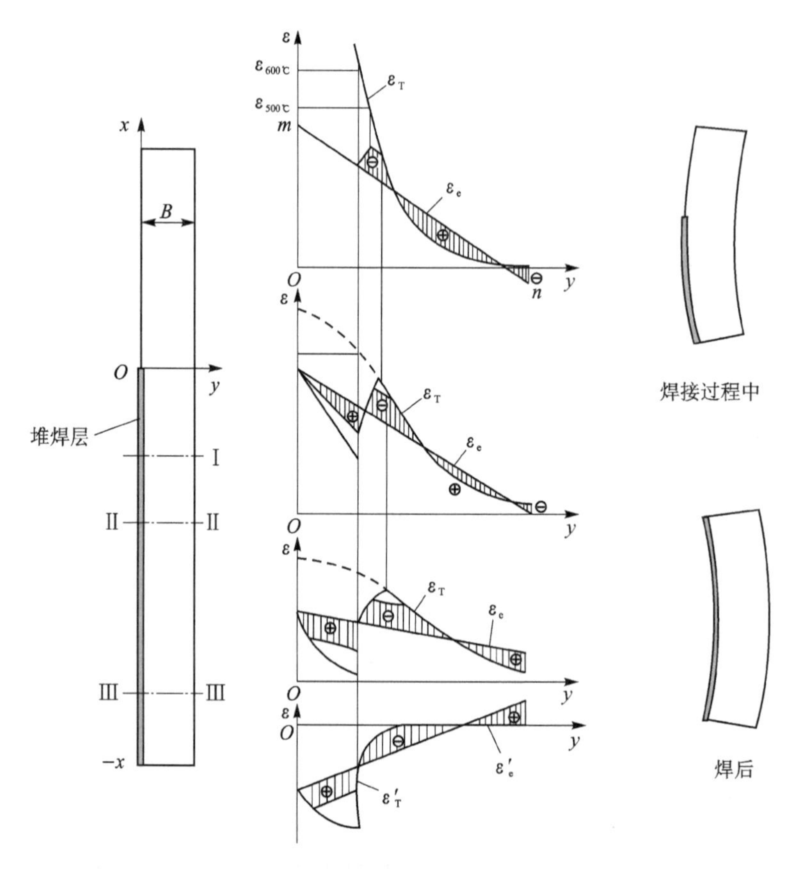

图1-32　板边堆焊焊件的焊接变形与应力的变化过程

Ⅰ—Ⅰ截面位于已凝固的焊缝区,焊缝及临近母材已经冷却收缩,在焊缝区引起拉应力,接近焊缝的区域仍为压应力,而板条中部拉应力区开始缩小,未焊侧仍为压应力。

Ⅱ—Ⅱ截面进一步冷却,在焊缝及临近区产生较高的拉应力(超过材料屈服极限),板条发生反向弯曲,使得未焊侧产生拉应力,内应力平衡的结果使得半条中部产生压应力。

Ⅲ—Ⅲ截面已接近室温直至焊接结束,焊缝及临近区产生较高的残余拉应力,焊件宽度中间区域为压应力,未焊侧为拉应力。若板比较窄时,焊缝区也可能出现压应力。焊后板条也会产生残余弯曲变形,其方向与加热时相反。

图1-33所示是不同长度板条边缘堆焊时的挠度在焊接过程中的变化情况。随着板条长

度的增加，负挠度的增加存在一定的限度，而残余挠度（正挠度）变化范围较大。

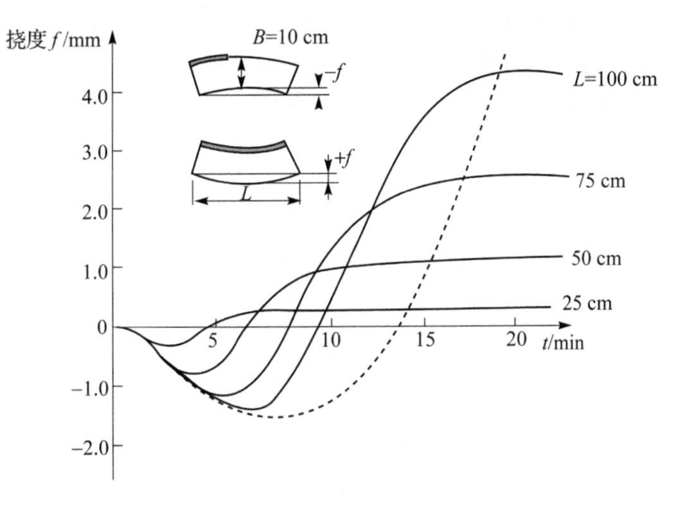

图 1-33　不同长度板条边缘堆焊时的挠度变化

1.4.2　焊接残余应力

1. 焊接残余应力分布的基本特点

焊缝区在焊后的冷却收缩一般是三维的，所产生的残余应力也是三轴的。但是，在材料厚度不大的焊接结构中，厚度方向上的应力很小，残余应力基本上是双轴的。只有在大厚度的结构中，厚度方向上的应力才比较大。为便于分析，常把沿焊缝方向的应力称为纵向应力，用 σ_x 表示；垂直于焊缝方向的应力称为横向应力，用 σ_y 表示；厚度方向的应力，用 σ_z 来表示。

图 1-34 所示为纵向残余应力与横向残余应力的分布。

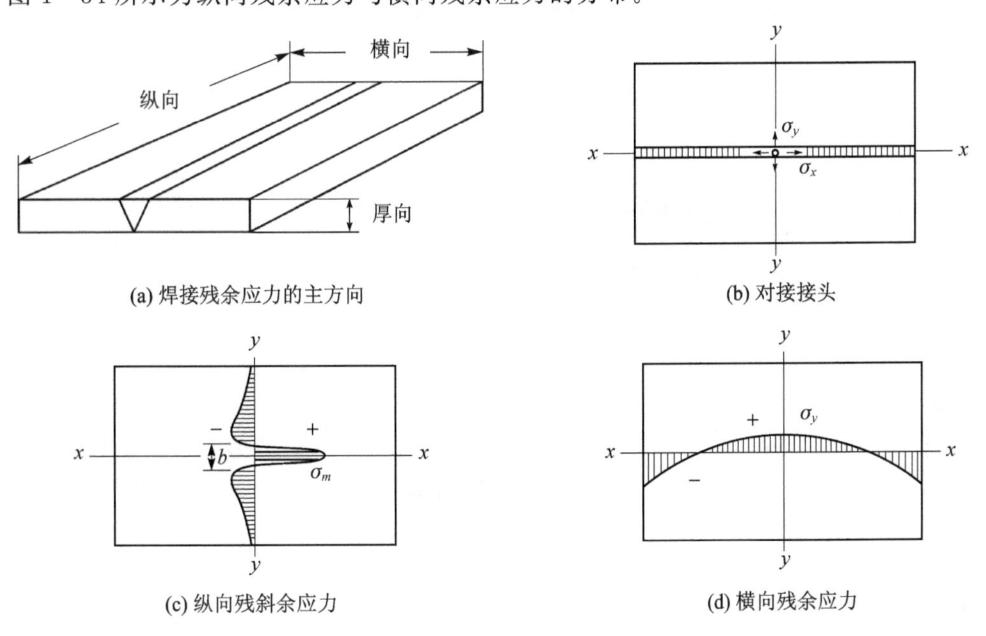

图 1-34　纵向残余应力与横向残余应力分布

(1) 纵向残余应力

纵向残余应力是由于焊缝纵向收缩引起的。对于普通碳钢的焊接结构，在焊缝区附近为拉应力，其最大值可以达到或超过屈服极限，拉应力区以外为压应力。焊缝区最大应力 σ_m 和拉伸应力区的宽度 b 是纵向残余应力分布的特征参数。对于图 1-34(c)所示的对称分布的纵向残余应力，可近似地表示为

$$\sigma_x = \sigma_m \left[1 - \left(\frac{y}{f}\right)^2\right] e^{-\frac{1}{2}\left(\frac{y}{f}\right)^2} \tag{1-72}$$

式中：σ_m——最大拉伸残余应力；

$f = b/2$。

在相同的焊接条件下，等厚度钢板对称焊接的残余应力分布如图 1-35 所示。当板宽较小时，焊件边缘为压应力(见图 1-35(a))，板宽足够大时，焊件边缘为压应力趋于零(见图 1-35(b))。图 1-35(c)所示为非对称对接残余应力的分布情况。图 1-36 所示为不同宽度板的板边堆焊纵向残余应力分布。如图 1-37 所示，平板对接焊接残余应力的分布可由几个关键点的坐标位置来确定。对于宽板，y_1、y_2、y_3 值随焊接线能量的增加而变大，而窄板的 y_1、y_2、y_3 值只与板宽有关。

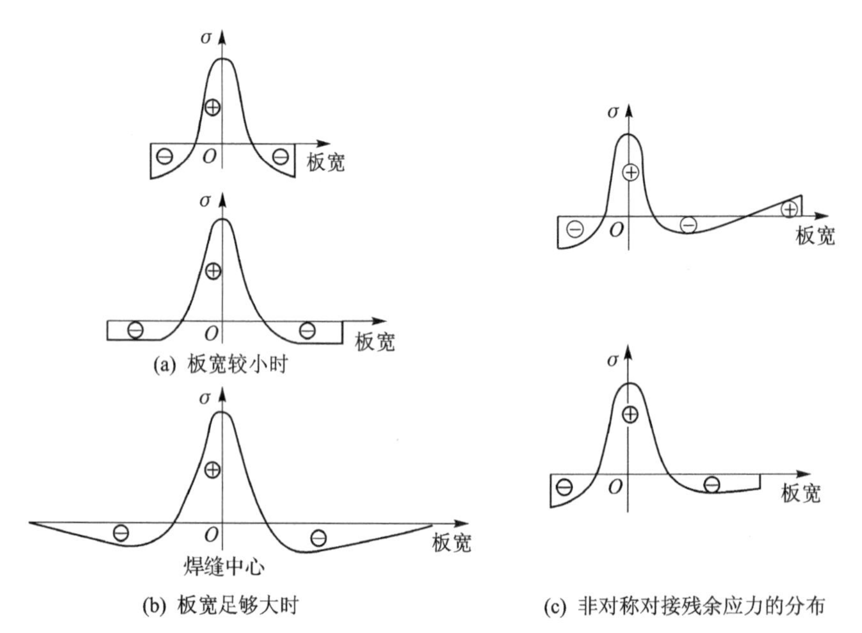

图 1-35 板宽对纵向残余应力分布的影响

纵向残余应力的最大值与材料的性能有一定的关系。铝和钛合金的焊接纵向残余应力的最大值往往低于屈服极限，一般为母材屈服极限的 50%～80%。造成这种情况的原因，对钛合金来说，主要因为它的膨胀系数和弹性模量数值较低，两者的乘积 αE 仅为低碳钢的 1/3 左右。对铝合金来说，主要因为它的导热系数较高，高温区和低温区的温差较小，压缩塑性变形降低，因而残余应力也降低。

(2) 横向残余应力

把垂直于焊缝方向的残余应力称为横向残余应力(见图 1-34(c))，用 σ_y 来表示。横向残

余应力产生是由焊缝及其附近塑性变形区的横向收缩和纵向收缩共同作用的结果。

横向应力在与焊缝平行的各截面上的分布大体与焊缝截面上相似，但是离焊缝的距离越大，应力值就越低，到边缘上 $\sigma_y=0$，如图 1-38 所示。

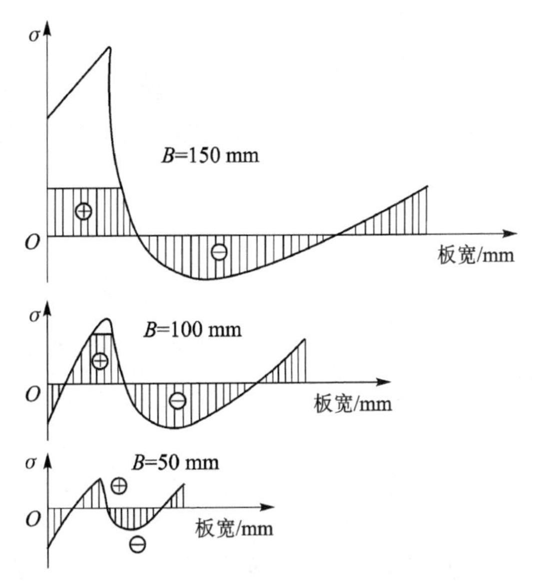

图 1-36　板边堆焊纵向残余应力分布

(3) 厚向残余应力

厚板焊接结构中除了存在着纵向残余应力和横向残余应力外，还存在着较大的厚度方向上的残余应力。研究表明，这三个方向的残余应力在厚度上的分布极不均匀。其分布规律，对于不同焊接工艺有较大差别。

图 1-39 所示为厚度为 240 mm 的低碳钢电渣焊缝中残余应力分布情况。厚度方向的残余应力 σ_z 为拉应力，在厚度中心最大，σ_x 和 σ_y 的数值也是在厚度中心为最大。σ_y 在表面为压应力，这是由于焊缝表面的凝固先于焊缝中心区所导致的。

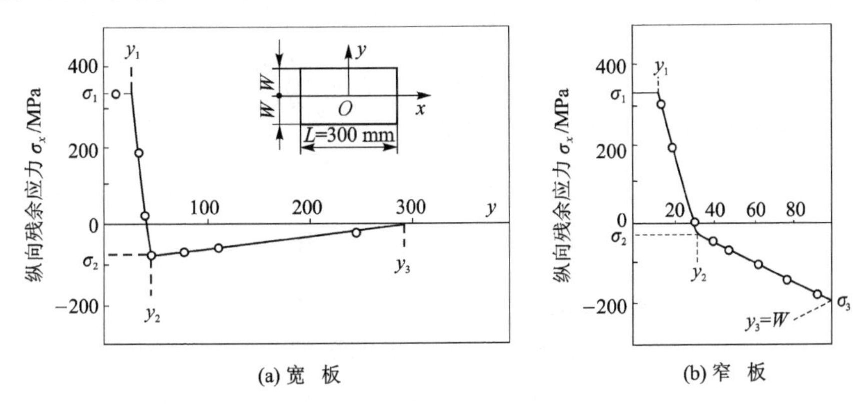

图 1-37　低碳钢 CO_2 焊接(线能量 12.56 kJ/cm)纵向残余应力分布

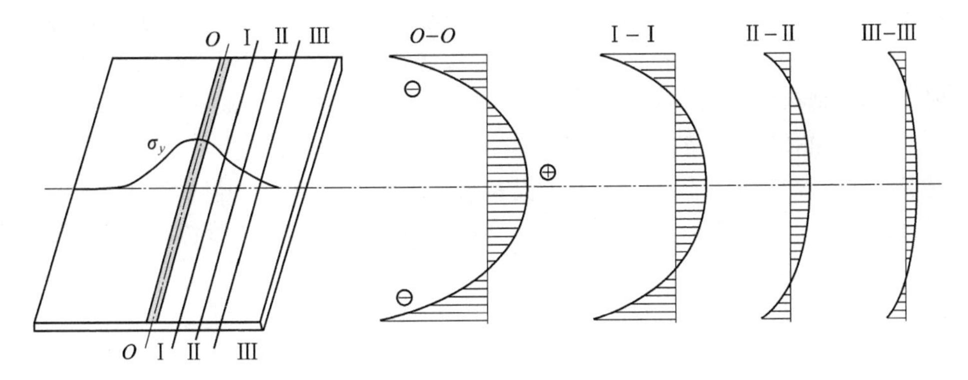

图 1-38　横向残余应力沿板宽上的分布

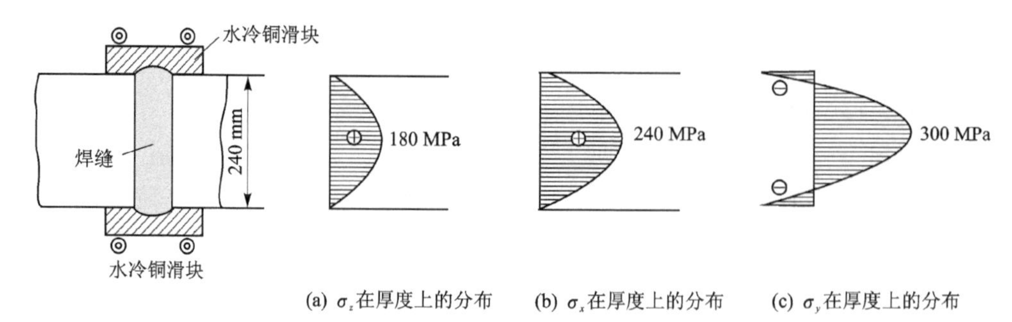

图 1-39 低碳钢电渣焊接头中残余应力分布情况

厚板多层焊的残余应力分布与电渣焊不同,在低碳钢厚板V形坡口对接多层焊时(见图1-40),σ_x 和 σ_y 在沿厚度方向上均为拉应力,而且靠近上、下表面的残余应力值较大,中心区残余应力值较小。σ_z 的数值较小,可能为压应力,亦有可能为拉应力。值得注意的是,横向应力 σ_y 在焊缝根部的数值很高,有时超过材料的屈服极限。造成这种现象的原因是,当多层焊时,每焊一层都使焊接接头产生一次角变形,在根部引起一次拉伸塑性变形,多次塑性变形的积累,使这部分金属产生应变硬化,应力不断上升,在较严重的情况下,甚至能达到金属的强度极限,导致接头根部开裂。如果焊接接头角变形受到阻碍,则有可能在焊缝根部产生压应力。

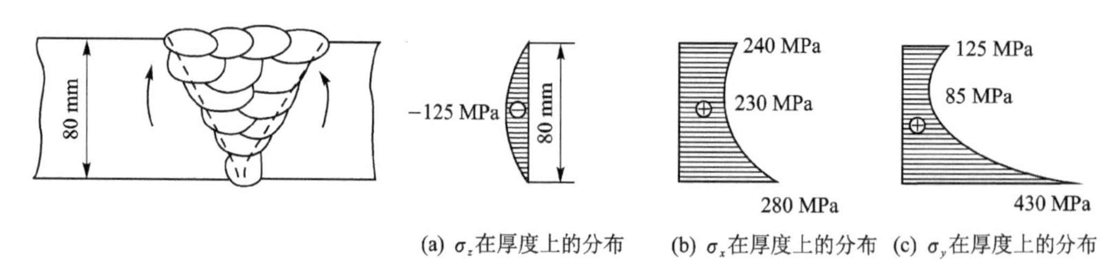

图 1-40 厚板多层焊的残余应力分布

(4) 拘束条件下焊接的残余应力

以上分析的焊接接头中的残余应力,都是构件在自由状态下焊接时发生的。但在生产中构件往往是在受拘束的情况下进行焊接的,如构件在刚性固定的胎夹具上焊接,或是构件本身刚性很大。

例如,对接接头在刚性拘束条件下焊接(见图1-41),接头的横向收缩必然受到制约,使接头中的横向残余应力发生明显变化。横向收缩在板内产生的反作用力称为拘束应力,拘束应力与拘束长度(两固定端之间的距离)和板厚有关。在板厚一定的条件下,拘束长度越长,拘束应力越小;在拘束长度一定的条件下,板厚越大,拘束应力越大。

在拘束条件下焊接,构件内的实际应力是拘束应力与自由状态下焊接产生的残余应力之和。如果接头的横向收缩受到外部拘束作用,则横向拘束在沿焊缝长度方向施加了大致均匀的拉应力,提高了 σ_y 的水平。

拘束应力对构件的影响较大,所以在实际生产中,需要采取一定的措施来防止产生过大的拘束应力。

(5) 相变应力

当金属发生相变时,其比容产生变化。例如,对碳钢来说,当奥氏体转变为铁素体或马氏

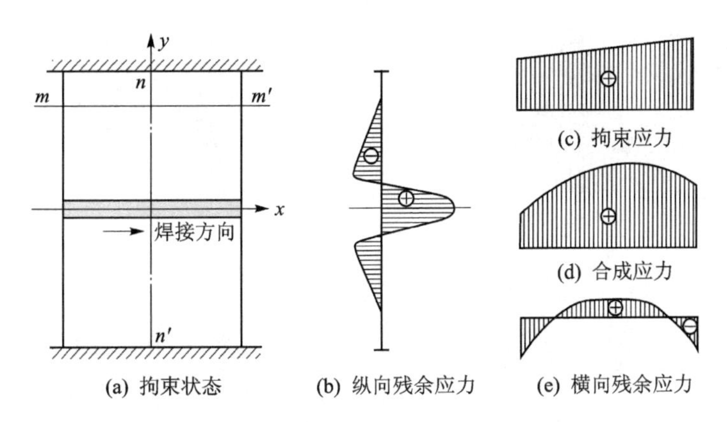

图1-41　拘束应力分布

体时，其比体积将增大，相反方向转变比容将减小。如果相变在金属的力学熔点以上发生，由于金属已丧失弹性，则比体积改变并不影响内应力。如低碳钢，加热时相变温度在 $A_{c1}\sim A_{c3}$ 之间，冷却时相变温度稍低。在一般的焊接冷却速度下，这个相变过程都在力学熔点（$T_p=600$ ℃）以上，所以相变的比体积变化对低碳钢焊后残余应力的分布没有影响。

但对一些高强钢，在加热时，相变温度高于 T_p，而在冷却时，相变温度却低于 T_p（见图1-42）。在这种情况下，相变将影响残余应力的分布（见图1-43）。当奥氏体转变时比体积增大，不但可能抵消焊接时的部分压缩塑性变形，减小残余拉应力，甚至可能出现压应力，这说明组织应力是很大的。

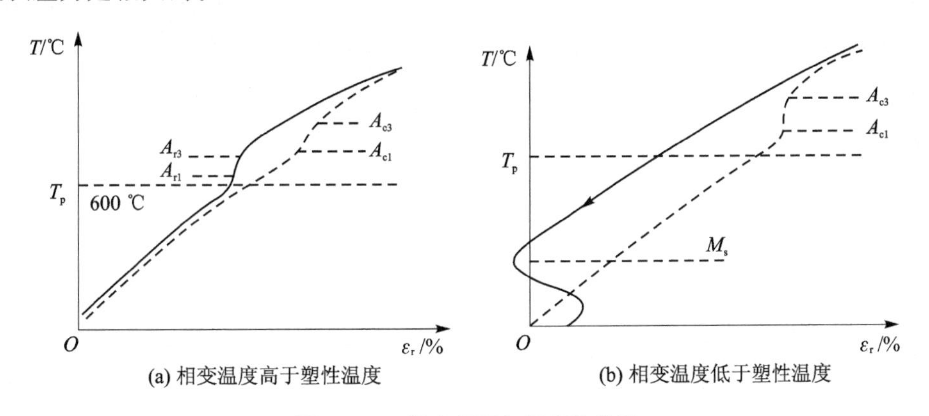

图1-42　相变应变与温度的关系

若母材的奥氏体转变低于 T_p，焊缝为不发生相变的奥氏体钢，近缝区低温相变膨胀引起的相变应力 σ_{mx}，最终的残余应力是 σ_x 与 σ_{mx} 的叠加（见图1-43(c)）。如果焊缝与母材相同，则焊缝金属在冷却时也将与近缝区一样；在比较低的温度下发生相变，最终残余应力的分布如图1-43(d)所示。同样，近缝区相变对横向残余应力的分布也有较大影响。

2. 典型焊件的残余应力分布

(1) 封闭焊缝的残余应力分布

在容器、船舶和航空喷气发动机等壳体结构中，经常会遇到焊接接管、人员出入孔接头和镶块之类的结构。这些环绕着接管、镶块等的焊缝构成一个封闭回路，称为封闭焊缝。封闭焊缝是在较大拘束条件下焊接的，因此内应力比自由状态时大。

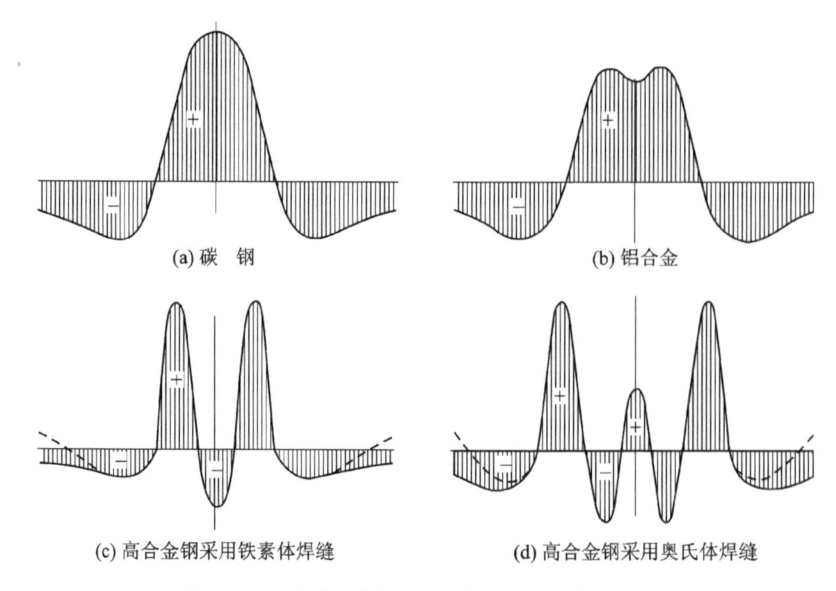

图 1-43 相变对焊缝纵向残余应力分布的影响

图 1-44 所示为一圆形封闭焊缝的残余应力分布情况。圆形封闭焊缝焊接后,焊缝发生周向收缩与径向收缩,同时产生径向应力和切向应力。其中,径向应力 σ_r(见图 1-44(a))为拉应力(应力分布与圆形封闭焊缝的径向尺寸有关),内板处较高,向外逐渐减小,最大值出现在焊缝。切向应力 σ_θ 在内板处是拉应力,向外迅速减小,并转变为压应力。切向应力的最大拉应力也出现在焊缝,最大压应力则位于外板靠近焊缝的圆周处。切向应力由两部分组成:一是由焊缝周向收缩引起的切向应力,二是由内板冷却过程中径向收缩引起的切向应力。总切应力是这两部分应力叠加的结果(见图 1-44(b))。

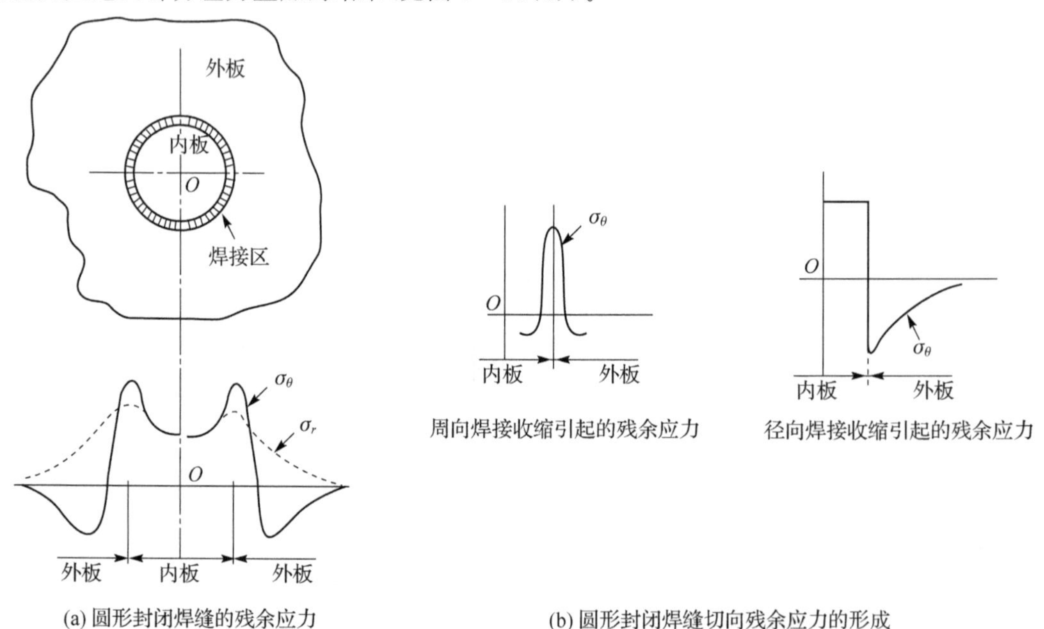

图 1-44 圆形封闭焊缝的残余应力分布

(2) 焊接型材中的残余应力

分析焊接型材的残余应力时,一般是将焊件的组成板(翼板和腹板)分别视为板边堆焊、中心堆焊或堆焊来处理。由于焊接型材的长细比值较大,易发生纵向弯曲变形,所以在残余应力分析时,往往着重分析纵向残余应力的分布情况。

图 1-45(a)所示为 T 形焊接梁的纵向残余应力分布。水平板的纵向残余应力分布与平板中心线堆焊时产生的残余应力分布类同。立板中的残余应力分布与板边堆焊时产生的残余应力分布类同。采用同样的分析方法,可以分析工字形截面梁(见图 1-45(b))和箱形截面梁(见图 1-45(c))的纵向残余应力分布规律。

在这些焊接型材中,焊缝及其附近区存在高值拉伸应力。腹板中都存有不可忽视的纵向残余压缩应力,这对焊件的压曲强度产生不利影响。

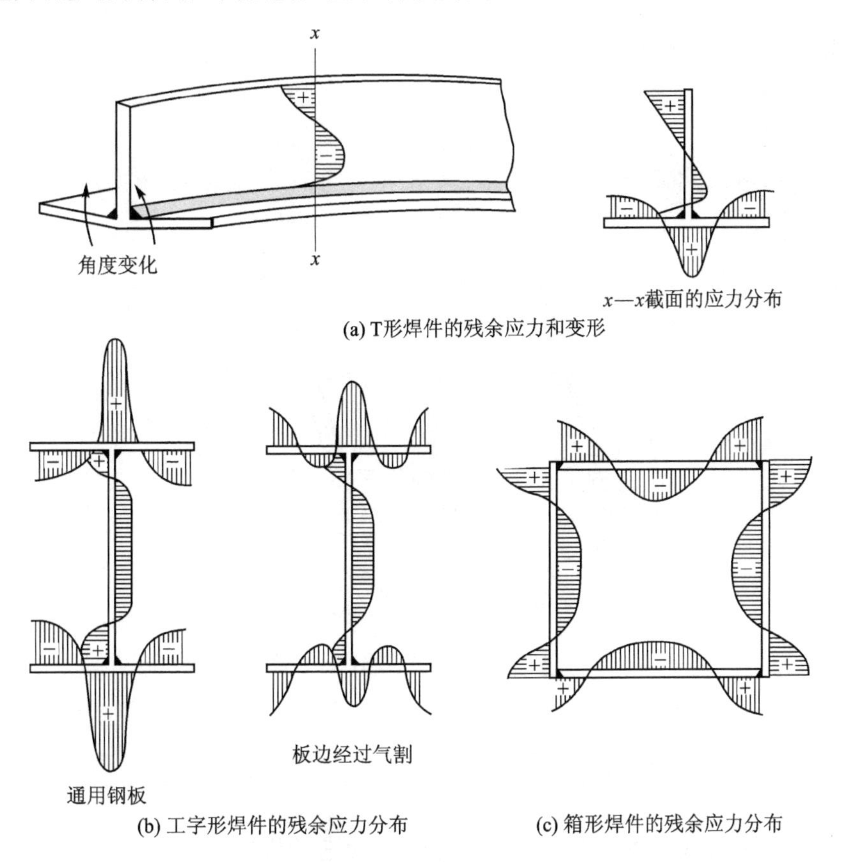

(a) T形焊件的残余应力和变形

(b) 工字形焊件的残余应力分布　(c) 箱形焊件的残余应力分布

图 1-45　焊接型钢的的纵向残余应力分布

(3) 管对接焊的残余应力

管对接焊的残余应力分布是比较复杂的,如果沿管对接环焊缝两侧切开,则被切出的圆环将会发生周向收缩和轴向缩短,若将其复位,必然在管壁中产生剪力和弯矩,并在焊接区产生局部弯曲变形,结果在管壁中产生了轴向应力和切向应力。由局部变形可推测出,轴向应力在焊缝外表面为压应力,内表面为拉应力。切向应力分布取决于管径与壁厚之比。试验证明,当管径与厚度之比较大时,切向残余应力的分布与平板对接的情况相似(见图 1-46)。对低碳钢管来说,最大切向残余应力有时可达材料的屈服极限,当直径与壁厚之比较小时,切向残余应力减小。

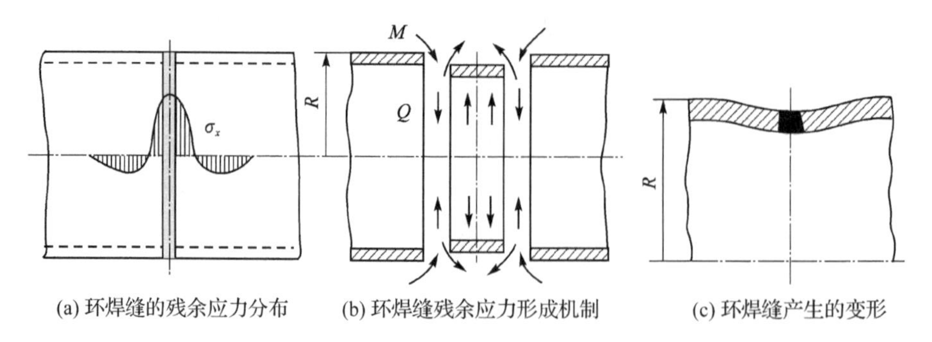

图1-46 管对接焊的残余应力分布

3. 焊接残余应力的测定

测定焊接残余应力的方法主要可归结为两类,即机械方法和物理方法。

(1) 机械方法

利用机械加工将试件切开或切去一部分(见图1-47),测定由此释放的弹性应变来推算构件中原有的残余应力。机械方法主要有切条法、钻孔法和套孔法。

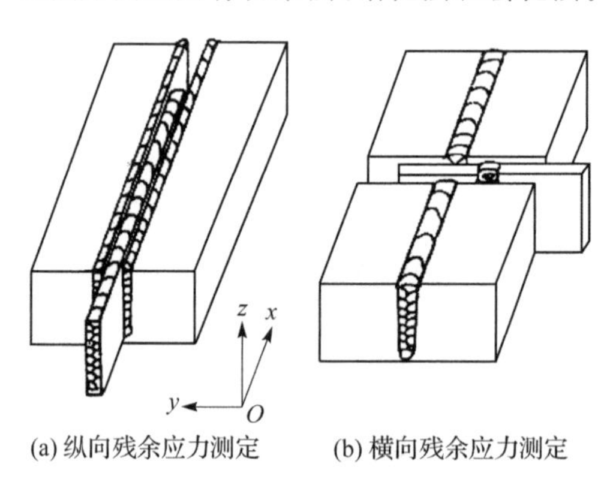

图1-47 应力释放法测定残余应力

(2) 物理方法

物理方法是非破坏性测定焊接残余应力的方法,常用的有磁性法、超声波法和X射线衍射法。

磁性法是利用铁磁材料在磁场中磁化后的磁致伸缩效应来测量残余应力;X射线衍射法是根据测定金属晶体晶格常数在应力的作用下发生变化来测定残余应力的无损测量方法;超声波法是根据超声波在有应力的试件和无应力的试件中传播速度的变化来测定残余应力的。

1.4.3 焊接残余应力对结构工作性能的影响

1. 对结构静力强度的影响

对在常温下工作并具有足够塑性的钢材,在静载荷作用下,焊接应力是不会影响结构强度的。例如,轴心受拉构件在承载前截面上存在纵向焊接应力,假设其分布如图1-48(a)所示。在轴心力作用下,焊接拉应力首先进入屈服,应力不再增加,而产生塑性变形,外载由受压的弹性区承担。两侧受压区应力由原来受压逐渐变为受拉，最后应力也达到屈服限，这时全截面进入屈服，应力也全面均匀化。

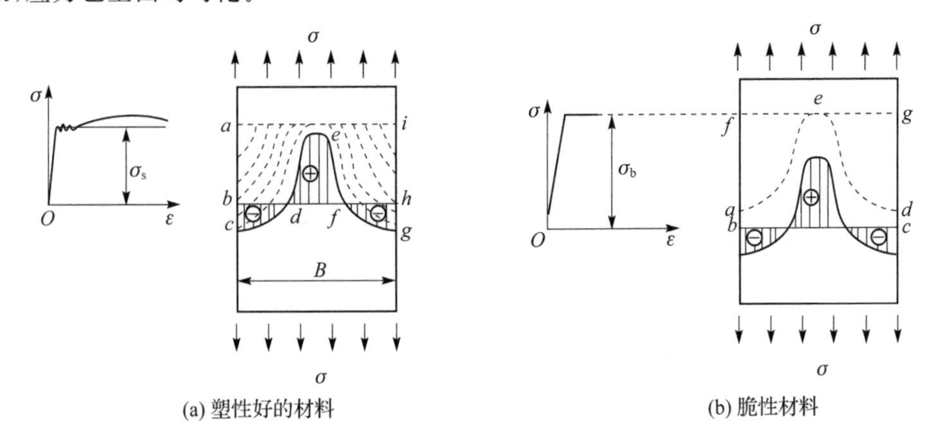

图 1-48　外载作用下平板中应力的变化

有焊接应力的情况下，外力的大小可以用面积 *abcdefghi* 表示。由于焊接应力自相平衡，故 *def* 的面积等于 *bcd* 与 *fgh* 面积之和，即 *abcdefghi* 与 *abhi* 面积相等，而 *abhi* 正好是没有焊接应力情况下结构所承受的外载，所以对塑性好的材料，焊接应力的存在对结构的承载能力没有影响。

如材料处于脆性状态，则拉伸残余应力和外载应力叠加有可能使局部区域的应力首先达到断裂强度(见图 1-48(b))，导致结构早期破坏。

2. 对结构刚度的影响

构件上的焊接应力会降低结构的刚度。仍以图 1-48 为例，由于残余拉应力区的拉应力已达到屈服限，则这部分的刚度为零，构件的刚度由剩余截面来保证，即有焊接残余应力的杆件的抗拉刚度降低了，在外力作用下其变形将会较无残余应力的大，对结构工作不利。

3. 对受压杆件稳定性的影响

如图 1-49 所示的受压焊接杆件，当外载引起的压应力与内应力中的压应力叠加之和达到材料屈服限，使压杆部分进入屈服，则这部分截面就丧失了进一步承受外载的能力，于是削弱了杆件的有效截面，使压杆的失稳临界应力下降，对压杆的稳定性产生不利影响。

压杆内应力对稳定性影响的大小与压杆的截面形状和内应力分布有关，若能使有效截面远离压杆的中性轴，可以改善其稳定性。翼缘采用气割加工或加焊盖板可在翼缘边产生拉伸残余应力，如图 1-50 所示，轴向受压后翼缘边为有效截面，有利于提高稳定性。

4. 对构件加工尺寸精度的影响

焊件上的内应力在机械加工时，因一部分金属从焊件上被切除而破坏了它原来的平衡状态，于是内应力重新分布以达到新的平衡，同时产生了变形，从而使加工精度受到影响。图 1-51所示为在 T 形焊件上加工一平面时的情况，当切削加工结束后松开加压板，工件会产生上挠变形，加工精度受到影响。为了保证加工精度，应先对焊件进行消除应力处理，再进行机械加工，也可采用多次分步加工的办法来释放焊件中的残余应力和变形。

焊接残余应力除了对上述的结构强度、加工尺寸精度以及对结构稳定性的影响外，还对结构的疲劳强度及应力腐蚀开裂有不同程度的影响。因此，为了保证焊接结构具有良好的使用性能，必须设法在焊接过程中减小或消除焊接残余应力。

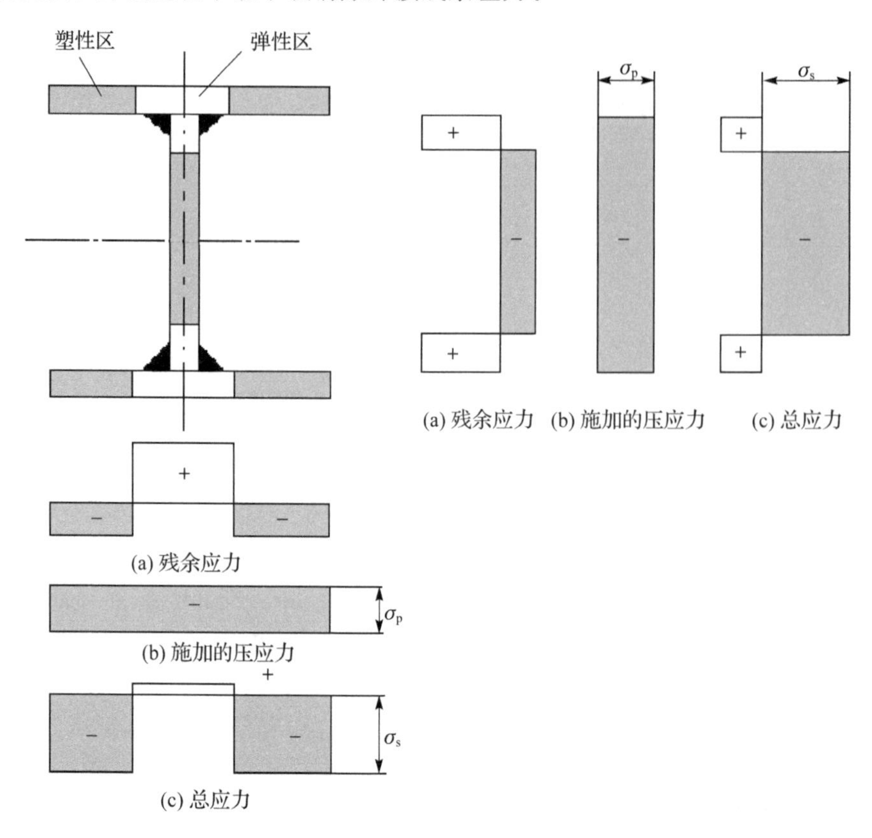

图 1-49 受压焊接杆件的应力分布

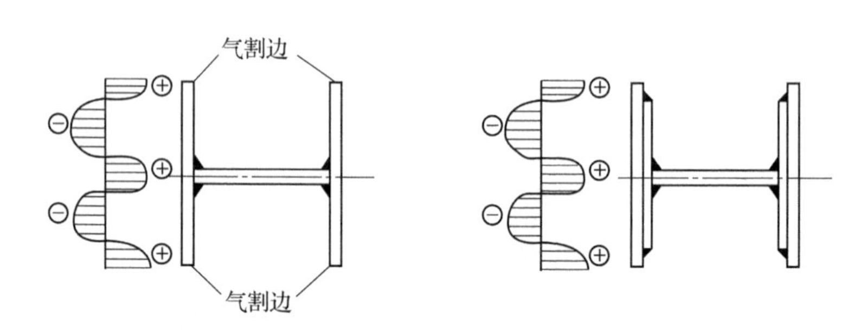

图 1-50 带气割边及带盖板的焊接杆件的内应力分布

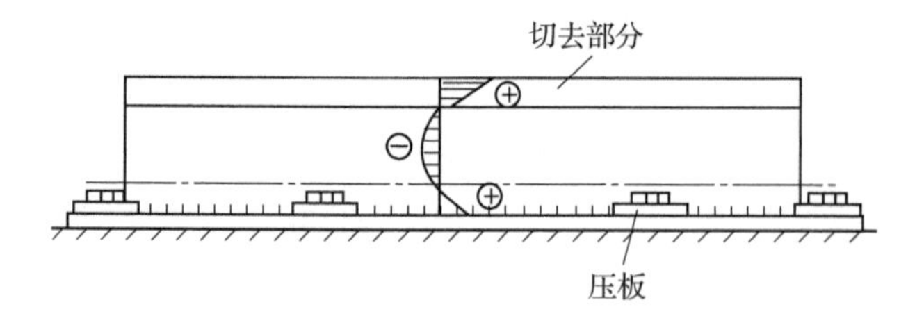

图 1-51 机械加工引起的应力释放和变形

1.4.4　焊接应力的调节和消除

1. 调节焊接应力的措施

在焊接结构设计制造过程中采取一些适当的措施以减小焊接残余应力。设计焊接结构时，在不影响结构使用性能的前提下，应尽量考虑采用能减小和改善焊接应力的设计方案(有关内容见第 6 章)。在制造过程中还要采取一些必要的工艺措施，以使焊接应力降到最低程度。

调节焊接应力的主要工艺措施有以下几方面：

(1) 采用合理的焊接顺序，使焊缝收缩较为自由

先焊变形收缩量较大的焊缝，使其能较自由地收缩。如一个带盖板的双工字钢构件如图 1－52(a)所示，由于对接焊缝的收缩量大于角焊缝的收缩量，所以应先焊盖板的对接焊缝 1，后焊盖板与工字梁之间的角焊缝 2。

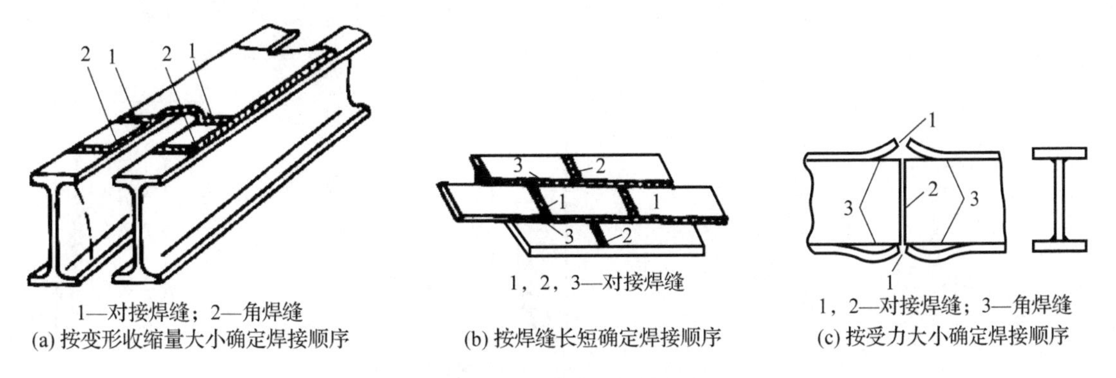

图 1－52　合理确定焊接顺序

先焊错开的短焊缝，后焊直通长焊缝。如图 1－52(b)所示，应先焊错开的对接短焊缝 1、2，后焊直通长焊缝 3。例如，图 1－53 所示为一大型容器壁板与底板的焊接顺序。若先焊纵向焊缝，再焊横向焊缝，则横向焊缝横向和纵向的收缩都会受到阻碍，焊接应力增大，焊缝交叉处和焊缝上都极易产生裂纹。

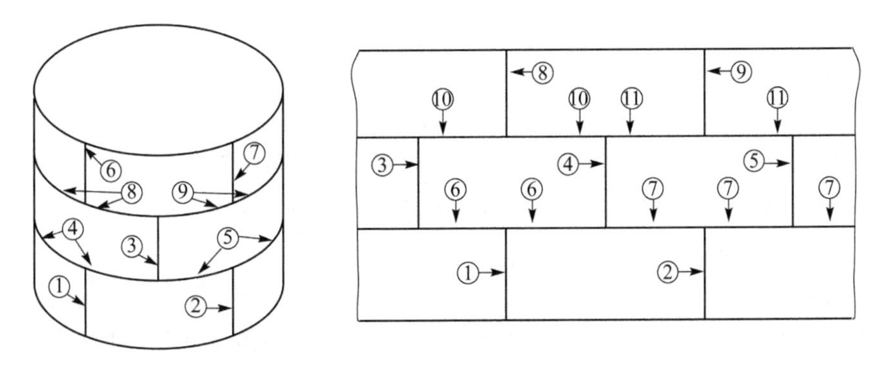

图 1－53　拼板焊缝的焊接顺序

先焊在工作时受力较大的焊缝，使内应力合理分布，见图 1－52(c)。在接头两端留出一段翼缘角焊缝不焊，先焊受力最大的翼缘对接焊缝 1，然后再焊腹板对接焊缝 2，最后焊翼缘预留的角焊缝3。这样,焊后可使翼缘的对接焊缝承受压应力,腹板对接焊缝承受拉应力。角焊缝留在最后焊可以保证腹板对接焊缝有一定的收缩余地,同时也有利于在焊接翼缘对接焊缝时,采取反变形措施来防止产生角变形。

(2) 降低结构刚度

结构的刚度增加时,焊后的残余应力将显著加大。因此,在条件许可时,焊前采取一定的工艺措施,将焊接区域的局部刚度降低,可有效地减小焊接残余应力。如一镶块结构的焊件,由于焊缝呈封闭形刚度较大,见图1-54。为减小焊接区域的局部刚度,可以将平板少量翻边(见图1-54(a)),或将镶块压凹(见图1-54(b)),焊接时由于焊缝能自由收缩(将平板或镶块拉平),使残余应力大为减小。

(3) 加热减应区

铸铁补焊时,在补焊前可对铸件上的适当部位进行加热,以减少焊接时对焊接部位伸长的约束,焊后冷却时,加热部位与焊接处一起收缩,从而减小焊接应力。被加热的部位称为减应区,这种方法称为加热减应区法,如图1-55所示。利用这个原理也可以焊接一些刚度比较大的焊缝。

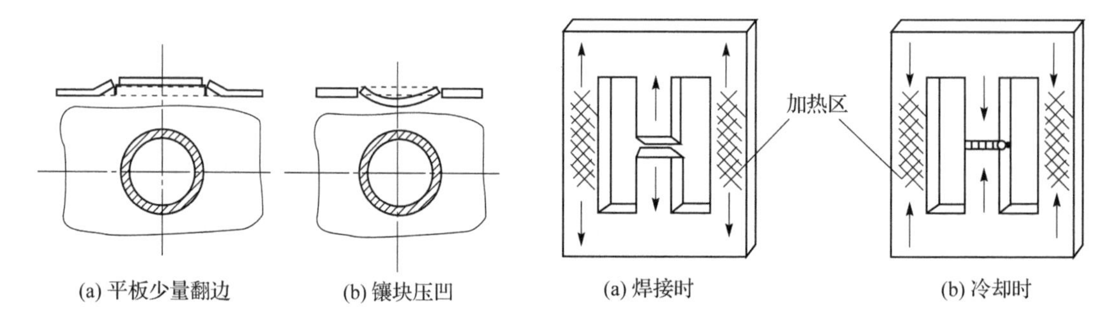

(a) 平板少量翻边　(b) 镶块压凹

图1-54　降低局部刚度减小内应力

(a) 焊接时　(b) 冷却时

图1-55　加热减应区法

(4) 锤击或碾压焊缝

焊接残余应力产生的根本原因是,由于焊缝在冷却过程中的纵向收缩和横向收缩,因此焊后利用小锤轻敲焊缝及其邻近区域,使金属延展,能有效地减小焊接残余应力,据测定,利用锤击法可使应力减小1/2~1/4。

进行锤击焊缝时,焊件温度应当维持在100~150 ℃之间或在400 ℃以上,避免在200~300 ℃之间进行,因为此时金属正处于蓝脆性阶段,若锤击焊缝容易造成断裂。

多层焊时,除第一层和最后一层焊缝外,每层都要锤击。第一层不锤击是避免产生根部裂纹,最后一层焊缝通常焊得很薄,主要是消除由于锤击而引起的冷作硬化。

2. 焊接应力的消除

对于在低温和动载下使用的结构,厚度超过一定限度的焊接压力容器,需要进行机加工,尺寸精度和刚度要求较高的以及有应力腐蚀危险而不能采取有效保护措施的构件,必须进行焊接应力的消除。其方法如下:

(1) 整体高温回火

一般是将构件整体加热到回火温度、保温一定的时间后再冷却。这种高温回火消除应力的机理是金属材料在高温下发生蠕变现象,屈服点降低,使应力松弛。

回火温度越高,时间越长,残余应力消除得越彻底。碳钢及中、低合金钢:加热温度为580～680 ℃;铸铁加热温度为600～650 ℃。通过整体高温回火可以将80%～90%的残余应力消除掉,这是生产中应用最广泛的一种方法。回火时间随焊件厚度而定,钢按每毫米壁厚1～2 min计算,但不宜低于30 min,不必高于3 h,因为残余应力消除效率随时间迅速降低,过长的处理时间是不必要的。

(2) 局部高温回火

局部高温回火只对焊接及附近的局部区域进行加热。此方法只能降低应力峰值,不能完全消除残余应力,但可改善焊接接头的性能。此法多用于比较简单的、拘束度较小的焊接接头。

局部高温回火可采用火焰、红外线、间接电阻或工频感应加热等。

(3) 机械拉伸法

对焊接构件进行加载,使焊缝塑性变形区得到拉伸,以减小由焊接引起的局部压缩塑性变形量和降低内应力。

机械拉伸消除应力法对于一些焊后需要进行液压试验的焊接容器特别有意义,因为液压试验时容器所承受的试验压力均大于容器的工作压力,例如钢制压力容器其试验压力为容器工作压力的1.25倍,所以容器在进行液压试验的同时,对容器材料进行了一次相当于机械拉伸的膨胀,从而通过液压试验,消除了部分焊接残余应力。

(4) 温差拉伸法

采用低温局部加热焊缝两侧,使焊缝区产生拉伸塑件变形,从而消除内应力。温差拉伸法的具体方法是:在焊缝两侧各用一个宽度适当的氧乙炔焰炬进行加热,在焰炬后面一定距离,用一根带有排孔的水管进行喷水冷却。乙炔焰和喷水管以相同速度向前移动,见图1-56。这样就形成了一个两侧温度高(其峰值约为200 ℃)、焊接区温度低(约为100 ℃)的温度差。两侧金属受热膨胀对温度较低的区域进行拉伸,就可消除部分焊接残余应力,据测定,消除的效果可达50%～70%。

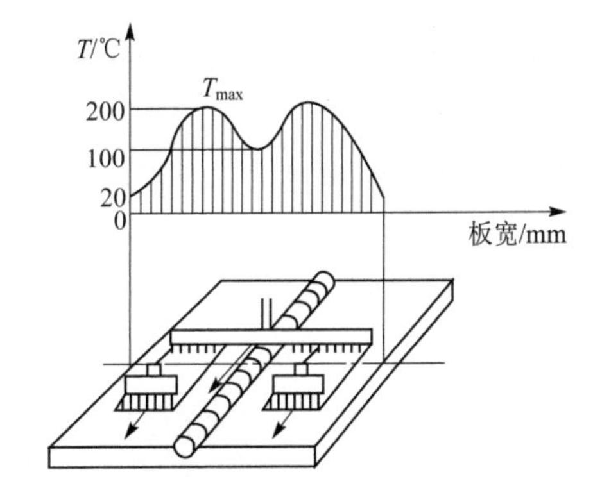

图1-56 温差拉伸法

(5) 振动法

利用偏心轮和变速电动机组成的激振器使构件发生共振来降低内应力或使应力重新分布。振动法消除残余应力的效果取决于激振器和构件支点的位置、激振频率和时间。其优点是所用设备简单价廉,处理费用低、时间短,也没有高温回火时金属表面氧化的问题,目前在生产中已得到应用。

1.5 焊接变形

焊接残余变形是焊接后残存于结构中的变形,或称焊接变形。在实际的焊接结构中,由于结构型式的多样性,焊缝数量与分布的不同,焊接顺序与方向的不同,产生的焊接变形是比较复杂的。常见的焊接变形如图1-57所示。按产生的机制可分为纵向收缩与弯曲、横向收缩、角变形与扭曲、屈曲变形等类型。

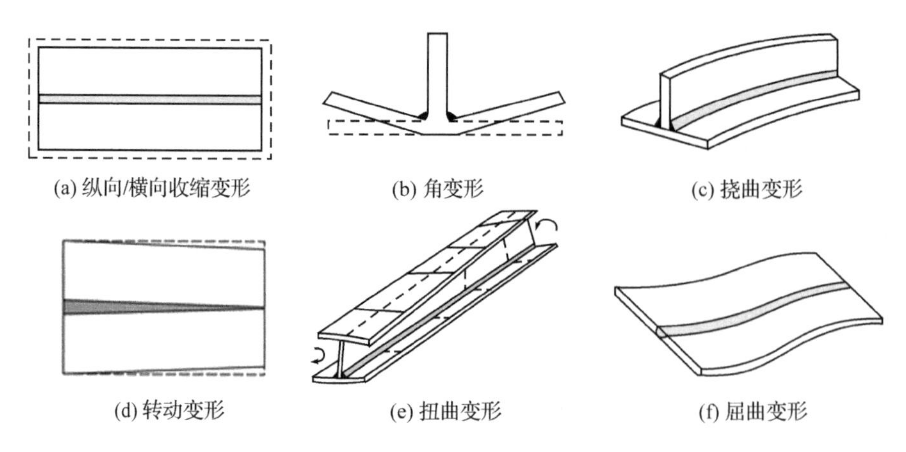

图 1-57 焊接变形示意图

1.5.1 纵向收缩与弯曲变形

1. 纵向收缩变形

纵向收缩变形(见图 1-57(a))是指焊缝及其附近压缩塑性变形区内,焊后纵向收缩引起的、焊件平行于焊缝长度方向上的变形。这种变形对于整个焊件而言是弹性的。因此,根据弹性理论,焊件纵向收缩变形 ΔL 可用压缩塑性变形区的纵向收缩力 P_f 来确定。

$$\Delta L=\frac{P_fL}{EF} \tag{1-73}$$

式中:F——焊件的截面积;

L——焊件长度。

纵向收缩力 P_f 取决于构件的长度、截面和焊接时产生的压缩塑性变形。材料和焊件尺寸一定的条件下,纵向收缩力取决于压缩塑性变形区的体积 V_p,单位长度压缩塑性变形的体积 ΔV_p 可以表示为

$$\Delta V_p=\int_{F_p}\varepsilon_p\mathrm{d}F \tag{1-74}$$

式中:F_p——塑性变形区的截面积。由此引起的整个焊件的应变为

$$\varepsilon=\frac{\Delta V_p}{F} \tag{1-75}$$

式中:ε——焊件的应变。焊件的纵向收缩变形为

$$\Delta L=\varepsilon L=\frac{\Delta V_pL}{F}=\frac{V_p}{F} \tag{1-76}$$

与式(1-73)比较可得

$$P_f=E\Delta V_p=E\int_{F_p}\varepsilon_p\mathrm{d}F=\frac{EV_p}{L} \tag{1-77}$$

由此可见,P_f 可用塑性变形区尺寸来衡量。塑性变形区尺寸主要取决于焊接热输入和材料性能。若焊件为等厚度,塑性变形区宽度为 b_p,根据焊接传热分析,塑性温度 $T_p\propto\frac{q}{c\rho}$,且热变形 $\varepsilon_T=\alpha T$,再考虑材料屈服限的影响,则塑性变形区体积可以表示为

$$V_{\mathrm{p}}=K_{0}F_{\mathrm{p}}=K_{0}b_{\mathrm{p}}h=K_{1}\frac{\alpha}{c\rho}\frac{q}{\sigma_{\mathrm{s}}} \tag{1-78}$$

代入式(1-77)可得

$$P_{\mathrm{f}}=K_{2}\frac{\alpha}{c\rho}\frac{q}{\sigma_{\mathrm{s}}} \tag{1-79}$$

式中：K_0、K_1、K_2——系数；

h——焊件厚度。

因此有

$$\Delta L=K_{2}\frac{\alpha}{c\rho}\frac{q}{\sigma_{\mathrm{s}}}\frac{L}{EF} \tag{1-80}$$

由此可见，在材料和焊件尺寸一定的条件下，纵向收缩与线能量成正比。在工程实际应用中，常根据焊缝截面积计算纵向收缩量。例如，对于钢制细长焊件的纵向收缩量的估计式为

$$\Delta L=\frac{k_{1}F_{\mathrm{w}}L}{F} \tag{1-81}$$

式中：k_1——与焊接方法和材料有关的系数见表1-1；

F_{w}——单层焊缝截面积。

表1-1　焊接方法及材料系数 k_1

焊接方法	CO_2焊	埋弧焊	手工焊	
材　料	低碳钢		低碳钢	奥氏体钢
k_1	0.043	0.071～0.076	0.048～0.057	0.076

多层焊的纵向收缩量计算时，F_{w} 为一层焊缝的截面积，按式(1-81)计算得到的结果再乘以系数 k_2

$$k_{2}=1+\frac{85n\sigma_{\mathrm{s}}}{E} \tag{1-82}$$

式中：n——焊接层数。

2. 错　边

焊接过程中，如果被焊构件受热不平衡造成两连接件长度方向膨胀变形不一致就会产生错边(见图1-58)。如果在焊缝长度上错边受到阻碍，会在厚度方向上造成错边。

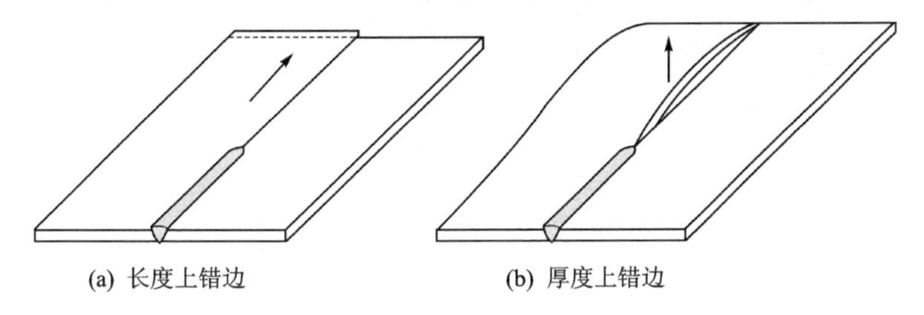

图1-58　错　边

3. 挠曲变形(见图1-57(c))

当焊缝在构件中的位置不对称时,纵向收缩的弯矩作用使构件产生挠曲(见图1-59)。纵向收缩弯矩 $M_y=P_xe$,构件的挠度 f 为

$$f=\frac{M_yL^2}{8EI_y}=\frac{P_xeL^2}{8EI_y} \tag{1-83}$$

式中:I_y——构件截面惯性矩;

e——塑性区中心到断面中性轴的距离(偏心距)。

由式(1-83)可以看出,挠曲变形与收缩力 P_x 和偏心距 e 成正比,与构件的刚度 EI_y 成反比;P_x 的大小与塑性变形区的大小有关,e 与焊缝相对中性轴的位置有关,EI_y 与材料和构件截面设计有关。焊缝位置对称或者接近于截面中性轴,挠曲变形则小。

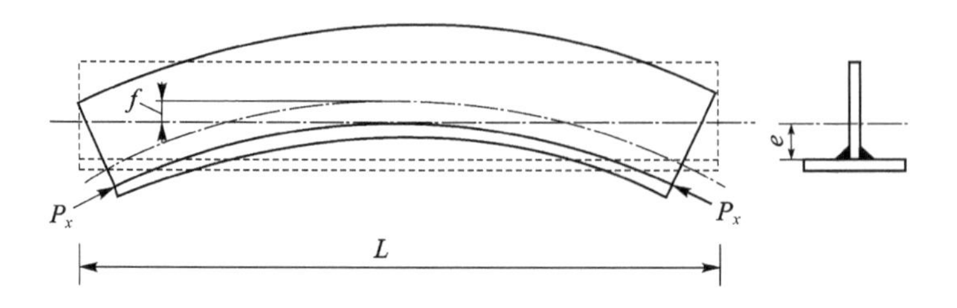

图1-59 挠曲变形

图1-60所示为挠曲变形方向与中性轴位置的关系。

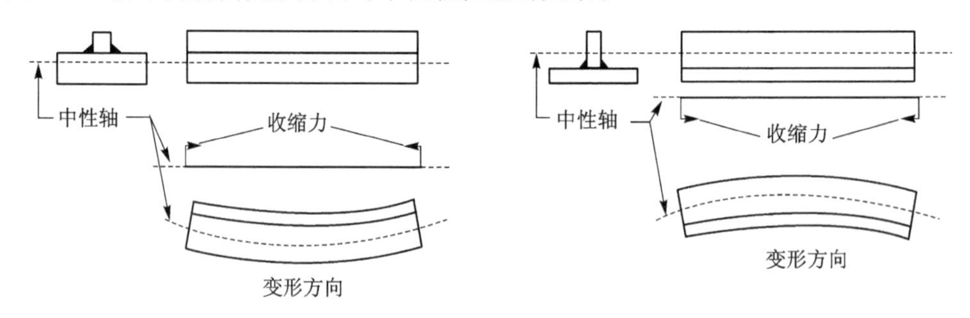

图1-60 挠曲变形的方向

应当注意,焊缝对称的构件,如果采用不当的装配次序,仍然可能产生较大的挠曲变形。例如,在焊接工形截面梁时,可以采用不同的装配焊接次序(见图1-61)。如果先装配焊接成T形截面梁,然后在装配焊接成工形截面梁,其挠度变化 $f_{1,2}$ 为

$$f_{1,2}=\frac{P_xe_{\perp}L^2}{8EI_{\perp}} \tag{1-84}$$

工形截面梁焊后的挠度 $f_{3,4}$ 为

$$f_{3,4}=\frac{Pe_{工}L^2}{8EI_{工}} \tag{1-85}$$

$f_{1,2}$ 与 $f_{3,4}$ 方向相反,二者之比为

$$\frac{f_{1,2}}{f_{3,4}}=\frac{e_{\perp}}{e_{工}}\frac{I_{工}}{I_{\perp}} \tag{1-86}$$

一般情况下，尽管 $e_{\perp}<e_{\text{工}}$，但是 $I_{\text{工}}\gg I_{\perp}$，所以 $f_{1,2}>f_{3,4}$，两者不能相互抵消，焊后仍有较大的挠度。如果先将腹板与翼板点固成工形梁，然后按图 1-61(b)所示括号内的顺序进行焊接，则焊接过程中构件的惯性矩基本保持不变，所产生的挠度基本上可以相互抵消，构件焊后保持平直。

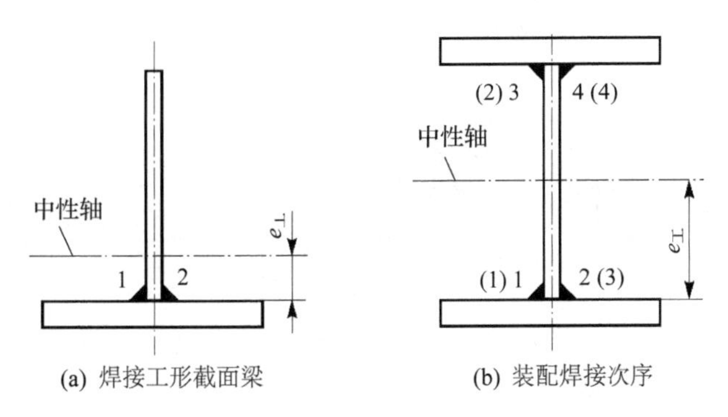

图 1-61　装配次序

在工程实际中，可采用与纵向收缩量计算类似的方法(式(1-81))估算钢制构件的挠度。单道焊缝引起的挠度为

$$f=\frac{k_1F_{\mathrm{w}}eL^2}{8I_{\text{工}}} \tag{1-87}$$

多层焊和双层角焊缝应乘以与纵向收缩量计算中相同的系数 k_2。

1.5.2　横向收缩变形

横向收缩变形系指垂直于焊缝方向的变形。构件焊接时，不仅产生纵向收缩变形，同时也产生横向收缩变形。

1. 对接接头的横向收缩

对接接头的横向收缩是比较复杂的焊接变形现象。有关研究表明，对接接头的横向收缩变形主要来源于母材的横向收缩。

图 1-62(a)所示为有间隙的平板对接焊的横向收缩过程。焊接时，对接边母材受热膨胀，使焊接间隙减小，在焊接冷却过程中，焊缝金属由于很快凝固，随后又恢复弹性，因此阻碍平板的焊接边恢复到原来的位置。这样冷却后产生了横向收缩变形。

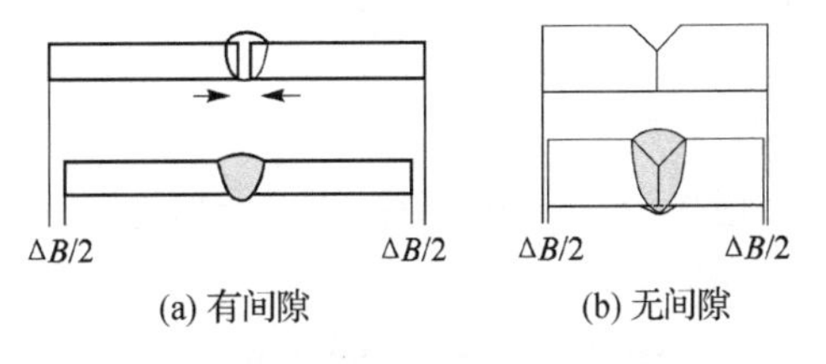

图 1-62　平板对接焊的横向收缩

如果两板间没有留有间隙(见图 1-62(b))，则焊接加热时的板的膨胀引起板边挤压，使之在厚度方向增厚，在冷却时，也会产生横向收缩变形，但比前一种情况有所降低。

对接接头的横向变形大小与焊接线能量、焊缝的坡口形式有关。对单道焊对接接头，横向变形取决于坡口形式，坡口角度越大，间隙就越大，导致焊缝的截面积越大，则横向变形也越大。

此外,沿焊缝纵向的热变形也对横向变形有影响(见图 1-63)。两块板对接时,可以看成是在每块板的边缘上堆焊,这将引起板的挠曲使它产生转动,可能引起对接间隙的缩小或增大。一般而言,在焊接加热时使对接间隙增大(见图 1-63(c)),间隙增加的大小取决于板的宽度和板上的温度分布,对较长窄板影响更为显著。此外,横向收缩变形大小还与装配焊接时定位焊和装夹情况有关,定位焊点越大越密,装夹的刚度就越大,横向变形就越小。

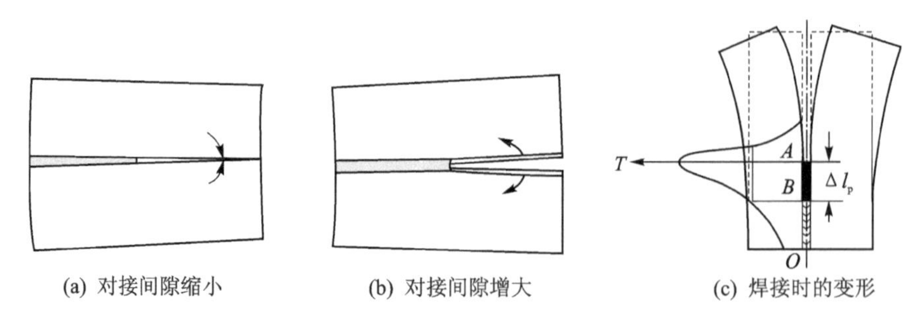

(a) 对接间隙缩小　(b) 对接间隙增大　(c) 焊接时的变形

图 1-63　纵向焊接引起的横向变形

图 1-62(a)和图 1-63(b)所示的两种横向变形方向是相反的,最终的横向变形是两种变形的综合结果。

类似于纵向收缩力问题,横向收缩也可以设想为由横向收缩力引起的。横向收缩变形可以表示为与式(1-80)类似的形式,即

$$\Delta B = \mu \frac{\alpha q}{c\rho h} \tag{1-88}$$

式中:ΔB——横向收缩量,mm;

h——板厚,mm;

μ——系数。

工程上多采用经验方法进行计算,目前已发展了多种对接接头横向收缩的计算公式。比较简单的是通过焊缝截面积和板厚估算对接接头的横向收缩变形,如下式:

$$\Delta B = 0.18 \frac{F_w}{h} \tag{1-89}$$

式中:F_w——焊缝截面积。若板厚一定,则横向收缩正比于焊缝截面积。

上述经验公式只是提供一个大致的数值,要比较精确的估计焊接变形,需要通过实验方法获得。

图 1-64 所示为横向收缩变形与热输入的关系。图 1-65 所示为横向收缩变形与焊缝截面积的关系。

2. 堆焊及角焊缝的横向收缩

(1) 堆焊的横向收缩

堆焊过程中,在焊缝长度上的加热并不是同时进行的,因此沿焊缝长度各点的温度不一致,在焊接热源附近的金属,其热膨胀变形不仅受到板厚深处较低温度金属的限制,而且受到热源前后较低温度金属的限制和约束;而承受压力使之在板宽度方向上产生压缩塑性变形,在板厚度方向上增厚。焊后产生横向收缩变形,如图 1-66(a)所示。

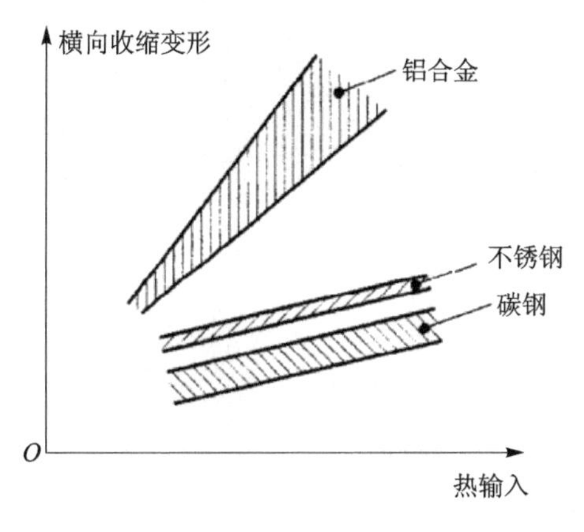

图 1-64　横向收缩变形与热输入的关系

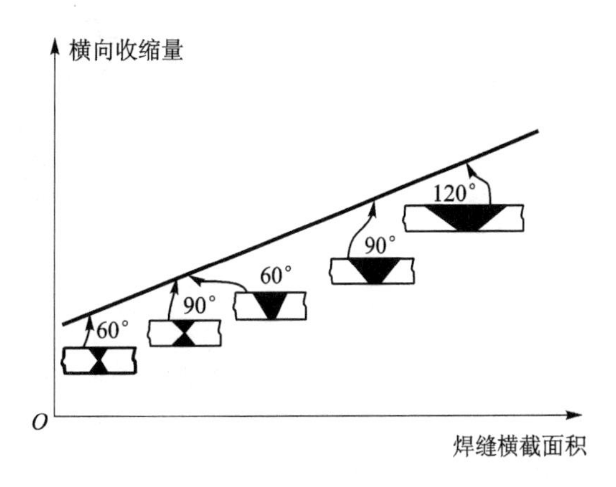

图 1-65　横向收缩变形与焊缝截面积的关系

横向变形的大小与焊接线能量和板厚有关，随着线能量的提高，横向收缩变形增加，随着板厚的增加，横向收缩变形减小。横向变形沿焊缝长度上的分布并不均匀。这是因为先焊的焊缝横向收缩对后焊的焊缝有挤压作用，使后焊的焊缝产生更大的横向压缩变形。这样，焊缝的横向收缩沿着焊接方向由小到大逐渐增加，到一定长度后趋于稳定不再增大。

低碳钢平板堆焊时的横向收缩量与板厚之比为 $\Delta B/h$，它与$(h_c/h)^2$ 及 q/h^2 的关系如图 1-67所示。对于薄板堆焊，因为厚度方向的温度差异较小，其横向收缩与平板对接相近，可以用式(1-88)进行估计。但当板件较厚时，板件刚度增大，横向收缩变小，横向收缩量低于按式(1-88)计算的结果。

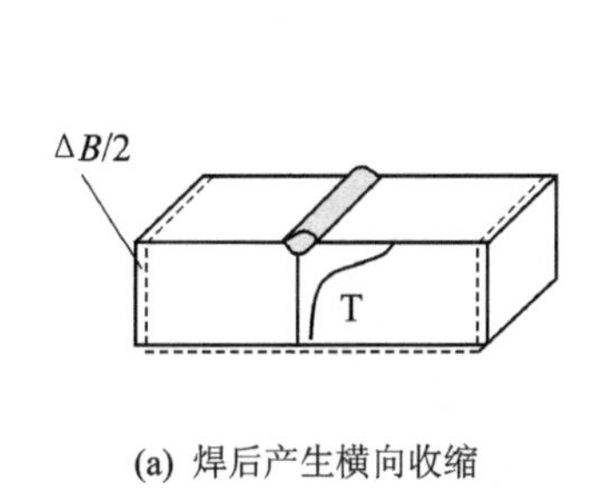

图 1-66　堆焊与 T 形接头的横向收缩

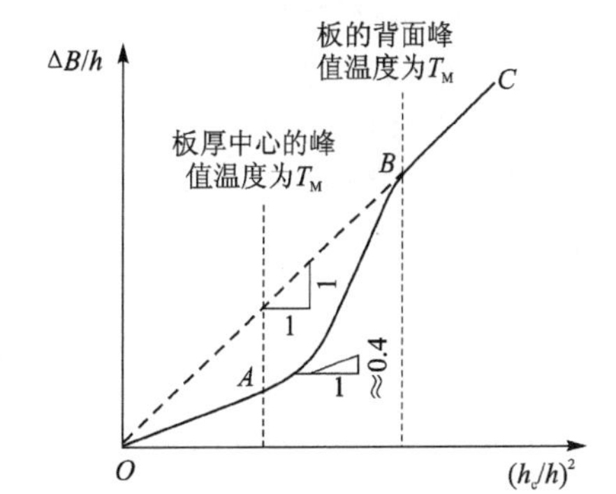

图 1-67　低碳钢平板堆焊的横向收缩量与板厚的关系

(2) 角焊缝横向收缩

T 形接头和搭接接头角焊缝的横向收缩变形，在实质上与堆焊相似，如图 1-66(b)所示。只是 T 形接头的立板厚度可减少输入横板的热量，在同样条件下，立板愈厚，横板上的热能愈小，横向变形也相应减小。

图 1-68 所示为低碳钢 T 形接头横向收缩与板厚之比 $\Delta B/h$ 与焊接热输入之间的关系。其中，W_h 为熔敷金属量(g/cm)，H 为比熔化热(J/g)，HW_h 为单位长度热输入(J/cm)。横向收缩量与 HW_h 成正比

$$\frac{\Delta B}{h} \propto \frac{\alpha}{c\rho} \frac{HW_h}{h} \tag{1-90}$$

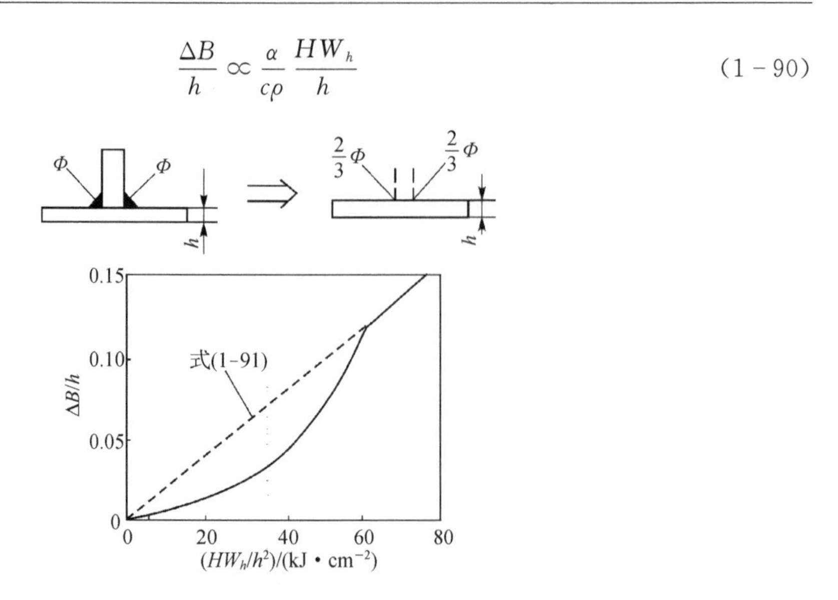

图1-68 低碳钢T形接头的横向收缩

图1-68中线性部分为

$$\frac{\Delta B}{h} = 0.8 \times 10^{-5} \frac{HW_h}{h} \tag{1-91}$$

由式(1-91)可以看出,只要减少熔敷金属量 W_h 和比熔化热 H,就可以降低T形接头横向收缩变形量。对接接头横向收缩也是如此。

(3) 横向收缩引起的挠曲变形

如果横向焊缝在结构上分布不对称,则它的横向收缩也能引起结构的挠曲变形。图1-69所示的工字钢上焊接了许多短筋板,筋板与翼板之间和筋板与腹板之间的焊缝都在工字钢重心上侧,它们的收缩都将引起构件的下挠。

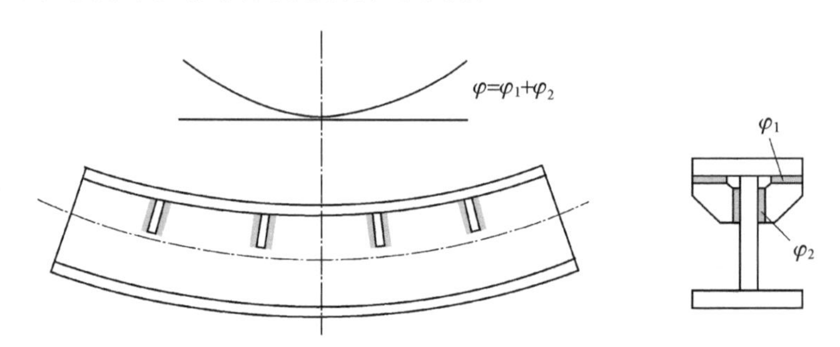

图1-69 横向收缩引起的挠曲变形

1.5.3 角变形与扭曲变形

1. 角变形

角变形是由于焊缝横截面形状不对称或施焊层次不合理,致使横向收缩量在焊缝厚度方向上分布不均匀所产生的变形。角变形造成了构件平面绕焊缝的转动。在堆焊、对接、搭接和T形接头的焊接时,往往都会产生角变形。

(1) 堆焊角变形

在平板上进行堆焊时，堆焊高温区金属的热膨胀受到附近温度较低区金属的阻碍而产生压缩塑性变形。但是，由于堆焊面的温度高于背面，堆焊面产生的压缩塑性变形比背面大，有时背面在弯矩作用下甚至可能产生拉伸变形，所以在冷却后平板产生角变形(见图 1－70)。角变形的大小取决于压缩塑性变形的大小和分布情况，同时也取决于板的刚度。图 1－71(a)所示为堆焊过程中角变形与焊接时间的关系。图 1－71(b)所示为不同厚度的钢板表面堆焊角变形与线能量的关系。由图 1－71(b)可以看出，对同一种板厚，随着线能量的增加，正反面塑性变形量的差值将增加，导致角变形增大；当线能量达到某一临界值后，角变形不但不再增大，反而随线能量的增加而有减小的趋势。这是因为线能量进一步增加，虽然会使压缩塑性变形量增加，但沿板厚方向上的压缩塑性变形的分布趋于均匀，因而使角变形减小。

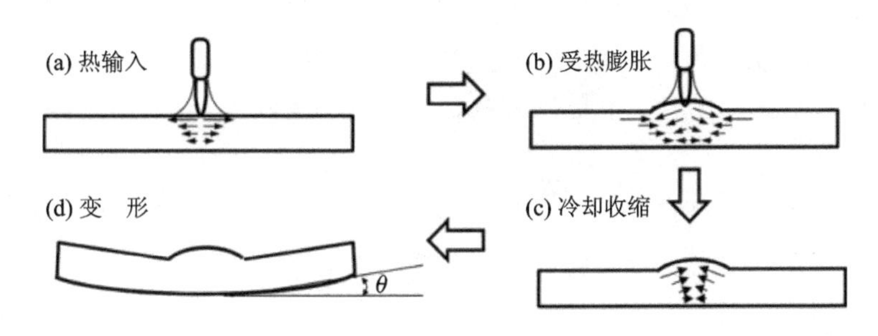

图 1－70　堆焊角变形

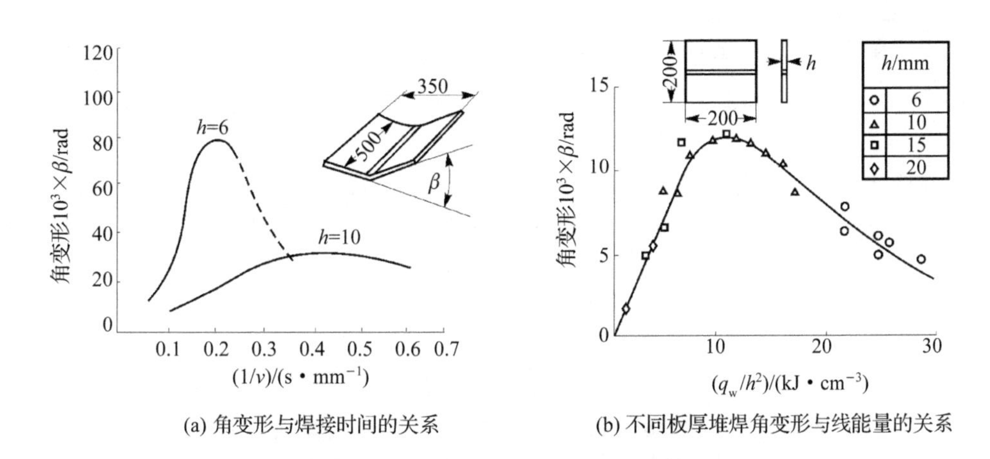

(a) 角变形与焊接时间的关系　　(b) 不同板厚堆焊角变形与线能量的关系

图 1－71　焊接热输入角变形的影响

平板堆焊角变形 β 与 q_w/h^2 关系如图 1－71(b)所示。图 1－71(a)(b)中的数据都是在低碳钢板上用熔化极气体保护焊堆焊的实验结果。最大角变形出现在板厚中心的峰值温度等于材料力学熔点 T_M 时的情况，对于钢为 $q_w/h^2 = 10\ 467\ J/cm^3$，角变形的最大值约为

$$\beta_{max} = \alpha(T_M - T_0)$$

(2) 对接接头的角变形

对接接头角变形(见图 1－72)与焊接规范、接头型式、坡口角度等因素有关。如果焊缝区域加热量较大，对薄板来说，因为加热能量增大会使焊件厚度上温度分布趋于均匀，使角变形趋向减小。但对厚板则加热能量增加，在板厚度上的温度分布仍不均匀，角变形也随着加大。

但也非绝对如此,如果焊件厚度相当大,则刚性增大,角变形不一定会增大。

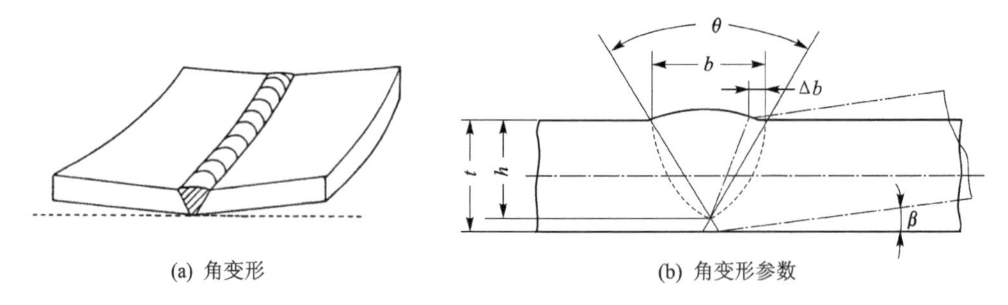

图 1-72 对接接头的角变形

对接接头坡口角度对角变形的影响最大。V 形坡口焊接接头厚度方向上收缩的不均匀性最大,所以角变形最大。板厚增加时,厚度方向上收缩的不均匀性增大,角变形随之增大。对 V 形坡口,坡口角度大,焊缝上下部位熔敷金属体积相差较大,收缩量的差别也较大,角变形也较大。

如图 1-72 所示,根据几何关系,V 形坡口对接焊缝角变形可表示为

$$\beta=\tan\beta=\frac{\Delta b}{h}=\frac{\alpha T b}{h} \tag{1-92a}$$

式中:α——材料的热膨胀系数;

T——温度。

在小变形条件下,$\frac{b}{h}=2\tan\frac{\theta}{2}$,代入式(1-92a)有

$$\beta=2\alpha T\tan\frac{\theta}{2} \tag{1-92b}$$

由于焊缝金属在恢复弹性的温度以上不产生收缩力,因此式(1-92a、b)中的温度 T 最高为焊缝金属恢复弹性的温度。例如,对于低碳钢而言,恢复弹性的温度约为 600 ℃。若取低碳钢 0~600 ℃温度区间的平均热膨胀系数 $\alpha=1.47\times10^{-5}/$ ℃,则焊缝金属相对收缩为 $\alpha T=0.0088$,代入式(1-92b)可得

$$\beta=0.0176\tan\frac{\alpha}{2} \tag{1-92c}$$

式(1-92c)适用于低碳钢焊条电弧焊。对单面 V 形坡口来说,采用不同的焊接操作方法,其最终的角变形也不一样。采用多层焊要比单层焊时的角变形大,这主要因为单层焊在焊件厚度方向上的温度分布比多层焊时均匀。在对接多层焊时,角变形随层数的增加而增大。

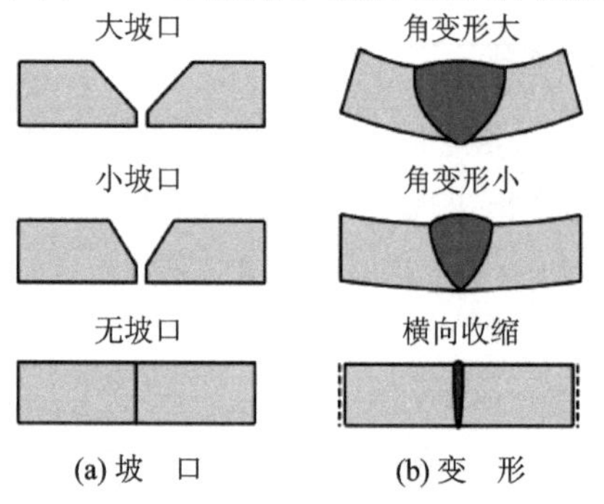

图 1-73 坡口尺寸与角变形

图 1-73 所示为坡口尺寸对角变形的影响。

采用 X 形坡口对接接头的角变形比 V 形坡口的角变形小,因为 X 形坡口是两面焊接的,只要选择合理的焊接顺序,便可做到两面角变形相抵消。如果不采用合理的焊接顺序,仍然可能产生角变形。例如对称的 X 形坡口对接接头,若先

焊完一面再焊另一面，则焊第二面时所产生的角变形，不能完全抵消第一面的角变形，焊后仍存在角变形。为了最大限度地减小角变形，需要采用合理的焊接顺序或采用非对称坡口，如图1－74所示。

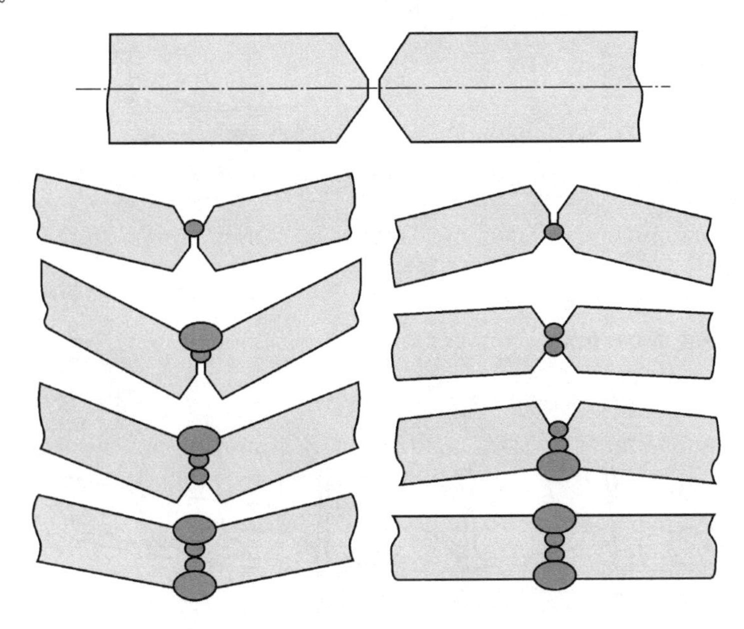

图1－74　焊接顺序对角变形的影响

2．角焊缝的角变形与扭曲变形

T形接头的角变形包括两个方面，即筋板与主板的角度变化及主板本身的角变形（见图1－75）。前者相当于对接接头的角变形，后者相当于在平板上进行堆焊时引起的角变形。这两种角变形的综合结果，破坏了T形接头腹板与翼板的垂直度以及翼板的平行度。

(a) 实物图

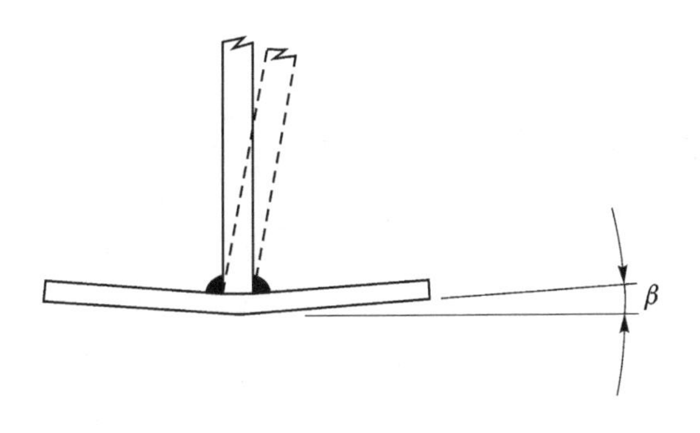

(b) 主板本身的角变形

图1－75　T形接头的角变形

图1－76所示为各种板厚和焊角尺寸的T形接头角变形曲线。

角变形是筋板结构焊接变形的主要问题，这类变形引起面板起皱并使结构的压曲强度降低。图1－77和图1－78所示为角变形引起的筋板结构整体变形情况。

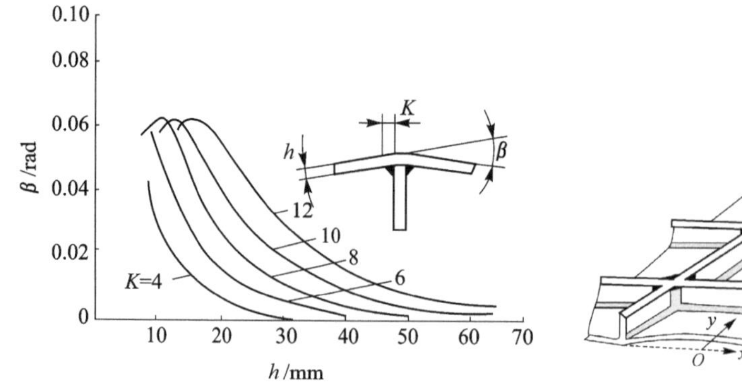

图 1-76　各种板厚和焊角尺寸的T形接头角变形曲线

图 1-77　壁板结构的焊接变形

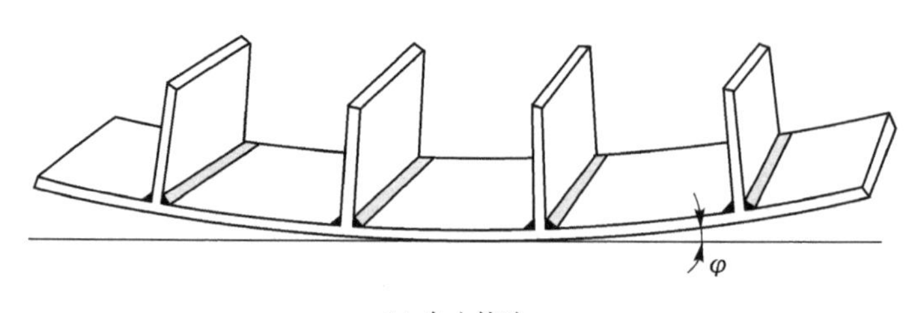

(a) 自由接头

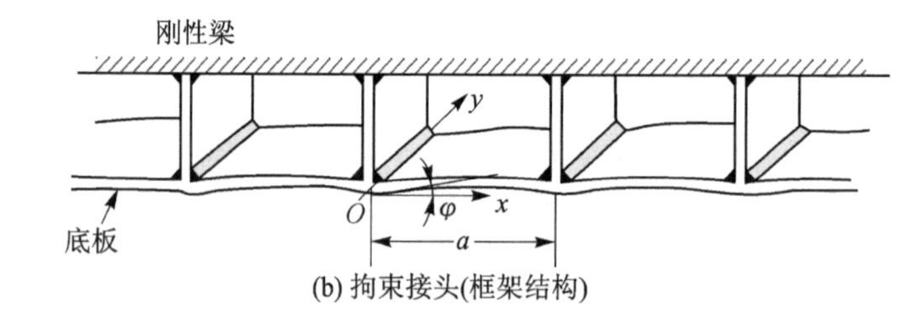

(b) 拘束接头(框架结构)

图 1-78　T形接头的焊接角变形

角变形沿工件长度方向上的不均匀性和叠加会使构件产生扭曲变形，如图1-57(e)所示即为工字型截面梁的扭曲变形情况。

1.5.4　屈曲变形

在薄板焊接时，焊缝收缩力大于构件的失稳临界载荷时将发生屈曲变形(见图1-57(f))。远离焊缝区的残余压应力是焊件产生屈曲变形的重要原因。屈曲变形后有多种稳定状态，图1-79所示为同一试件沿中心线堆焊后可能出现的8种不同的屈曲变形稳定形式。

根据薄板弹性理论，矩形薄板(见图1-80(a))在 $x=0$ 和 $x=a$ 的两端作用均布压应力，弹性范围内的失稳临界应力为

$$\sigma_{cr}=\frac{K\pi^2 E}{12(1-\nu^2)}\left(\frac{h}{b}\right) \tag{1-93}$$

式中：h——板厚；

K——与边界条件及 a/b 值有关的参数。

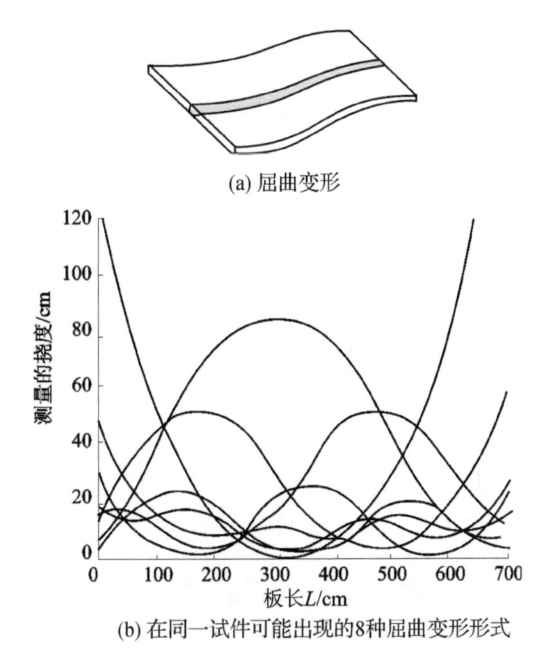

(a) 屈曲变形

(b) 在同一试件可能出现的8种屈曲变形形式

图 1－79　屈曲变形形式

由式(1－93)可见,平板的失稳临界应力与板厚和板宽之比的平方成正比,还与板边的约束状态有关。板的边界自由度越高,板的宽度越大,其失稳的临界应力值越低。

图 1－80(b)所示为焊接时不发生失稳变形的最小厚度(临界厚度)与板的形状、尺寸的关系。

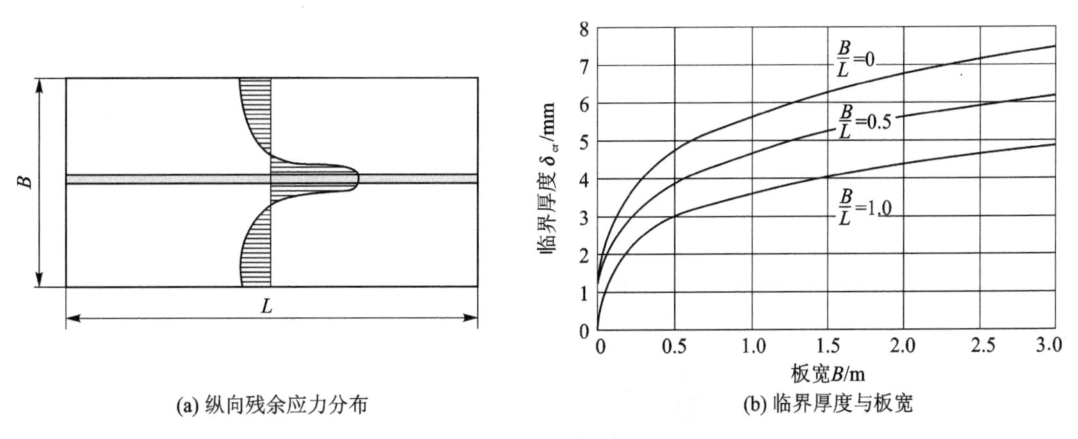

(a) 纵向残余应力分布　　(b) 临界厚度与板宽

图 1－80　对接接头屈曲变形的临界厚度

为了避免焊接引起的屈曲变形,必须使焊接残余应力值低于临界应力,这可以通过减少焊接量,降低焊接线能量,或提高板的刚度来实现。

1.5.5　焊接变形的控制与矫正

焊接变形对焊接结构生产有很大影响。焊接变形给装配带来困难,进而影响后续焊接的质量;焊接残余变形还需要进行矫正,增加结构的制造成本;此外,焊接变形也降低焊接接头的性能和承载能力。因此,在焊接结构生产中,必须设法控制焊接变形,将变形控制在所允许的范围之内。

1. 控制焊接变形的措施

焊接变形的控制需要从设计(有关内容见第6章)和工艺两个方面来考虑。焊接变形控制工艺措施主要有以下几种:

(1) 反变形法

为了抵消焊接残余变形,焊前先将焊件向与焊接残余变形相反的方向进行人为预设变形,这种方法称为反变形法。例如,为了防止对接接头产生的角变形,可以预先将对接处垫高,形成反向角变形,见图1-81(a)。为了防止工字梁翼板焊后产生角变形,可以将翼板预先反向压弯,见图1-81(b)。在薄壳结构上,有时需在壳体上焊接支承座之类的零件,焊后壳体往往发生塌陷,为此,可以在焊前将支承座周围的壳壁向外顶出,然后再进行焊接,见图1-81(c)。为了防止平板焊后的压曲变形,可采用预弯反变形法,见图1-81(d)。如果焊缝不对称,焊后构件往往发生较大的挠曲变形,那么防止挠曲变形可将两个构件背对背固定在一起焊接,见图1-81(e)。

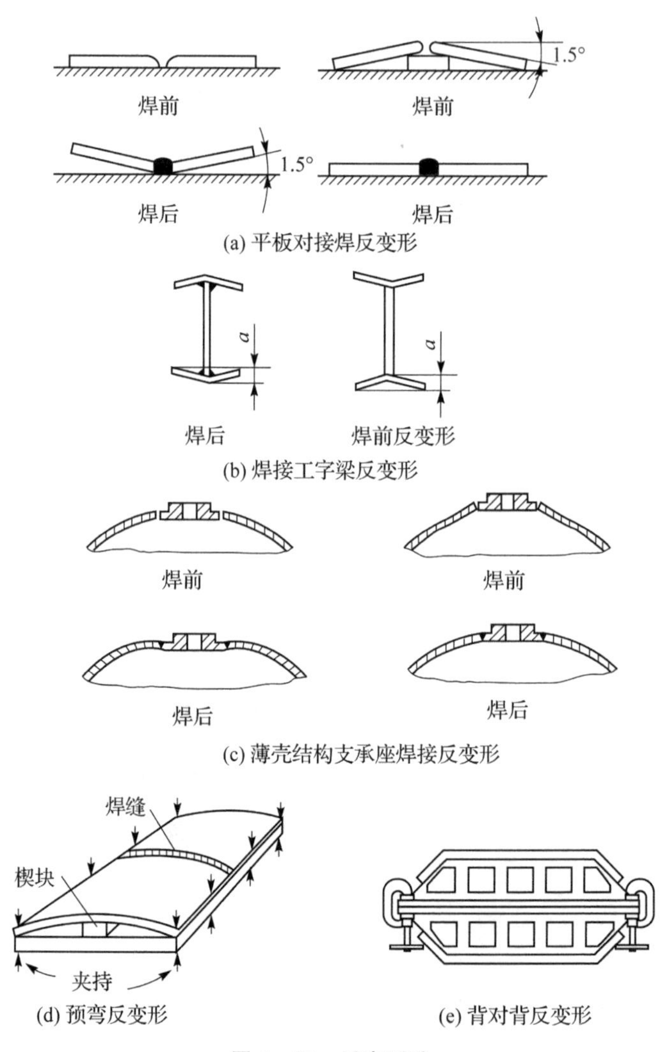

图1-81 反变形法

采用反变形法控制焊接残余变形，通常焊前必须较精确地掌握焊接残余变形量，用来控制构件焊后产生的弯曲变形和角变形，如反变形量留得适当，可以基本抵消这两种变形。

(2) 刚性固定法

焊前对焊件采用外加刚性拘束(见图 1－82)，强制焊件在焊接时不能自由变形，这种防止焊接残余变形的方法称为刚性固定法。采用压铁防止薄板焊后的波浪变形，见图 1－83。

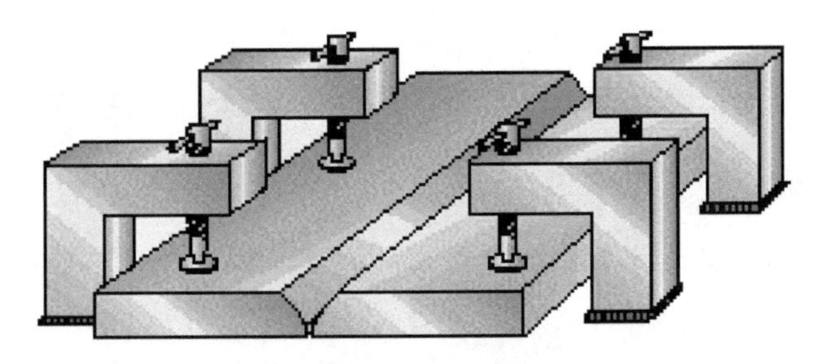

图 1－82 刚性固定法控制焊接变形

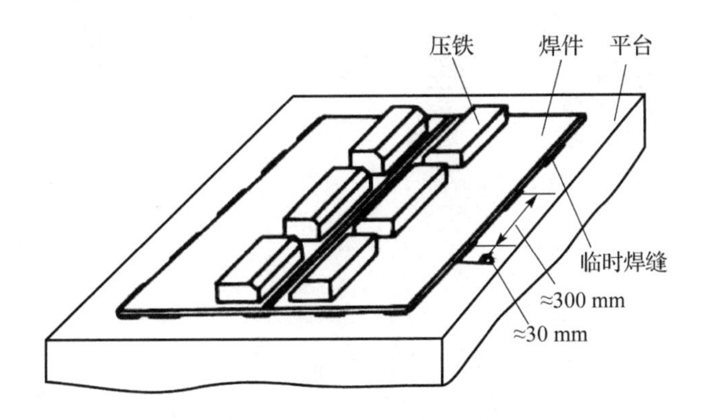

图 1－83 压铁防止薄板焊后的波浪变形

刚性固定法简单易行，适用面广，不足之处是焊后当外加刚性拘束卸掉后，焊件上仍会残留一些变形，不能完全消除，不过要比没有拘束时小得多。另外，刚性固定法将使焊接接头中产生较大的焊接应力，所以对于一些抗裂性较差的材料应该慎用。

(3) 合理的焊接顺序

① 对称焊缝采用对称焊接。当构件具有对称布置的焊缝时，可采用对称焊接减小变形。如图 1－84(a)所示的工字梁，当总体装配好后，如果先焊焊缝①、②，然后焊焊缝③、④，则焊后就会产生上拱的弯曲变形。如果按焊缝①、④、②、③的顺序进行焊接，则焊后弯曲变形就会减小。但对称焊接不能完全消除变形，因为焊缝的增加，结构刚度逐渐增大，后焊的焊缝引起的变形比先焊的焊缝小，虽然两者方向相反，但并不能完全抵消，最后仍将保留先焊焊缝的变形方向。

② 不对称焊缝先焊焊缝少的一侧。因为先焊焊缝的变形大，故焊缝少的一侧先焊时，使它产生较大的变形，然后再用另一侧多的焊缝引起的变形来加以抵消，就可以减小整个结构的变形。

综上所述，针对不同的焊接结构采用以下不同的合理的焊接顺序：

① 结构截面对称、焊缝布置对称的焊接结构,采用先装配成整体,然后再按一定的焊接顺序进行生产,使结构在整体刚性较大的情况下焊接,能有效地减小弯曲变形。

例如,工字梁的装配焊接过程,可以有两种不同方案,见图1-84。若采用图1-84(b)所示的边装边焊顺序进行生产,焊后要产生较大的上拱弯曲变形;若采用图1-84(c)所示的整装后焊顺序,就可有效地减小弯曲变形。

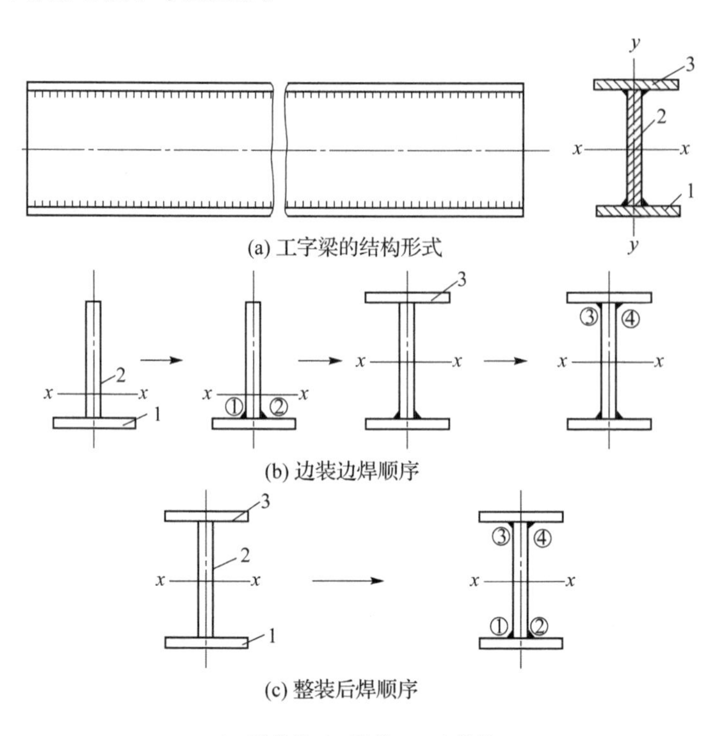

(a) 工字梁的结构形式

(b) 边装边焊顺序

(c) 整装后焊顺序

1—下盖板;2—腹板;3—上盖板

图1-84　工字梁的装配焊接顺序

② 结构截面形状和焊缝不对称的焊接结构,可以分别装焊成部件,最后再组焊在一起,见图1-85。图1-85(a)所示的方案由于焊缝1离中性轴距离较大,所以弯曲变形较大,而图1-85(b)所示的焊缝1的位置几乎与上盖板截面中性轴重合,所以对整个结构的弯曲变形没有影响。

(4) 合理的焊接方向

为控制焊接残余变形而采用的焊接方向,有以下几种:

① 长焊缝同方向焊接　如T形梁、工字梁等焊接结构,具有互相平行的长焊缝,施焊时,应采用同方向焊接,可以有效地控制扭曲变形,见图1-86(a)。

② 逆向分段退焊法　同一条或同一直线的若干条焊缝,采用自中间向两侧分段退焊的方法,可以有效地控制残余变形,见图1-86(b)。

③ 跳焊法　如构件上有数量较多又互相隔开的焊缝时,可采用适当的跳焊,使构件上的热量分布趋于均匀,能减少焊接残余变形,见图1-86(c)。

采用分散对称焊工艺,长焊缝尽可能采用分段退焊或跳焊的方法进行焊接,这样加热时间短、温度低且分布均匀,可减小焊接应力和变形,如图1-87所示。

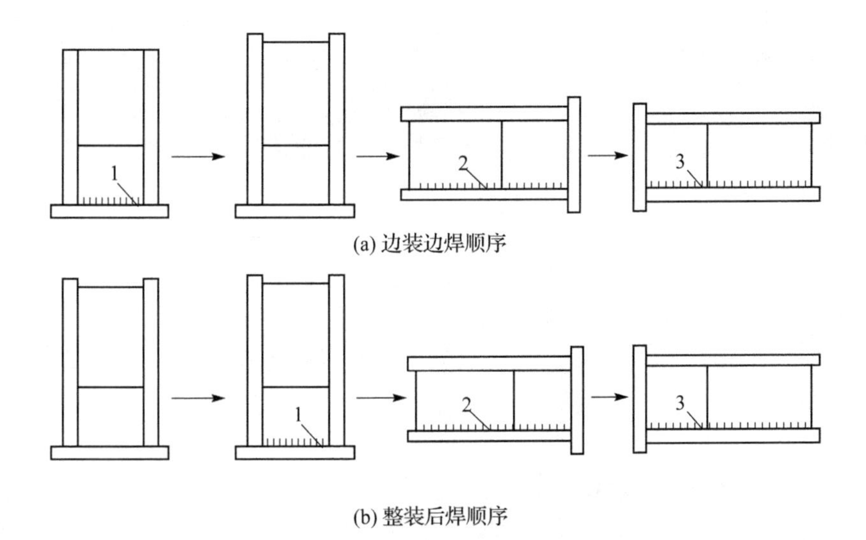

(a) 边装边焊顺序

(b) 整装后焊顺序

图 1－85 箱形梁的装配焊接顺序

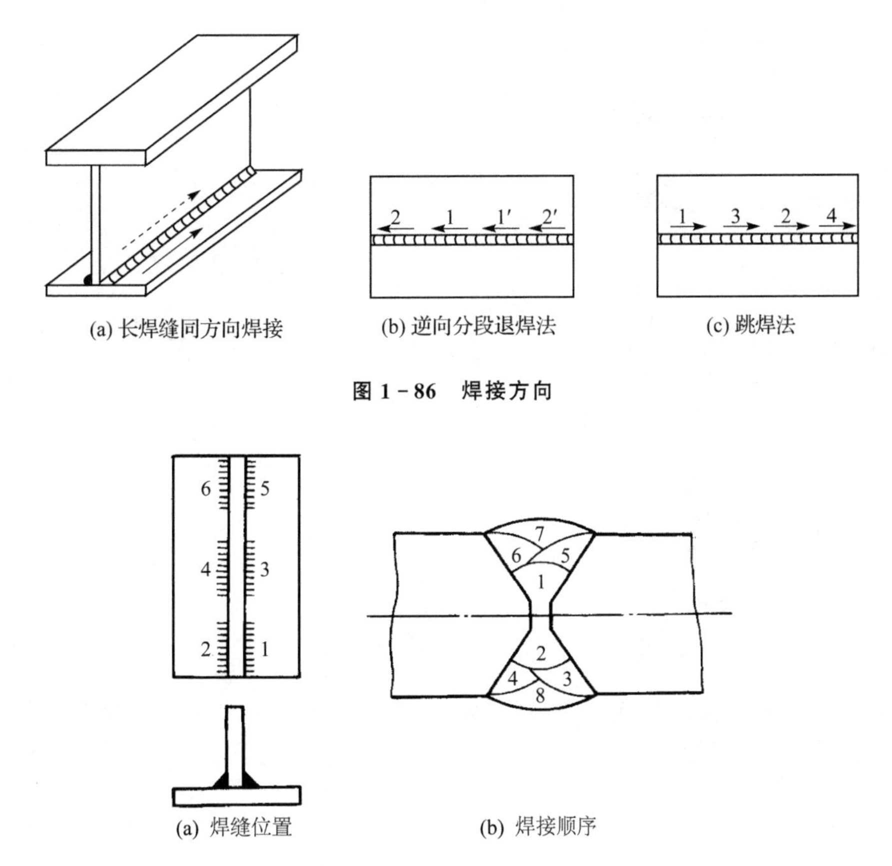

(a) 长焊缝同方向焊接 (b) 逆向分段退焊法 (c) 跳焊法

图 1－86 焊接方向

(a) 焊缝位置 (b) 焊接顺序

图 1－87 分散对称的焊接顺序

(5) 合理地选择焊接方法和焊接工艺参数

各种焊接方法的线能量不同，因而产生的变形也不一样。能量集中和热输入较低的焊接方法,可有效地减小焊接变形。用 CO_2 气体保护弧焊焊接中厚钢板的变形比用气焊和焊条电弧焊小得多,更薄的板可以采用脉冲钨极氩弧焊、激光焊等方法焊接。电子束焊的焊缝很窄,变形极小,一般经精加工的工件,焊后仍具有较高的精度。

焊接热输入是影响变形量的关键因素,当焊接方法确定后,可通过调节焊接工艺参数来控制热输入。在保证熔透和焊缝无缺陷的前提下,应尽量采用小的焊接热输入。

应当强调,预防和减小焊接应力和变形的措施在焊接设计和制造中要同时考虑,根据实际结构特点进行综合分析,确定合理的方案。当预防变形与预防应力有矛盾时,主要根据母材性质来决定主次关系,首先解决主要方面,次要方面可通过其他途径解决或者不予考虑。如果母材塑性好,主要应预防变形;如果母材塑性差,例如当焊接含碳或其他合金元素较多的高强钢时,则主要应预防应力。

2. 焊接变形的矫正

焊接变形的矫正主要采用机械或火焰方法进行。

(1) 机械矫正

机械法是用锤击、压、拉等机械作用力,产生塑性变形进行矫正(见图 1-88(a))。可在冷态或热态下进行,冷态下不容易矫正才用热矫。热矫温度应低于 300 ℃或高于 500 ℃,因为300~500 ℃之间金属具有脆性。

对于弯曲变形可采用三点弯曲原理(见图 1-88(b)),用外力迫使构件上尺寸缩短的部分伸长,从而达到消除变形的目的。

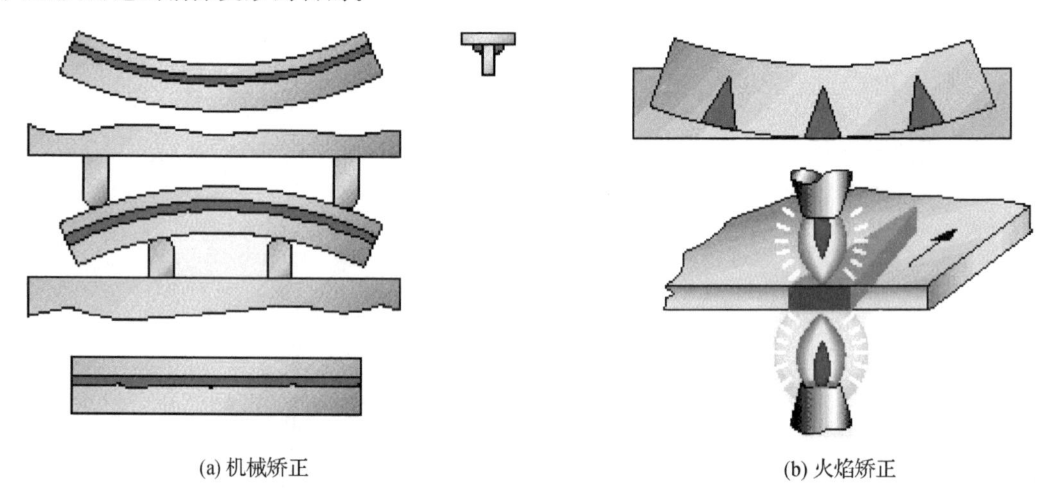

(a) 机械矫正　　(b) 火焰矫正

图 1-88　焊接变形矫正方法

对于薄板较为规则的焊缝,可采用辊轮碾压焊缝和焊缝两侧,使变形区伸长而消除变形,碾压能同时消除残余应力和变形;也可以采用锤击法来延展焊缝及近缝区的金属,达到消除焊接变形的目的。

(2) 火焰矫正

火焰矫正是选择恰当部位,用火焰加热,利用加热和冷却引起的新变形来抵消已有的变形,如图 1-88(b)所示。火焰矫正只适合于塑性好的材料,如低碳钢和部分普通低合金结构钢。为防止金属组织过热脆化,局部加热温度不能太高,对低碳钢和低合金钢结构来说,加热温度在 600~800 ℃。

图1－89所示为火焰加热位置。

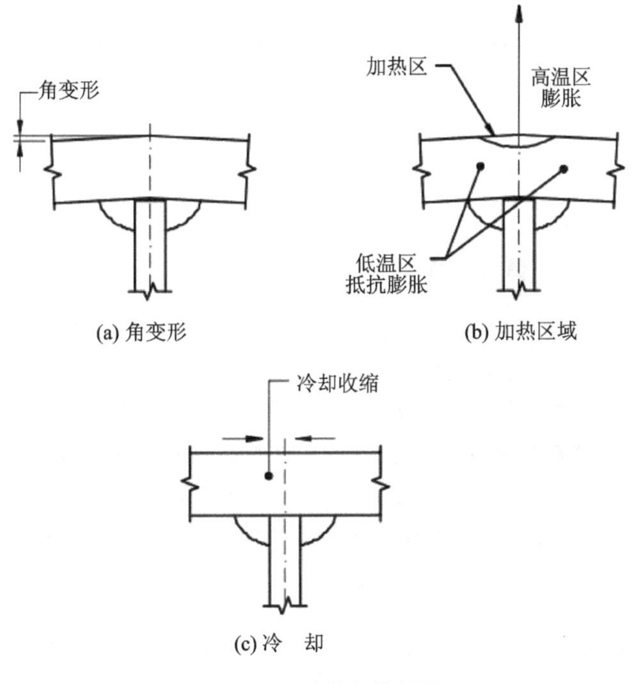

图1－89　火焰加热位置

火焰加热矫正焊接变形气焊焊矩，方法简便，适用于大型焊接结构变形的矫正。火焰加热矫正焊接变形的效果取决于下列三个因素：

① 加热方式　取决于焊件的结构形状和焊接变形形式，一般薄板的波浪变形应采用点状加热（见图1－90）；焊件的角变形可采用线状加热（见图1－91）；弯曲变形多采用三角形加热（见图1－88）。

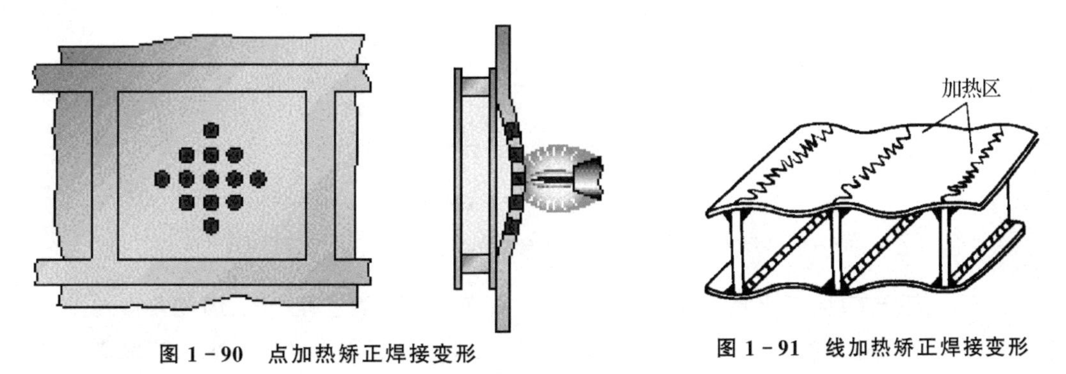

图1－90　点加热矫正焊接变形　　**图1－91　线加热矫正焊接变形**

② 加热位置　应根据焊接变形的形式和变形方向而定。

③ 加热温度和加热区的面积　应根据焊件的变形量及焊件材质确定，当焊件变形量较大时，加热温度应高一些，加热区的面积应大一些。

1.6 焊接热力过程数值模拟分析

随着计算技术的发展,焊接热力过程数值模拟越来越受关注而得到迅速发展,并已成为焊接工艺研究的重要手段。数值模拟可以得到比实验和理论分析更为全面深入且容易理解,而实验和理论分析又很难获得的结果。其目的是在产品设计阶段,借助建模与仿真技术及时地模拟预测、评价焊接结构性能与可制造性,从而有效缩短产品的研制周期,降低成本,提高质量和生产效率。

1.6.1 焊接热力过程分析

不论是在普通电弧焊还是在激光与电子束等高能束流的焊接中,一般都使用高度集中的热源加热,在热源中心作用点的附近会产生较小的焊接熔池,在整个熔池和热影响区分布着非均匀大梯度的温度场,这种非均匀大梯度的温度场能够对焊接结构的制造过程和使用性能产生极为重要的影响。焊接热作用贯穿于整个焊接结构的制造过程中,焊接热过程直接决定了焊后的显微组织、应力、应变和变形(见图 1-92)。因此,准确分析焊接热过程对于指导焊接工艺的制定、焊接接头显微组织分析、焊接残余应力分析以及焊接变形分析具有非常重要的意义。

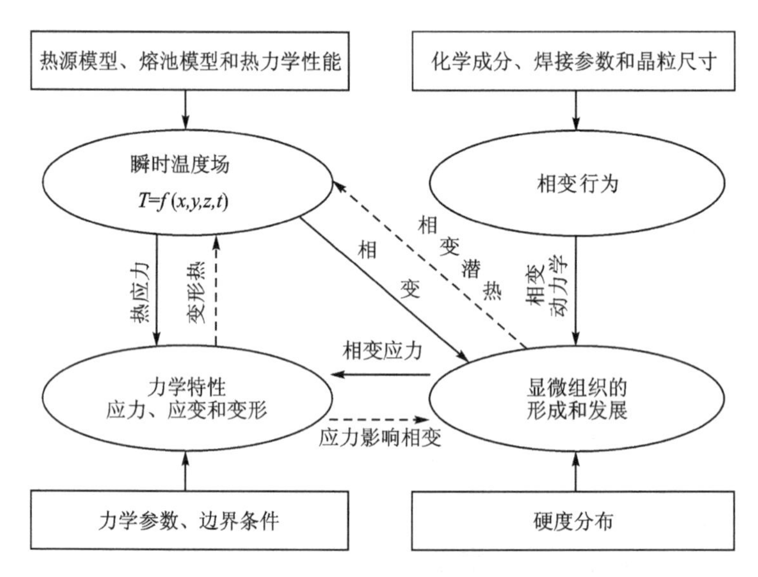

图 1-92 焊接温度场、焊接应力与变形及显微组织的相互影响

焊接时温度分布、组织转变以及焊接残余应力和变形都与热过程相关,因此要得到一个高质量的焊接结构就必须控制这些因素。而如何准确地预测焊接温度及显微组织和残余应力的变化过程对焊接质量控制尤为重要。

对于准稳态的焊接过程,可以利用如图 1-93 所示的简化模型来分析其瞬时热力过程。

为跟踪 HAZ 内某点的应力发展过程,在焊件的近缝区取一微元体。由于微元体足够小,温度可视为均匀一致。在热循环作用下(见图 1-93 左下角),由于焊接结构自身的刚性拘束,使得焊接方向上的总变形(ε_x)远小于未受拘束情况下材料的自由热变形(ε^T),这一假设在焊缝和近缝区是成立的,因此假设微元体的 x 方向刚性固定。为简化分析,考虑一维应力发展,

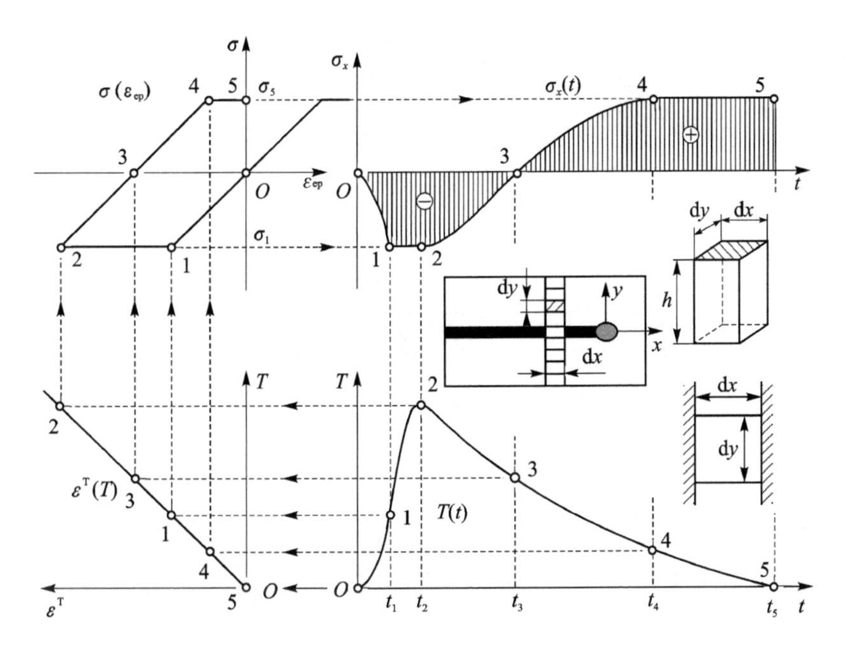

图1-93　HAZ内某点应力的动态变化示意

即 y 方向自由变形，从而微元体的应力应变满足条件 $\sigma_x \neq 0$，$\varepsilon_x = 0$，$\sigma_y = 0$，$\varepsilon_y \neq 0$。

忽略材料的组织变化，假设热膨胀系数 α 恒定，应力应变曲线为理想弹塑性曲线，则焊接热应力应变循环如图1-93左上角所示。按照 $T(t) \rightarrow \varepsilon^{T}(T) \rightarrow \sigma(\varepsilon_{ep}) \rightarrow \sigma(t)$ 的路径完成从热循环到应力循环的映射，相应的应力循环如图1-93右上角所示。

对于图1-93中的微元体而言，材料首先受热膨胀，受到远处冷态材料的拘束发生压缩塑性变形，产生压应力，在 t_1 时刻（第1点）达到压缩屈服直到 t_2 时刻达到峰值温度（第2点）；t_2 时刻后，由于材料冷却而发生弹性卸载，并持续直到 t_3 时刻（第3点）；在 t_3 时刻弹性应力和弹性应变均为零，仅存在塑性压缩应变；t_3 时刻后，材料进入拉应力，直到 t_4 时刻（第4点）又发生拉伸屈服；t_5 时刻（第5点）对应于完全冷却的时刻。

在实际焊接情况下，焊接区的应力循环要比图1-93所描述的复杂得多。实际焊接过程中热应力应变循环可采用图1-94来描述。

图1-94中，在材料的力学熔点以上，材料的屈服强度降低，材料几乎处于无应力状态，该区域以拖尾的椭圆表示。抛物形的虚线是各等温线最大宽度对应点的包络线，反映了瞬时温度场中横向的局部最大温度 T_{max}。T_{max} 将瞬时温度场分为两个部分，即 T_{max} 前的局部温度升高，T_{max} 后的局部温度下降，因此 T_{max} 也称为冷却线。冷却线 T_{max} 前产生压缩塑性区，冷却线 T_{max} 后为拉伸塑性区，由压塑状态进入拉伸状态的弹性卸载窄带所分离。

位于焊接热源前垂直于焊缝的截面，处于冷却线 T_{max} 之前，全部区域为升温区，中心升温很高而两边升温较低，中心区膨胀受阻而产生弹性或弹塑性压缩应变。热源后方位于冷却线 T_{max} 前的近缝区局部区域也处于升温状态，同样处于压缩应变区。在位于热源后方稍远的截面上，焊缝中心线局部区域处于冷却线 T_{max} 之后。该部分金属由于降温而产生收缩，两侧金属阻碍其收缩，结果产生拉伸应变，温度高于力学熔点处，不会有应力存在，因此没有弹性应变，全部拉伸应变为塑性应变；在熔合线处拉伸塑性应变出现最大值，离焊缝稍远的热影响区

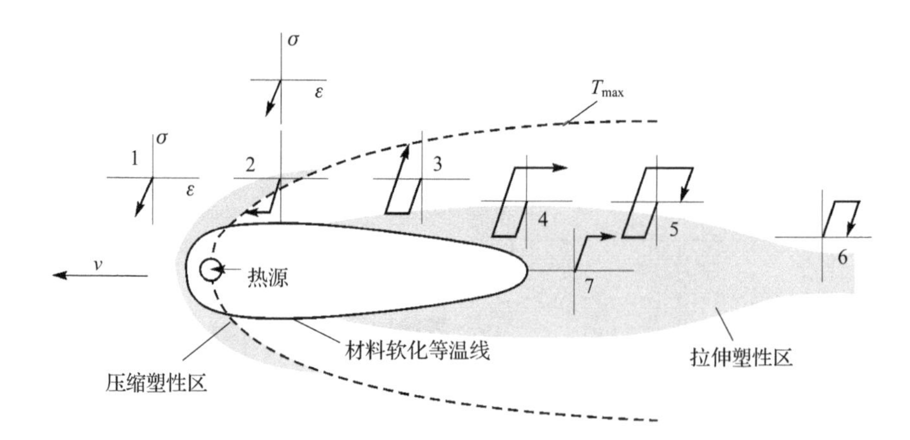

图1-94 移动热源准稳态温度场的塑性区和局部应力应变循环

将引起升温,其膨胀受阻,将产生压应变和压应力,板边则出现与压应力平衡的拉应力。在随后的降温过程中,焊缝和近缝区一直承受拉伸应变,在温度降到力学熔点之前,这种拉伸应变一直为拉伸塑性应变;当温度降至力学熔点以后,焊缝和近缝区开始出现弹性拉伸应变和拉应力。

采用以上的分析方法,可以给出平板焊接过程中应力应变的演化过程,见图1-95。在焊接热源通过后的焊接区承受较大的拉应力,离开焊缝的区域产生压应力。

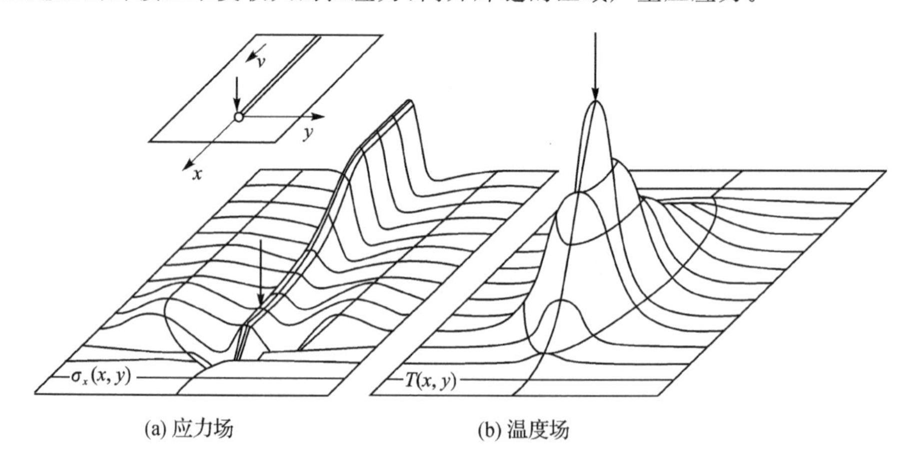

(a) 应力场 (b) 温度场

图1-95 焊接温度场与应力场

对于复杂的焊接热力过程,采用解析方法很难进行精确求解。随着计算机软件技术的发展,采用数值模拟可以研究焊接引起的热、力和冶金的变化,预测焊接变形和残余应力的能力,有助于产品开发人员选择最合适的焊接方法并更准确地预测焊接性能。将焊接热力模拟过程集成到产品设计系统,可以缩短从产品设计到投入生产所需的时间,降低生产成本,减少返修,提高生产效率。

完成一次焊接工艺数值模拟,就相当于在计算机上实现了一次虚拟的工艺试验。与实际工艺试验相比,工艺数值模拟的优势是成本低、周期短,所得到的技术信息更多、更全且是定量化的数据。当发现模拟出的焊件具有某些缺陷时,可以根据自己的经验找出产生缺陷的原因,并对工艺、夹具和坯料进行修改，然后将修改后的数据进行第二次工艺数值模拟，如此反复直到工艺成功。

焊接热力过程数值模拟在航空航天结构精益生产和并行工程中具有巨大的发展潜力。例如，在现代大型客机的开发中，飞机机身的铝合金蒙皮壁板的纵向加强肋采用激光束焊接可以减轻 20%的质量。焊接的主要问题是保持小的变形(特别是横向变形)和减小残余应力(特别纵向拉应力)。要考虑采取变化接头类型、焊接顺序、冷却条件、装夹模式和纵向预载荷等措施以达到小变形和小的残余应力，决定这些措施及其可能的组合，需要采用焊接热力数值模拟技术。

1.6.2 焊接热力过程数值模拟方法

数值模拟方法是将求解对象在时间和空间上进行离散化，使连续的、无限的自由度问题转变为离散的、有限的自由度问题。焊接热力过程常用的数值模拟方法有差分法、有限元法及边界元法。目前已经有不少成熟的计算分析软件可供焊接过程分析选用。这些软件可以进行二维和三维的电、磁、热、力等问题的线性和非线性的有限元分析，而且具有自动划分有限元网格和自动整理计算结果并使之形成可视化图形的前后处理功能。因而，应用者已经无需自己从头编制模拟软件，可以利用商品化软件，必要时加上二次开发，即可得到需要的结果。尽管如此，数值模拟前也必须对有关的基础理论、建模方法、初始条件和边界条件、数据准备及求解原理等进行全面了解，才能得到正确的模拟结果。

在焊接过程数值模拟中，对焊接温度场和应力应变场的模拟数量最多，起步也较早，积累的经验也较丰富，在实际生产中得到了一定的应用。

温度场的模拟是对焊接应力应变场及焊接过程中的其他现象进行模拟的基础。这就需要根据焊接工艺情况和数值模拟的要求构建热源模型。建立热源模型的主要目标是寻找符合相应焊接参数条件下的热流分布形式，使模拟的熔池边界线与实验观测的焊缝熔合线相符，这一准则定义为熔池边界准则。以熔池边界为准则的焊接温度场模拟完全能够满足焊接力学分析的要求。

应用数值模拟软件的后处理技术可得到直观的焊接温度场分布，如图 1－96 所示。

焊接变形工件内部的塑性变形和传热发生在同一空间域和时间域，但由于变形与传热二者属于不同的物理性质问题，分别由弹塑性问题和瞬态热传导问题描述，因此其对应场量难以采用联立求解的方法分析。一般而言，弹塑性有限元法采用增量法逐步解出工件的有关场量(如速度场、应力场、应变场等)，而温度场则用时间差分格式逐步积分得到。这样，可以在某一瞬时分别计算变形和温度，通过二者之间的联系，将它们的相互影响作用考虑进去，以达到焊接热力过程的耦合分析。

图 1－97 所示为梁板结构焊接变形数值模拟结果。

虽然焊接温度场和应力与变形的数值模拟结果有了一定的实际应用，但由于焊接过程的复杂性，大量有关焊接过程的数值模拟研究成果与实际应用仍有较大差距，而且模拟中有不少问题有待解决，对于已经能够解决的问题存在着精度不高或耗费大的问题。因此，需要在模拟技术上进一步开展研究，同时要重视发展验证数值模拟结果的测试技术。

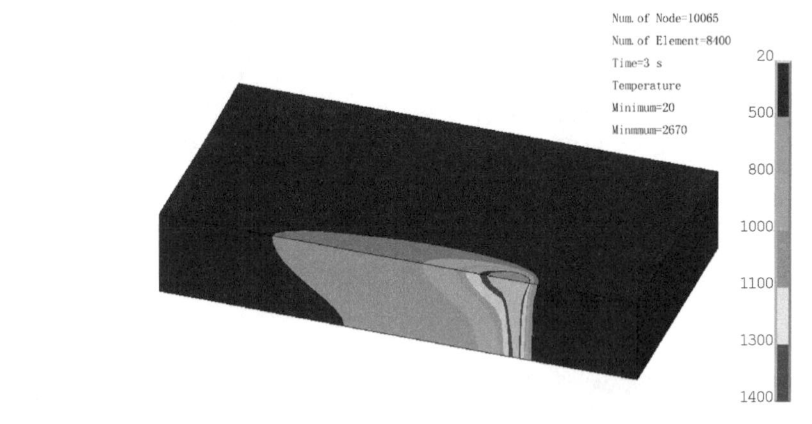

(a) 电子束焊接温度场数值模拟结果

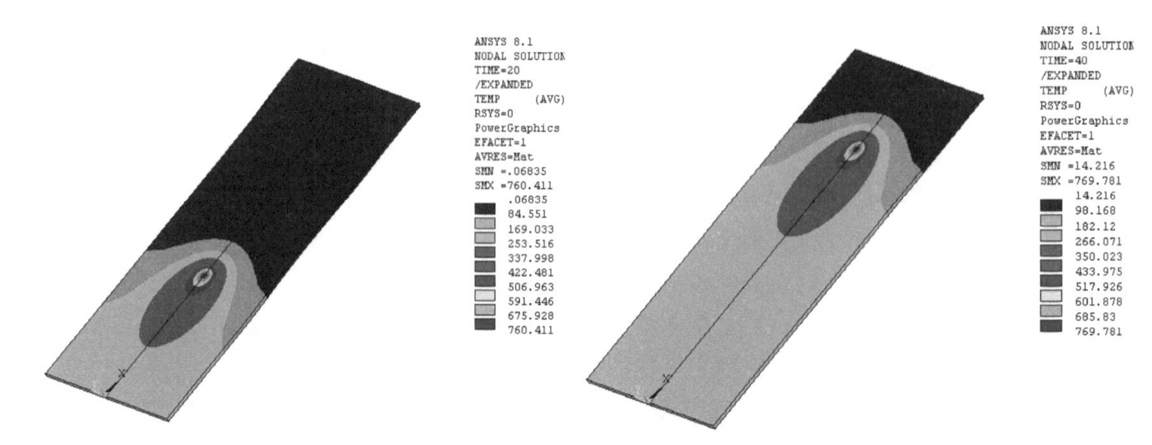

(b) 电弧焊温度场数值模拟结果

图 1-96　焊接温度场数值模拟结果

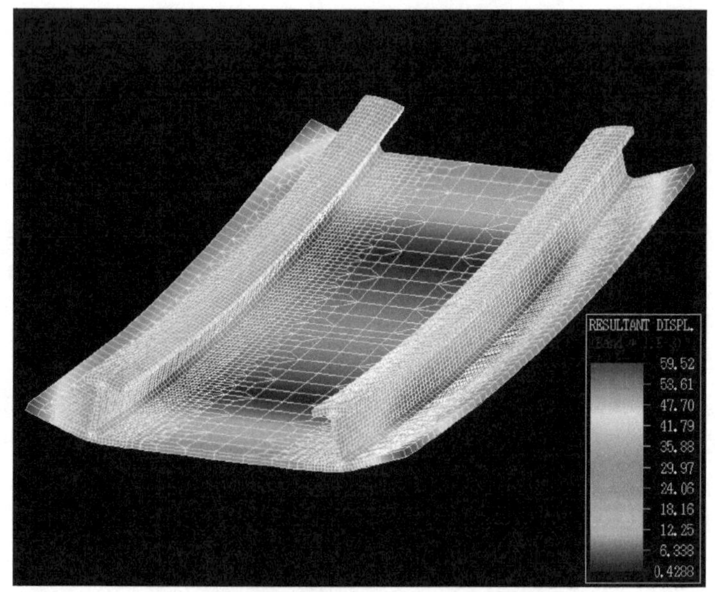

图 1-97　梁板结构焊接变形数值模拟结果

思考题

1. 何谓稳态温度场、非稳态温度场、均匀温度场?
2. 分析导热系数、导温系数、对流换热系数的物理意义。
3. 分析不均匀温度分布引起的材料的变形与内应力。
4. 何谓自由变形、外观变形、内部变形?
5. 分析平板对接纵向残余应力的产生过程。
6. 平板对接横向残余应力是如何产生的?
7. 说明构件焊接过程中拘束应力的产生机制。
8. 综合分析内应力对结构基本力学性能的影响。
9. 分析机械拉伸法消除焊接残余应力的基本原理。
10. 综述焊后消除焊接残余应力的基本方法。
11. 分析平板对接焊后残余变形产生的机理。
12. 举例说明焊件产生弯曲变形的机理。
13. 分析焊件角变形产生的机理。
14. 举例说明在焊接中如何控制焊接变形。
15. 说明火焰局部加热矫正焊接变形的原理。
16. 调研数值模拟方法在焊接工艺分析中的应用。

第2章　焊接接头质量及评定

焊接接头质量是焊接结构满足使用价值的基础。焊接接头质量评定根据焊接结构工作特性具有多层次性。焊接接头力学性能是焊接质量特性的综合，是焊接质量评定的主要方面，对于保证焊接结构的使用性能具有重要作用。

2.1　焊接接头质量概述

2.1.1　焊接接头及质量特性

1. 焊接接头的基本特征

用焊接方法连接的接头称为焊接接头，简称接头。熔焊接头包括焊缝、熔合区、热影响区和母材。熔焊时，焊缝一般由熔化了的母材和填充金属组成，是焊接后焊件中所形成的结合部分。接近焊缝两侧的母材，由于受到焊接的热作用，而发生金相组织和力学性能变化，这个变化区域称为焊接热影响区。焊缝向热影响区过渡的区域称为熔合区。在熔合区中，存在着显著的物理化学的不均匀性，这也是接头性能的薄弱环节。

图2-1所示为电弧焊焊缝与搅拌摩擦焊缝的比较。搅拌摩擦焊接头包括焊核、热力影响区、热影响区和母材，其接头也存在较大的不均匀性。

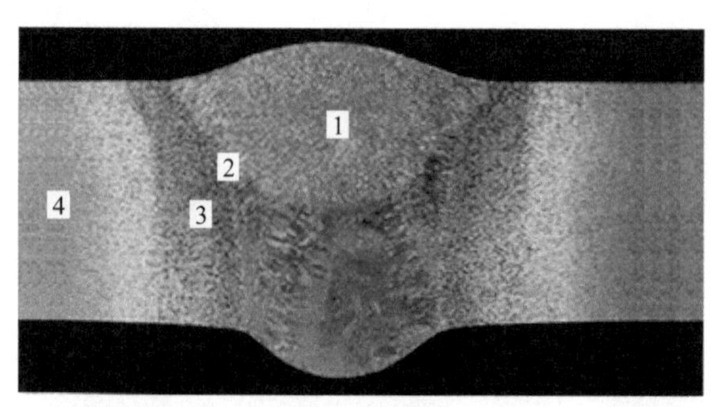

1—焊缝金属；2—熔合线；3—热影响区(HAZ)；4—母材

(a) 电弧焊焊缝

1—焊核区；2—热力影响区(TMAZ)；3—热影响区(HAZ)；4—母材

(b) 搅拌摩擦焊缝

图2-1　电弧焊焊缝与搅拌摩擦焊缝的比较

图 2-2 所示为厚板多层多道焊与电子束焊缝的比较。

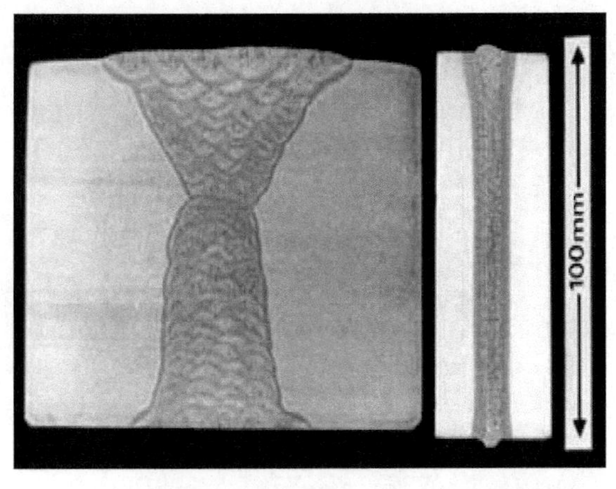

(a) 厚板多层多道焊焊缝　(b) 电子束焊缝

图 2-2　厚板多层多道焊与电子束焊缝的比较

影响焊接接头性能的因素主要有力学和材质两方面(见图 2-3)。力学方面的影响包括焊接缺陷、接头形状的不连续性、残余应力和焊接变形等。材质方面的影响包括焊接热循环引起的组织变化、热塑性应变循环产生的材质变化、焊后热处理和矫正变形引起的材质变化等。

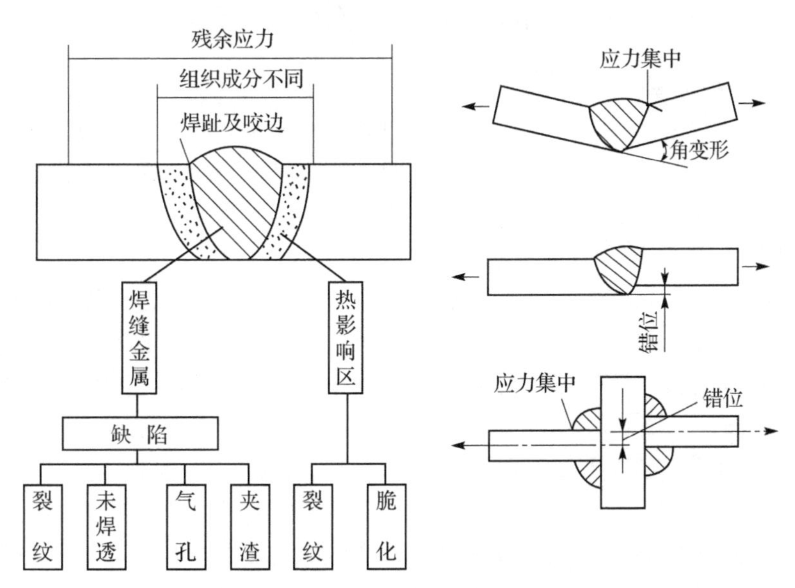

图 2-3　影响焊接接头性能的主要因素

焊接过程中,母材热影响区上各点距焊缝的远近不同,所以各点所经历的焊接热循环也不同,亦即各点的最高加热温度、高温停留时间,以及焊后的冷却速度均不相同,这样就会出现不同的组织(见图 2-4)和具有不同的性能,使整个焊接热影响区的组织和性能呈现不均匀性(见图 2-5)。

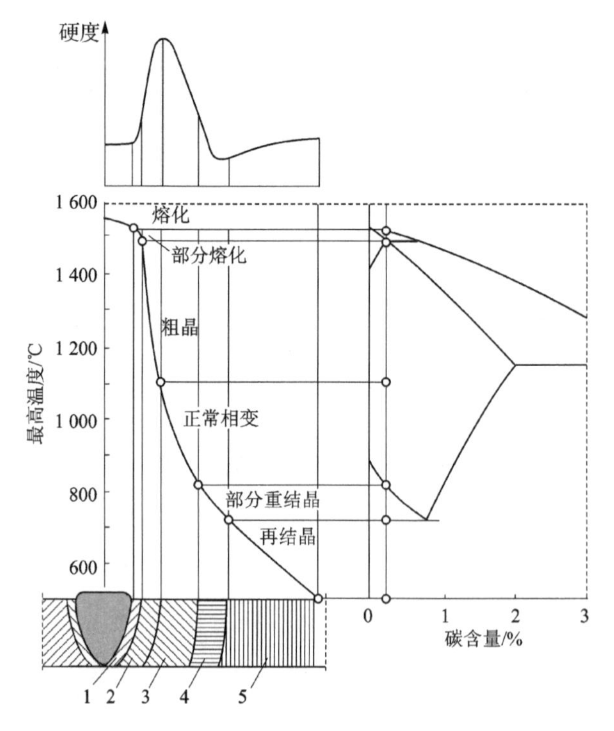

1—熔合区;2—过热区;3—正火区;4—不完全重结晶区;5—回火区

图 2-4 碳钢焊接热影响区显微组织分布特征

2. 焊接接头和质量特性

根据国家有关技术标准的定义,质量是“一组固有特性满足要求的程度”。质量定义中指出的“特性”,是产品质量的定性或定量的表现,也是顾客评价产品或服务满足需要程度的参数与指标系列。所谓“特性”,是指事物所特有的性质。产品质量特性一般包括六个方面,即性能、可靠性与维修性、安全性、适用性、经济性和时间性。

产品质量合格就是“满足要求”,不合格就是“未满足要求”。合格又可称为符合,是满足要求的肯定,称为合格或符合规定要求。不合格又称为不符合,也就是没有满足规定的要求,即称为不合格。这里所说的“要求”不仅是从顾客角度出发,还要考虑社会的需要,要符合法律、法令、法规、环境、安全和资源保护等方面的要求。也就是说,产品质量必须符合规定要求,即符合性要求,又要满足顾客和社会的期望,即适用性要求,就是要满足所谓的“符合性”和“适用性”要求。

焊接质量指焊件满足产品结构的使用价值及其属性。它体现为焊件的内在和外观的各种质量指标。产品实体作为一种综合加工的产品,它的质量是产品适合于某种规定的用途,满足使用要求所具备的质量特性的程度。焊件的质量特性除具有一般产品所共有的特性外,还应满足下列特殊要求:

① 理化方面的性能　表现为力学性能(强度、塑性、冷弯、冲击韧性等)、化学性能(碳、锰、硫、磷、硅等影响焊接工艺性的元素)。

② 使用时间的特性　表现为产品的寿命或其使用性能稳定在设计指标以内所延续时间的能力(如抗腐蚀性、耐久性)。

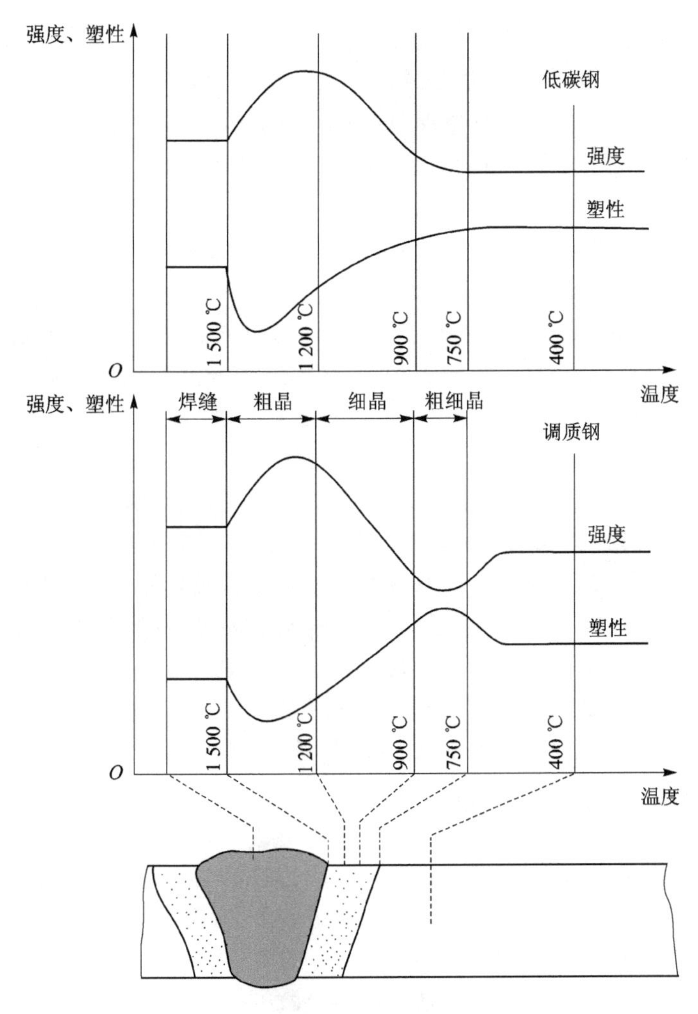

图 2-5　热影响区的强度与塑性分布

③ 使用过程的适用性　表现为产品的适用程度。

④ 经济特性　表现为造价(价格)、生产能力或效率,以及生产使用过程中的能耗、材耗及维修费用高低等。

⑤ 安全特性　表现为保证使用及维护过程的安全性能。

2.1.2　焊接缺陷及表征

1. 焊接缺陷

焊接缺陷也称为焊接不连续性。当焊接不连续的程度使焊接结构不符合质量标准或规范规定的限值或容限时,则判为焊接质量缺陷,其判别结果依赖于质量标准。焊接缺陷是焊接结构中的不完整性。焊接结构在制造及运行过程中不可避免地存在或出现各种各样的缺陷。焊接缺陷将直接影响结构的强度和使用性能,构成对结构可靠性和安全性的潜在风险。因此,研究焊接质量的重点是掌握焊接缺陷形成机制及其作用,以便更好地控制或消除焊接缺陷。

2. 焊接缺陷的类型

焊接缺陷的种类较多,根据其性质和特征,主要有裂纹、夹杂、气孔、未熔合和未焊透、形状和尺寸不良等。按其在焊缝中的位置不同,可分为外部缺陷和内部缺陷。根据其对结构脆断的影响程度,又可分为平面缺陷、体积缺陷和成形不良三种类型。

平面缺陷——如裂纹、未熔合和未焊透等。这类缺陷对断裂的影响取决于缺陷的大小、取向、位置和缺陷前沿的尖锐程度。缺陷面垂直于应力方向的缺陷、表面和近表面缺陷及前沿尖锐的裂纹,对断裂的影响最大。

体积缺陷——如气孔、夹杂等。它们对断裂的影响程度一般低于平面缺陷。

成形不良——如焊道的余高过大或不足、角变形或焊缝处的错边等。它们会给结构造成应力集中或附加应力,对焊接结构的断裂强度产生不利影响。

焊接结构中的缺陷是否允许存在,目前有两大类评定标准:一是以控制质量为基础的标准;二是以符合使用要求为基础的标准,又称为合于使用原则。前者以相应的强度条件为前提,后者是以断裂力学理论为基础。一般而言,在焊接结构制造过程中必须严格执行有关的质量控制标准,判定缺陷是否允许存在,若发现的缺陷未超过质量控制标准所规定的限度,则缺陷允许存在;若发现的缺陷超过质量控制标准所规定的限度,则缺陷不允许存在,需要返修。质量控制标准对缺陷的判定,很难考虑缺陷在结构使用过程中的行为,也很难预测返修对结构性能的影响。合于使用原则对缺陷的评定是综合考虑材料性能、缺陷及载荷条件的作用,评定缺陷对结构寿命周期的剩余强度的影响,确定缺陷是否可以接受。

2.1.3 焊接质量评定准则

一般而言,在焊接结构制造过程中,必须严格执行有关的质量控制标准,判定缺陷是否允许存在。若发现的缺陷未超过质量控制标准所规定的限度,则缺陷允许存在;若发现的缺陷超过质量控制标准所规定的限度,则缺陷不允许存在,需要进行返修。

以质量控制为基础的质量评定一般是根据检验做出的。

检验是通过观察和判断,适当时结合测量、试验所进行的符合性评价。观察的方式包括各种感官的活动。所谓"适当时结合测量、试验"是指当技术标准、图样、合同等相关文件都有质量特性要求时,要选择适宜的检测仪器或工具,对其进行测量、试验的活动。所谓"符合性评价"是指通过观察和评价(有质量特性要求时,结合测量或试验结果,与规定要求进行对比)是否满足规定要求的活动。

例如,射线探伤质量检验标准根据缺陷性质和数量将焊缝质量分为4级:

Ⅰ级:应无裂纹、未熔合、未焊透和条状夹渣;

Ⅱ级:应无裂纹、未熔合和未焊透;

Ⅲ级:应无裂纹、未熔合及双面焊或加垫板的单面焊缝中的未焊透,不加垫板的单面焊中的未焊透允许长度按条状夹渣长度Ⅲ级评定;

Ⅳ级:焊缝缺陷超过Ⅲ级者。

可以看出,Ⅰ级焊缝缺陷最少,质量最高。Ⅱ级、Ⅲ级、Ⅳ级焊缝的内部缺陷依次增多,质量逐渐下降。

质量控制标准对缺陷的判定,很难考虑缺陷在结构使用过程中的行为,也很难预测返修对结构性能的影响。合于使用原则对缺陷的评定是综合考虑材料性能、缺陷及载荷条件的作用,评定缺陷对结构寿命周期的剩余强度的影响，确定缺陷是否可以接受。

质量控制标准与合于使用原则可以并用，在结构制造过程中，若符合质量控制标准要求，对于脆断危险性不高的结构，则不必按合于使用原则进行评定；而对于具有高可靠性要求的结构，则应该对结构的缺陷容限及剩余寿命依据合于使用原则进行评定。若在结构使用过程中发现缺陷，则需要采用合于使用原则对缺陷进行评定。焊接结构合于使用评定方法将在第 7 章介绍。

2.2　典型焊接缺陷及影响

2.2.1　典型焊接缺陷及特征

1. 裂　纹

焊接裂纹是接头中局部区域的金属原子结合遭到破坏而形成的缝隙，缺口尖锐、长宽比大，在结构工作过程中会扩大，甚至会使结构突然断裂，特别是脆性材料，所以裂纹是焊接接头中最危险的缺陷。

焊接裂纹的类型与分布是多种多样的，如图 2 - 6 所示。

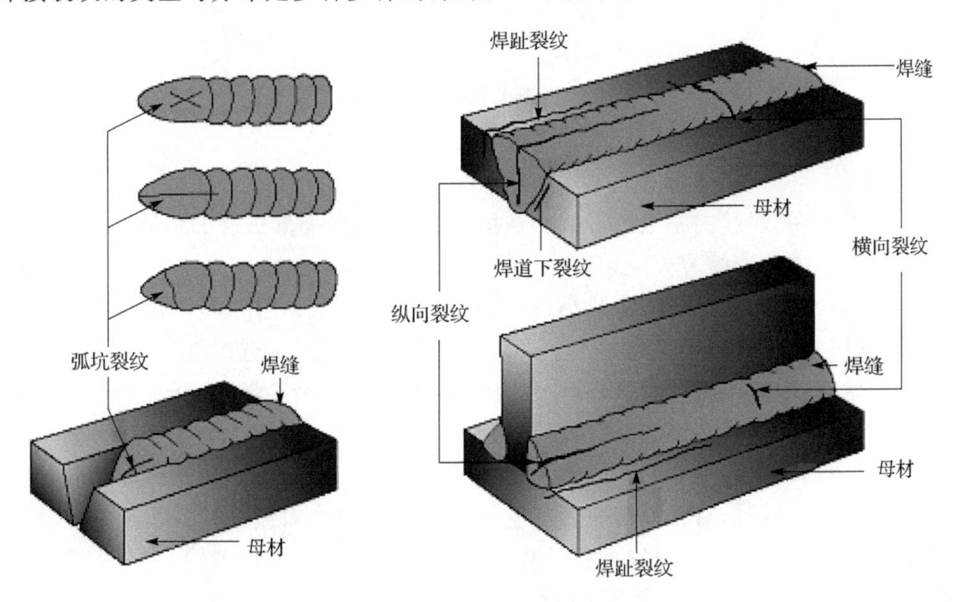

图 2 - 6　焊接裂纹的分布

按裂纹分布的走向可分为横向裂纹、纵向裂纹、星形(弧形)裂纹等。

按裂纹发生部位可分为焊缝金属中裂纹、热影响区中裂纹、火口(弧坑)裂纹、焊道下裂纹、焊趾裂纹和焊根裂纹等。

按裂纹形成的原因和本质可分为热裂纹、冷裂纹、再热裂纹、层状撕裂和应力腐蚀裂纹等。

有关焊接裂纹的形成机制将在 2.3 节进行专题分析。

2. 夹　杂

熔化焊接时的冶金反应产物，例如非金属杂质(氧化物、硫化物等)以及熔渣，由于焊接时未能逸出，或者多道焊接时清渣不干净，以至残留在焊缝金属内，称为夹杂或夹渣(见

图2-7)。视其形态可分为线状夹杂、孤立夹杂和成簇夹杂(见图2-8),其外形通常是不规则的,其位置可能在焊缝与母材交界处,也可能存在于焊缝内。另外,在采用钨极氩弧焊打底+焊条电弧焊或者钨极氩弧焊时,钨极崩落的碎屑留在焊缝内而成为高密度夹杂物(俗称夹钨)。

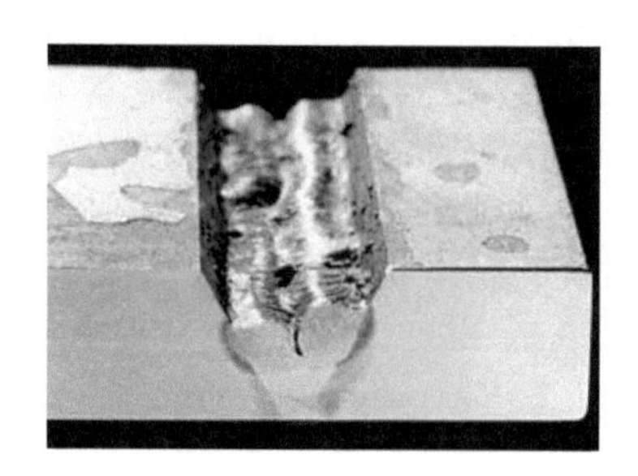

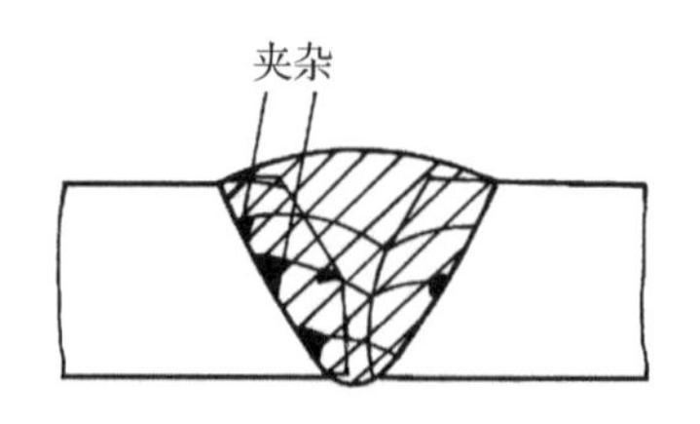

图2-7 焊缝中的夹杂

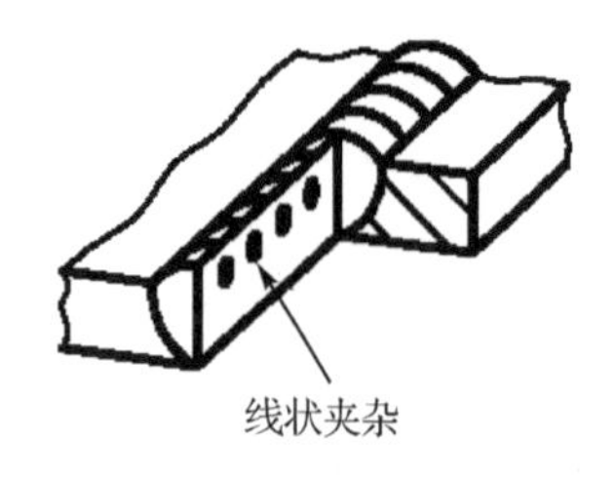

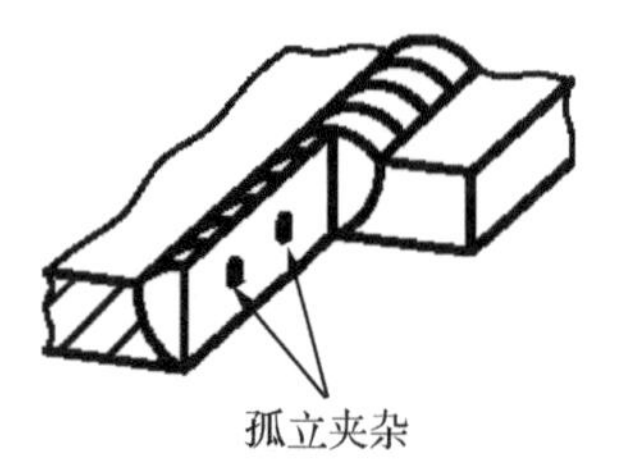

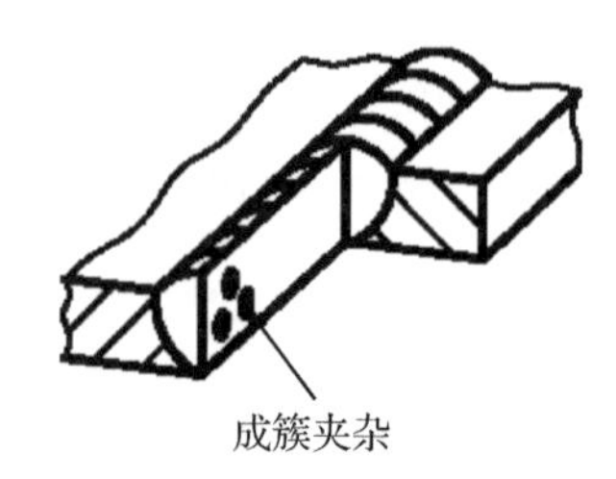

图2-8 夹杂类型

由于夹杂的存在,焊缝的有效截面减小,过大的夹杂也会降低焊缝的强度和致密性。产生夹杂的主要原因是焊件边缘有火焰切割或碳弧气刨熔渣,坡口角度或焊接电流太小,或焊接速度过快。在使用酸性焊条时,由于电流小或运条不当形成糊渣;使用碱性焊条时,由于电弧过长或极性不正确也会造成夹杂。防止产生夹杂的主要措施是正确选择坡口尺寸,认真清理坡口边缘,选用合适的焊接电流和焊接速度,运条摆动要适当。多层焊时,仔细观察坡口两侧熔化情况,每一层都要认真清理焊渣。

埋弧焊时,焊缝的夹杂除与焊剂的脱渣性能有关外,还与工件的装配情况和焊接工艺有关。对接焊缝装配不良时,易在焊缝底层产生夹杂。焊缝成形对脱渣情况也有明显影响。平而略凸的焊缝比深凹或咬边的焊缝更容易脱渣。双道焊的第一道焊缝,当它与坡口上缘熔合时,脱渣容易,如图2-9(a)所示;而当焊缝不能与坡口边缘充分熔合时,脱渣困难,如图2-9(b)所示,在焊接第二道焊缝时易造成夹杂。焊接深坡口时,有较多的小焊道组成的焊缝,夹杂的可能性小;而有较多的大焊道组成的焊缝,夹杂的可能性大。

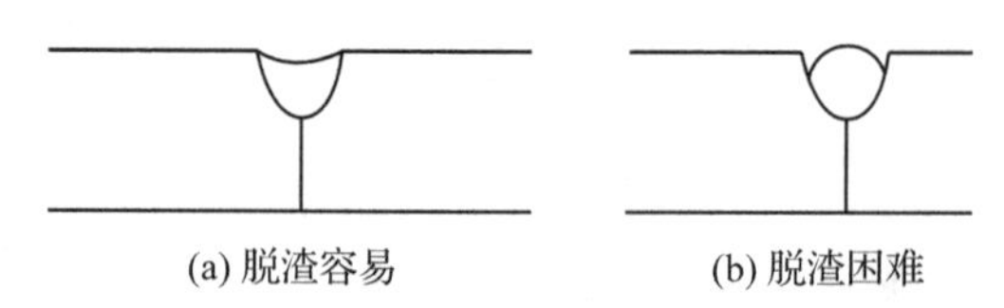

图2-9 焊道与坡口熔合情况对脱渣的影响

3. 气　孔

气孔是焊接熔池结晶过程中经常出现的主要缺陷之一。气孔会削弱焊缝有效工作截面积，还可以形成应力集中，显著降低接头的强度和韧性，有些气孔则会影响焊缝的气密性。因此，在焊接生产中，防止产生气孔是十分重要的。

熔焊时，由于焊接熔池处于强烈过热状态，高温下的液态金属往往溶解了较多的气体，在熔池凝固时，由于温度降低，这些气体将析出。此外，在焊接冶金过程中，由于化学冶金反应也能产生大量气体，它们在熔池高速凝固时，来不及逸出，会残留在焊缝金属中形成气孔。能在焊缝中形成气孔的气体主要有氢、氮，以及冶金反应中产生的 CO 和 H_2O 等。

焊缝中的气孔从宏观形貌看，有针尖状气孔、气泡状气孔、旋涡状气孔等。有的气孔可以直达焊缝表面，从焊缝表面即可观察到，如图 2－10 所示。大多数气孔则存在于焊缝内部，其分布部位也很广泛，分布类型有多种形态（见图 2－11）。有时则形成密集的微细气孔成堆分布，有时则形成层状分布。焊缝内部的气孔一般可以通过 X 射线透视拍片检查出来。

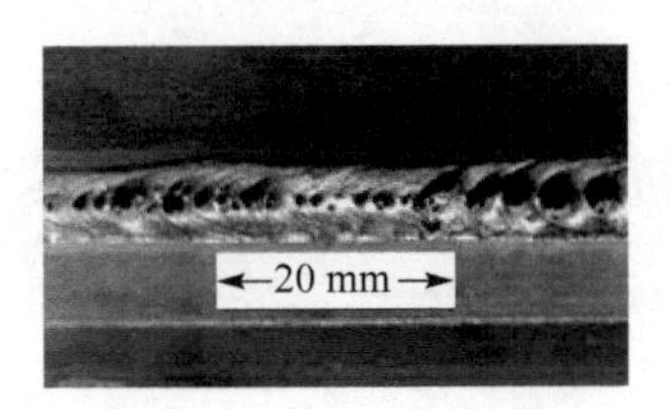

(a) 表面气孔

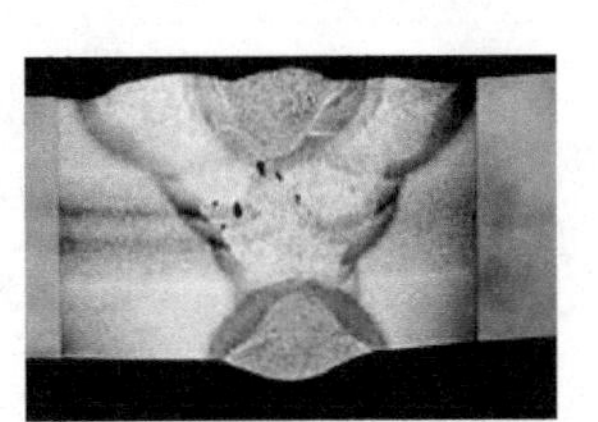

(b) 内部气孔

图 2－10　焊缝中的气孔

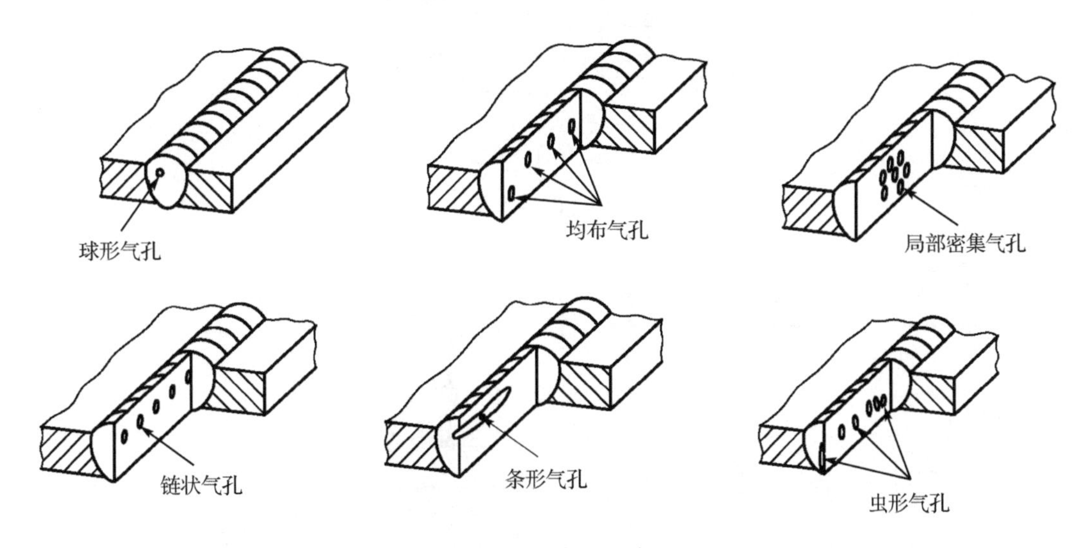

图 2－11　气孔形态

防止产生气孔的主要措施有：选择合适的焊接电流和焊接速度；认真清理坡口边缘水分、油污和锈迹；严格按规定保管、清理和烘焙焊接材料；不使用变质的焊条；当发现焊条药皮变质、剥落或焊芯锈蚀时，应严格控制使用范围。

4. 未熔合与未焊透

(1) 未熔合

固体金属与填充金属之间(焊道与母材之间),或者填充金属之间(多道焊时的焊道之间或焊层之间)局部未完全熔化结合(见图2-12),或者在点焊(电阻焊)时母材与母材之间未完全熔合在一起,有时也常伴有夹杂。

图2-12 角焊缝的未熔合

未熔合的主要类型如图2-13所示。

(2) 未焊透

母材金属接头处中间(X坡口)或根部(V、U坡口)的钝边未完全熔合在一起而留下的局部未熔合称为未焊透(见图2-14)。未焊透降低了焊接接头的强度,在未焊透的缺口和端部会形成应力集中点,在焊接件承受载荷时容易导致开裂。

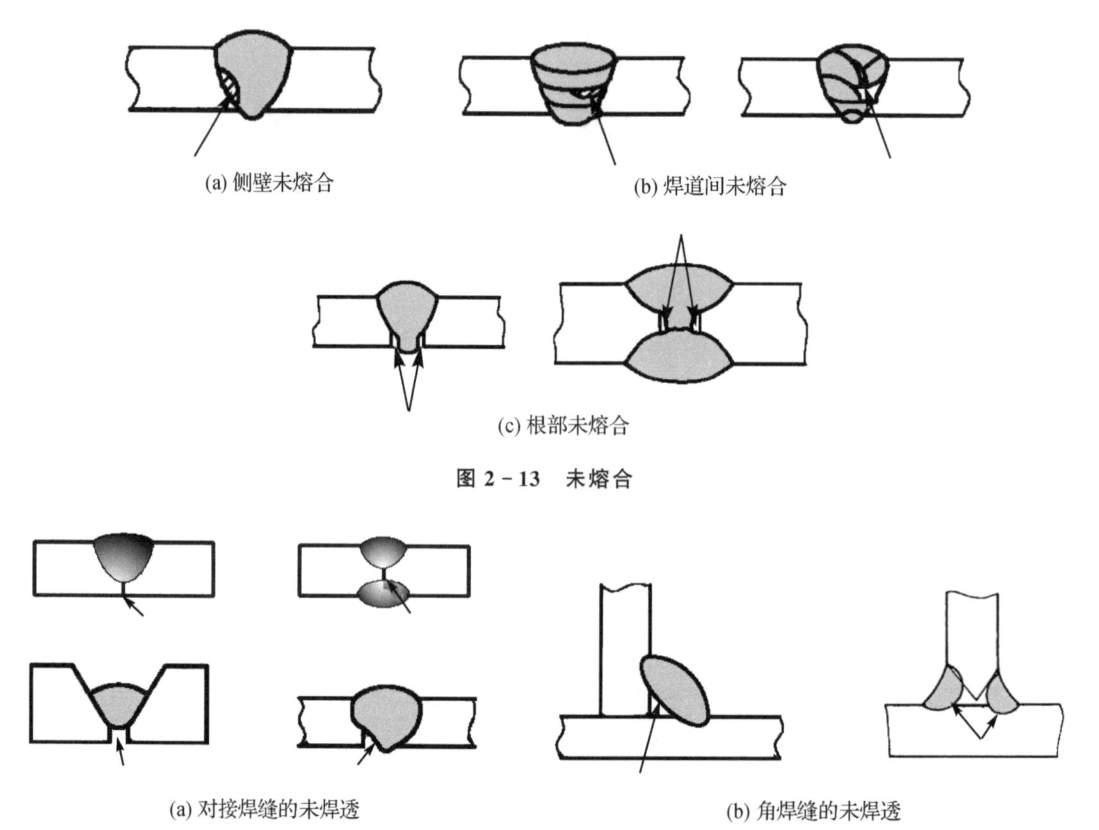

(a) 侧壁未熔合　(b) 焊道间未熔合

(c) 根部未熔合

图2-13 未熔合

(a) 对接焊缝的未焊透　(b) 角焊缝的未焊透

图2-14 未焊透

焊接过程中,接头根部未完全熔透的现象称为未焊透。还有一种未熔合的情况,即在焊接过程中,由于焊接电流过大,焊条熔化过快,一旦操作不当,焊件边缘或者前一道焊层未能充分受热熔化,就被熔敷金属覆盖,从而造成熔敷金属未能很好地与焊件边缘熔合在一起。未焊透是一种比较危险的缺陷,焊缝出现间断或突变部位,焊缝强度大大降低,甚至引起裂纹。因此,重要结构均不允许存在未焊透的情况，一经发现，应予铲除，重新修补。

产生未焊透的主要原因是焊件装配间隙或坡口角度太小，焊件边缘有较厚的锈蚀，焊条直径太大，电流太小，运条速度过慢以及电弧太长，极性不正确，等等。防止产生未焊透的措施有：合理选用焊接电流和速度，正确选取坡口尺寸，封底焊清根要彻底，运条摆动要适当，密切注意坡口两侧的熔化情况。

5. 焊缝成形不良

焊缝成形不良是指焊缝外表面形状或接头几何形状的不完善性。常见的焊缝成形不良有咬边、焊瘤、凹坑、错边、下塌和烧穿等。

(1) 咬　边

由于焊接参数选择不当，或操作工艺不正确，使焊缝边缘留下的凹陷称为咬边（见图 2－15）。咬边会减小母材的工作截面，并可能在咬边处造成应力集中。重要焊接结构均不允许存在咬边。产生咬边的原因是焊接电流太大，运条速度过快或手法不稳。在填角焊时，造成咬边的主要原因是运条角度不准，电弧拉得太长。防止产生咬边的措施是，选择合适的焊接电流和运条手法，填角焊应随时注意控制焊条角度和电弧长度。

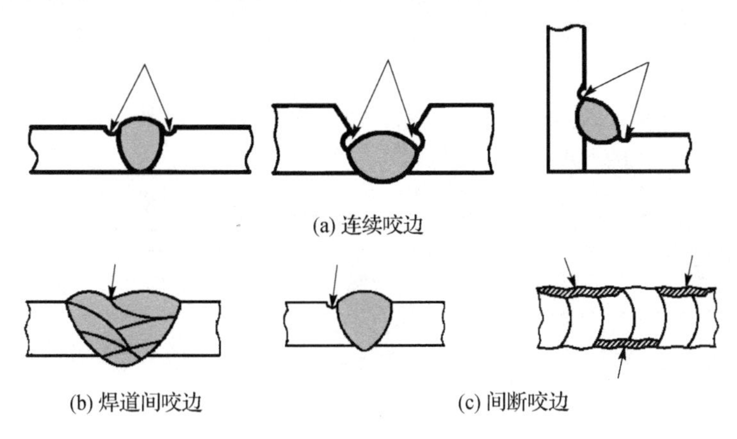

(a) 连续咬边

(b) 焊道间咬边　　(c) 间断咬边

图 2－15　咬　边

(2) 焊　瘤

焊瘤是在焊接过程中熔化金属流淌到焊缝之外未熔化的母材上所形成的（见图 2－16），常出现在立焊、仰焊焊缝表面，或无衬垫单面焊双面成形焊缝背面。

焊缝表面存在焊瘤会影响美观，易造成表面夹杂。产生焊瘤的主要原因是运条不均，操作不够熟练，造成熔池温度过高，液态金属凝固缓慢下坠，因而在焊缝表面形成金属瘤。立、仰焊时，采用过大的焊接电流和弧长，也有可能出现焊瘤。防止产生焊瘤的主要措施是：掌握熟练的操作技术；严格控制熔池温度；立、仰焊时，焊接电流应比平焊小 10%～15%；使用碱性焊条时，应采用短弧焊接，保持均匀运条。

(3) 凹　坑

电弧焊时在焊缝的末端（熄弧处）或焊条接续处（起弧处）低于焊道基体表面形成的凹坑，如图 2－17 所示，在这种凹坑中很容易产生气孔和微裂纹。凹坑减小了焊缝的有效截面积，降低了接头的强度。

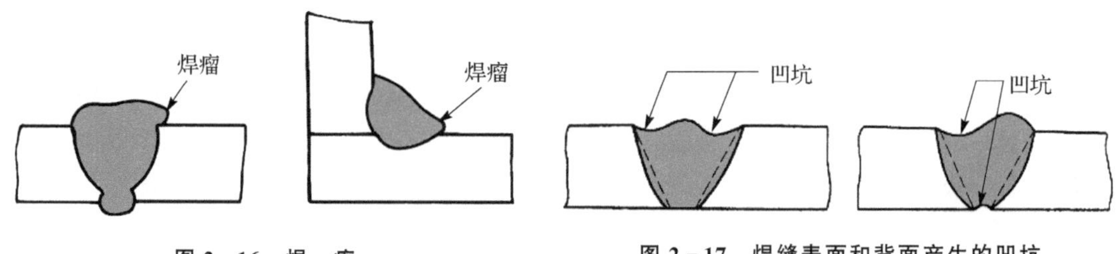

图 2-16 焊 瘤　　图 2-17 焊缝表面和背面产生的凹坑

电弧焊时由于断弧或收弧不当,在焊道末端形成的凹坑称为弧坑(见图 2-18)。由于弧坑低于焊道表面,且弧坑中常伴有裂纹和气孔等缺陷,因而该处焊缝的强度被严重削弱。产生弧坑的原因是熄弧时间过短,或焊接突然中断,焊接薄板时电流过大。防止产生弧坑的主要措施是,在焊条电弧焊收弧时,焊条应进行短时间停留或进行几次环形运条。

(4) 错 边

由于厚薄不同的钢板对接所引起的焊缝中心线偏移,或由于成形时尺寸公差所引起的对接焊缝错边,如图 2-19 所示。承受内压或外压的容器壁的错边会形成附加弯曲应力而使容器总应力增加,且不再沿壁厚均匀分布,从而造成明显的应力梯度。这时,承受静载荷和交变载荷都是不利的。

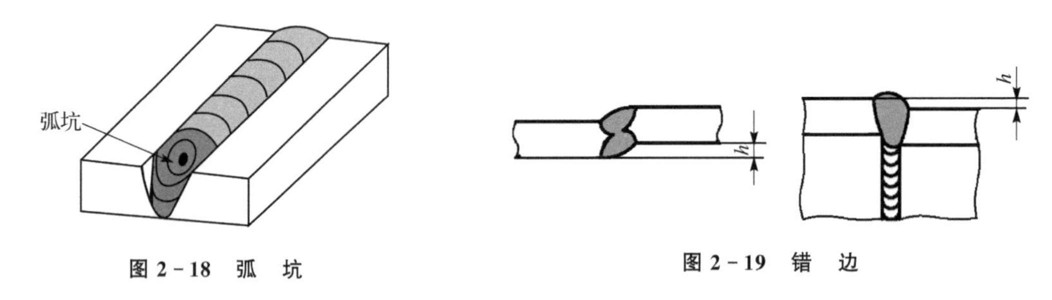

图 2-18 弧 坑　　图 2-19 错 边

(5) 下塌和烧穿

下塌是指过多的熔化金属向焊缝背面塌落,成形后焊缝背面凸起(见图 2-20(a))。烧穿是指焊接过程中,熔化金属自坡口背面流出,形成穿孔的缺陷(见图 2-20(b))。该类缺陷产生原因是:焊接电流过大,电弧在焊缝某处停留时间过长,焊接速度过慢,被焊工件间隙大,操作不当等。

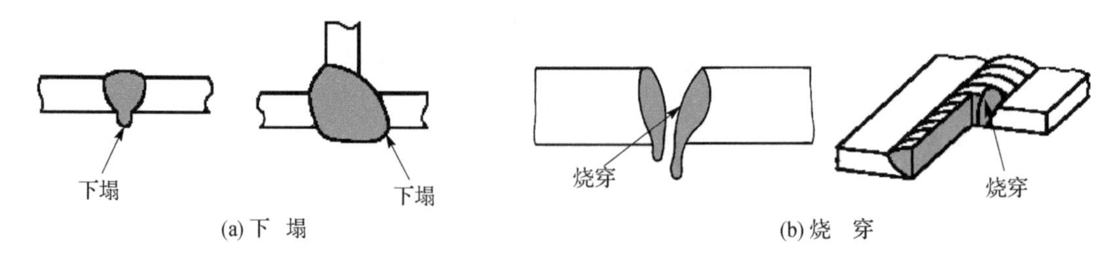

图 2-20 下塌和烧穿

2.2.2 焊接缺陷对结构的影响

焊接缺陷对焊接结构承载能力有显著影响，更为重要的是焊接应力和变形与缺陷同时存在。焊接缺陷容易出现在焊缝及其附近区域，而这些区域正是结构中拉伸残余应力最大的地方。焊接缺陷之所以会降低焊接结构的强度，其主要原因是缺陷减小了结构承载横截面的有效面积，并且在缺陷周围产生了应力集中。

1. 焊接缺陷的应力集中效应

材料由于传递负载截面的突然变化而出现应力集中，缺陷的形状不同，引起截面变化的程度不同，以及对负载方向所成的角度不同，都会使缺陷周围的应力集中程度不同。以一个椭球状的空洞缺陷为例（见图 2－21），空洞被各向同性的无限大弹性体所包围，并有应力作用，当椭球空洞逐渐变为片状裂纹，其结果使应力集中变得十分严重。除了空洞类型的气孔、裂纹和未焊透之外，还有夹杂也是常见的焊接缺陷。当多个缺陷间的距离较小时（如密集的气孔和夹杂等），在缺陷区域内将会产生很高的应力集中，使这些地方出现的缺陷间裂纹将孔间连通。在此情况下，最大的应力集中出现在两外孔的边缘处。

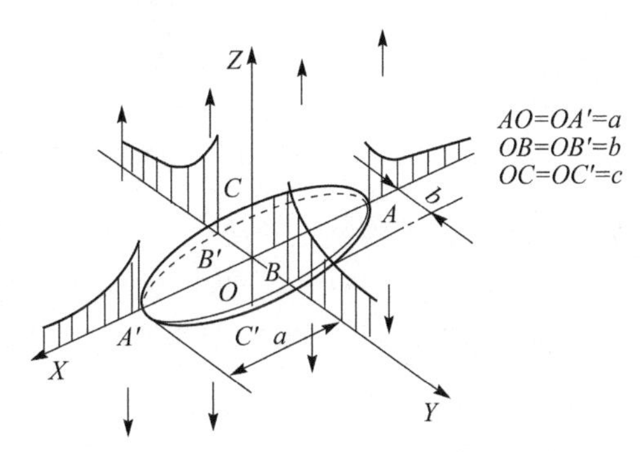

图 2－21　椭球形空洞产生的应力集中

在焊接接头中，焊缝增高量、错边和角变形等几何不连续，有些虽然为现行规范所允许，但都会产生应力集中。此外，由于接头形式的差别也会出现不同的应力集中，在焊接结构常用的接头形式中，对接接头的应力集中程度最小，角接头、T 形接头和正面搭接接头的应力集中程度相差不多。重要结构中的 T 形接头，如动载下工作的 H 形板梁，可以采用板边开坡口的方法使接头中应力集中程度大幅度降低，但对于搭接接头不可能做到这一点，侧面搭接焊缝中沿整个焊缝长度上的应力分布很不均匀，而且焊缝越长，不均匀度就越严重，故一般钢结构设计规范都规定侧面搭接焊缝的计算长度不得大于 60 倍焊脚尺寸。因为超过此限值，即使增加侧面搭接焊缝的长度，也不可能降低焊缝两端的应力峰值。

2. 焊接缺陷对结构强度的影响

焊接缺陷对结构的静载破坏有不同程度的影响。对于强度破坏而言，缺陷所引起的强度降低，大致与它所造成承载截面积的减小成比例。在一般标准中，允许焊缝中有个别的、不成串的或非密集型的气孔，假如气孔截面总量所占工作截面小于 5%，则气孔对屈服极限和抗拉强度极限的影响不大（见图 2－22），当出现成串气孔总截面超过焊缝截面的 2%时，接头的强度极限急速降低。出现这种情况的主要原因是，焊接时保护气的中断，在出现成串气孔的同时焊缝金属本身的力学性能下降。因此，限制气孔量还能起到防止焊缝金属性能恶化的作用。焊缝表面或邻近表面的气孔要比深埋气孔更危险，成串或密集气孔要比单个气孔更危险。

夹杂截面积的大小成比例地降低材料的抗拉强度（见图 2－23），但对屈服强度的影响较小。这类缺陷的尺寸和形状对强度的影响较大，单个的间断小球状夹杂并不比同样尺寸和形状的气孔危害大。直线排列的、细小的且排列方向垂直于受力方向的连续夹杂是比较危险的。

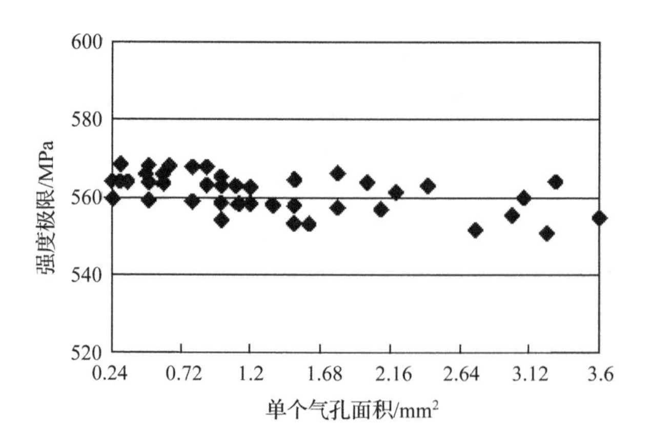

图 2-22 结构钢焊接接头强度与单个气孔面积的关系

几何形状造成的不连续性缺陷如咬边、焊缝成形不良或焊穿等，不仅降低了构件的有效截面积，而且会产生应力集中。当这些缺陷与结构中的高残余拉伸应力区或热影响区中粗大脆化晶粒区相重叠时，往往会引发脆性不稳定扩展裂纹。

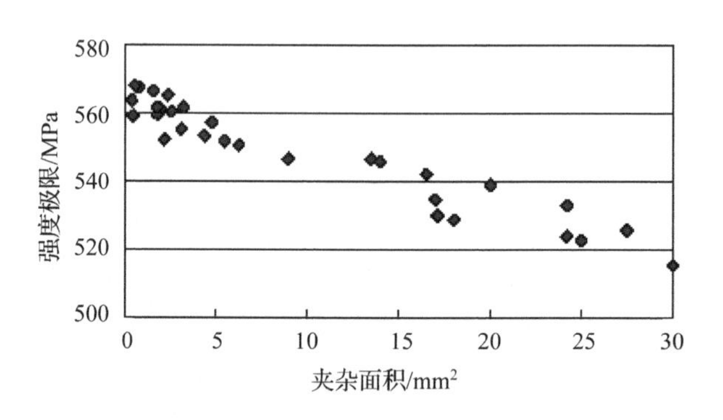

图 2-23 结构钢焊接接头强度与夹杂面积的关系

未熔合和未焊透比气孔和夹杂更为有害。当焊缝有增高量或用优于母材的焊条制成焊接接头时，未熔合和未焊透的影响可能并不十分明显。事实上，许多使用中的焊接结构已经工作多年，埋藏在焊缝内部的未熔合和未焊透并没有造成严重事故。但是，这类缺陷在一定条件下可能成为脆性断裂的引发点。

裂纹被认为是最危险的焊接缺陷，一般标准中都不允许它存在。由于尖锐裂纹容易产生尖端缺口效应、三向应力状态和温度降低等情况，可能造成裂纹失稳和扩展，从而导致结构断裂。裂纹一般是在拉伸应力场和不良的热影响区显微组织段中产生的，在静载非脆性破坏条件下，如果塑性流动发生于裂纹失稳扩展之前，则结构中的残余拉伸应力将没有有害影响，而且也不会产生脆性断裂。除非裂纹尖端处材料性能急剧恶化，附近区域的显微组织不良，有较高的残余拉伸应力，而且工作温度低于临界温度，在这些不利因素的综合作用下，即使材料中出现了裂纹，但当它们离开拉伸应力场或恶化了的显微组织区之后，也常常会被制止住。

焊接缺陷对结构脆性破坏和疲劳强度的影响将在后续内容中进行分析。

2.3　焊接裂纹分析

2.3.1　热裂纹

热裂纹(高温裂纹)是在焊接时温度处于固相线附近的高温区产生的焊接裂纹,也称高温裂纹或凝固裂纹。热裂纹通常可分为结晶裂纹、液化裂纹和多边化裂纹三种。其中,结晶裂纹最为常见。

1. 结晶裂纹

(1) 结晶裂纹的形成机理

焊缝结晶过程中,在固相线附近由于凝固金属收缩时残余液相不足,导致沿晶界开裂,故称结晶裂纹(见图 2-24)。结晶裂纹主要出现在含杂质较多的碳钢(特别是含硫、磷、硅、碳较多的钢种)和单相奥氏体、镍基合金,以及某些铝及铝合金的焊缝中。个别情况下,结晶裂纹也产生在焊接热影响区。

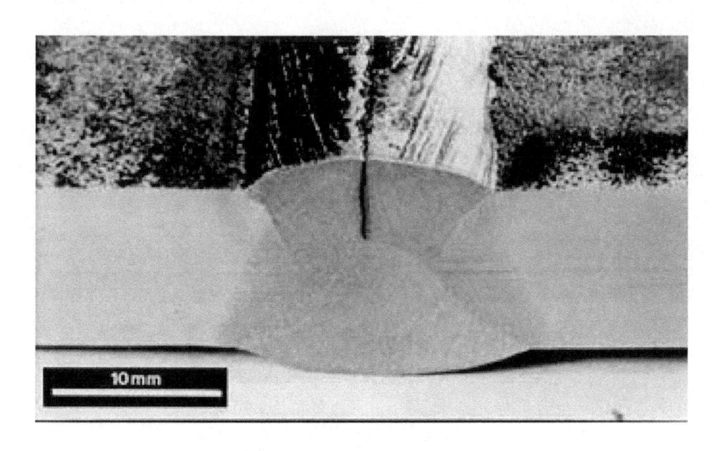

图 2-24　结晶裂纹

结晶裂纹的分布特征表明,焊缝在结晶过程中晶界是个薄弱地带。从金属结晶学理论可知,先结晶的金属比较纯,后结晶的金属杂质比较多,并富集在晶界。一般来讲,这些杂质所形成的共晶都具有较低的熔点。在焊缝凝固过程中,这些低熔点共晶被排挤到晶界就形成了所谓的晶间"液态薄膜"。同时,在焊缝凝固过程中,由于收缩产生了拉应力,在拉应力作用下焊缝金属很容易沿液态薄膜拉开形成裂纹(见图 2-25)。

焊缝的结晶过程具体可以分为三个阶段:液固阶段、固液阶段和完全凝固阶段(见图 2-26)。在液相转变为固相过程中存在所谓的脆性温度区,即图 2-26 中 ab 之间的温度区间 T_B。在这个温度区间,较低的应力就有产生裂纹的能力。当温度高于或低于 T_B 时,焊缝金属具有较大的抵抗结晶裂纹的能力,因此具有较小的裂纹倾向。

为了进一步明确产生结晶裂纹的条件,苏联学者普洛霍洛夫从理论上提出了拉伸应力与脆性温度区内被焊金属塑性变化之间的关系。

图 2-27 中,纵轴表示温度,横轴表示在拉伸作用下金属所产生的应变 ε 和焊缝金属所具有的塑性 p,ε 和 p 都是温度的函数。图中,$p=\varphi(T)$曲线表明了在脆性温度区内焊缝金属的塑性,脆性温度区的上限是固液阶段开始的温度,下限在固相线 T_S 附近,或稍低于固相线的

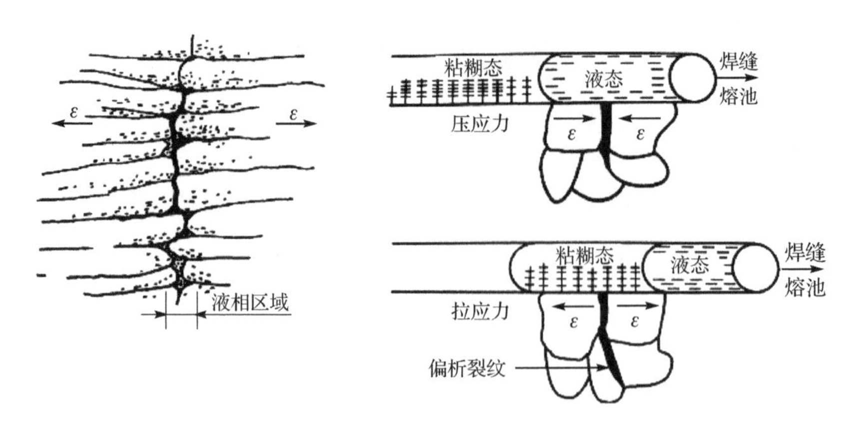

图 2-25 热裂纹的形成机制

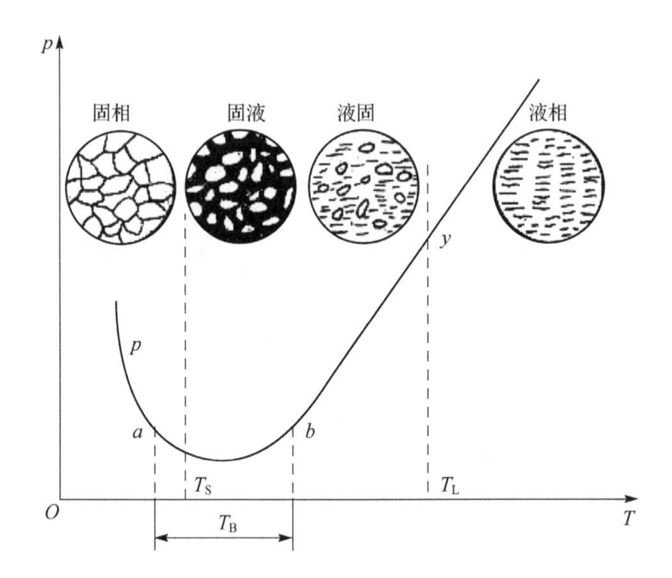

p—塑性;y—流动性;T_B—脆性温度区;T_L—液相线温度;T_S—固相线温度

图 2-26 熔池结晶阶段及脆性温度区

温度(有些金属焊缝完全凝固后,仍然在一段温度内塑性很低,也会产生裂纹)。出现液态薄膜的瞬时,存在一个最小塑性值(p_{min})。

在焊缝结晶过程中,如果拉伸应力引起的应变随温度按曲线1变化,那么在最容易出现裂纹的固相线附近,只产生了 $\Delta\varepsilon$ 的应变量,此时焊缝仍然具有 $\Delta\varepsilon_S$ 的塑性储备量($\Delta\varepsilon_S = p_{min} - \Delta\varepsilon$);当应变按曲线2变化时,由拉伸应力产生的塑性应变恰好等于焊缝的最小塑性值 p_{min},$\Delta\varepsilon_S = 0$,这是临界状态;当应变按曲线3变化时,由拉伸应力产生的应变已经超过焊缝金属在脆性温度区内所具有的最小塑性值,这时必将产生裂纹。

综上分析,可得产生结晶裂纹的条件是:焊缝在脆性温度区内所承受的拉伸应变大于焊缝金属所具有的塑性,或者说焊缝金属在脆性温度区内的塑性储备 $\Delta\varepsilon_S$ 小于0时,就会产生结晶裂纹。或者表述为,当脆性温度区焊缝或热影响区金属所承受的拉伸应变率大于它们的临界应变率(CST)时,就会产生结晶裂纹。

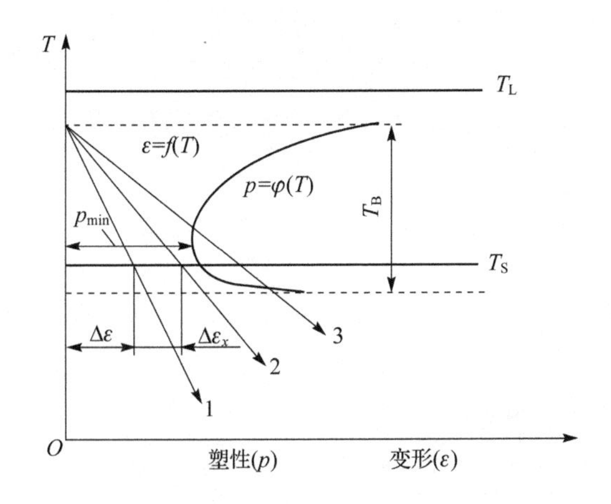

p—塑性；T_B—脆性温度区；T_L—液相线温度；T_S—固相线温度

图2-27　焊接时产生结晶裂纹的条件

(2) 影响结晶裂纹倾向性的因素

影响结晶裂纹的因素主要有合金元素、力学因素和焊接接头形式。

1) 合金元素的影响

一般认为，C、S、P对结晶裂纹的影响最大(见图2-28)，其次是Cu、Ni、Si、Cr等。为了评价合金结构钢对结晶裂纹的敏感性，建立了临界应变率(CST)等判据和热裂敏感系数HCS判据与合金元素的关系。它们分别表示为

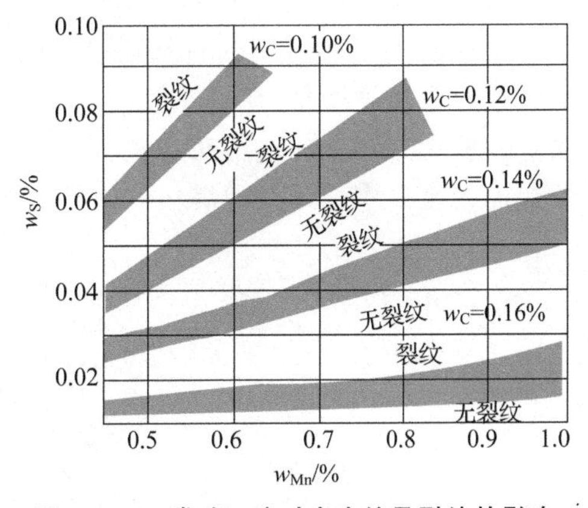

图2-28　碳、锰、硫对产生结晶裂纹的影响

$$CST=(-19.2C-97.2S-0.8Cu-1.0Ni+3.9Mn+65.7Nb-618.5B+7.0)\times10^{-4} \quad (2-1)$$

当CST≥6.5×10^{-4}时，可防止裂纹。

$$HCS=\frac{C\times[S+P+(Si/25+Ni/100)]}{3Mn+Cr+Mo+V}\times10^{3} \quad (2-2)$$

当HCS<4时，可以防止裂纹。

2) 力学因素的影响

产生结晶裂纹的充分条件是焊接时脆性温度区内金属的强度σ_m小于在脆性温度区内金属所承受的拉伸应力σ，即$\sigma_m<\sigma$。金属的强度主要决定于晶内强度σ_G和晶间强度σ_0，它们都随温度的升高而降低，然而σ_0下降较快，若$\sigma_G>\sigma_0$则容易发生晶间断裂。若焊缝所受拉伸应力随温度变化始终不超过σ_0，则不会产生结晶裂纹；反之，则产生结晶裂纹。

产生结晶裂纹的条件是合金元素与力共同作用，二者缺一不可。

3) 接头形式的影响

焊接接头形式对于结晶裂纹的形成也有明显影响。窄而深的焊缝会造成对生的结晶面，

“液薄膜”将在焊缝中心形成，有利于结晶裂纹的形成。焊接接头形式不同不仅使刚性不同，而且散热条件与结晶特点也不同，对产生结晶裂纹的影响也不同。图2-29所示为不同接头形式对结晶裂纹的影响，图(a)所示的两种接头抗裂性较好，图(b)所示的几种接头抗裂性较差。

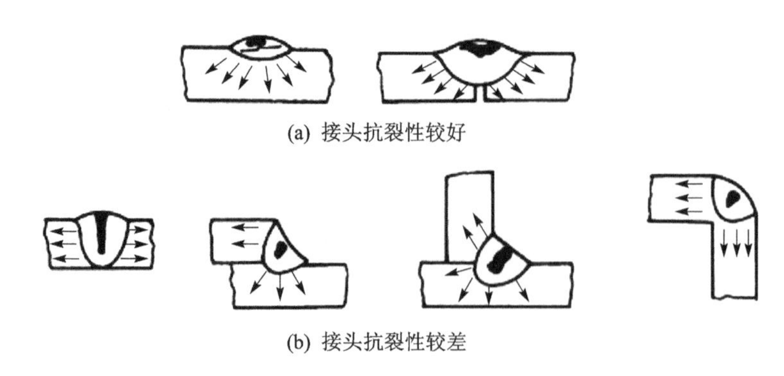
(a) 接头抗裂性较好
(b) 接头抗裂性较差

图2-29　接头形式对结晶裂纹的影响

2. 液化裂纹

液化裂纹产生机理与结晶裂纹基本相同，只是产生部位不同。液化裂纹发生在近缝区或多层焊的层间部位(见图2-30)，是在焊接热循环峰值温度作用下，由于被焊金属含有较多的低熔点共晶而被重新熔化，在拉伸应力作用下，沿奥氏体晶界发生的开裂，断口呈典型的晶间开裂特征。液化裂纹主要发生在含铬、镍的高强度钢、奥氏体钢及某些镍基合金的近缝区或多层焊焊层间的金属中。母材和焊丝中硫、磷、碳、硅越高，液化裂纹倾向越高。

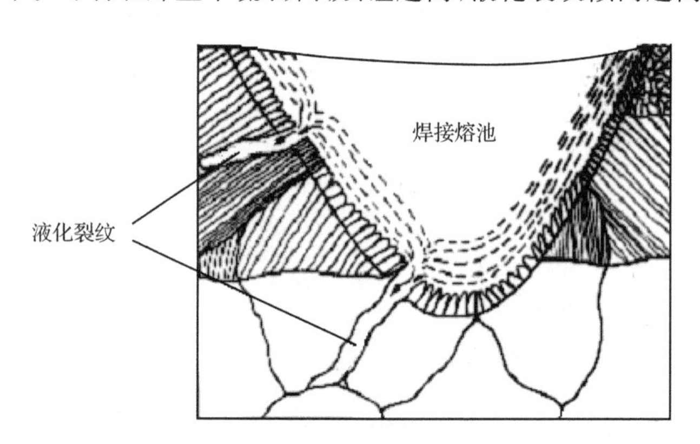

图2-30　热影响区液化裂纹示意图

3. 多边化裂纹

多边化裂纹或称高温低塑性裂纹。这种裂纹主要发生在纯金属或单相奥氏体合金的焊缝中或近缝区。焊接时，焊缝或近缝区处在固相线温度以下的高温区，由于刚凝固的金属存在多晶格缺陷(主要是位错和空位)和严重的物理及化学的不均匀性，在一定的温度和应力作用下，晶格缺陷移动和聚集，便形成二次边界，即所谓“多边化边界”。这个边界堆积了大量晶格缺陷，所以它的组织疏松，高温时的强度和塑性下降，只要此时受少量的拉伸变形，就会沿着多边化的边界开裂，产生多边化裂纹。

2.3.2　焊接冷裂纹

1. 焊接冷裂纹形成机理

焊接冷裂纹形成时温度较低。如结构钢焊接冷裂纹一般在马氏体转变温度范围(200～300 ℃)以下发生,所以冷裂纹又称低温裂纹。

焊后不立即出现的冷裂纹又叫延迟裂纹,且大都是氢致裂纹。具有延迟性质的冷裂纹,会造成预料不到的重大事故,因此,它比一般裂纹具有更大的危险性,必须充分重视。

冷裂纹一般容易发生在焊接低合金高强度钢、中碳钢、合金钢等易淬火钢时,而低碳钢、奥氏体型不锈钢焊接时较少出现,但高强度钢焊接中冷裂纹与热裂纹之比有时可达 9∶1。

研究表明,钢种的淬硬倾向,焊接接头扩散氢含量及分布,以及接头所承受的拉伸拘束应力状态是高强度钢焊接时产生冷裂纹的三大主要因素。这三个因素相互促进,相互影响。前者反映了每种被焊材料所固有的一种特性,后两者取决于工艺因素(包括焊接材料的选择)和结构因素。

图 2－31 所示为冷裂纹的形态。

(a) 冷裂纹

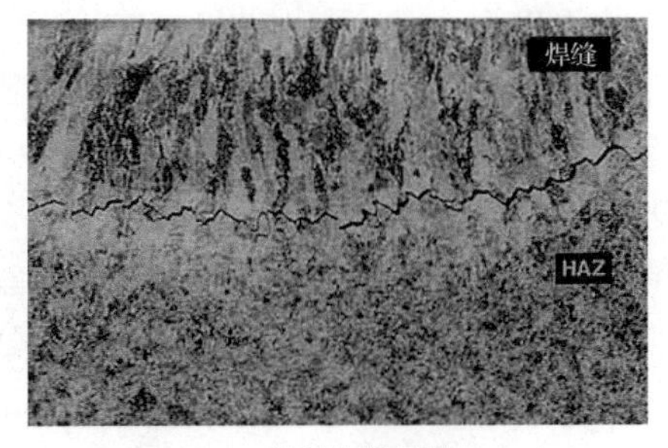

(b) 冷裂纹微观形态

图 2－31　冷裂纹的形态

冷裂纹主要有焊趾裂纹、焊道下裂纹、焊根裂纹三种类型(见图 2－32)。

冷裂纹的危害要比热裂纹大,因为热裂纹在焊接过程中出现,一旦发现可以返修,而绝大部分冷裂纹的发生具有延迟性,也就是焊后检查不出来,而是过一段时间才发生,很多是在使用过程中出现,所以很容易造成事故,使设备损坏并威胁人的生命安全。

2. 冷裂纹的影响因素

(1) 钢种的脆硬倾向

焊接时,钢材的脆硬倾向越大越容易产生冷裂纹。原因有两个:

① 钢材的脆硬倾向越大,越容易形成脆硬组织,脆硬组织发生断裂时消耗的能量低,容易开裂。

② 钢种的脆硬倾向越大,组织中形成的晶格缺陷(主要是空穴、位错等)越多,越容易形成裂纹源。

在焊接中常用热影响区的最高硬度 H_{max} 来评定某些高强钢的脆硬倾向,硬度越高,脆硬倾向越大。硬度既反映了马氏体的影响,也反映了晶格缺陷的影响,因而用它来衡量脆硬倾向是正确的。

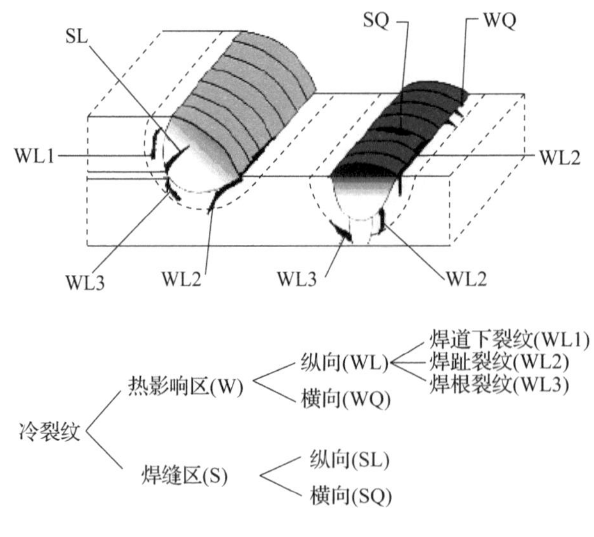

图 2-32 冷裂纹的类型

(2) 氢的作用

氢是引起高强钢焊接冷裂纹的一个重要因素,并且有延迟的特征,所以许多文献上把由氢引起的冷裂纹称为“氢致裂纹”或“氢诱发裂纹”。试验研究证明,高强钢焊接接头的含氢量越高,那么裂纹的敏感性越大。

氢在钢中分为两部分:残余的固溶氢和扩散氢。只有扩散氢对钢的焊接冷裂纹有直接影响。焊接时,氢的主要来源是电弧中水蒸气的分解。焊接材料中的水分及环境的湿度是增氢的重要因素。焊件表面的铁锈、油污也会使电弧气富氢。焊接过程中,会有大量的氢溶入熔池金属,随着熔池的冷却及结晶,由于氢的溶解度急剧下降,氢将逸出,但因焊接熔池的冷却速度极快,氢来不及逸出而过饱和地保留于焊缝金属中,随后氢将进行扩散。氢在不同组织中的溶解和扩散能力是不同的,在奥氏体中氢具有较大的溶解度,但扩散系数较小;在铁素体中氢具有较小的溶解度和较大的扩散系数。

图 2-33 所示为焊接过程中氢扩散情况示意图。

由于焊缝含碳量较低,因此焊缝金属在较高温度下就产生相变(A→P+F),此时,近缝区金属因含碳量较高,相变尚未进行,仍为奥氏体组织。当焊缝金属产生相变时,氢的溶解度会突然下降,而氢在铁素体、珠光体中具有较大的扩散系数,因此氢将很快从焊缝向仍为奥氏体的热影响区金属扩散。氢一旦进入近缝区金属,由于奥氏体中氢的扩散系数较小,却具有较大的溶解能力,从而在熔合线附近形成富氢带。当热影响区金属进行相变时(A→M),氢即以过饱和状态残留在马氏体中,促使此处金属的进一步脆化,从而可能导致产生冷裂纹。

必须指出,在焊接接头冷却过程中,氢在金属中的扩散是不均匀的,常在应力集中或缺口等有塑性应变的部位产生氢的局部聚集,使该处最早达到氢的临界浓度。

在氢气作用下,材料发生延迟断裂的应力与时间的关系如图 2-34 所示。随应力值降低,断裂时间延长;当应力降低到某一临界值时,材料便不会产生断裂。

焊接延迟裂纹机理与充氢钢的断裂情况类同。由图 2-34 可见,充氢钢拉伸试验时,只有在一定应力条件下,才会出现由氢引起的延迟断裂现象。加载经过一段潜伏期后,裂纹萌生并扩展,直到断裂。从断裂曲线看,存在两个临界应力:上临界应力和下临界应力。当拉伸应力

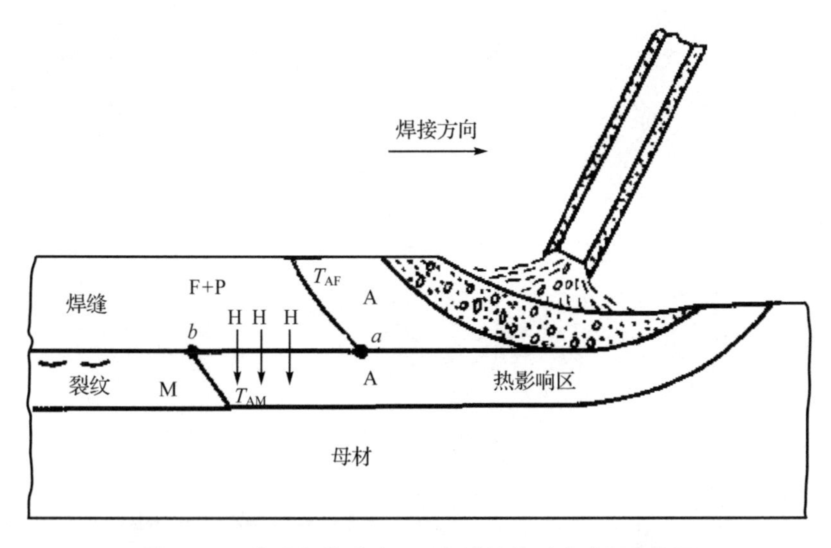

图 2-33　高强钢热影响区延迟裂纹的形成过程示意图

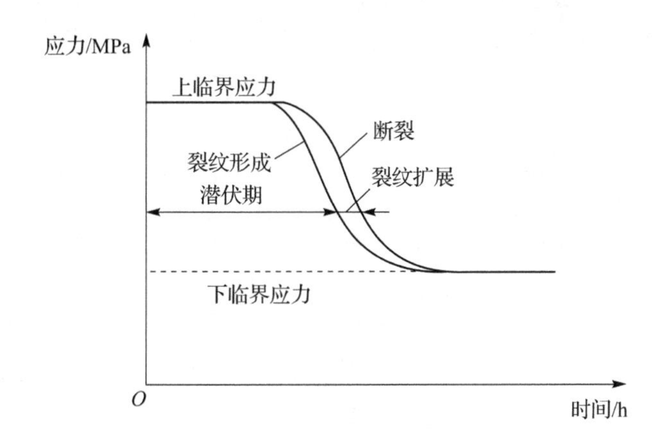

图 2-34　氢致延迟断裂应力与时间的关系

超过上临界应力时，试件很快断裂；当拉伸应力低于下临界应力时，无论经过多长时间，试件始终不会断裂。应该指出，临界应力值的大小与扩散氢含量及材质有关。含氢量增加1倍，临界应力降低20%～30%。钢的类型不同，临界应力比有明显差异。此外，缺口越尖锐，最大硬度值越高，临界应力越低。

氢致裂纹具有延迟性的原因是氢在钢中的扩散、聚集、产生应力直至开裂都需要时间，这可以用应力扩散理论来说明。如图2-35所示，裂纹或缺口尖端会形成三向应力区，氢原子在应力作用下向这个区域扩散，并且结合成氢分子，形成氢压。当该部位的氢浓度达到临界值时，这种内压力大到足以通过塑性变形或解理断裂使裂纹长大或使微孔长大、连接，最后引起材料过早断裂。

裂纹的生成除与时间有关外，也与温度有关。延迟裂纹只出现在－100～100 ℃的温度区间。如果温度过高，则氢易从金属中逸出，如果温度过低，则氢难以扩散。这两种情况都不会出现延迟断裂现象。

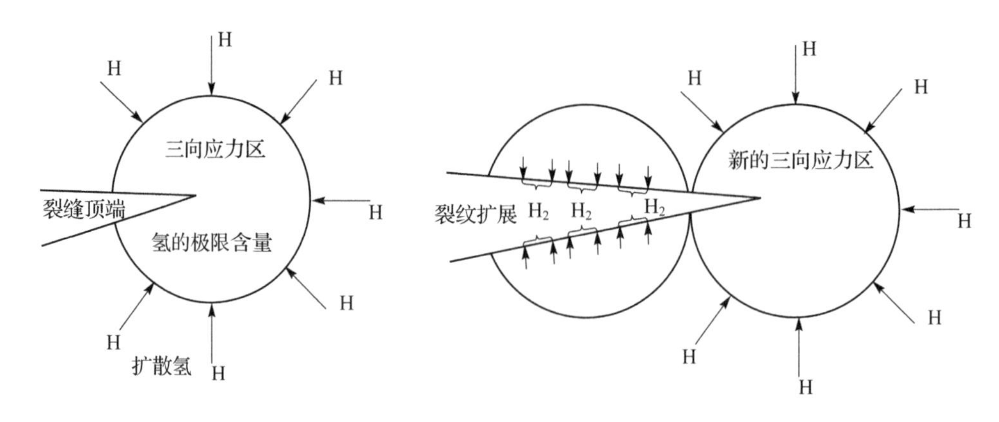

图 2-35 氢致裂纹的扩展过程

(3)结构拘束应力

高强钢焊接时产生延迟裂纹不仅取决于钢的脆硬倾向、氢的有害作用,而且还取决于焊接接头所处的拘束应力。拘束应力是产生冷裂纹的重要因素之一。

焊接接头的拘束应力主要包括热应力、相变应力以及结构自身的拘束条件。前两种是内拘束应力,最后一种是外拘束应力。

焊接拘束应力的大小和拘束度与接头形式有关。同样钢种和同样板厚,由于接头坡口形式不同,即使拘束度相同,也会产生不同的拘束应力。

拘束应力、氢含量与氢致裂纹延迟时间的关系如图 2-36 所示。

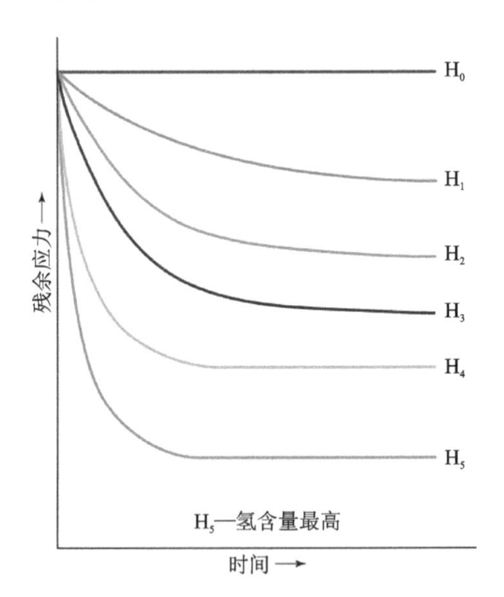

图 2-36 氢致裂纹延迟时间与氢含量的关系

3. 冷裂纹判据

(1)临界含氢量$[H]_{cr}$

由延迟裂纹的机理可知,此类裂纹与接头中的含氢量关系极大。高强钢焊接接头中的含氢量越多,则裂纹倾向越大。当由于氢的扩散、聚集,使接头中局部区域的含氢量达到某一数值而产生冷裂纹时,此含氢量即为产生裂纹的临界含氢量。

临界含氢量与钢的化学成分、刚度、焊前是否预热以及接头冷却条件等有关。临界含氢量随着钢种碳当量提高而减小,即钢种的强度级别越高,碳当量数值越大,则冷裂敏感性越大。

(2)焊后焊道冷却到 100 ℃时的瞬态残余扩散氢$[H]_{R100}$

对冷裂纹的产生和扩展起决定性作用的是接头中的扩散氢,焊后接头的扩散氢同时会向热影响区和接头外扩散,在较高温度下,大部分扩散氢已逸出金属,只有那些在较低温度下还残留在接头中的扩散氢,才对冷裂纹倾向有影响。

在高强钢中,焊缝金属冷却到 100 ℃时残余扩散氢越多则冷裂倾向越大。

(3)冷裂纹的综合性判据

从冷裂纹机理的分析已经明确知道,钢种的化学成分、接头中扩散包含量及接头拘束程度都对裂纹有很大影响，单纯以一种因素（如碳当量）来评定冷裂倾向是比较片面的，必须综合考虑多种因素的影响，因而，日本伊滕等人对 $\sigma_b=500\sim1\ 000$ MPa 的钢种，进行了大量的斜 Y 形坡口裂纹试验，确立了化学成分、扩散氢含量、板厚（或拘束度）与根部裂纹敏感性的关系，所得经验公式如下：

$$P_c = P_{cm} + \frac{[H]}{60} + \frac{h}{600} \tag{2-3}$$

$$P_W = P_{cm} + \frac{[H]}{60} + \frac{R}{40\ 000} \tag{2-4}$$

式中：P_c、P_W——裂纹敏感指数；

P_{cm}——裂纹敏感系数；

[H]——扩散氢含量，$10^{-2}\times$mL/g；

h——板厚；

R——拘束度，N/mm^2。

如果某钢种产生冷裂的敏感指数为 P_{cr}，则可利用 P_c（或 P_W）作为冷裂纹判据，不产生冷裂的条件为 P_c（或 P_W）$<P_{cr}$。

2.3.3 再热裂纹

再热裂纹指一些含有钒、铬、钼、硼等合金元素的低合金高强度钢、耐热钢，在经受一次热循环后，再经受一次加热的过程中（如消除应力退火、多层多道焊及高温下工作等），发生在焊接接头热影响区的粗晶区，沿原奥氏体晶界开裂的裂纹（见图 2-37）。

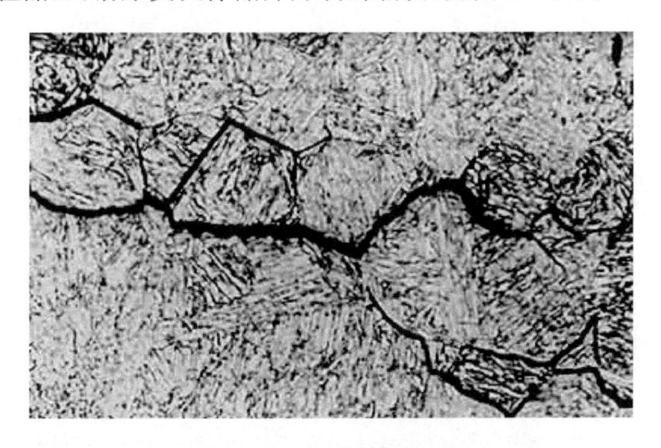

图 2-37　再热裂纹形貌

对于再热裂纹敏感性大的钢材，再热裂纹的产生与再热过程的加热或冷却速度基本上无关，而产生于再热的升温过程中，并且都存在一个最易产生再热裂纹的敏感温度区，在此温度范围内保温产生裂纹的时间最短，低合金高强度钢一般在 500～700 ℃。

低合金高强钢、珠光体耐热钢、奥氏体、不锈钢等焊接结构焊后消除应力热处理过程中，在热影响区的粗晶部位产生的再热裂纹也称为消除应力处理裂纹。

再热裂纹是由于晶界优先滑动导致裂纹成核而发生和发展的，也就是说在后热过程中，晶界处于相对弱化的状态，而晶内则处于相对强化状态。

再热裂纹的主要特征如下：

① 再热裂纹产生部位,一般在近缝区的粗晶区,止裂于细晶区,沿晶间开裂,裂纹大部分为晶间断裂,沿熔合线方向在奥氏体粗晶粒边界发展。

② 产生再热裂纹具有敏感的温度范围,一般在500～700 ℃,低于500 ℃或高于700 ℃,再加热不易出现再热裂纹。

③ 存在较大的内应力和应力集中,在大拘束度的厚件或应力集中部位易产生再热裂纹。

④ 易产生在具有沉淀强化作用的钢材中。如含Cr、Mo、V等能形成碳化物沉淀相的低合金钢,易产生再热裂纹。普通碳素钢和固溶强化的金属材料不发生。

2.3.4 层状撕裂

层状撕裂是在焊缝快速冷却过程中,在板厚方向的拉伸应力作用下,在钢板中产生的与母材轧制表面平行的裂纹,常发生在T形、K形厚板接头中(见图2-38)。层状撕裂也是在常温下产生的裂纹,大多数在焊后150 ℃以下或冷却到室温数小时以后产生。但是,当结构拘束度很高和钢材层状撕裂敏感性较高时,在250～300 ℃范围也可能产生。

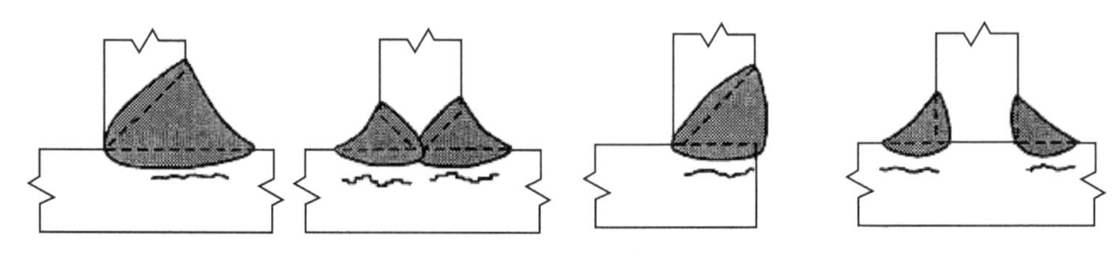

图2-38 层状撕裂示意图

层状撕裂是一种较难发现的缺陷,裂纹一般不露出表面。撕裂前,一般不易被超声波探测出来。对层状撕裂敏感的钢材,只有在大拘束焊接垂直应力作用下,才会形成层状撕裂裂纹。

由于轧制母材内部存在有分层的夹杂物(特别是硫化物夹杂物)和焊接时产生的垂直轧制方向的应力,使热影响区附近地方产生呈"台阶"状的层状断裂并有穿晶发展。$T<400$ ℃时,发生在厚壁结构T形接头、十字接头和角接头中。

层状撕裂大多发生在大厚度高强钢材的焊接结构中,这类结构常常用于海洋工程、核反应堆、潜艇建造等方面,在无损探伤的条件下,层状撕裂不易发现而造成潜在的危险,即使判明了接头中存在层状撕裂,也几乎不能修复,经济损失极大。

厚板结构焊接时,在刚性拘束条件下,产生较大的Z向应力和应变。当应变达到超过材料的形变能力后,夹杂物与金属基体之间弱结合面发生脱离,形成显微裂纹,裂纹尖端的缺口效应造成应力、应变的集中,迫使裂纹沿自身所处的平面扩展,把同一平面内相邻的一群夹杂物连成一片,形成所谓的"平面"。与此同时,相邻的两个平台之间的裂纹尖端处,在应力应变影响下,在剪切应力作用下发生剪切断裂,形成"剪切壁"。这些平台和剪切壁在一起,构成层状撕裂所特有的阶梯形状。

2.3.5 应力腐蚀开裂

1. 应力腐蚀开裂及其特征

应力腐蚀开裂(SCC)是材料在拉伸应力和腐蚀介质联合作用而引起的低应力脆性断裂。

应力腐蚀开裂一般都是在特定的条件下产生的（见图 2－39），其主要特征如下：

① 只有在拉伸应力作用下才能引起应力腐蚀开裂。这种拉应力可以是外加载荷造成的应力，也可以是各种残余应力，如焊接残余应力、热处理残余应力和装配应力等。一般情况下，产生应力腐蚀时的拉应力都很低，如果没有腐蚀介质的联合作用，构件可以在该应力下长期工作而不产生断裂。

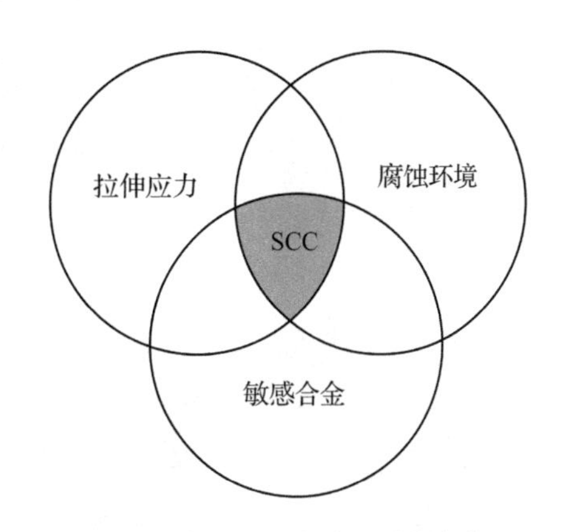

图 2－39　应力腐蚀开裂的条件

② 产生应力腐蚀的环境总是存在腐蚀介质，如果没有拉应力的同时作用，材料在这种介质中腐蚀速度很慢。产生应力腐蚀的介质一般都是特定的，每种材料只对某些介质敏感，而这种介质对其他材料可能没有明显作用，如黄铜在氨气中，不锈钢在具有氯离子的腐蚀介质中容易发生应力腐蚀，但不锈钢对氨气、黄铜对氯离子都不敏感。常用工业材料容易产生应力腐蚀的介质如表 2－1 所列。

表 2－1　合金产生应力腐蚀的特定腐蚀介质

合　金	腐蚀介质
碳钢	苛性钠溶液、氯溶液、硝酸盐水溶液、H_2S 水溶液、海水、海洋大气与工业大气
高强度钢	雨水、海水、H_2S 溶液、氯化物水溶液
奥氏体不锈钢	氯化物水溶液、海水、海洋大气、高温水、潮湿空气（湿度为 90%）、热 NaCl、H_2S 水溶液、严重污染的工业大气
马氏体不锈钢	氯化钠溶液、海水、工业大气、酸性硫化物
铜合金	水蒸气、湿 H_2S、氨溶液
铝合金	湿空气、NaCl 水溶液、海水、工业大气、海洋大气
钛合金	海水、甲醇、熔融的氯化钠、有机酸、三氯乙烯

③ 一般只有合金才产生应力腐蚀，纯金属不会产生这种现象，合金也只有在拉伸应力与特定腐蚀介质联合作用下才会产生应力腐蚀断裂。

④ 应力腐蚀开裂必须首先发生选择性腐蚀。电位对应力腐蚀开裂起决定性作用，不同材料在不同介质中发生应力腐蚀的电位区不同。奥氏体不锈钢发生应力腐蚀开裂有三个敏感电位区（见图 2－40），即活化-阴极保护电位过渡区、活化-钝化和钝化-再活化的电位过渡区的范围内，才能产生应力腐蚀开裂。

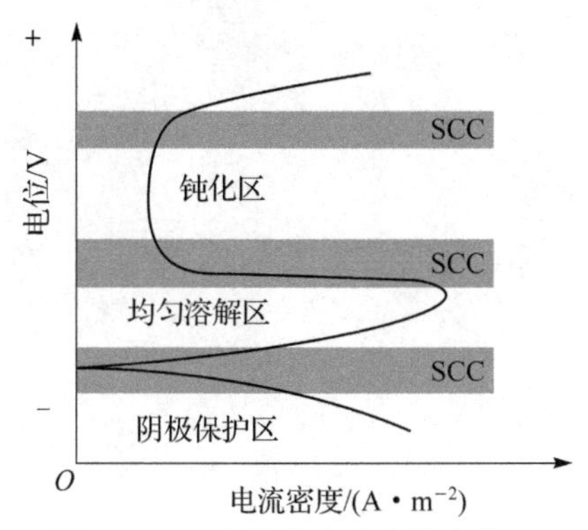

图 2－40　金属的应力腐蚀电位区

⑤ 应力腐蚀开裂也是通过裂纹形成和扩展这两个过程来进行的。一般认为裂纹形成约占全部时间的 90%，而裂纹扩展仅占 10% 左右。图 2－41 所示为应力腐蚀开裂过程示意图。图 2－42 所示为实际合金的应力腐蚀开裂过程。

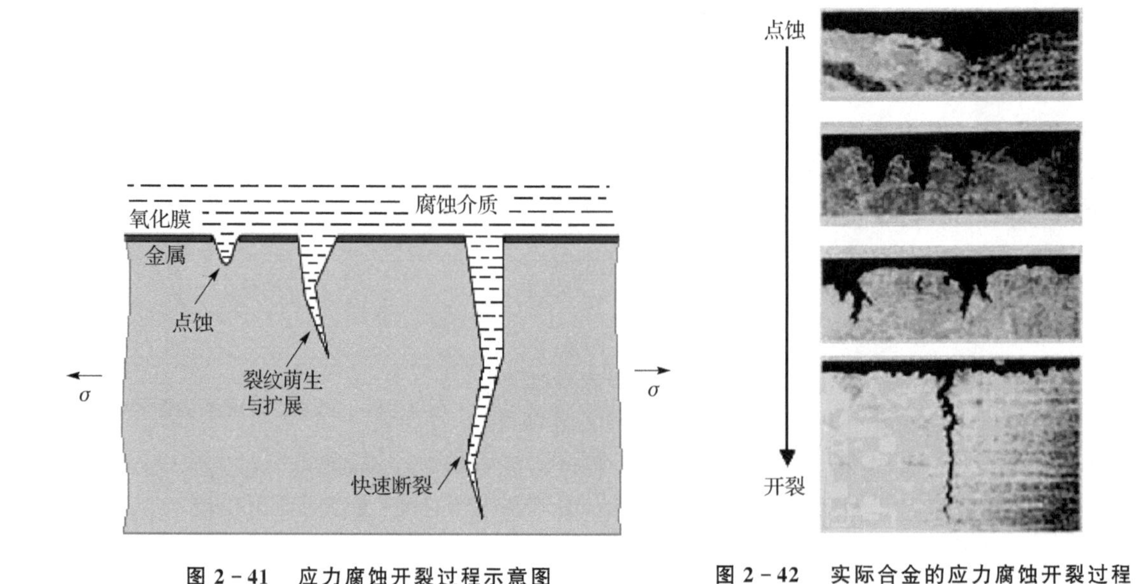

图 2-41　应力腐蚀开裂过程示意图　　**图 2-42　实际合金的应力腐蚀开裂过程**

⑥ 应力腐蚀开裂可以是沿晶断裂,也可以是穿晶断裂。究竟以那条路径扩展,取决于合金成分及腐蚀介质。

在一般情况下,低碳钢和普通低合金钢、铝合金和α黄铜都是沿晶断裂,其裂纹大致沿垂直于拉应力轴的晶界向材料深处扩展;航空用超高强度钢似乎沿原来的奥氏体晶界断裂;β黄铜和暴露在氯化物中的奥氏体不锈钢,大多数情况下是穿晶断裂;奥氏体不锈钢在热碱溶液中是穿晶断裂还是沿晶断裂,取决于腐蚀介质的温度。

从横断面的金相照片可以观察到,应力腐蚀裂纹的形态如同树根一样,由表面向纵深方向发展,裂纹的深宽比很大(见图2-43)。裂纹源可能有几个,但往往是位于垂直主应力面上的裂纹源才引起断裂。应力腐蚀开裂的断口,其宏观形貌属于脆性断裂(见图2-44),有时带有少量塑性撕裂痕迹。

图 2-43　应力腐蚀裂纹

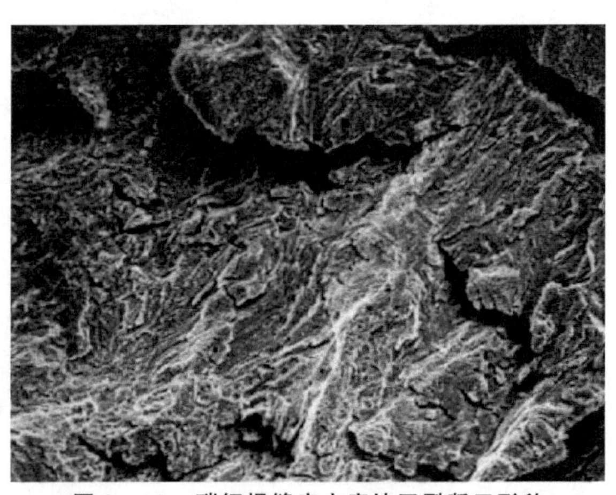

图 2-44　碳钢焊缝应力腐蚀开裂断口形貌

2. 应力腐蚀开裂机理

关于应力腐蚀断裂的机理有多种理论，它们虽然都能解释应力腐蚀的某些现象，但没有一种理论可以解释所有的应力腐蚀断裂的现象。这里主要介绍保护膜破坏和氢致脆化的应力腐蚀机理。

(1) 膜破坏理论

膜破坏理论认为，当应力腐蚀敏感的材料置于腐蚀介质中，首先在金属的表面形成一层保护膜，它阻止了腐蚀进行，即所谓钝化。由于拉应力和保护膜增厚带来的附加应力使局部区域的保护膜破裂，破裂处基体金属直接暴露在腐蚀介质中，该处的电极电位比保护膜完整的部分低，而成为微电池的阳极，产生阳极溶解。因为阳极小阴极大，所以溶解速度很快，腐蚀到一定程度又形成新的保护膜，但在拉应力的作用下又可能重新破坏，发生新的阳极溶解。这种保护膜反复形成反复破裂的过程，就会使局部某些区域腐蚀加深，最后形成孔洞。而孔洞的存在又造成应力集中，更加速了孔洞表面附近的塑性变形和保护膜破裂。这种拉应力与腐蚀介质共同作用形成应力腐蚀裂纹。

(2) 氢致脆化机理

近年来，不少人认为应力腐蚀是由于氢作用的结果，即应力腐蚀裂纹的形成、扩展都和介质中的氢有关。Petch 等人提出了氢致脆化机理。这一理论认为，由于氢吸附于裂纹的尖端，使金属晶体的表面能 γ 降低，从格里菲斯理论可知，金属的断裂强度正比于 $\gamma^{1/2}$，所以，随着表面能 γ 降低，金属的断裂强度也随之下降，从而脆化了金属，使金属材料产生早期断裂。至于氢的来源主要是电化学反应中阴极吸氢的结果，支持这一看法的实验事实是高强度钢产生力腐蚀时，无论原溶液呈酸性还是呈碱性，其裂纹尖端附近溶液的 pH 值总等于 4，均呈酸性，这是裂纹尖端富集氢的结果。

3. 应力腐蚀开裂的控制参量

(1) 开裂时间及断裂时间

在一定应力状态和介质环境条件下，可以用应力腐蚀开裂或断裂时间来表示某种合金的应力腐蚀敏感性，开裂或断裂时间越短，则应力腐蚀破裂的敏感性越大。

(2) 临界应力

合金在特定的腐蚀环境中，应力水平越高，则开裂或断裂的时间越短；应力水平越低，则开裂或断裂的时间越长（见图 2－45）。当应力水平低于某一数值时，一般不会产生应力腐蚀开裂，该应力称为临界应力。

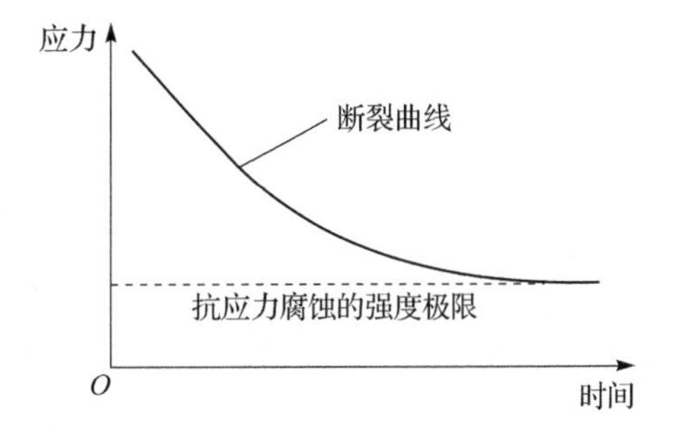

图 2－45 试件在介质环境下应力-断裂时间曲线

4. 焊接构件的应力腐蚀开裂

焊接结构的应力腐蚀开裂受到焊接时产生的残余应力、焊接材料性质、焊接工艺等因素的影响。

(1) 焊接残余应力的影响

产生应力腐蚀开裂的条件之一是必须存在拉伸应力。焊接接头中总会存在残余应力，而且焊缝及近缝区为拉伸应力，因此，对于焊接结构来说，即使不承受载荷，只要在材质匹配的腐蚀介质下,就会引起应力腐蚀开裂。有关 SCC 的事故统计,发现 80%以上事故起源于焊接和加工时的残余应力。

(2) 焊接材料的选择

如果焊接材料选择不当,即使母材具有很强的抗 SCC 能力,也会造成构件的过早破坏。根据腐蚀介质的不同,焊缝的化学成分一般应尽可能与母材一致。很多试验表明,在高温下工作的 18—8 不锈钢,抗 SCC 的性能随含碳量的增高而降低,故选用焊接材料时以低碳或超低碳为好。

(3) 焊接工艺

制定合理的工艺规程,如选择适宜的焊接线能量、焊接顺序和采用适当的焊接质量控制措施等,有助于防止热影响区的硬化组织粗化和防止产生较大的残余应力及应力集中等,因而对防止 SCC 有利。

2.4 焊接缺陷的检验

焊接缺陷的检验是焊接质量控制的重要环节之一,也是焊接结构完整性分析的基础。

2.4.1 概 述

焊接结构不可避免地存在焊接缺陷,要得到有关焊接缺陷形状、位置和方向等参数的分布是十分困难的。其主要原因是,缺陷的检出率和分辨率与检测手段有很大关系。对于实际存在的缺陷,尺寸越小检出率越低,检出的尺寸精度也越差。焊接结构在检查后的安全性主要取决于残存缺陷的大小和数量,所以掌握残存缺陷尺寸、数量等有关统计信息是极其重要的。

图 2-46 所示为原始缺陷概率分布、缺陷检出概率、检出缺陷概率分布以及消除超标缺陷后的残存缺陷分布之间的关系。通过图解分析,可近似估计原始缺陷的概率分布。

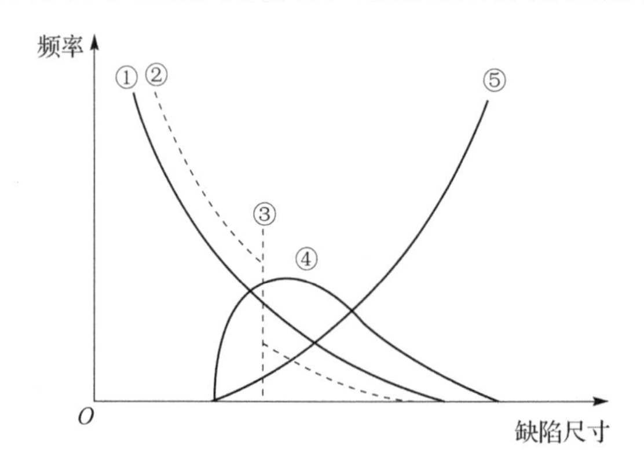

①—原始缺陷分布;②—修理后缺陷分布;

③—可接受的缺陷尺寸;④—检出缺陷分布;⑤—检出概率

图 2-46 焊接缺陷尺寸的概率分布

焊接结构外观质量的检验一般采用非破坏性检验,通常用肉眼或低倍放大镜进行检查,必要时也采用无损探伤的方法。内部质量的检验,根据不同的检验内容,有些必须采用破坏性检验,如组织检验、力学性能测试等,有些则需要采用无损检测技术,如内部缺陷的检验。

在实际生产过程中，破坏性检验不能完全适应焊接质量检验的要求，因此，无损检测技术在焊接质量检验中得到广泛应用。焊接质量检验所采用的无损检测方法主要有射线检测、超声检测、磁粉检测、渗透检测和涡流检测等。

2.4.2　焊接缺陷的无损检验

1. 射线检测

(1) 射线检测基本原理

射线检测是利用射线易于穿透物体，并在穿透物体过程中受到吸收和散射而衰减的性质，在感光材料上获得与材料内部结构和缺陷相对应、黑度不同的图像，从而探明物质内部缺陷种类、大小、分布状况，并作出评价的无损检验方法。

射线检测使用的射线有 X 射线、γ 射线和中子射线三种。

图 2-47(a)所示为射线检测的基本原理示意图。射线源发出的射线照射到工件上，并透过工件照射到暗盒中的照相胶片上，使胶片感光。

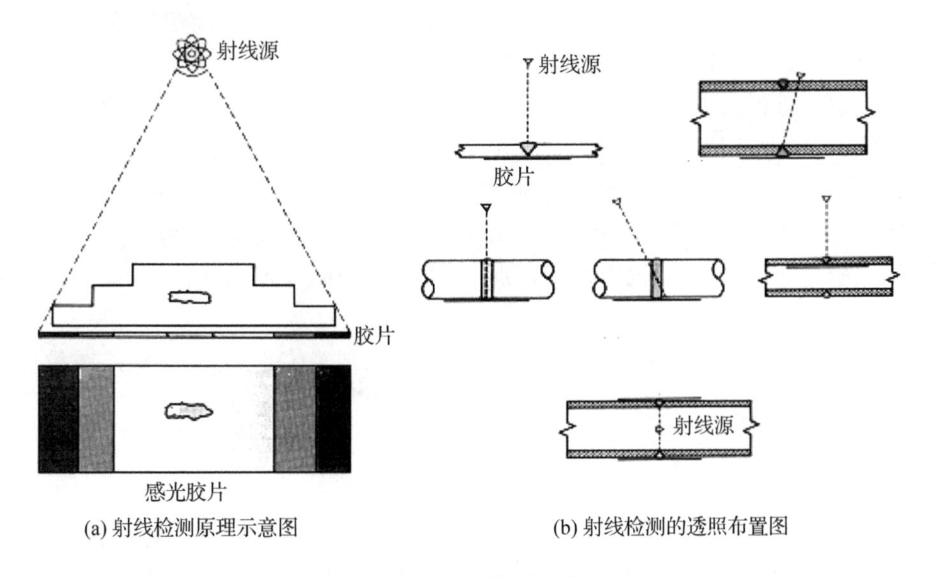

(a) 射线检测原理示意图　(b) 射线检测的透照布置图

图 2-47　射线检测示意图

射线通过工件后将产生衰减，其衰减规律可表示为

$$J_a = J_0 e^{-\mu S} \tag{2-5}$$

式中：J_a——射线穿过厚度为 S 的工件后的强度；

J_0——射线到达工件表面的强度；

μ——射线在工件材料中的衰减系数；

S——透照方向上的工件厚度。

由式(2-5)可见，随着工件厚度的增加投射射线强度将衰减。若被检工件无缺陷存在，则射线穿过工件后的强度均为 J_a；若工件有缺陷存在，则随着缺陷处的实际厚度减小，透过缺陷处的射线强度就增大，进而使胶片相应处的曝光量增多，形成不同黑度的图像，从而可以判断工件内部缺陷的特征。

射线检测的透照布置如图 2-47(b)所示。透照布置遵循的基本原则是应使透照厚度尽可能小,同时保证具有适当的工作效率。具体进行透照布置时应考虑射线源、工件、胶片的相对位置,射线中心束的方向,有效透照区等因素。

采用X射线计算机辅助层析成像(也称工业CT)技术,可观察缺陷的断面情况,准确确定缺陷的位置和尺寸。其基本原理是:X射线透过工件,经图像增强器的接收将透照射线强度信号转换成可视模拟图像,并输入计算机形成数字图像,再经计算机处理而获得工件表面及内部的缺陷信息。

图2-48所示为一种工业CT的结构组成示意图。

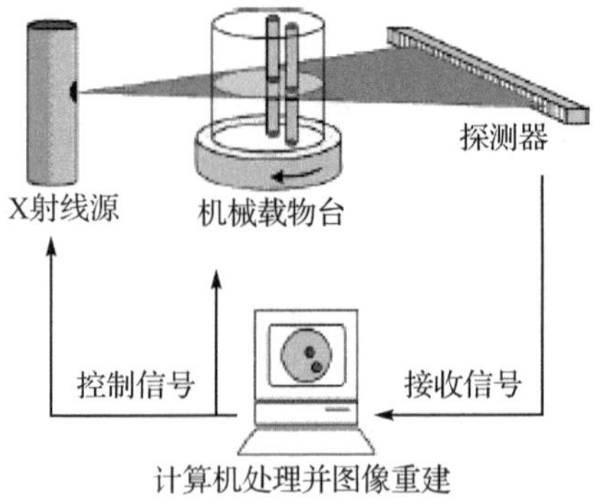

图2-48　工业CT的结构组成示意图

(2) 缺陷识别

获得合格的射线照片或图像后,需要根据影像的几何形状、黑度分布及位置进行综合分析,判断缺陷的类型、形态及产生的原因,进而评定工件的质量等级。缺陷识别可采用人工直接识别和计算机辅助识别。

人工直接识别是评片者在评片室应用观片灯直接进行观察,以对缺陷作出评判。评片者需要有丰富的实践经验和一定的理论基础,并持有相应级别的资格证书。

采用计算机辅助识别时需要将射线底片图像通过底片数字化扫描设备(或CCD摄像机和模/数转换器)转换成数字图像,然后应用适当的图像处理系统,对其进行图像处理,获得缺陷的三维显示或彩色显示,从而对缺陷进行识别,也可以对缺陷作定量评价、等级分类和合格性判定。

X射线计算机辅助层析成像与缺陷的计算机辅助识别系统集成,可对缺陷图像进行快速识别和评定。

2. 超声检测

(1) 超声检测原理

超声检测是利用超声波射入金属材料后对不同界面发生反射的特点来检查缺陷,并通过所收到的反射波的高度、形状来判定缺陷的大小和性质。用于金属材料超声检测的超声波,其频率范围通常在0.5～10 MHz。

图2-49所示为脉冲反射法超声检测示意图。

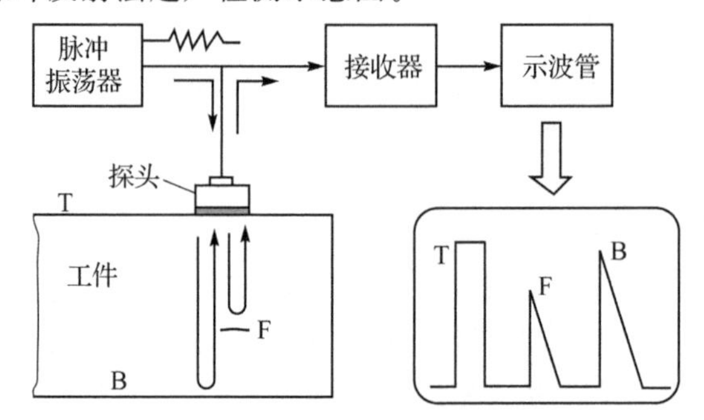

T—始波;B—底波;F—缺陷波

图2-49　超声检测示意图

超声检测系统包括超声检测仪、探头和对比试块。

超声检测仪是检测的主体设备，主要功能是产生超声频率电脉冲，并以此来激励探头发射超声波，同时接收探头送回的电信号予以放大处理后显示在荧光屏上。

探头又称为电/声换能器，是实现电-声能量相互转换的能量转换器件。

对比试块是以特定方法检测特定试件时所用的试块，它与受检工件材料的声学特性相似，含有明确的参考反射体，用以调节超声检测设备的状态，将所检出的缺陷反射信号与人工反射体所产生的信号相比较。按一定用途设计制作的具有简单形状人工反射体的试件，是探伤标准的一个组成部分，是判定探伤对象质量的重要尺度。

脉冲反射法是目前超声波检测中应用最广泛的方法。其基本原理是将一定频率间断发射的超声波(称为脉冲波)通过一定介质(称为耦合剂)的耦合传入工件，当遇到异质界面(缺陷或工件底面)时，超声波将发生反射，回波(即反射波)被仪器接收并以电脉冲信号在示波屏上显示出来，由此判断缺陷的有无，以及进行定位、定量和评定。脉冲反射式超声检测仪的信号显示方式可分为 A、B、C 等类型，又称为 A 扫描、B 扫描、C 扫描。其中，A 型显示应用最为广泛。

A 型显示是将超声信号的幅度与传播时的关系以直角坐标的形式显示出来。横轴为时间，纵轴为信号幅度。如果超声波在均质材料中传播，声速是恒定的，则传播时间可以转变为传播距离。因此，从 A 型显示中可以得到反射面距超声波入射面的距离，以及回波幅度的大小。前者用于检测缺陷的深度，后者用于判断缺陷的当量尺寸，由此可以对缺陷进行识别和评价。

脉冲反射法超声检测通常用于锻件、焊缝及铸件等的缺陷检测，可发现工件内部较小的裂纹、夹杂、缩孔和未焊透等缺陷。被探测物要求形状较简单，并有一定的表面光洁度。为了成批的快速检查管材、棒材、钢板等型材，可采用配备有机械传送、自动报警、标记和分选装置的超声探伤系统。

(2) 超声检测方法

根据耦合方式，超声检测分为直接接触法和液浸法。

采用直接接触法进行超声检测，需要在探头与工件待检测面之间涂以很薄的耦合剂，以改善探头与检测面之间声波的传导。液浸法是将探头和工件全部或部分浸于液体中，以液体作为耦合剂，声波通过液体进入工件进行检测的方法。

直接接触法主要采用 A 型显示脉冲反射法工作原理，操作方便、检测图形简单、判断容易和灵敏度高，在实际生产中得到极广泛的应用。这里只介绍直接接触超声检测法的应用。

直接接触超声检测方法分为直射声束法和斜射声束法。

1) 直射声束法

直射声束法是采用直探头将声束垂直入射工件待检测面进行检测的方法，又称为纵波法。当直探头在待检测面上移动时，无缺陷处示波屏上只有始波 T、底波 B(见图 2-50(a))；若直探头移到有缺陷处且缺陷反射面比声束小，则显示屏上出现始波 T、缺陷波 F 和底波 B(见图 2-50(b))；当直探头移到大缺陷处时，则示波屏上只出现始波 T、缺陷波 F(见图 2-50(c))。显然，垂直法探伤能发现与探伤面平行或近于平行的缺陷。

2) 斜射声束法

斜射声束法是采用斜探头将声束倾斜入射工件待检测面进行检测的方法，又称为横波法。

如图2-51所示,当斜探头在待检测面上移动时,若无缺陷则示波屏上只有始波T,这是因为声束倾斜入射至底面产生反射后,在工件内以W形路径传播,故没有底波出现(见图2-51(a));当工件存在缺陷而缺陷与声束垂直或缺陷的倾斜角很小时,声束会被反射回来,此时示波屏上将显示出始波T、缺陷波F(见图2-51(b));当斜探头接近板端时,声束将被端角反射回来,在示波屏上将出现始波T和端角波B′(见图2-51(c))。

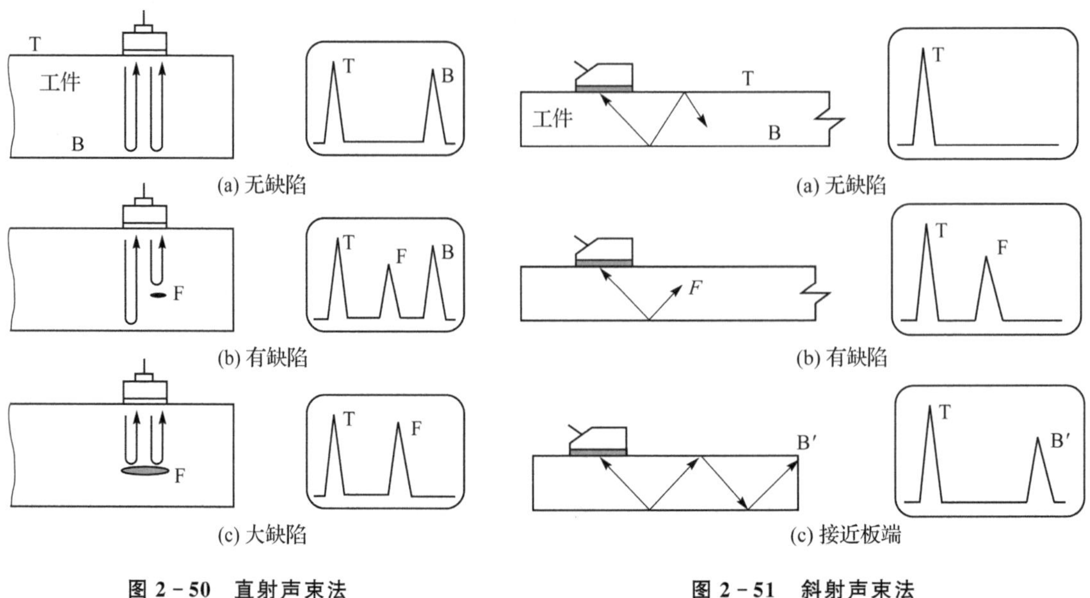

图2-50 直射声束法　　图2-51 斜射声束法

3. 磁粉检测

(1) 磁粉检测原理

磁粉检测是对铁磁性工件予以磁化(见图2-52),然后向被检工件表面上喷洒磁粉或磁悬液,当有表面缺陷或近表面缺陷时,因缺陷内有空气或非金属,其磁导率减小,在缺陷处产生漏磁场,吸附磁粉出现磁痕显示(见图2-53)。

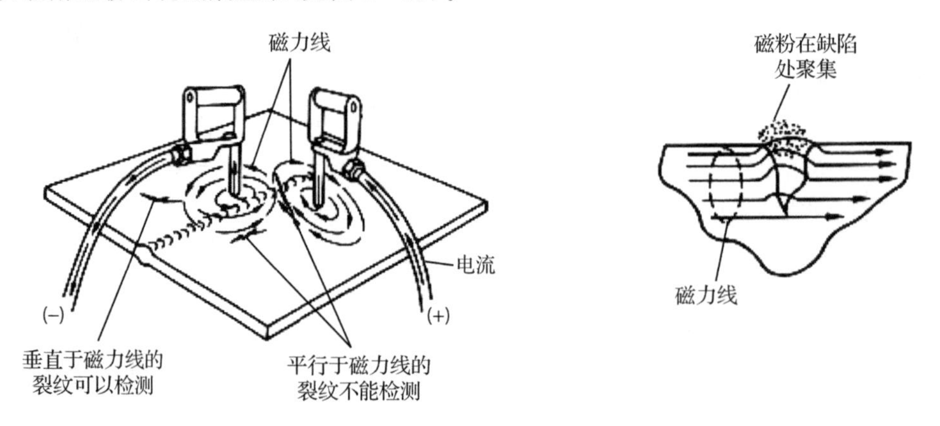

图2-52 磁粉检测示意图

磁粉检测方法分干法和湿法两种。干法是通过干燥铁粉(Fe_3O_4 或 Fe_2O_3)来显示缺陷,而湿法是采用滋粉悬浮液。外加磁场也有直流和交流两种。一般来说,干法比湿法灵敏,直流

图 2-53　焊接接头表面裂纹的磁痕显示

比交流灵敏。

磁粉检测的能力取决于施加磁场的大小和缺陷的延伸方向，还与缺陷的位置、大小和形状等因素有关。工件磁化时，当磁场方向与缺陷延伸方向垂直时，漏磁量最大，可达最佳灵敏度；当磁场方向与缺陷延伸方向夹角为 45°时，缺陷可以显示，但灵敏度降低；当磁场方向与缺陷延伸方向平行时，不产生磁痕显示，发现不了缺陷。由于工件中的缺陷有各种取向，难以预知，故应根据工件的几何形状，采用不同的磁化方法在工件上建立不同方向的磁场，以发现各个方向的缺陷。

(2) 磁粉检测工艺

磁粉检测工艺可归纳为以下几个步骤：

① 预处理　检验前清除工件表面的油脂、污垢、锈蚀和氧化皮等，可采用喷砂、溶剂清洗、砂纸打磨和抹布擦洗等。

② 磁化　铁磁体在外加磁场下，内部磁畴重新排列，逐渐与外磁场一致，铁磁材料对外呈现磁性，即被磁化。

③ 施加磁粉、磁悬液　干法检测可用简便方法散布磁粉，将磁粉装入纱布袋中，抖动手来进行散布；湿法检测可用喷枪将磁悬液喷淋到工件表面。

④ 检查　磁粉检测的关键。在规定的照明条件下，根据磁痕的形状、特征，准确地识别各种缺陷，分析产生的原因。对有缺陷的工件，应确定缺陷等级，并对工件作出结论和质量评价。

⑤ 退磁　去除工件中的剩磁，使工件材料内部的磁畴重新恢复到磁化前那种杂乱无章的过程。

⑥ 后处理　对检查合格的工件，进行清理，去除工件表面的磁粉、磁悬液，清洗后进行脱水防锈处理。不合格者进行标注、返修。

4. 渗透检测

(1) 渗透检测原理

渗透探伤是利用黄绿色的荧光渗透液或红色的着色渗透液对窄狭缝隙的渗透，经过渗透、清洗和显示处理后，对放大了的探伤显示痕迹，用目视法观察，对缺陷的性质和尺寸作出适当的评价，如图 2-54 所示。

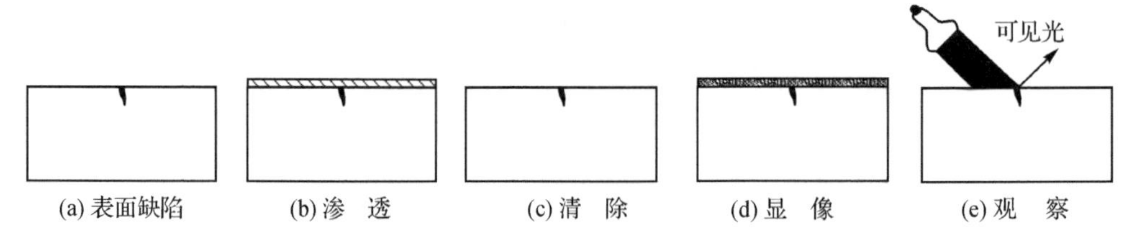

图 2-54　渗透检测示意图

渗透检测的主要步骤如下：

① 渗透　将工件浸渍在渗透液中(或采用喷涂(见图 2-55)、毛刷将渗透液均匀地涂抹于工件表面),如果工件表面存在开口状缺陷,渗透液就会沿缺陷边壁逐渐浸润而渗入缺陷内部(见图 2-54(b))。

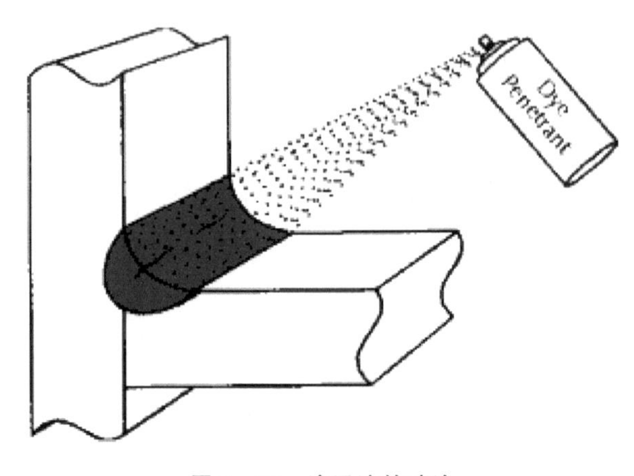

图 2-55　渗透液的喷涂

② 清洗　渗透液充分渗入缺陷内以后,用水或溶剂将工件表面多余的渗透液清洗干净(见图 2-54(c))。

③ 显像　将显像剂(氧化镁、二氧化硅)配置成显像液并均匀地涂敷于工件表面,形成显像膜,残留在缺陷内的渗透液通过毛细现象的作用被显像液吸附,在工件表面显示放大的缺陷痕迹(见图 2-54(d))。

④ 观察　在自然光(着色渗透法)或紫外线照射下(荧光渗透法),检验人员用目视法进行观察(见图 2-54(e))。

按照渗透检测法中所使用的渗透液及观察时光线的不同,渗透检测法大致上可以分成荧光渗透检测法、着色渗透检测法两大类。

荧光渗透检测法使用的渗透检测液使用黄绿色荧光颜料配置而成的黄绿色液体。荧光渗透检验法的渗透、清洗和显像与着色渗透检测法相似,观察则在波长为 365 nm 的紫外线照射下进行,缺陷显示呈现黄绿色的痕迹。荧光渗透检测法的检测灵敏度较高,缺陷容易分辨,常用于重要工业部门的零件表面检验。缺点是观察时要求工作场所光线暗淡;在紫外线照射下观察,检测人员的眼睛容易疲劳;紫外线对人体皮肤长期照射有一定的危害。

着色渗透检测法使用的渗透液是用红色颜料配置成的红色油状液体。在自然光下观察红色的缺陷显示痕迹。着色渗透检测法叫荧光渗透检测法,使用方便,适用范围广,尤其适用于远离电源和水源的场合。缺点是灵敏度较之荧光渗透检测法低。常用于奥氏体不锈钢焊缝的表面质量检验。

渗透检测用于工艺条件试验。成品质量检验和设备检修过程中的局部检查等。它可以用来检验非多孔的黑色和有色金属材料以及非金属材料。渗透检测不适用于检验多孔性材料或多孔性表面缺陷。

(2) 渗透检测工艺

渗透检测工艺主要包括预处理、渗透处理、去除处理、干燥处理、显像处理、检验及后处理等工序。

① 预处理 要进行渗透检测的工件表面必须清洁。预处理是采用有效的清洗方法去除工件表面的油污、灰尘和金属污物等,并进行充分的干燥。

② 渗透处理 在待检工件表面施加渗透剂,所有的受检表面应被渗透剂浸湿和覆盖,渗透剂和环境温度要保持在 15～50 ℃,停留时间不少于 10 min。当温度在 5～15 ℃时,停留时间应不少于 20 min。

③ 去除处理 渗透处理结束后,采用水洗方法清除工件表面多余的渗透剂,然后用棉织品、纸等擦拭物擦去或用经过滤的压缩空气吹去工件表面多余的水。

④ 干燥处理 将工件置于控温的热空气循环干燥箱中进行烘干或在室温下自然干燥,烘箱的温度保持在 60～65 ℃。用热风或冷风直接吹干工件时,空气必须干燥、清洁。

⑤ 显像处理 将显像剂喷涂在干燥后的工件表面进行显像处理。干粉显像剂显像时间一般不少于 10 min,最长不超过 240 min;非水湿显像剂显像时间一般不少于 10 min,最长不超过 60 min;水湿显像剂显像时间一般不少于 10 min,最长不超过 120 min。

⑥ 检验 在暗室的黑光下观察显像的工件表面。对于无显示或仅有非相关显示的工件准予验收。对于有相关显示的工件,应对照验收标准评定,对有疑问的显示应用溶剂润湿的脱脂棉擦掉显示,干燥后重新显像予以评定;或用 10 倍放大镜直接观察。若没有显示再现,则可认为是虚假的。若显示再现,则可按规定的验收标准进行评定。

⑦ 后处理 渗透检验完成后,工件应进行清理,去除表面上附着的显像剂和渗透剂残留物,并将工件立即进行干燥。

5. 涡流检测

(1) 涡流检测原理

涡流检测是利用电磁感应原理进行探伤的。当工件接近一个带有交变磁场的测量线圈时,这个磁场在工件中产生旋涡状的感应电流,工件中缺陷的存在会影响涡流磁场的变化,因而通过涡流磁场变化量的测试可检测工件中存在的缺陷。

1) 涡流的产生

在图 2-56 中,若给线圈通以变化的交流电,根据电磁感应原理,穿过金属块中若干个同心圆截面的磁通量将发生变化,因而会在金属块内感应出交流电。由于这种电流的回路在金属块内呈漩涡形状,故称为涡流。

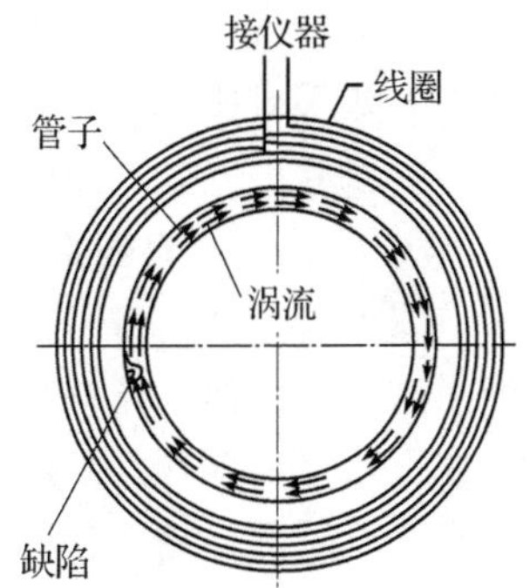

图 2-56 涡流检测示意图

涡流是根据电磁感应原理产生的,所以涡流是交变的。同样,交变的涡流会在周围空间形成交变磁场。空间中某点的磁场不再是由一次电流产生的磁场,而是一次电流磁场与涡流磁场叠加而形成的合成磁场。

2) 集肤效应

当直流电通过一圆柱导体时,导体截面上的电流密度均相同,而交流电通过圆柱导体时,横截面上的电流密度就不一样,表面的电流密度最大,越到圆柱中心就越小,这种现象称为集肤效应。离导体表面某一深处的电流密度是表面值的 1/e(36.8%)时的透入深度称为标准透入深度,也称集肤深度,表示涡流在导体中的集肤程度,用 h 表示(单位是 m):

$$h = \frac{1}{\sqrt{\pi f \mu \sigma}} \tag{2-6}$$

式中:f——交流电流的频率,Hz;

μ——材料的磁导率,H/m;

σ——材料的电导率,1/(Ω·m)。

由于涡流是交流,同样具有集肤效应,所以金属内涡流的渗透深度与激励电流的频率、金属的电导率和磁导率有直接关系。它表明涡流检验只能在金属材料表面或接近表面处进行,而对内部缺陷的检测则灵敏度太低。在涡流探伤中,应根据探伤深度的要求来选择试验频率。

当工件存在缺陷时,涡流的流动发生了畸变,如果能检测出这种畸变的信息,就能判定试件中有关缺陷的情况。因此,必须合理地设计检验线圈和测试仪器,突出所要测试的信息,而将其他没有用的信息(称为干扰信息)抑制掉。在涡流检测仪中的信号处理单元电路就是专门用来抑制干扰信息的。而有关缺陷的信息则能顺利地通过它,并被送去显示、记录、触发报警或实现分类控制等。

(2) 涡流检测工艺

① 检测前的准备工作　根据试件的性质、形状、尺寸及欲检出的缺陷种类和大小选择检验方法和设备。对被检件进行预处理,除去其表面的油脂、氧化物及吸附的铁屑等杂物。根据相应的技术条件或标准来制备对比试样。调整传送装置,使试件通过线圈时无偏心、无摆动。

② 确定检测规范　包括选择检测频率,确定工件的传送速度、磁饱和程度与相位的调整,以及滤波器频率的确定和灵敏度的调定等。

③ 检测　在选定的检测规范下进行检测,应尽量保持固定的传送速度,同时使线圈与试件的距离保持不变。在连续检测过程中,应每隔 2 h 或在每批检验完毕后,用对比试样检验仪器。

④ 检测结果分析　根据仪器的指示和记录器、报警器、缺陷标记器指示出来的缺陷,判断检验结果。如果对所得到的探伤结果产生疑点时,则应进行重新探伤或用目视、磁粉和渗透等其他方法加以验证。

⑤ 消磁　工件材料经饱和磁化后应进行退磁处理。

⑥ 结果评定　对工件的检测中,若缺陷显示信号小于对比试样人工缺陷信号,则判定为工件经涡流探伤合格。若缺陷显示信号大于或等于对比试样人工缺陷信号,则认为该工件为可疑品并进行重新检测。重新检测时,若缺陷信号小于人工缺陷信号,则判定为合格;或对检测后暴露的可疑部分进行修磨,修磨后重新探伤,并按上述原则评判;或用其他无损检测方法检查。最后根据评定结果编写检测报告。

涡流检测的优点是检测速度高,检测成本低,操作简便,探头与被检工件可以不接触,不需要耦合介质，检测时可以同时得到电信号直接输出指示的结果，也可以实现屏幕显示，对于对称性工件能实现高速自动化检测并可实现永久性记录等。其缺点是只适用于导电材料，难以用于形状复杂的试件。由于透入深度的限制，只能检测薄壁试件或工件的表面、近表面缺陷（对于钢，目前涡流检测的一般透入深度只能达到 3～5 mm），检测结果不直观，需要参考标准，根据检测结果还难以判别缺陷的种类、性质及其形状和尺寸等。涡流检测时受干扰影响的因素较多，例如工件的电导率或磁导率不均匀、试件的温度、试件的几何形状等都能对检测结果产生影响，以致产生误显示或伪显示等。

2.4.3　焊缝内部缺陷观察

1. 宏观金相观察

通过宏观金相可以观察焊接接头各区的组织形态、焊缝及热影响区的宽度，以及焊接缺陷、焊接缺陷位置和尺寸等信息。宏观金相试样一般是沿垂直于焊缝长度方向截取，对接头断面进行磨光、抛光和侵蚀后放在显微镜下进行观察。当放大倍数低于 50 倍时称为宏观金相分析，当放大倍数高于 50 倍时称为微观金相分析。

图 2－57 所示为 T 形接头和管板接头宏观金相取样方法。

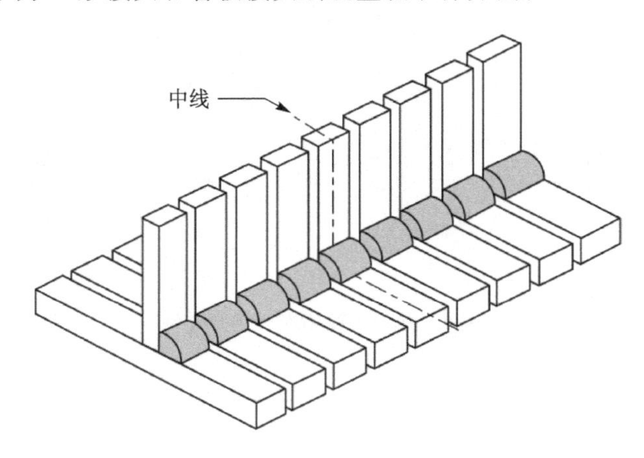

(a) T形接头取样

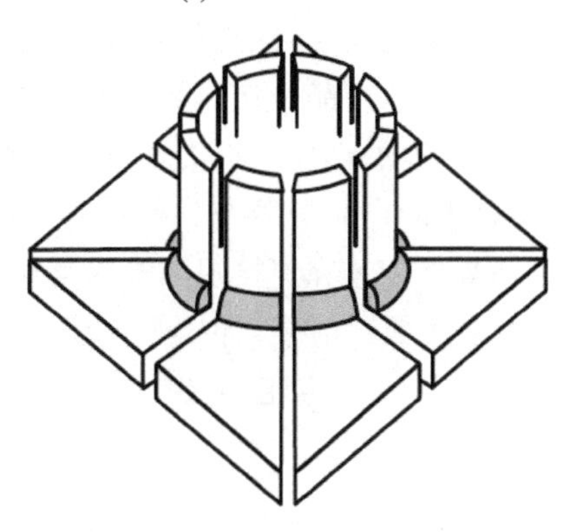

(b) 管板接头取样

图 2－57　宏观金相取样示意图

2. 刻槽锤断试验

为了观察焊缝内部缺陷的三维尺度及相互关系,采用沿焊缝中面预制一定深度缺口引导断裂的方法来直接观察缺陷,通常称为刻槽锤断试验。一般而言,刻槽锤断试样(见图2-58)约长230 mm,宽25 mm,制样可通过机械切割或氧气切割的方法进行。用钢锯在试样两侧焊缝断面的中心(以根焊道为准)锯槽,每个刻槽深度约为3 mm。为保证断口断在焊缝上,可在焊缝外表面余高上刻槽,深度从焊缝表面算起不超过1.6 mm。刻槽锤断试样应在拉伸机上拉断;或支承两端,打击中部锤断;或支承一端,锤断另一端。

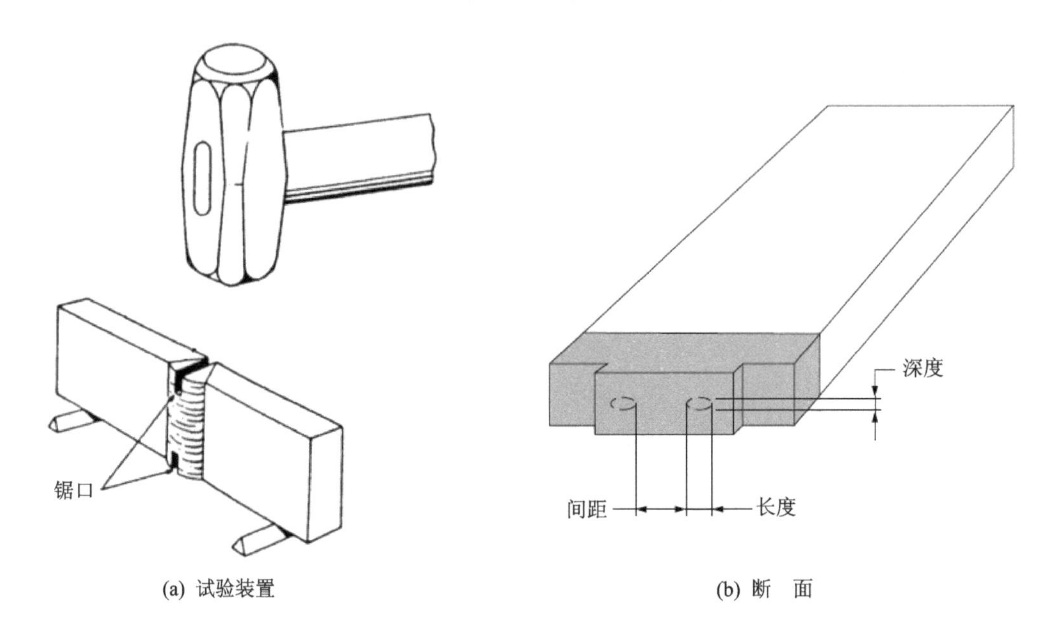

图2-58　刻槽锤断试验

2.5　焊接接头基本力学性能试验

焊接接头使用性能的重要方面是其承载能力或力学性能。力学性能是衡量焊接接头质量的关键要素。为了评定焊接接头力学性能,应按照标准要求制作产品焊接试板,产品焊接试板的力学性能代表着产品焊缝的力学性能,产品焊接试板的材料、焊接材料、焊接设备和工艺条件等都应与所代表的产品相同。如果产品焊接试板力学性能试验合格,则说明所代表的产品焊缝力学性能合格;否则,表明所代表的产品焊缝力学性能不符合规定要求,不合格。通过焊接接头力学性能试验,可定量评估焊接工艺和焊接缺陷等因素对焊接质量的影响,为优化焊接工艺和质量控制提供基础。除力学性能试验外,评定焊接质量的方法还有金相检查、压力试验、致密性试验等,这些试验均对保证焊接质量起重要作用。

2.5.1　拉伸与剪切试验

1. 拉伸试验

拉伸试验用来测定焊接接头的承载能力和塑性。通过拉伸试验可获得焊接接头的屈服强度、抗拉强度、伸长率、断面收缩率、应力-应变曲线、断裂位置与模式等信息。拉伸试验数据可用于焊接结构设计及分析，拉伸过程中可观察焊缝表面是否有裂纹形成，如果断裂在焊缝区，通过断口可以观察接头内部的缺陷情况，以此作为接头质量评定的重要依据。

图 2－59 所示为焊接接头拉伸试件的几何形状。

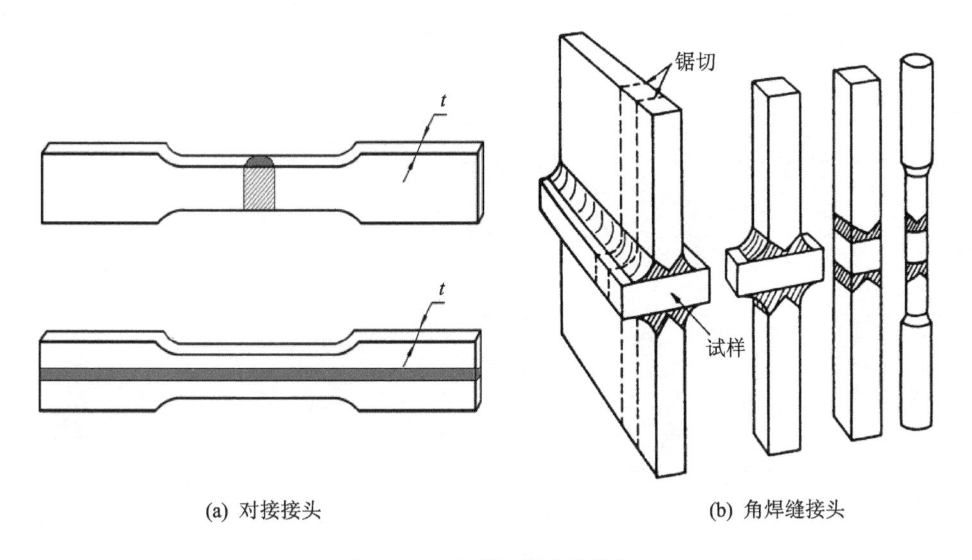

图 2－59　焊接接头拉伸试件

2. 剪切试验

剪切试验是在拉伸载荷作用下测定角焊缝的强度。常用的试件形式有纵向剪切强度试件和横向剪切强度试件(见图 2－60)。角焊缝强度的计算方法见第 3 章。

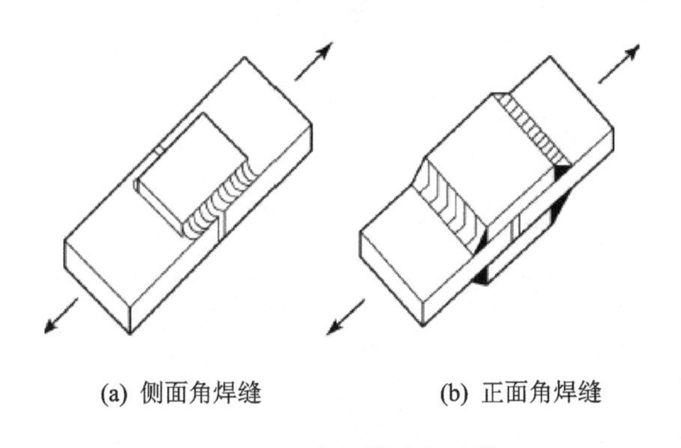

图 2－60　角焊缝剪切试件

2.5.2　弯曲试验

弯曲试验用来测定焊接接头在弯曲力下的弯曲强度和塑性变形能力。常用的弯曲试验主要有三点弯曲试验、导向弯曲试验和自由弯曲试验。

1. 三点弯曲试验

焊接接头横向三点弯曲时焊缝位于两个支滚间中心线上(见图 2－61)，纵向弯曲时焊缝垂直支滚轴线放置。试验时垂直试件表面通过压头施加载荷，使试件逐渐连续地弯曲(见

图 2-62)。当弯曲角达到相关标准要求时试验完成,然后卸下试件检查拉伸侧裂纹或缺陷情况,根据裂纹或缺陷的尺寸判定焊缝是否合格。

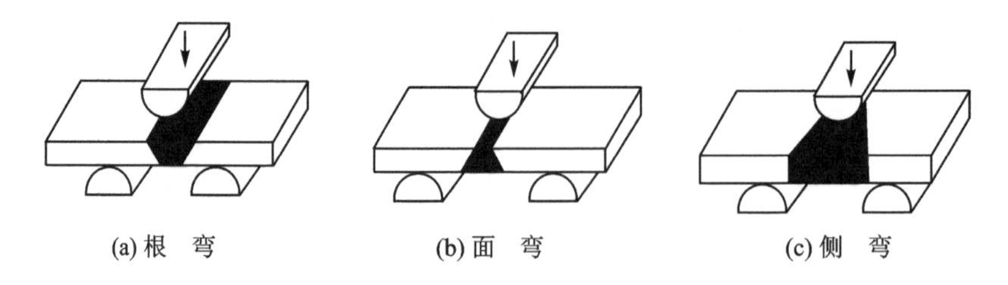

图 2-61　三点弯曲试验

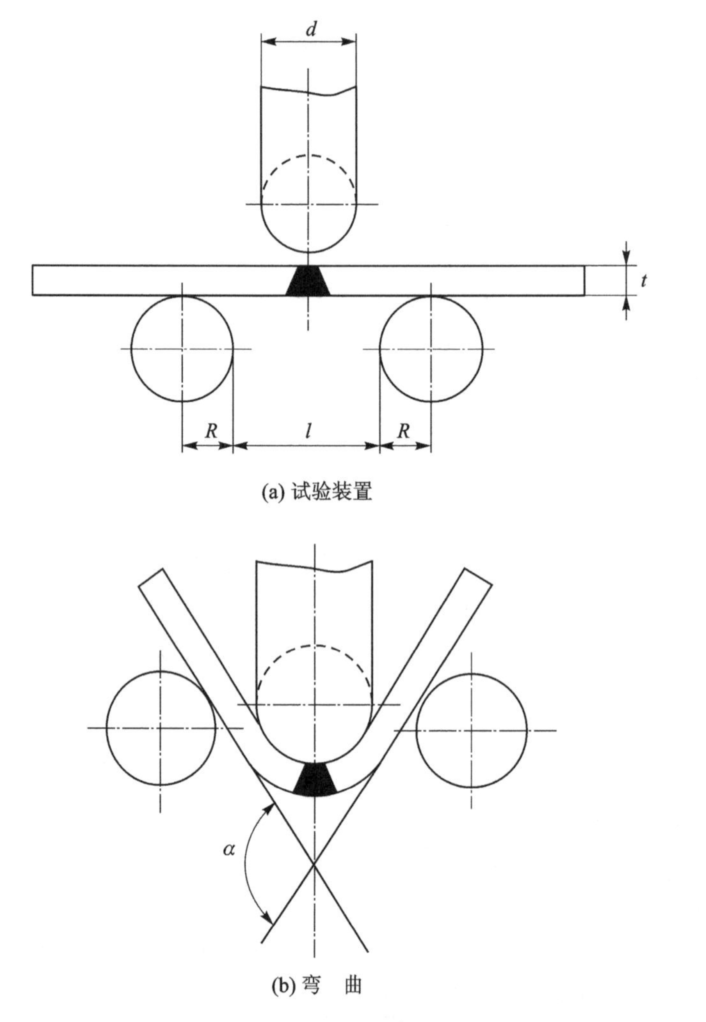

图 2-62　三点弯曲试验过程

2. 导向弯曲试验

导向弯曲试验是通过采用规定直径的弯模对焊接接头进行弯曲试验,然后测量弯曲后的焊缝横、纵向裂纹扩展的长度和深度,以检验焊接接头拉伸面上的塑性及显示缺陷,据此对焊缝的弯曲性能进行评价。弯模的尺寸可参照母材的强度级别确定,弯曲试件须按有关标准要求经机械加工后用于试验。

焊接接头导向弯曲试验时以焊缝为中心放置于下模上。面弯试验以焊缝外表面朝向下模，背弯试验以焊缝内表面朝向下模，通过上模施加压力，将试件压入下模内直到弯曲近似成 U 形(见图 2－63)。有标准规定弯曲试验后在试件拉伸侧表面上的焊缝和熔合区任何方向上的任一裂纹或其他缺陷尺寸不大于公称壁厚的 1/2,且不大于 3.0 mm,即视为合格。

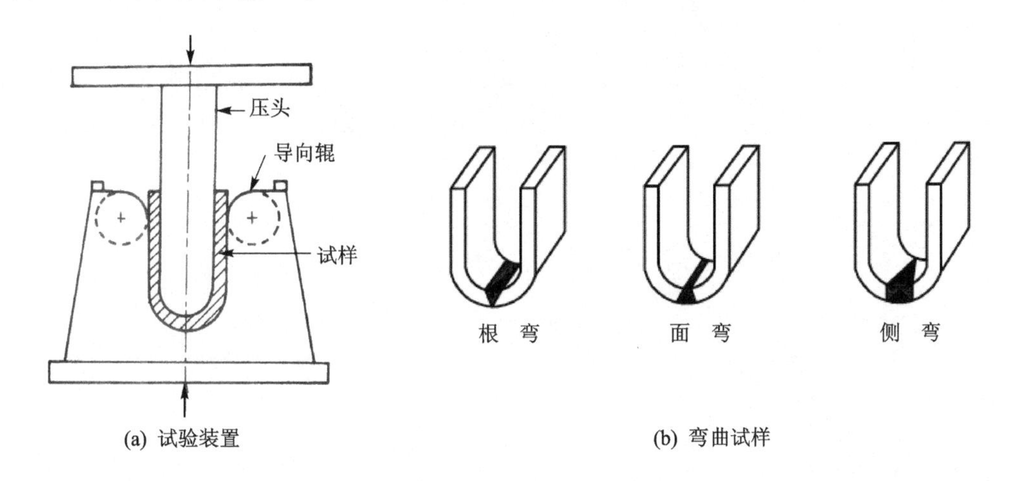

(a) 试验装置　　(b) 弯曲试样

图 2－63　导向弯曲试验

图 2－64 所示为卷绕式导向弯曲试验。

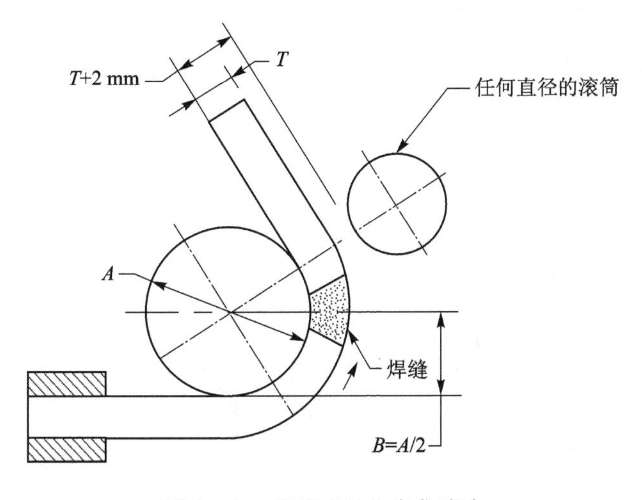

图 2－64　卷绕式导向弯曲试验

3. 自由弯曲试验

焊接接头的自由弯曲试验不需要专用的模具。如图 2－65 所示,弯曲试验前先对焊接试件进行预变形,然后放在试验机上直接进行压弯试验。弯曲试验结束后检查表面裂纹情况。

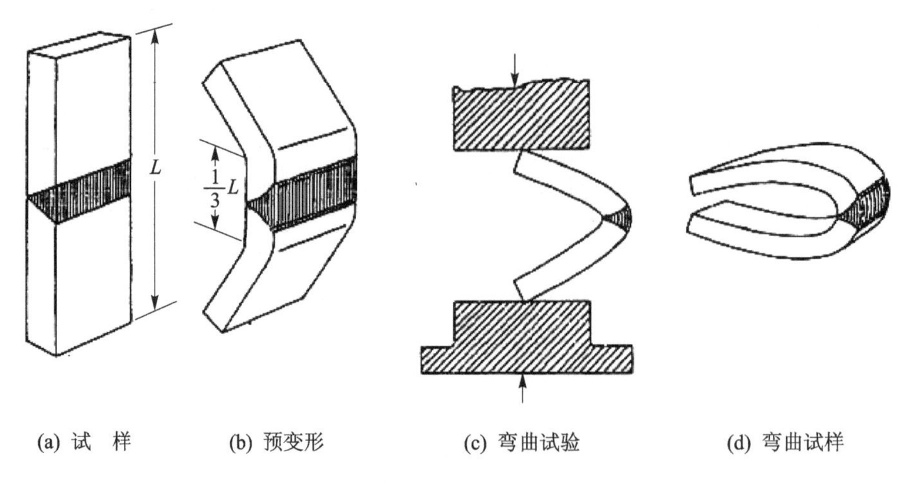

(a) 试　样　(b) 预变形　(c) 弯曲试验　(d) 弯曲试样

图 2-65　自由弯曲试验

思考题

1. 何谓焊接结构的不完整性?
2. 什么是夹杂?夹杂对焊接结构有何影响?
3. 焊接气孔有哪几种分布形态?
4. 未熔合与未焊透有何区别?
5. 焊缝形状不良有哪几种类型?
6. 焊接热裂纹包括哪几种类型?
7. 影响焊接冷裂纹的主要因素有哪些?
8. 什么是层状撕裂?如何防止层状撕裂?
9. 分析射线检测的基本原理和特点。
10. 分析超声检测的基本原理和特点。
11. 说明磁粉检测的适用范围。
12. 渗透检测的基本程序有哪些?
13. 焊缝质量是如何分级的?
14. 刻槽锤断试验的目的是什么?
15. 何谓导向弯曲试验?

第3章　焊接接头与结构强度

3.1　焊接接头及焊缝的类型

3.1.1　焊接接头的基本形式

根据被连接构件间的相对位置，焊接接头的基本形式如图3-1所示，主要有对接接头（见图(a)）、搭接接头（见图(b)）、T形接头（见图(c)）、角接接头（见图(d)）、塞焊（见图(e)）等几种类型的接头形式。其中，对接接头从力学角度看是比较理想的接头形式，适用于大多数焊接方法。钎焊一般只适于连接面积比较大而材料厚度较小的搭接接头。

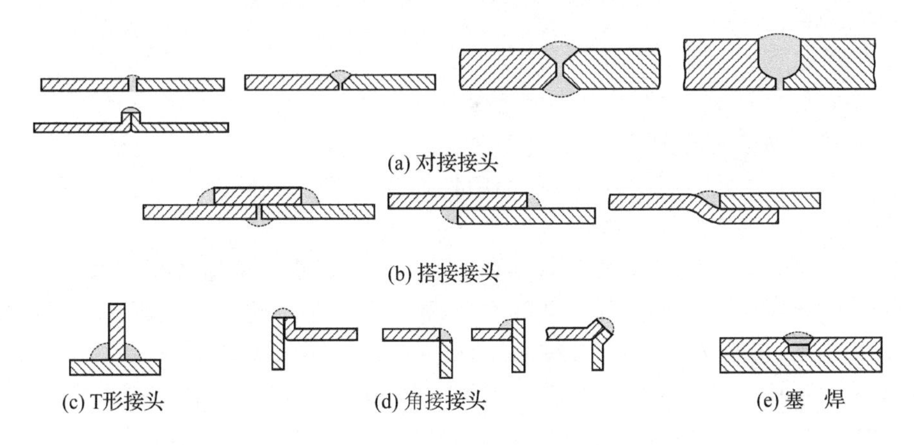

图3-1　焊接接头的基本形式

搅拌摩擦焊及线性摩擦焊接头形式如图3-2和图3-3所示。

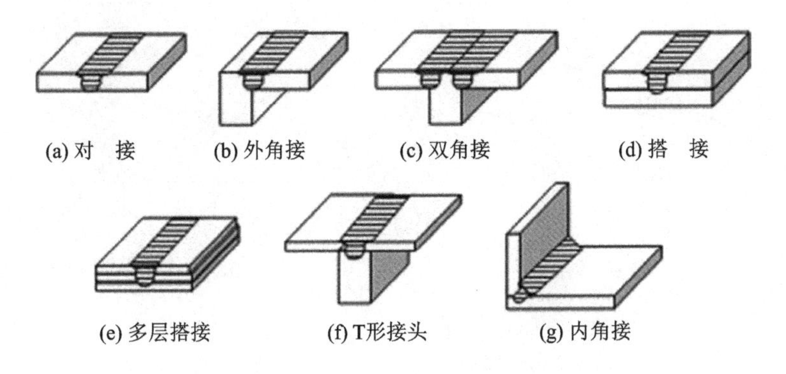

图3-2　搅拌摩擦焊接头

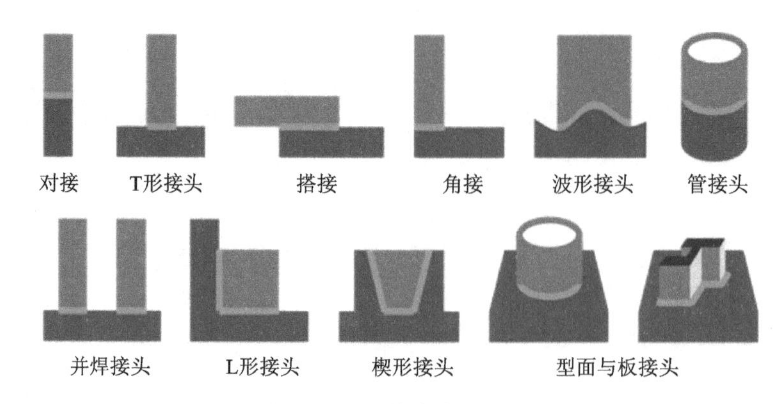

图3-3　线性摩擦焊接头

3.1.2　焊缝类型

1. 焊缝的基本形式

(1) 对接焊缝

对接接头(见图3-4(a))所采用的焊缝称为对接焊缝。为了方便施焊,对接焊缝的焊件对接边缘一般需要加工成适当形式和尺寸的坡口。坡口形式的选择主要取决于板厚、焊接方法和工艺过程,同时要考虑到焊接材料的消耗量、焊接的可达性、坡口加工方法、焊接应力与变形的控制及焊接生产效率等因素的影响。

对接焊缝V形坡口的几何形状及名称如图3-4(b)所示。常见对接焊缝坡口的形式如图3-5所示。为保证厚度较大的焊件能够焊透,常将焊件接头边缘加工成一定形状的坡口。坡口除保证焊透外,还能起到调节母材金属和填充金属比例的作用,由此可以调整焊缝的性能。坡口形式的选择主要根据板厚和所采用的焊接方法确定,同时兼顾焊接工作量大小、焊接材料消耗、坡口加工成本和焊接施工条件等,以提高生产率和降低成本。焊条电弧焊常采用的坡口形式有不开坡口(I形坡口)、Y形坡口、双Y形坡口和U形坡口等。

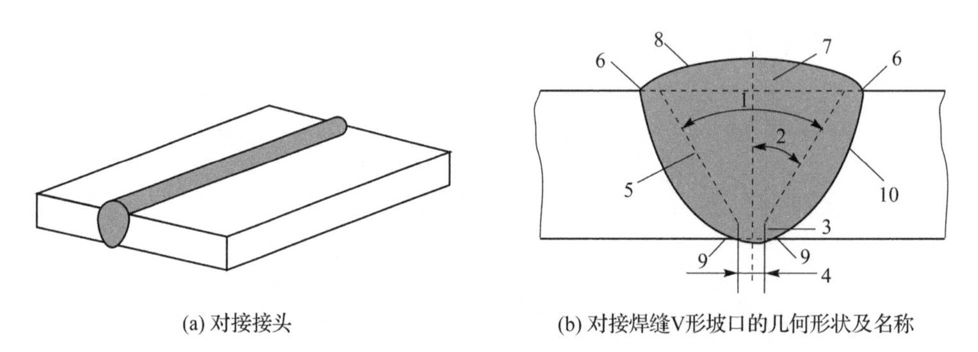

(a) 对接接头　　(b) 对接焊缝V形坡口的几何形状及名称

1—坡口角度;2—坡口面角度;3—钝边;4—根部间隙;5—坡口面;
6—焊趾;7—焊缝余高;8—焊缝表面;9—焊根;10—熔深

图3-4　对接焊缝V形坡口

焊条电弧焊板厚6 mm以上对接时,一般要开设坡口,对于重要结构,板厚超过3 mm就要开设坡口。厚度相同的工件常有几种坡口形式供选择,Y形和U形坡口只需一面焊,可焊

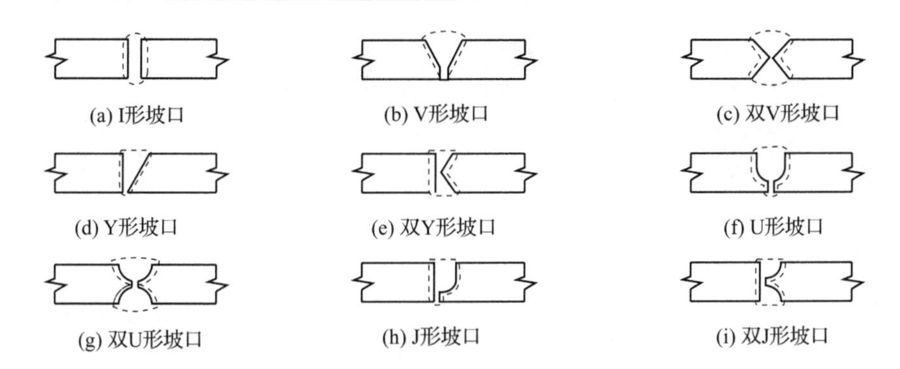

图 3-5　对接焊缝坡口形式

到性较好，但焊后角的变形大，焊条的消耗量也大。双 Y 形和双面 U 形坡口两面施焊，受热均匀，变形较小，焊条消耗量也较小。在板厚相同的情况下，双 Y 形坡口比 Y 形坡口节省焊接材料 1/2 左右，但必须两面都可焊到，所以有时受到结构形状限制。U 形和双面 U 形坡口根部较宽，容易焊透，且焊条消耗量也较小，但坡口制备成本较高，一般只在重要的受动载的厚板结构中采用。

图 3-6 所示为典型对接焊缝坡口的尺寸。

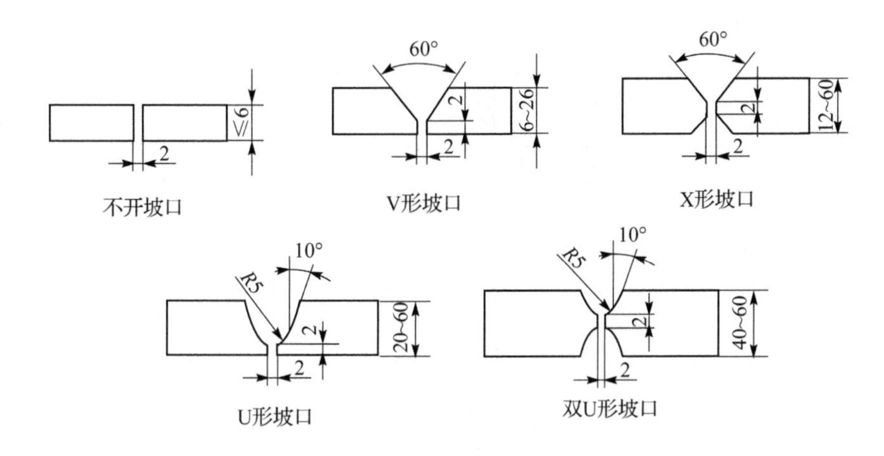

图 3-6　对接焊缝坡口尺寸

如果采用两块宽度或厚度相差较大的金属材料进行焊接，则接头处会造成应力集中，而且接头两边因受热不均匀而产生焊不透等缺陷。当焊件的宽度不同或厚度相差 4 mm 以上时，应分别在宽度方向或厚度方向从一侧或两侧做成坡度不大于 1∶2.5 的斜角（见图 3-7），以使截面过渡和缓，减小应力集中。

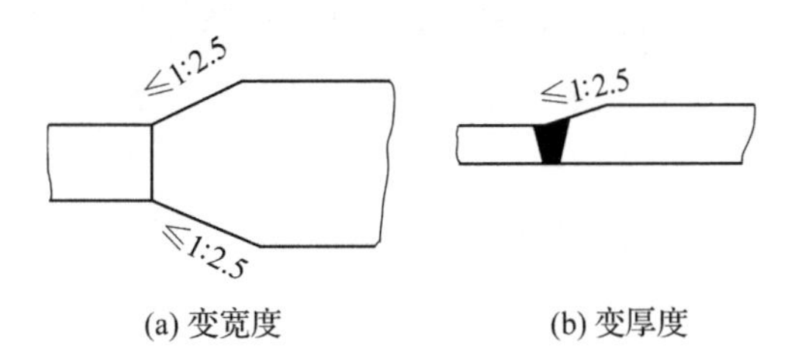

图 3-7　不同厚度钢板的对接

在焊缝的起灭弧处，常会出现弧坑等缺陷，这些缺陷对承载力影响极大，故焊接时一般应设置引弧板和引出板(见图3-8)，焊后将它割除。

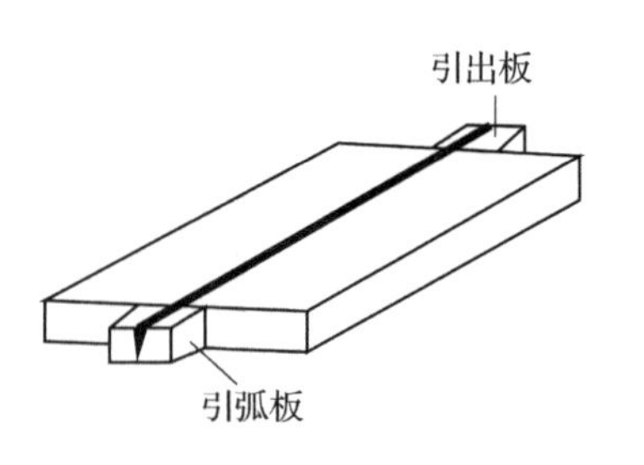

图3-8 引弧板和引出板

(2) 角焊缝

角焊缝截面形状如图3-9所示。角焊缝的几何名称如图3-10所示。其中，截面为等腰直角的角焊缝是最为常用的。

对于需要焊透的角焊缝连接，则要开设坡口，图3-11所示为角焊缝的典型坡口几何尺寸。

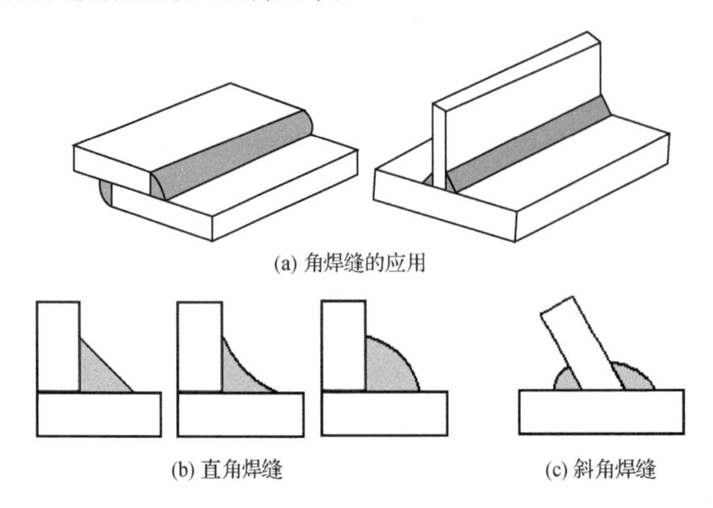

图3-9 角焊缝的基本类型

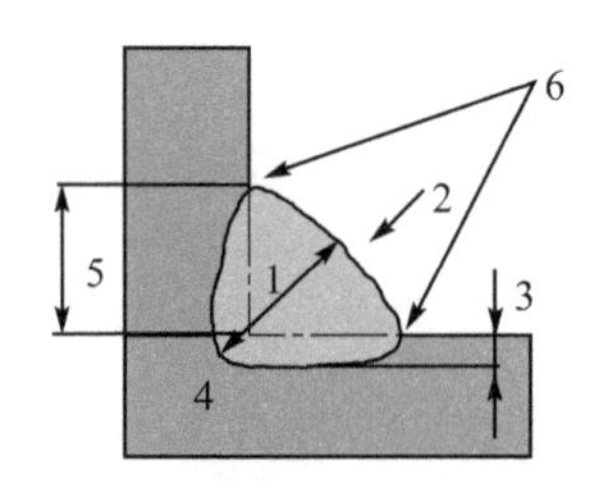

1—焊缝厚度；2—焊缝表面；3—熔深；4—焊根；5—焊脚；6—焊趾

图3-10 角焊缝的几何名称

角焊缝的焊角尺寸与焊件的厚度有关。为了避免焊接区的基本金属过烧，减小焊件的焊接残余应力和残余变形，有关规范规定角焊缝的焊脚尺寸不宜大于较薄焊件厚度的1.2倍。

当焊件较厚而角焊缝尺寸又过小时，焊缝因冷却速度过快而产生淬硬组织，容易导致母材开裂。因此，一般角焊缝的焊脚尺寸不得小于$1.5\sqrt{t_{max}}$，t_{max}为较厚焊件厚度(mm)。自动焊熔深较大，故所取最小焊脚尺寸可减小1 mm；对T形连接的单面角焊缝，应增加1 mm；当焊件厚度小于或等于4 mm时，取与焊件厚度相同。

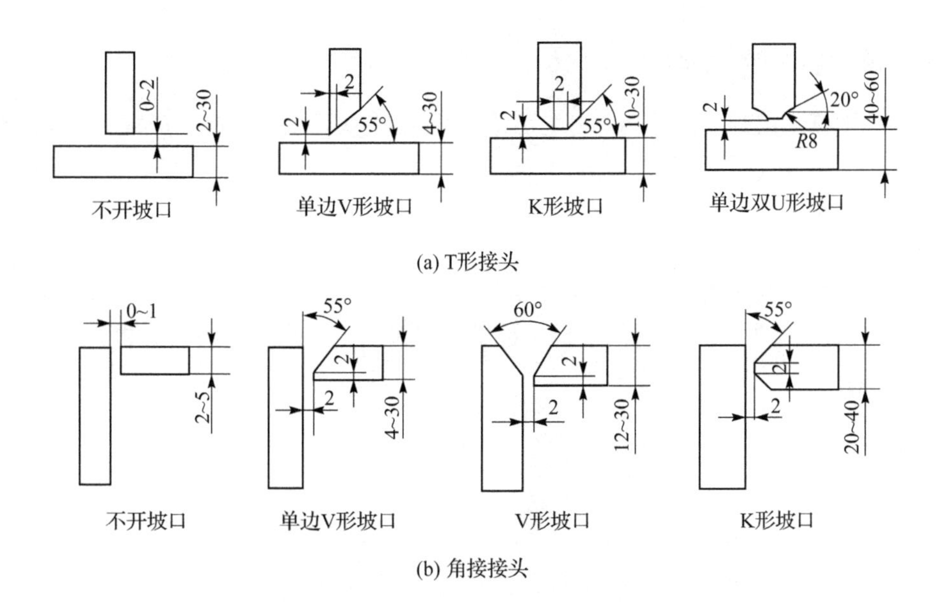

图 3-11　角焊缝的典型坡口形式

2. 工作焊缝和联系焊缝

焊接结构上的焊缝,根据其载荷的传递情况可分为工作焊缝和联系焊缝。工作焊缝与被连接的构件是串联的关系(见图 3-12(a)),承担着传递全部载荷的作用,其应力称为工作应力。工作焊缝一旦断裂,结构就立即失效。联系焊缝与被连接的构件是并联的关系(见图 3-12(b)),传递很小的载荷,其应力称为联系应力。联系焊缝主要起构件之间的相互联系作用,焊缝一旦断裂,结构不会立即失效。在设计时无须计算联系焊缝的强度,而工作焊缝的强度必须计算。对于既有工作应力又有联系应力的焊缝,则只计算工作应力,而不考虑联系应力。

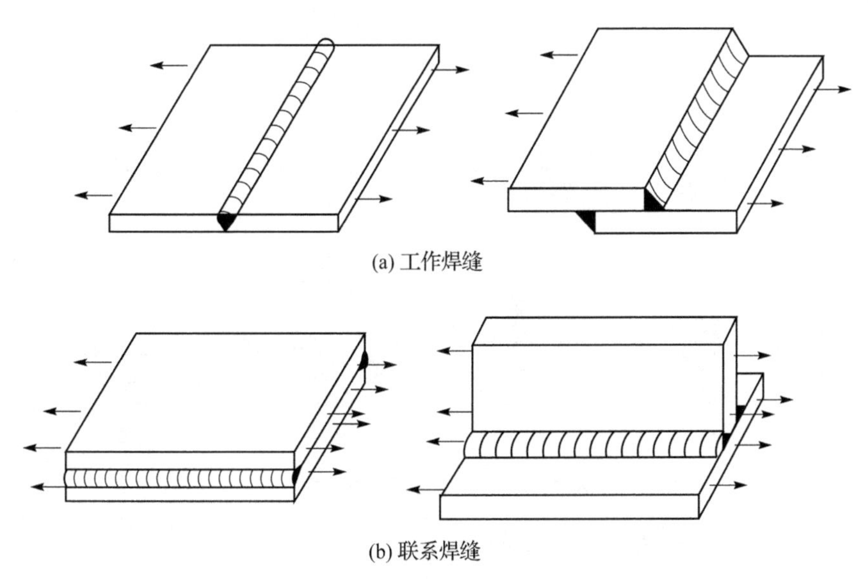

图 3-12　工作焊缝与联系焊缝

3.1.3 焊缝符号及标注方法

焊接结构图纸上的焊缝应采用焊缝符号表示,焊缝符号及标注方法应按国家标准的有关规定执行。

焊缝符号由指引线和表示焊缝截面型号的基本符号组成,必要时可使用辅助符号、补充符号和焊缝尺寸符号。

指引线一般由带箭头的指引线和两条相互平行的基准线组成。一条基准线为实线,另一条为虚线,如图3-13所示。虚线的基准线可以画在实线基准线的上侧或下侧。

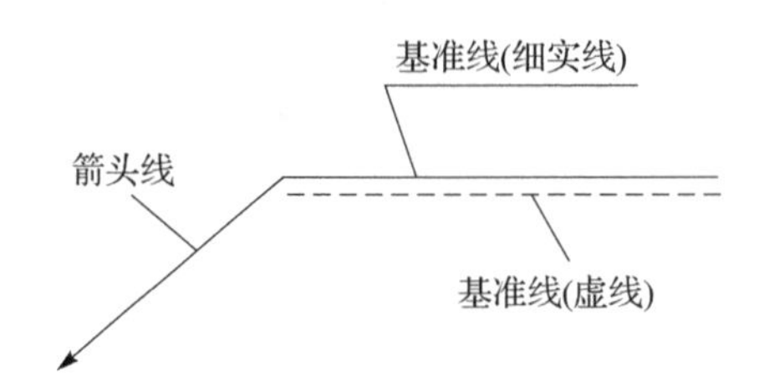

图3-13　焊缝符号指引线

基本符号用以表示焊缝的形状。基本符号与基准线的相对位置按以下规则表示,如图3-14所示:

① 如果焊缝在接头的箭头侧,基本符号应标在基准线的实线侧(见图(a));

② 如果焊缝在接头的非箭头侧,基本符号应标在基准线的虚线侧(见图(b));

③ 当为双面对称焊缝时,基准线可只画一条实线(见图(c)(d));

④ 当为单面的对称焊缝,如V形焊缝、U形焊缝,则箭头线应指向有坡口一侧。

辅助符号是表示焊缝表面形状特征的符号。补充符号是补充说明焊缝某些特征而采用的符号。

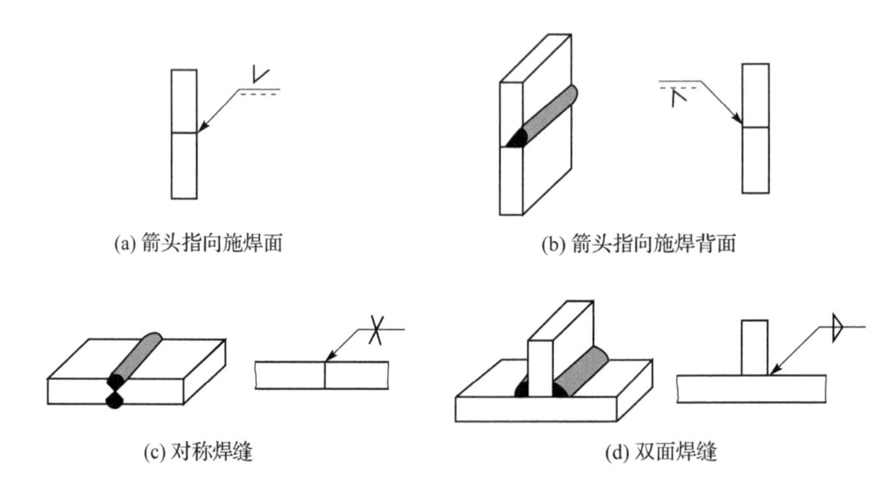

(a) 箭头指向施焊面　(b) 箭头指向施焊背面

(c) 对称焊缝　(d) 双面焊缝

图3-14　焊缝符号标注示例

焊接接头与标注方法示例如表3-1所列。

表 3-1　焊接接头与标注方法示例

名称	接头形式	标注代号	名称	接头形式	标注代号
焊条电弧焊对接接头	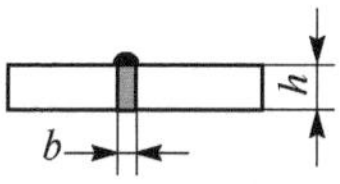	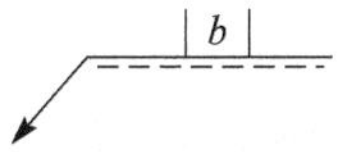	埋弧焊对接接头	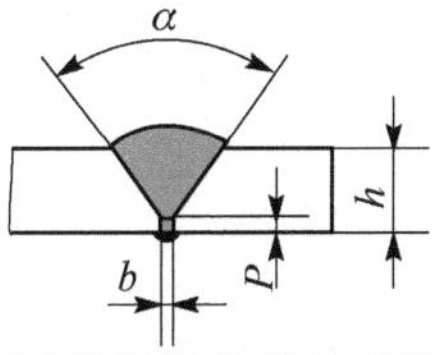	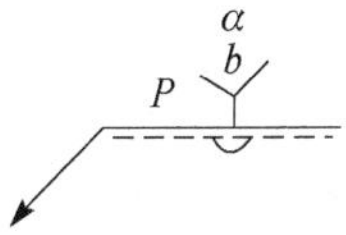
	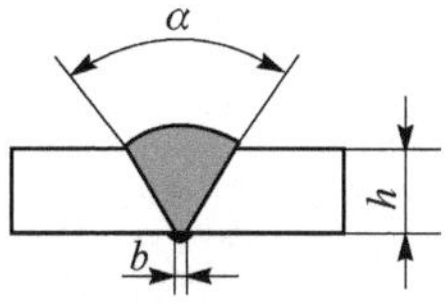	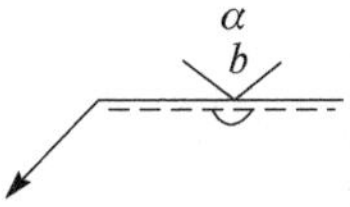	接管与壳体间焊接接头	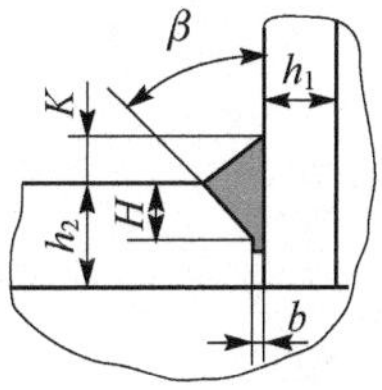	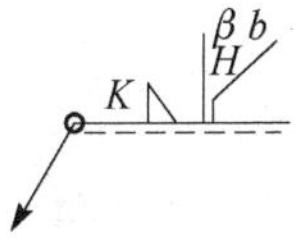
	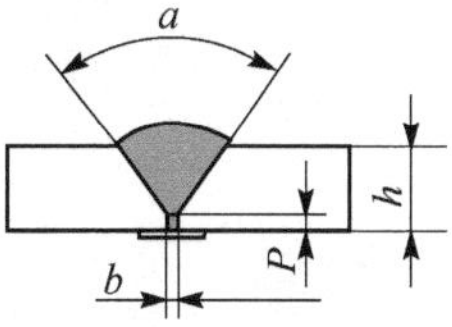	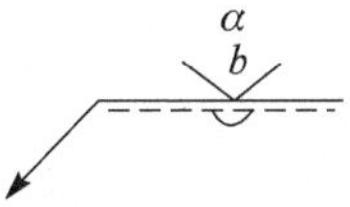			
	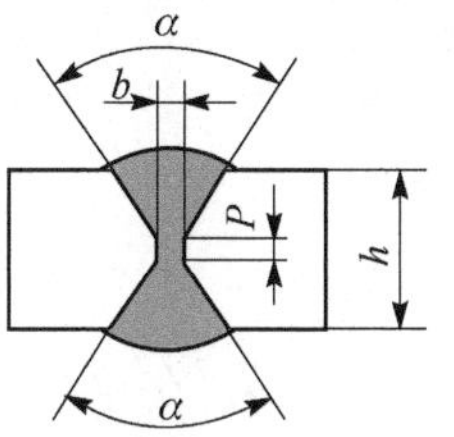	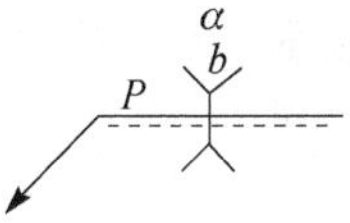	搭接接头	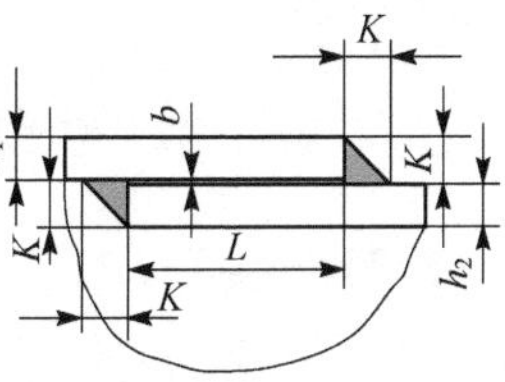	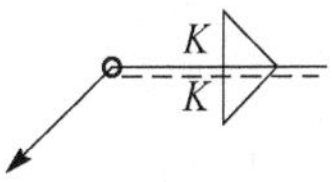
	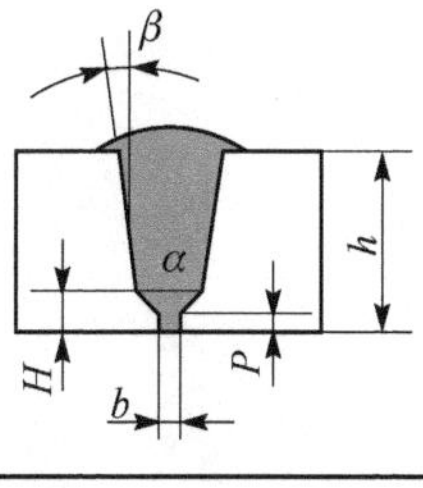	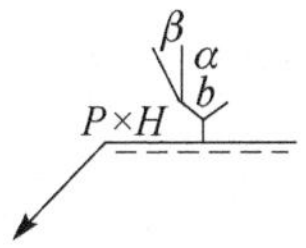	角接接头	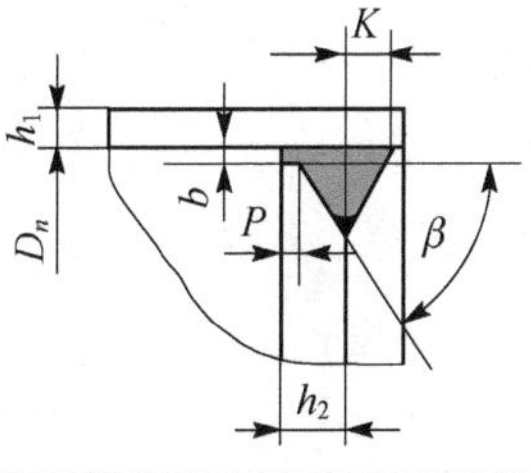	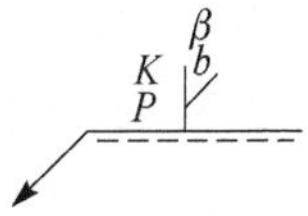

3.2　焊接接头的工作应力分布

3.2.1　电弧焊接头的工作应力分布

1. 对接接头

在对接接头中，焊缝高度略高于母材表面，高出的部分称为焊缝的余高或加厚高，如图 3-15 所示。加厚高使焊缝与母材的过渡处产生应力集中，如图 3-16 所示。焊缝正面与母材的过渡处的应力集中系数约为 1.6，焊缝背面与母材的过渡处的应力集中系数约为 1.5。

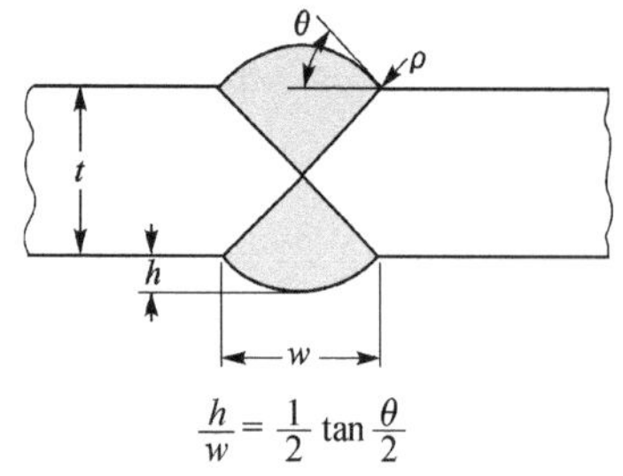

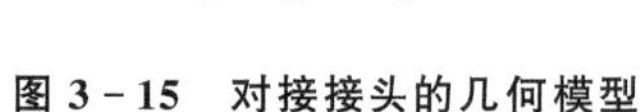

图 3-15 对接接头的几何模型

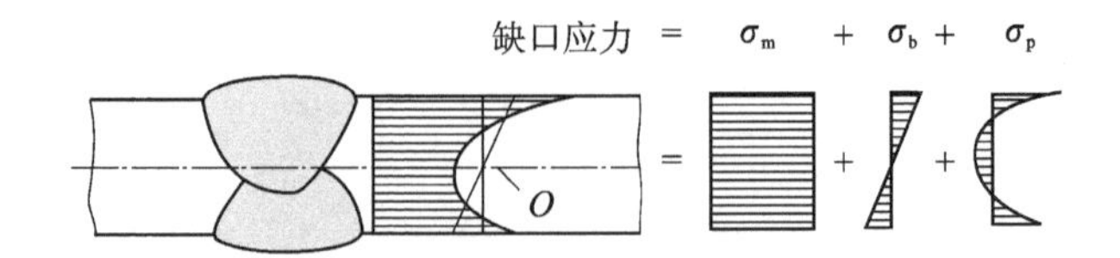

图 3-16 对接接头的应力分布

对接接头应力集中系数的大小，主要取决于焊缝加厚高和焊缝向母材的过渡半径(或夹角)。增加加厚高和减小过渡半径，都会使应力集中系数增加，其表达式如下：

$$K_t = 1 + 0.27(\tan\theta)^{1/4}\left(\frac{t}{\rho}\right)^{1/2} \tag{3-1}$$

式中符号见图 3-15，其中 ρ 为焊趾圆弧半径。

对接接头的错位与角变形还会引起附加应力(见图 3-17)，使应力集中增大。

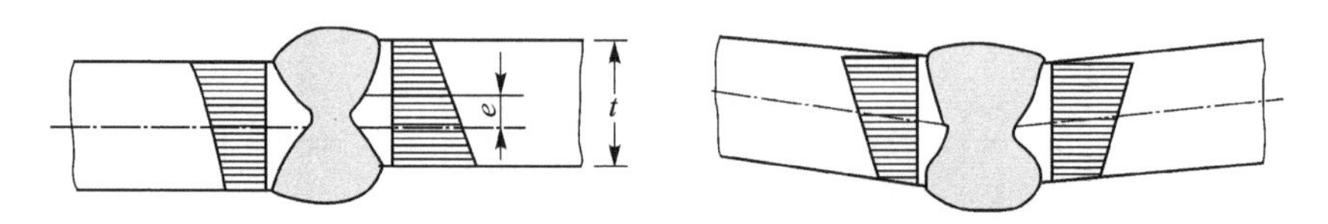

图 3-17 对接接头的错位与角变形引起的应力

2. 十字接头(T 形接头)

十字接头(T 形接头)焊缝向母材过渡较急剧，其工作应力分布极不均匀，在角焊缝的根部和焊趾处都存在严重的应力集中。图 3-18 所示为未开坡口十字接头正面焊缝的应力分布情况。由于没有焊透，所以焊缝根部应力集中最为严重。在焊趾处，截面 B—B 上的工作应力分布也很不均匀，焊趾应力集中系数随角焊缝的形状而改变。

焊趾的应力集中系数可以表示为

$$K_t = 1 + 0.35(\tan\theta)^{1/4}\left[1 + 1.1\left(\frac{c}{l}\right)^{3/5}\right]^{1/2}\left(\frac{t}{\rho}\right)^{1/2} \tag{3-2}$$

焊根的应力集中系数可以表示为

$$K_t = 1 + 1.15(\tan\theta)^{-1/5}\left(\frac{c}{l}\right)^{1/2}\left(\frac{t}{\rho}\right)^{1/2} \tag{3-3}$$

式中的符号见图 3-18。

如图 3-19 所示，应力集中系数随 θ 角减小而减小，也随焊角尺寸增大而减小。但联系焊缝在焊趾的应力集中系数随焊脚尺寸增大而增大。

3. 搭接接头

在搭接接头中，根据搭接角焊缝受力的方向，可以将搭接角焊缝分为正面角焊缝、侧面角焊缝和斜向角焊缝(见图 3-20)。与作用力的方向垂直的角焊缝称为正面角焊缝(见

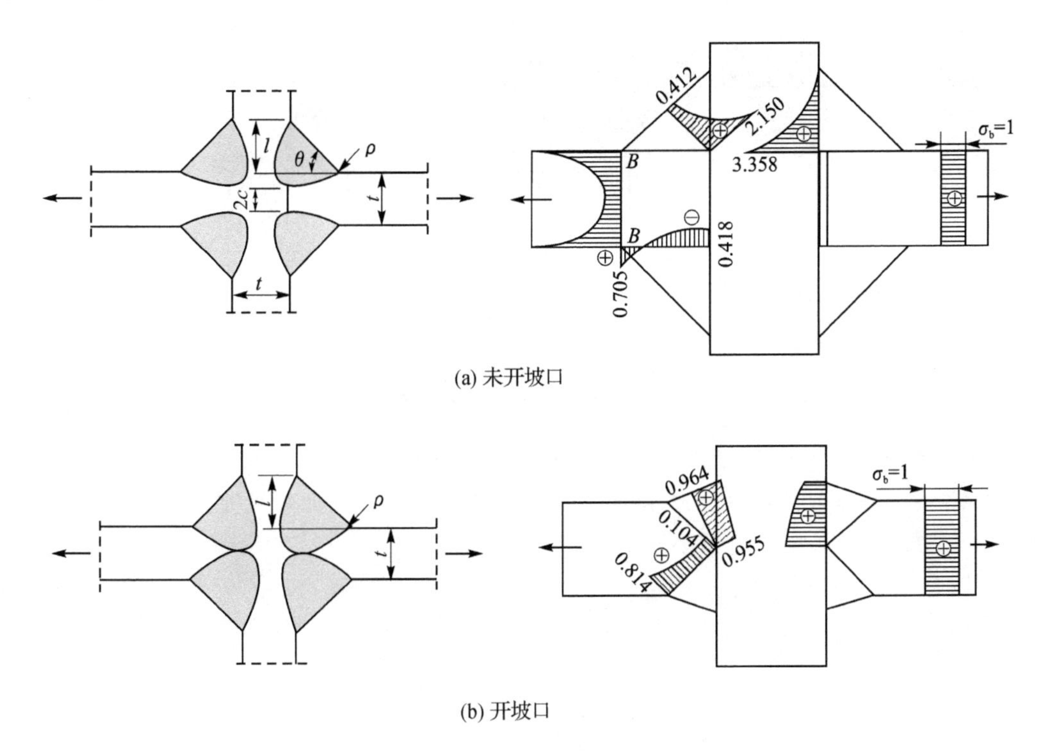

图 3-18　十字接头的应力分布

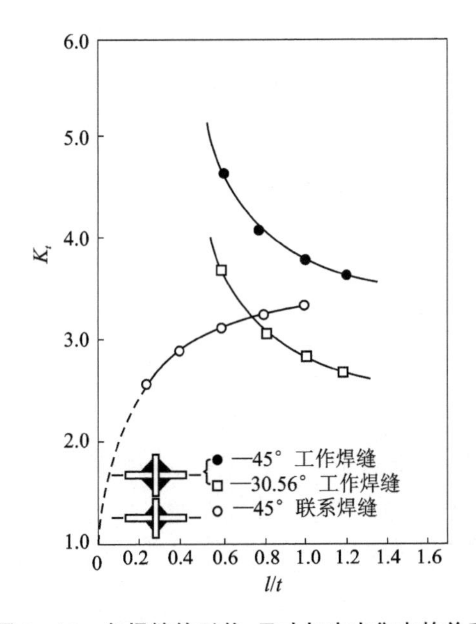

图 3-19　角焊缝的形状、尺寸与应力集中的关系

图 3-20(a) 中 l_3 段),与作用力的方向平行的角焊缝称为侧面角焊缝(图 3-20(a)中 l_1 和 l_5 段),介于两者之间的角焊缝称为斜向角焊缝(图 3-20(a)中 l_2 和 l_4 段)。搭接接头传力和应力集中比对接接头的情况复杂得多。

实验证明,搭接接头角焊缝的强度与载荷方向有关。如图 3-21 所示,当焊角尺寸相同

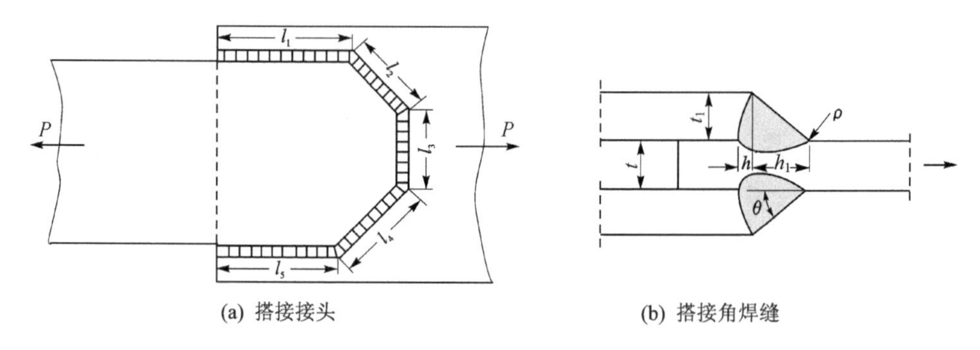

图 3-20 搭接接头角焊缝

时,正面角焊缝单位长度的强度比侧面角焊缝的高,斜向角焊缝单位长度的强度介于上述两种焊缝强度之间。当焊角尺寸一定时,斜向角焊缝单位长度的强度随焊缝方向与载荷方向的夹角而变化,夹角越大,其强度值越小。

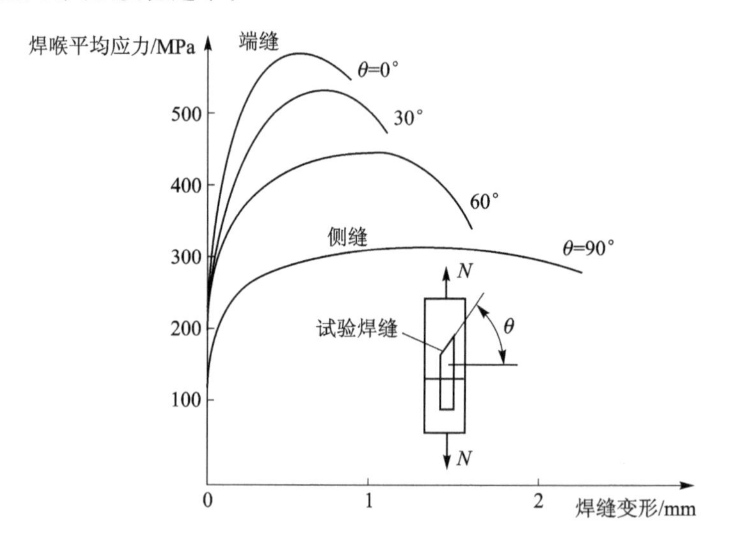

图 3-21 角焊缝载荷与变形的关系

(1) 正面角焊缝

在只有正面焊缝的搭接接头中,工作应力分布极不均匀(见图 3-22)。在角焊缝根部和焊趾都有较严重的应力集中。焊趾处的应力集中系数随角焊缝斜边与水平边夹角 θ 不同而改变,减小夹角 θ 和增大焊接熔深,都会使应力集中系数降低。

焊趾的应力集中系数可以表示为

$$K_t = 1 + 0.6(\tan\theta)^{1/4}\left(\frac{t}{h_1}\right)^{1/2}\left(\frac{t}{\rho}\right)^{1/2} \tag{3-4}$$

焊根的应力集中系数可以表示为

$$K_t = 1 + 0.5(\tan\theta)^{1/8}\left(\frac{t}{\rho}\right)^{1/2} \tag{3-5}$$

式中的符号见图 3-20(b)。

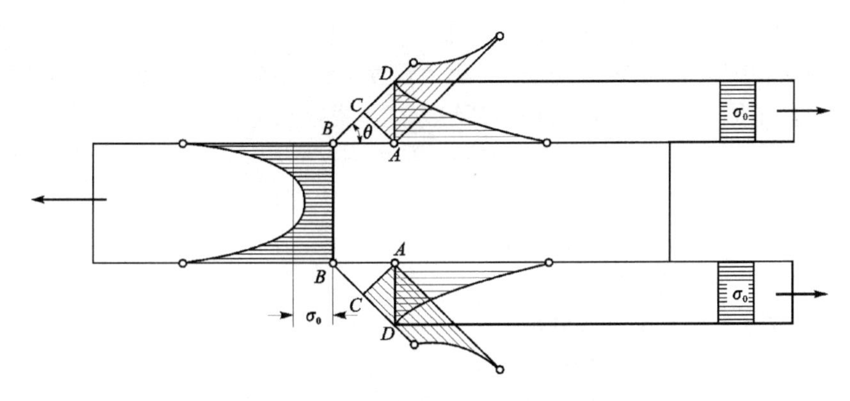

图 3－22　正面搭接角焊缝的应力分布

图 3－23 所示的搭接接头中，正面焊缝承受偏心力作用，在接头上产生附加弯曲应力，使接头发生弯曲变形。为减小这样的弯曲变形，在接头设计中，两条正面焊缝之间的距离应不小于其板厚的 4 倍。

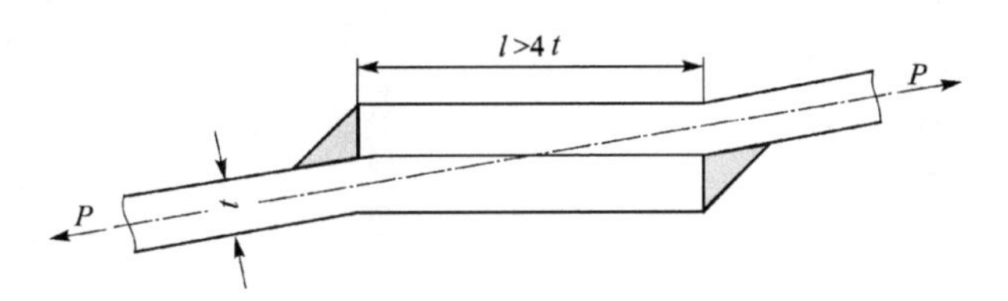

图 3－23　正面搭接接头的弯曲变形

(2) 侧面角焊缝

在用侧面角焊缝连接的搭接接头中(见图 3－24(a)，其中两搭接板的截面积分别为 F_1、F_2)，其工作应力更为复杂。当接头受力时，焊缝中既有正应力，又有切应力，切应力沿侧面焊缝长度上的分布是不均匀的，它与焊缝尺寸、端面尺寸和外力作用点的位置等因素有关。

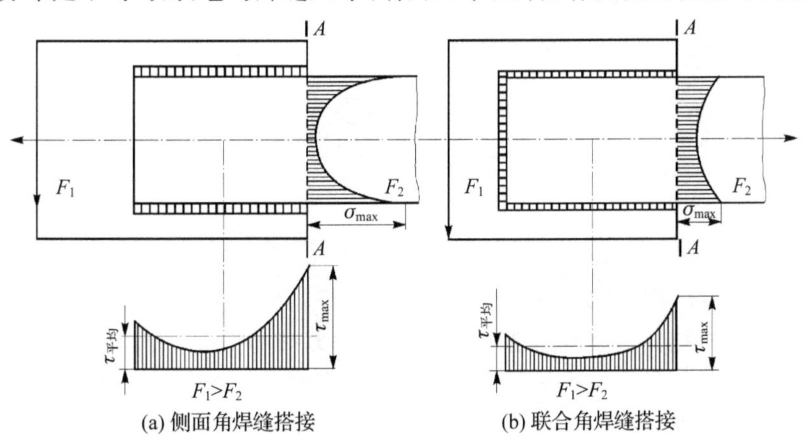

图 3－24　侧面角焊缝与联合角焊缝搭接接头的工作应力分布

(3) 联合角焊缝搭接接头的工作应力分布

在只有侧面焊缝的搭接接头中，不仅焊缝中应力分布极不均匀，而且在搭接板中的应力分布也不均匀。如果采用联合角焊缝搭接接头(见图 3－24(b))，应力集中程度将得到明显的改变。这是因为正面焊缝刚度比侧面焊缝的刚度大，并能承受一部分载荷，使侧面焊缝中的最大剪应力降低，同时使搭接板 $A—A$ 截面应力集中程度得到改善。因此，在设计搭接接头时，若增加正面角焊缝，不但可以改善应力分布，还可以减小搭接长度，减少母材的消耗。

实验证明，角焊缝的强度与载荷方向有关。当焊脚尺寸相同时，正面角焊缝单位长度的强度比侧面角焊缝的高，斜向角焊缝单位长度的强度介于上述两种焊缝的强度之间。当焊脚尺寸一定时，斜向角焊缝单位长度的强度随焊缝方向与载荷方向的夹角而变化，夹角越大，其强度值越小。

(4) 盖板搭接接头的工作应力分布

图 3-25 所示为仅用侧面角焊缝连接的盖板接头，在盖板范围内，各截面正应力分布极不均匀，靠近侧面焊缝部位的应力最大，截面中心部位的应力最小。

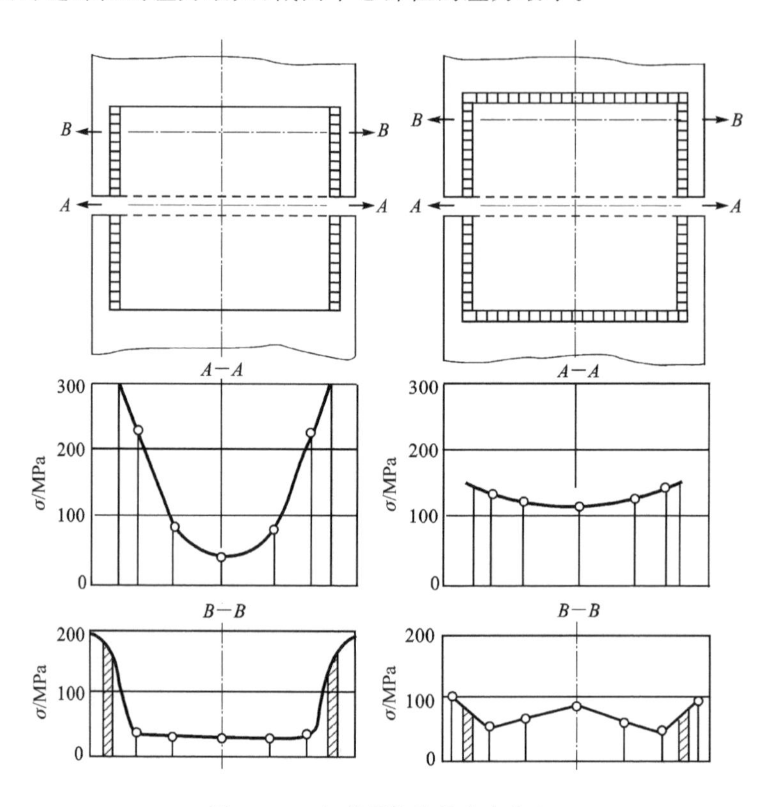

图 3-25　加盖板接头的应力分布

如果增添正面焊缝，则各截面正应力的分布将得到明显改善，使盖板接头的应力集中程度降低。应当指出，盖板接头的疲劳强度很低，在承受动载荷的结构中不宜使用。

上述分析表明，各种焊接接头焊后都存在不同程度的应力集中，应力集中对接头强度的影响与材料性能、载荷类型和环境条件等因素有关。如果接头所用材料有良好的塑性，接头破坏前有显著的塑性变形(见图 3-26)，使得应力在加载过程中发生均匀变化，则应力集中对接头的静强度不会产生影响。应力集中对接头的疲劳强度和脆断强度的影响将在后续内容中进行分析。

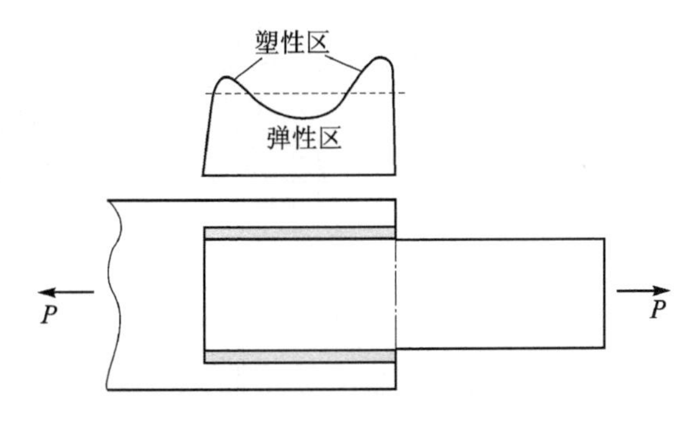

图 3－26　侧面搭接接头的塑性变形

3.2.2　点焊接头的工作应力分布

点焊接头中的焊点主要承受剪应力。在单排搭接点焊中，除受剪应力外，还承受由偏心引起的附加拉应力。在焊点区域沿板厚方向的应力分布很不均匀，如图 3－27 所示。可以看出，点焊搭接接头应力集中程度比电弧焊搭接接头严重。在单排搭接点焊中，焊点附近应力分布特别密集。其密集程度与参数 t/d 有关，t/d 越大，应力分布越不均匀。

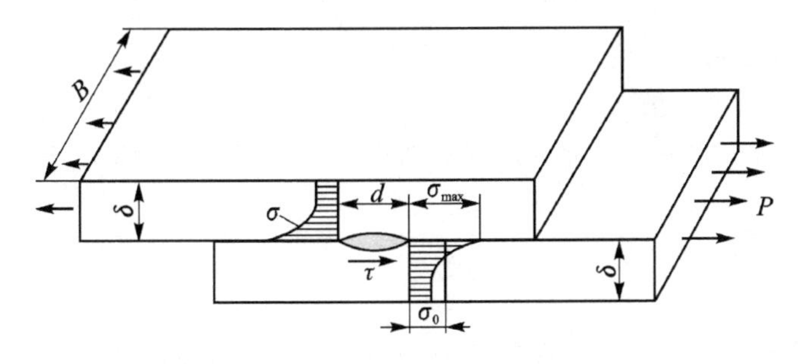

图 3－27　焊点区应力沿母材厚度上的分布

在多排点焊接头中，各焊点所承受的载荷并非一样，实际情况与电弧焊搭接接头侧面焊缝相似，即两端焊点受力最大，中部焊点受力最小，如图 3－28 所示。焊点越多，载荷分布越不均匀，因此，点焊接头的焊点排数（纵向）不宜过多。一般而言，点焊排数多于三排时，其接头的承载能力基本保持不变。

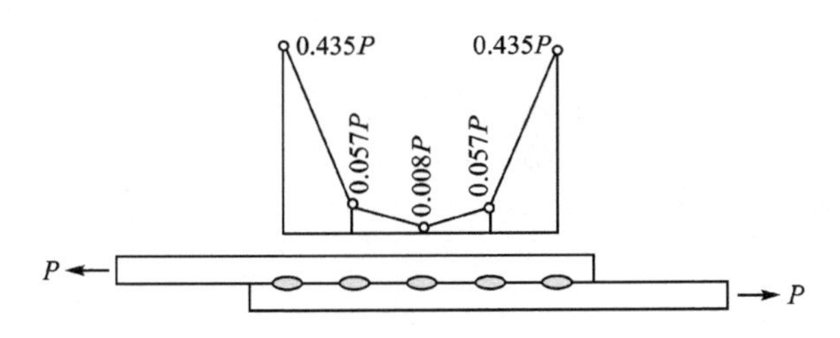

图 3－28　多排点焊接头各焊点的受力情况

如果点焊接头承受拉应力时，如图 3－29 所示，其焊点周围产生的应力集中更为严重。在这种情况下，接头的抗拉强度明显低于抗剪强度，所以在一般使用中，应尽量避免点焊接头承受这种载荷。

上述分析表明，点焊接头中的工作应力分布很不均匀，应力集中系数较大，其动载强度很

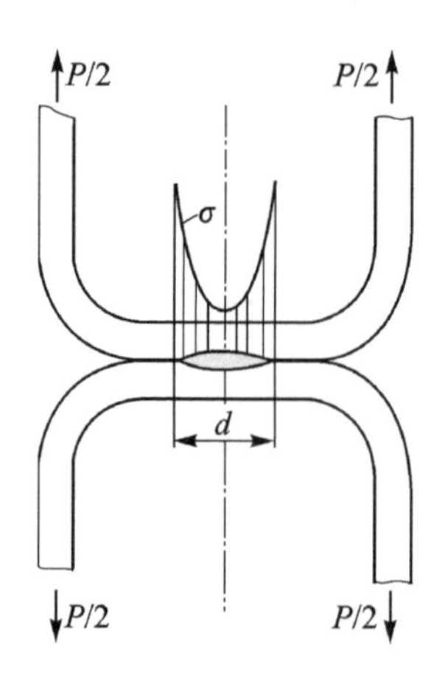

图 3-29 焊点受拉的应力分布

低。但是,如果材料塑性好,接头设计合理,这种接头仍有较高的静载强度。

3.2.3 形状不完整焊接构件的附加应力

错边及角变形等形状不完整在焊接构件中产生了附加应力(见图 3-17),从而加重焊趾区的应力集中。在评定形状不完整对疲劳的影响时,以应力放大系数作为判据,规定各疲劳质量等级所允许的应力放大系数 K_m,如果实际焊接构件的应力放大系数小于或等于相应疲劳质量等级允许的 K_m 值,则形状不完整是可以接受的。焊接构件的应力放大系数 K_m 按下式计算:

$$K_m = \frac{\Delta\sigma + \Delta\sigma_B}{\Delta\sigma} = 1 + \frac{\Delta\sigma_B}{\Delta\sigma} \tag{3-6}$$

式中:$\Delta\sigma_B$——错边或角变形引起的弯曲应力幅;

$\Delta\sigma$——名义应力。

1. 错位产生的应力放大系数

(1) 等厚度板对接错位(见图 3-30(a))

等厚度板对接错位产生的应力放大系数为

$$K_m = 1 + \lambda \frac{el_1}{t(l_1 + l_2)} \tag{3-7}$$

式中:λ——约束系数,对于无约束情况,$\lambda = 6$,对于无限远加载情况,$l_1 = l_2$。

(2) 不等厚度板对接错位(见图 3-30(b))

不等厚度板对接错位产生的应力放大系数为

$$K_m = 1 + \frac{6e}{t_1} \frac{t_1^n}{t_1^n + t_2^n} \tag{3-8}$$

对于无限远处加载的非拘束接头 $n = 1.5$。

(3) 十字形接头错位(见图 3-30(c))

在焊趾处产生疲劳裂纹后向板内扩展时,应力放大系数为

$$K_m = \lambda \frac{el_1}{t(l_1 + l_2)} \tag{3-9}$$

对于无约束和无限远加载情况，$l_1=l_2$，$\lambda=6$。

在焊根处产生裂纹的情况下（见图 3-30(d)），应力放大系数为

$$K_m=1+\frac{e}{t+h} \tag{3-10}$$

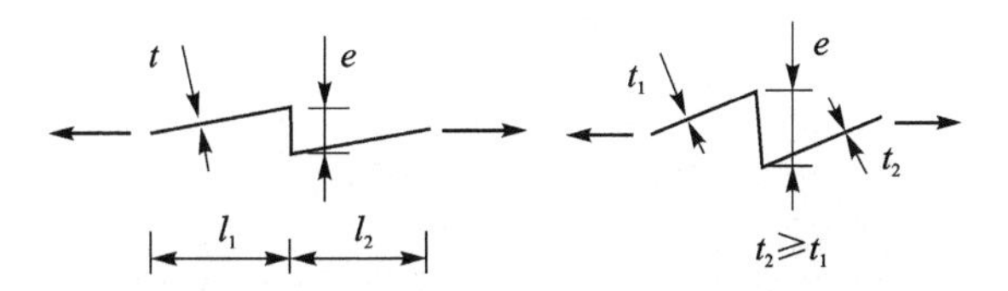

(a) 等厚度板对接错位　(b) 不等厚度板对接错位

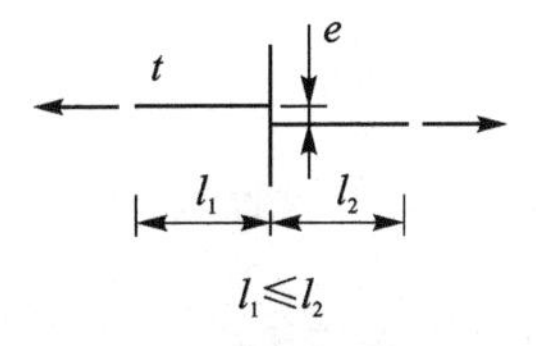

(c) 十字形接头错位

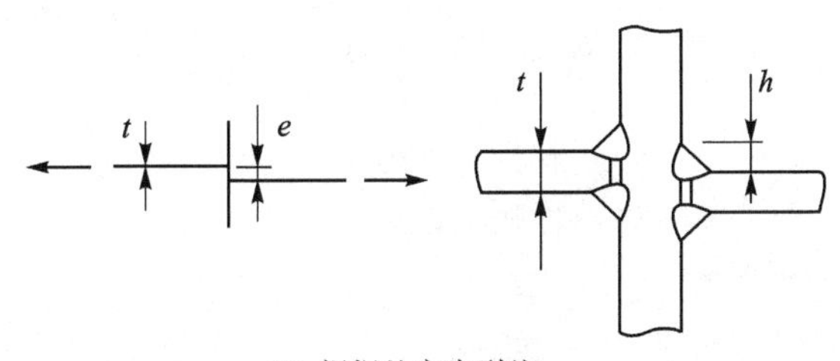

(d) 焊根处产生裂纹

图 3-30　错位应力放大系数计算模型

2. 角变形产生的应力放大系数

(1) 对接接头的角变形(见图 3-31(a))

对于刚性固定端情况，角变形产生的应力放大系数为

$$K_m=1+\frac{3y}{t}\frac{\tanh(\beta/2)}{\beta/2} \tag{3-11}$$

或

$$K_m=1+\frac{3\alpha l}{2t}\frac{\tanh(\beta/2)}{\beta/2}$$

$$\beta=\frac{2l}{t}\sqrt{\frac{3\sigma_m}{E}}$$

对于铰支端情况，角变形产生的应力放大系数为

$$K_m=1+\frac{6y}{t}\frac{\tanh(\beta/2)}{\beta/2} \tag{3-12}$$

或

$$K_m=1+\frac{3\alpha l}{t}\frac{\tanh(\beta)}{\beta}$$

(2) 十字形接头的角变形(见图 3-31(b))

$$K_m=1+\lambda\alpha\frac{l_1 l_2}{t(l_1+l_2)} \tag{3-13}$$

如果同时出现错位或角变形，则应力放大系数要考虑两个因素的共同作用，即

$$K_{m}=1+(K_{me}-1)+(K_{m\alpha}-1) \tag{3-14}$$

式中：K_{me}——错位引起的应力放大系数；

$K_{m\alpha}$——角变形引起的应力放大系数。

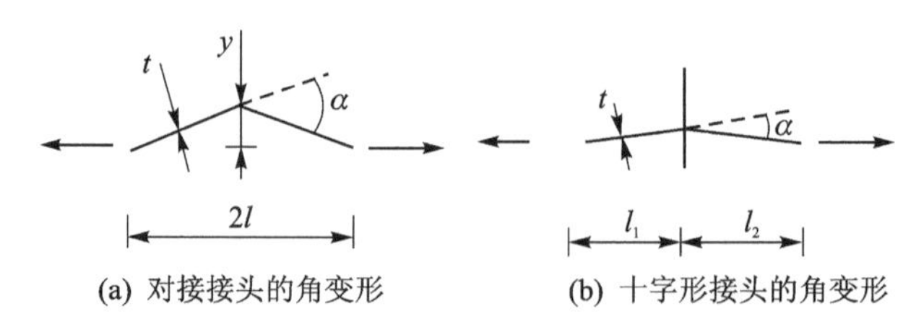

图3-31　角变形应力放大系数来计算模型

焊接接头形状不完整的应力放大系数不得超过规定的容限。

3.3　焊接接头的强度非匹配

3.3.1　焊接接头强度非匹配的基本概念

焊接接头强度是焊接结构承受外载作用的基本保证。焊接接头强度与接头几何形状及焊缝与母材的强度匹配有关。焊缝与母材强度匹配对焊接接头强度有重要影响，是焊接接头强度设计必须考虑的主要因素之一。因此，目前存在两种观点：其一是保证焊缝金属常规延性、韧性条件下，例如使焊缝金属与基本金属具有相同的延伸率条件下，适当选用屈服点较高的焊缝金属，即高匹配是有利的；其二是把着眼点集中于焊缝韧性或延性上，而其强度与基本金属相比可适当降低，即低匹配。

焊缝力学失配对于焊接构件强度和抗断裂的影响，即焊缝的Mis-match效应，是焊接结构完整性和可靠性研究领域的热点，研究的主要目的是建立焊缝失配效应的焊接构件弹塑性断裂分析工程方法，为焊接结构的设计和安全评定提供理论依据。近年来，焊缝失配效应研究的重点是评价焊接或连接构件的强度失配对焊接构件(同种材料、异种或双材料接头)的力学和断裂行为、断裂韧度参数(CVN、CTOD和J)、延性转变行为、缺陷评定、结构及使用性能等方面的影响。严格意义上的焊缝等匹配是很难做到的，焊缝失配效应包括许多方面，传统的匹配性概念大多是指强度匹配。用焊缝金属的屈服强度与母材金属的屈服强度的比值表示，即

$$M=\frac{\sigma_{YW}}{\sigma_{YB}} \tag{3-15}$$

式中：M——失配比，通常也称为匹配因子；

σ_{YW}——焊缝金属屈服强度；

σ_{YB}——母材金属的屈服强度。

焊缝金属屈服强度大于母材金属屈服强度时称为高匹配($M>1$)，反之则称为低匹配($M<1$)。除了考虑强度匹配，还可考虑抗拉强度匹配、塑性匹配，或综合考虑反映强度和塑性的韧性匹配。有的研究提出，匹配性用临界应力强度因子(K_{IC})而不是用屈服强度表示，即$K_{IC}^{WM}/K_{IC}^{BM}>1$为高匹配，反之为低匹配。一般而言，焊缝的强度和韧性决定结构性能，焊缝的

失效又受周围材料强度和韧性水平的制约。常规的焊接结构设计及安全评定方法都是基于均质材料行为而建立的,并未考虑焊缝失配效应。因此,开展焊缝失配效应的研究对于焊接构件的强度和韧性设计及安全评定具有重要的理论和实际意义。

焊接接头整体进入屈服后,焊缝金属和母材金属进一步发生变形,此时焊接接头的力学性能主要是由母材金属和焊缝金属的屈服强度、抗拉强度以及应变硬化性能决定的,即母材金属屈服强度 σ_{YB} 和抗拉强度 σ_{TB}、焊缝金属屈服强度 σ_{YW} 和抗拉强度 σ_{TW} 以及焊缝金属应变硬化指数 n_W 和母材金属的应变硬化指数 n_B。根据焊缝金属和母材金属的屈服强度和抗拉强度这 4 个变量可以将焊接接头分为 6 种组合形式,如表 3-2 所列。由失配性定义可知,组合 A、B 和 C 属于低匹配接头;组合 D、E 和 F 属于高匹配接头。图 3-32 所示为相应组合断裂处的变形特征。其中,阴影部分代表塑性变形区,虚线代表发生断裂的位置。

表 3-2　基本的焊缝金属-母材金属组合

基本组合代号	元素关系	匹配类型
A	YW<TW<YB<TB	低匹配
B	YW<YB<TW<TB	低匹配
C	YW<YB<TB<TW	低匹配
D	YB<TB<YW<TW	高匹配
E	YB<YW<TB<TW	高匹配
F	YB<YW<TW<TB	高匹配

注:YB—σ_{YB};TB—σ_{TB};YW—σ_{YW};TW—σ_{TW}。

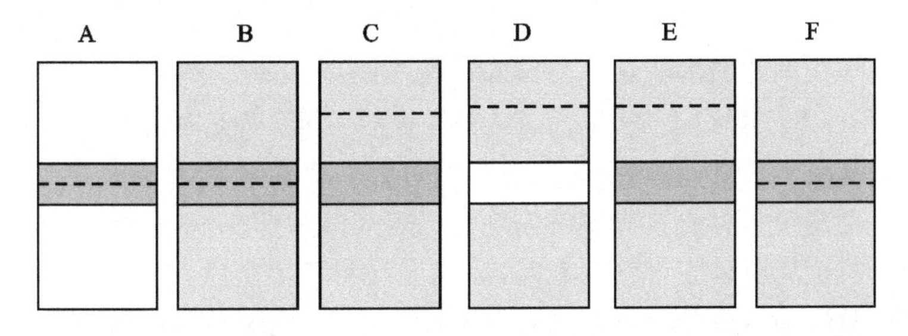

图 3-32　母材金属-焊缝金属组合方式及其相应的屈服模式和断裂位置

由图 3-32 可知,低匹配的 3 种组合对于拉伸载荷的接头其发生塑性变形的情况不同。在组合 A 中,由于母材金属的屈服强度和抗拉强度都大于焊缝金属的屈服强度和抗拉强度,因此当焊接接头受拉伸载荷时,焊缝金属首先达到屈服点,发生塑性屈服,直到断裂,而此时母材金属仍处于弹性状态;在组合 B 中,母材金属的屈服强度大于焊接金属的屈服强度,但小于焊缝金属的抗拉强度,在拉伸载荷作用下,焊缝金属首先达到屈服点并发生屈服,随着载荷点加大,当施加应力大于母材屈服强度时,母材也发生屈服,直到施加应力达到焊缝金属的抗拉强度在焊缝处发生断裂。组合 C 与组合 B 的差别是焊缝金属的抗拉强度大于母材金属的抗拉强度,断裂发生于母材中。因此,在低匹配情况下,母材也有可能发生断裂。

在高匹配情况下,组合 D 和组合 E 发生断裂处位于母材金属。在组合 D 中,母材金属首先发生塑性屈服直至断裂,而焊缝金属始终为弹性状态。在组合 E 中,母材金属首先发生屈服,之后随着施加载荷的增加,施加应力达到焊缝金属屈服点,则焊缝金属发生屈服,直至在母材处发生断裂。组合F与组合E的区别在于,组合F中母材金属的抗拉强度大于焊缝金属的抗拉强度,因而,在焊缝金属处发生断裂。

3.3.2 对接接头强度非匹配的力学行为

焊接接头性能不仅与焊缝金属和母材金属的屈服强度和抗拉强度有关,而且与母材金属和焊缝金属的应变硬化性能有关。焊缝金属的屈服强度匹配对于焊接接头的变形有很大的影响。如图3-33所示,受横向载荷的宽板拉伸试验表明,焊缝与母材弹性系数(E,ν)相同及在线弹性条件下,强度失配对结构的力学行为无影响。在塑性阶段,强度失配影响结构的变形能力、极限载荷及断裂行为,导致焊接构件的塑性变形发展与均质材料不同。

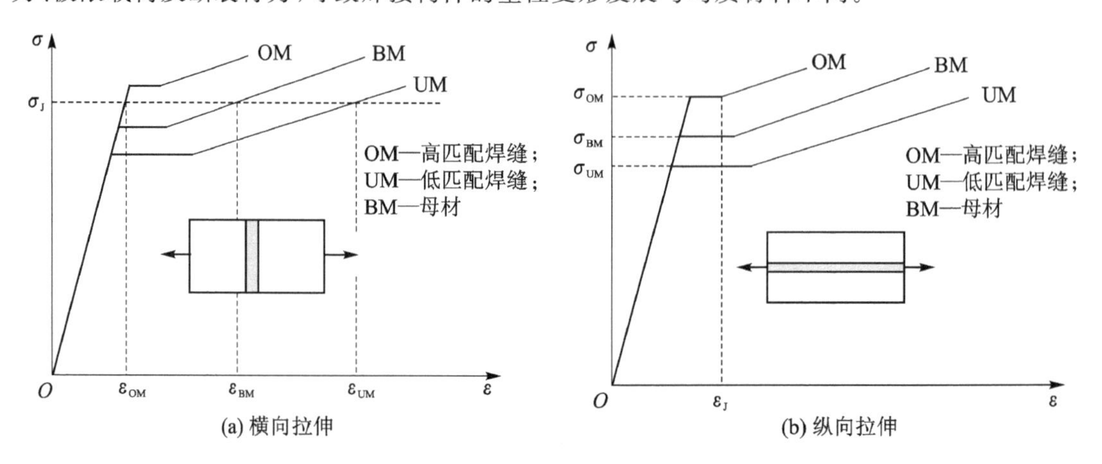

图3-33 对接接头应力-应变关系

在塑性阶段,受横向载荷的宽板焊缝区和母材区的变形具有不同时性。若焊缝为高匹配,母材金属的屈服强度低于焊缝金属,因而首先发生塑性变形,而此时载荷没有达到焊缝金属的屈服点,所以焊缝金属仍然处于弹性状态。这时,母材对于焊缝具有屏蔽作用,使焊缝受到保护,接头的整体强度高于母材且具有足够的韧性。若焊缝为低匹配,母材金属屈服强度高于焊缝金属,因而当母材金属仍处于弹性状态时,焊缝金属将发生塑性变形,其延展性会先于整体屈服前耗尽,造成整体强度低于母材金属且变形能力不足,此时屏蔽作用消失。因此认为高匹配焊缝是有利的。

接头强度失配对纵向载荷接头和横向载荷接头起着完全不同的作用。当接头受纵向载荷作用,与外加载荷垂直的横截面上焊缝金属只占很小的一部分,当焊接接头受平行于焊缝轴向的纵向载荷时,焊缝金属、HAZ以及母材同时同量产生应变。无论屈服强度水平如何,焊缝金属被迫随着母材发生应变,如图3-33所示。此时,焊接区域不同的应力-应变特性不会对焊接构件的应变产生直接的影响,强度失配对其影响也不大。接头各区域几乎产生相同的伸长,裂纹首先在塑性差的地方产生并扩展。高匹配不会起到保护作用,低匹配不会降低其韧性,因而最好母材金属和焊缝金属等塑性才是合理的。

焊接接头的断裂行为与母材金属和焊缝金属的应变硬化性能有关。图3-34所示为在低匹配焊接接头中,当焊缝金属的应变硬化性能很低(即高屈强比低),则母材金属发生塑性变形的可能性很低(如A组合),甚至于被排除(如组合B)。相反,当焊缝金属的应变硬化性能很高时,随着载荷的增加母材将会发生塑性变形(如组合C)。由图3-34可知,随着焊缝金属应变硬化性能降低，焊缝金属需要发生更大的塑性变形才能达到母材金属的屈服强度水平。图 3-34 中，ε_{WA}、ε_{WB}、ε_{WC} 分别表示接头 A、B、C 在横向拉伸作用下，使母材发生屈服时的焊缝最低塑性应变量。图 3-35 所示为在高匹配焊接接头中，焊缝金属的应变硬化性能对接头性能的影响，当焊缝金属的应变硬化性能很低时，如图中组合 F 所示，则接头将会在焊缝区发生断裂。图 3-35 中，ε_{WD}、ε_{WE}、ε_{WF} 分别表示接头 D、E、F 在横向拉伸作用下，使焊缝区应力达到母材金属屈服限时的焊缝最低塑性应变量。

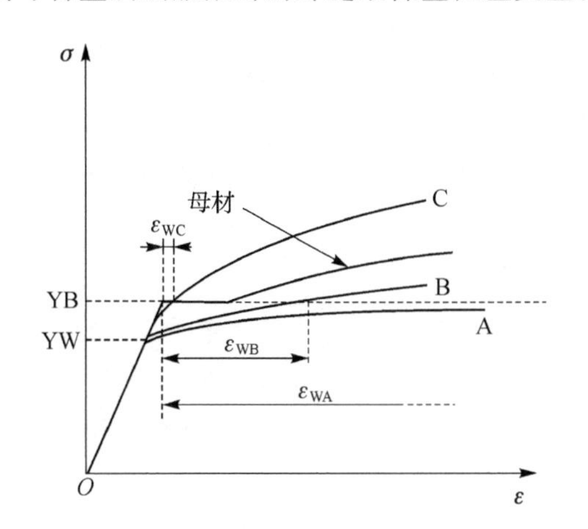

图 3-34　低匹配焊缝金属应变硬化性能对焊接接头性能的影响

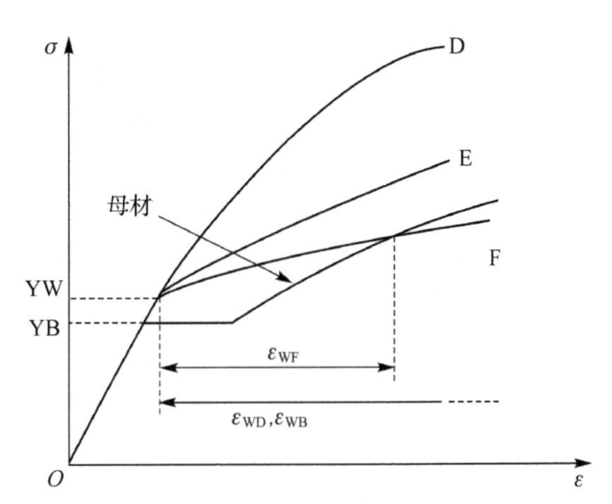

图 3-35　高匹配焊缝金属应变硬化性能对焊接接头性能的影响

上述分析表明，当接头受横向载荷作用，其应力-应变关系将会受到母材金属和焊缝金属的屈服强度影响，即在接头发生屈服的开始点由母材金属或焊缝金属屈服强度的最小值决定。无论是低匹配还是高匹配，母材区和焊缝区的应变量将不同，其差异量由焊接接头失配比决定。

厚板低强匹配焊缝承受横向拉伸时，低强焊缝先于母材进入塑性状态，母材对焊缝的塑性变形具有拘束作用，使焊缝金属处于三轴拉应力状态而强化（见图 3-36）。母材对焊缝的拘

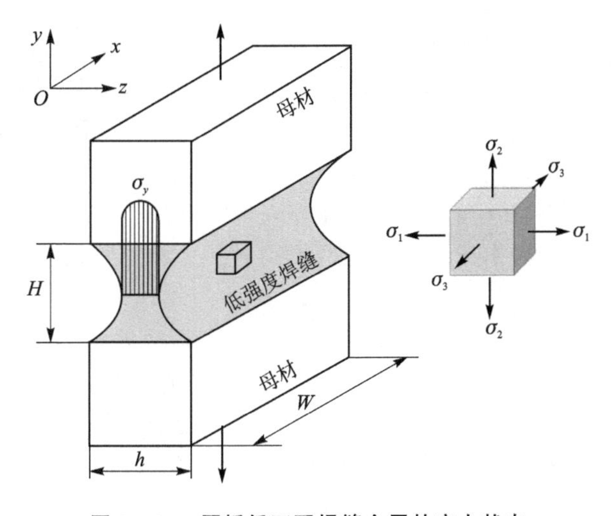

图 3-36　厚板低匹配焊缝金属的应力状态

束作用随相对厚度比 H/h 和宽厚比 W/h 而变化,H/h 减小,W/h 增大,拘束作用提高,接头强度增加。这说明采用比母材强度低的焊接材料,通过选定合适的相对厚度,可以获得与母材等强的焊接接头。但是,这种接头的焊缝由于受到三轴拉应力的作用,发生脆断的危险性较大,因此,要求焊缝金属必须具有足够的断裂韧性才能保证接头的安全可靠。

3.3.3 异种材料界面连接失配效应

异种材料连接结构综合了两种或几种材料的优良性能,能够满足结构的特殊使用性能要求,但异种材料连接接头存在明显的界面,界面两侧的材料性能(物理性能、化学性能、力学性能、热性能以及断裂性能等)差异较大。如果材料性能匹配不当,就会产生所谓的失配效应,从而使界面成为异材连接结构中最薄弱的环节,这样必然会影响结构本身的整体性能和力学行为,从而影响结构的完整性。

1. 异种材料连接接头的形式及性能失配效应

图3-37所示为异种材料连接接头的基本形式。界面是两种材料的分界面,是两种材料的冶金结合区,界面的强度取决于两种材料之间的结合力和材料性能组合以及接头几何形状。通过合理的材料组合与接头设计可对界面强度进行控制,以获得所需的力学性能。为此,需要对异种材料连接接头的性能失配效应进行全面的分析。

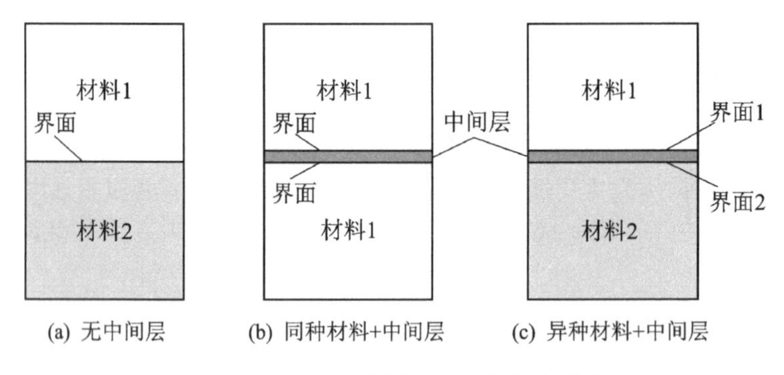

图3-37 异种材料连接界面的基本形式

界面是由不同材料连接后所形成的。所谓的界面强度是指异种材料连接接头在外载作用下界面抵抗破坏的能力。界面强度与材料性质、连接工艺、环境条件及力学条件等因素有关。界面是连接缺陷萌生、应力集中乃至断裂的薄弱环节。因此,界面强度是异种材料连接结构设计的核心。

异种材料连接接头的界面力学失配效应主要表现如下:

① 界面上应力不连续性,由于界面结构两侧的材料力学与物化性能不同,使得沿界面方向的应力发生不连续。

② 界面端部应力奇异性,由于材料弹塑性系数不同,造成界面两侧发生的变形也不同;或者在界面结构连接和温度有关时,由于界面两侧材料热传导系数不同,而导致应力奇异性。

③ 连接时的热应力或存在的残余应力在界面端部发生应力集中。

④ 异种材料连接接头的强度与界面和界面两侧材料的强度组配、连接方法、环境及应力条件有关。

2. 异种材料连接界面连接端部应力奇异性

异种材料连接接头在外载作用下,界面端部区出现较大的应力应变集中。这种应力集中除几何形状的影响外,材料性能的差异也是必须考虑的因素。在同种材料的构件应力集中分析中,一般与材料性质无关,但是在异种材料连接接头应力集中分析中需要同时考虑构件几何形状和材料性能的共同作用。

异种材料连接界面端部局部区域由于被连接材料力学性能的差异会引起应力奇异性及界面区应力间断性分布,是突出的力学失配效应。

异种材料连接接头的几何形状各异(见图3-38),界面端部的应力奇异性分析是接头设计的基础问题。异种材料连接接头界面端部的一般模型如图3-39所示。图中,B为两种材料(D_1,D_2)连接界面,B_1、B_2分别为接头的边缘,O点为界面端部。若两种材料以任意边缘角a、b连接在一起,界面端部应力可表示为

$$\sigma_{ij} \propto r^{-1+p} \tag{3-16}$$

式中:p——由结合角a、b及两种材料弹性常数所确定的变量。当$p<1$时,界面端部应力具有奇异性,此时p称为应力奇异指数;当$p\geqslant 1$时,界面端部应力无奇异性。在给定结合角和材料时,其弹性奇异指数是一定的,将不会随着外载的变化而变化。当随着外载的增大并导致材料发生屈服时,此时的材料弹性模量将不再保持常量,从而对应力场的奇异性产生影响。

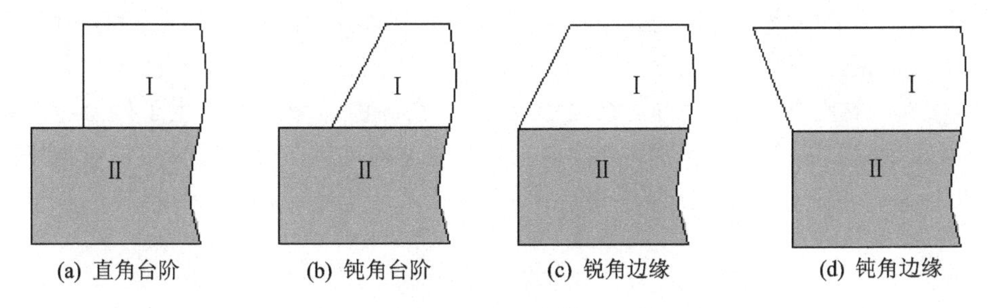

图3-38　异种材料连接接头端部形状

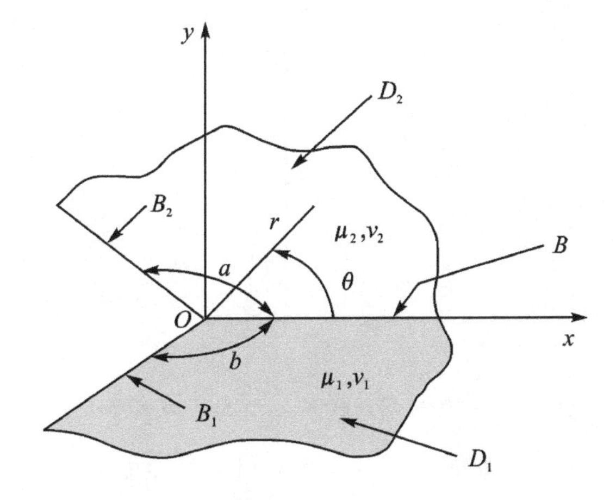

图3-39　异种材料结合界面端模型

3. 异材连接界面热失配

异种材料连接界面两侧材料的弹性性能和热物理性能差异较大,连接时由于温度的变化

而引起界面两侧材料热变形不一致,在结构内部产生热应力;由于材料弹性性能的差异,在结构界面边缘处热应力还存在奇异性(见图3-40),从而直接影响到界面微观结构和物化性能,也影响到结构的抗断裂性能和安全可靠性,破坏结构的完整性。

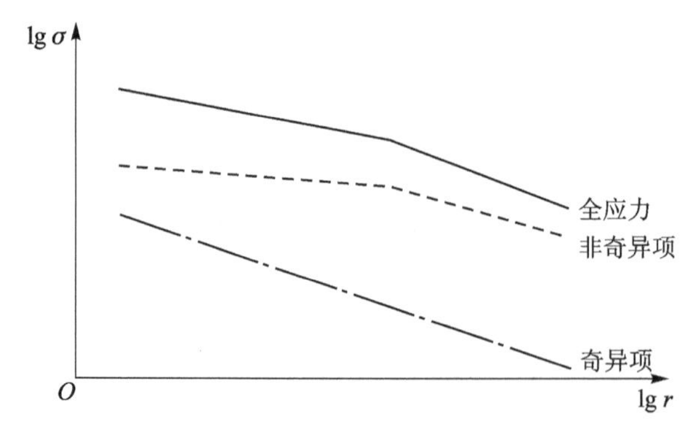

图3-40 异种材料连接界面边缘热应力分布

这里将热物理性能匹配与失配简称为热匹配与热失配。对于热失配的异种材料连接来说，温度变化时其热变形不协调，如果这种情况发生在接头形成阶段，则连接后将有残余应力存在。如果接头是在变化的温度场中工作，则产生热应力。残余应力和热应力均对接头强度有较大影响。热应力缓和设计是异种材料固相连接中调节和控制残余应力和热应力的技术方法。异种材料在连接时,承受了温度从低到高、又从高到低的变化,由于两种材料的热膨胀系数不同,两部分材料的变形也不同,结构形成之后,在界面边缘处就产生了残余应力以及残余变形。当残余应力的峰值大于界面强度时，就会使连接接头在无外载作用的情况下发生界面开裂(见图3-41)。界面残余应力一般在连接后是无法消除的，因此对接头的强度有较大的影响。

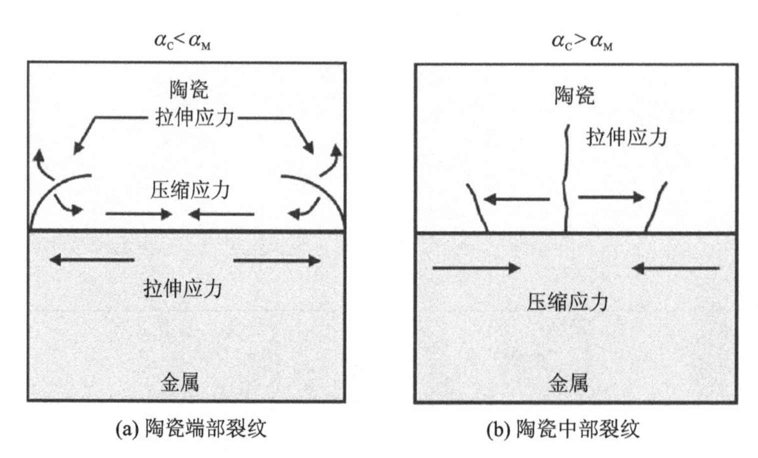

(a) 陶瓷端部裂纹 (b) 陶瓷中部裂纹

图3-41 陶瓷与金属连接的热失配开裂(α_C、α_M 分别为陶瓷和金属的热膨胀系数)

异材固相连接界面区热力失配效应与界面两侧材料的性能组配和接头界面边缘几何形状有关。界面热失配导致界面边缘应力的奇异性,从而影响接头的界面强度。通过建立界面边缘热应力(奇异性指数)与界面两侧的材料性能以及接头形状的关系,来确定异种材料结构界面热力学失配行为,从而为界面力学优化设计提供科学依据。

3.4　焊接接头强度计算

3.4.1　对接接头的强度计算

1. 对接接头承受轴心力

对接接头承受拉力或压力 N 作用时(见图 3-42(a)),按下式计算其强度:

$$\sigma = \frac{N}{l_W \cdot t} \leqslant f_t^W \text{ 或 } \sigma = \frac{N}{l_W \cdot t} \leqslant f_C^W \tag{3-17}$$

式中:N——按载荷标准值得出的轴心拉力或压力;

l_W——焊缝的计算长度,取焊缝的实际长度;

t——焊缝的计算厚度(见图 3-43),取连接构件中较薄板的厚度;

f_t^W,f_C^W——对接焊缝的抗拉、抗压强度设计值。

按许用应力法计算校核对接焊缝的强度为

$$\sigma = \frac{N}{l_W \cdot t} \leqslant \sigma_t^W \text{ 或 } \sigma = \frac{N}{l_W \cdot t} \leqslant \sigma_C^W \tag{3-18}$$

式中:σ_t^W,σ_C^W——对接焊缝的抗拉、抗压许用应力值。

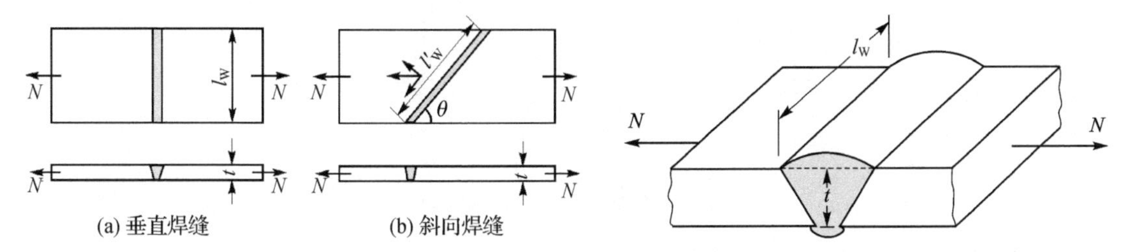

图 3-42　受轴心力的对接接头

图 3-43　对接焊缝强度计算截面

在对以下焊接接头强度计算时,若按许用应力进行强度校核,则可以参照式(3-17)转换为式(3-18)的方法进行,将强度设计值改用相应的许用应力。

斜向受力的对接焊缝承受拉力 N 作用时(见图 3-42(b)),按下式计算其强度:

$$\sigma = \frac{N\sin\theta}{l'_W \cdot t} \leqslant f_t^W \quad \text{或} \quad \sigma = \frac{N\sin\theta}{l'_W \cdot t} \leqslant f_C^W \tag{3-19}$$

$$\tau = \frac{N\cos\theta}{l'_W \cdot t} \leqslant f_V^W \tag{3-20}$$

式中:f_V^W——对接焊缝抗剪强度设计值。

2. 对接接头承受剪力和弯矩

对接接头承受剪力 V 和弯矩 M 作用时(见图 3-44(a)),按下式计算其强度:

$$\sigma = \frac{M}{W_W} \leqslant f_t^W \tag{3-21}$$

$$\tau = \frac{V \cdot S_W}{I_W \cdot t} \leqslant f_V^W \tag{3-22}$$

式中:W_W——对接焊缝截面对中性轴的抗弯模量;

I_W——对接焊缝截面对中性轴的惯性矩;

S_W——计算应力点以上(或以下)焊缝截面对中性轴的面积矩。

对于承受剪力和弯矩作用的对接接头,在正应力和剪应力都较大之处,例如工字形截面腹板与翼缘的交接处1点(见图3-44(b)),还应按下式校核该点的折算应力:

$$\sqrt{\sigma_1^2+3\tau_1^2}\leqslant 1.1f_t^W \tag{3-23}$$

式中的系数1.1是考虑到最大折算应力仅在局部产生,而将强度设计值提高10%。

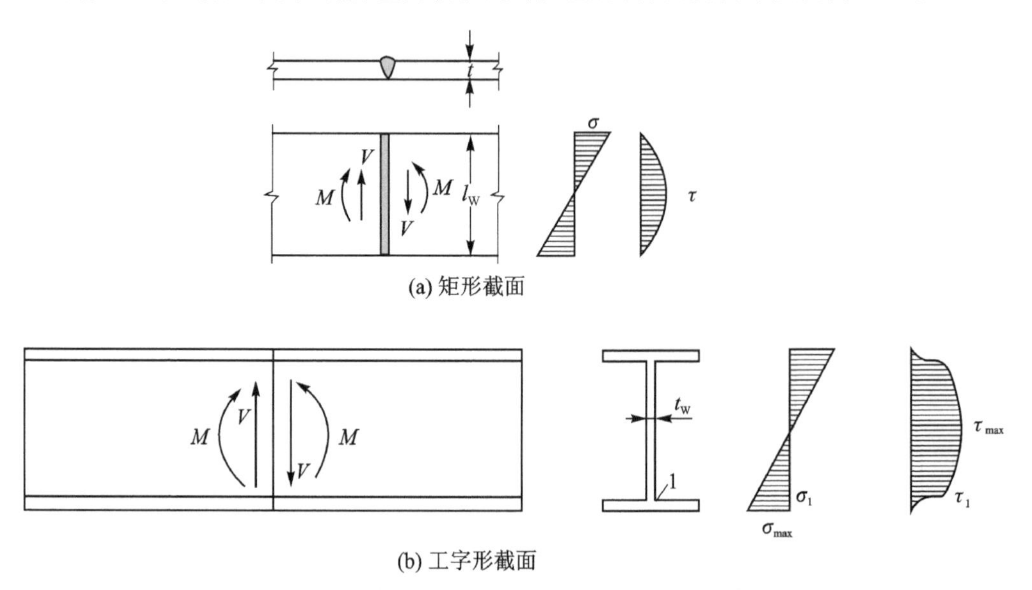

图3-44 对接焊缝承受剪力和弯矩的联合作用

3. 对接接头承受轴心力、剪力和弯矩

工字形截面梁和钢柱的对接焊缝对接接头承受轴心力、剪力和弯矩共同作用时(见图3-45),剪力全部由腹板承受并均匀分布,弯矩、拉力由全截面承担,与梁计算相同。

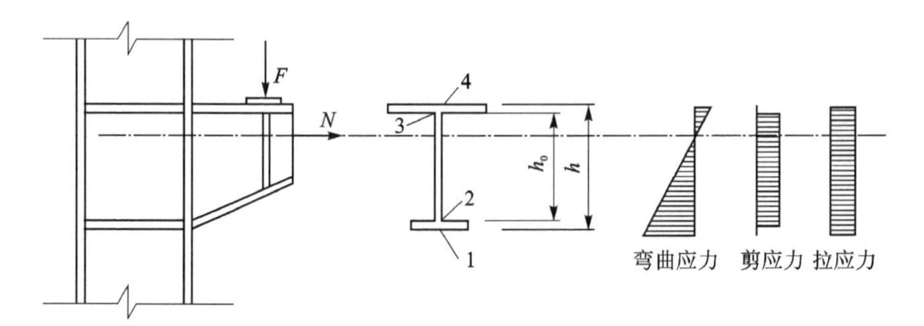

图3-45 工字形截面梁与钢柱对接接头承受轴心力、剪力和弯矩

图3-45所示的工字形截面梁的截面为非对称。在拉力作用下,全截面均匀受拉;在剪力作用下,整个腹板截面按均匀抗剪考虑;在弯矩作用下,中性轴以上受拉,中性轴以下受压。因此,图中1、2、3、4点均需强度验算。点1为下翼缘最外缘的点,点2为下翼缘与腹板的交界点,点3为上翼缘与腹板的交界点,点4为上翼缘最外缘的点。各点强度计算为

$$\sigma_1=\frac{N}{A_W}+\frac{My_1}{I_W}\leqslant f_t^W \quad 或 \quad \sigma_1=\frac{N}{A_W}+\frac{My_1}{I_W}\leqslant f_C^W \tag{3-24}$$

$$\sqrt{\sigma_2^2+3\tau_2^2}\leqslant 1.1f_t^W \tag{3-25}$$

$$\sqrt{\sigma_3^2+3\tau_3^2}\leqslant 1.1f_t^W \tag{3-26}$$

$$\sigma_4=\frac{N}{A_W}+\frac{My_4}{I_W}\leqslant f_t^W \tag{3-27}$$

其中：

$$\sigma_2=\frac{N}{A_W}-\frac{My_2}{I_W}$$

$$\sigma_3=\frac{N}{A_W}+\frac{My_3}{I_W}$$

$$\tau_2=\tau_3=\frac{V}{A'_W}$$

式中：A'_W——有效抗剪面积；

y_i——各计算点到中性轴的距离，$i=1,2,3,4$。

3.4.2　角焊缝的强度计算

角焊缝强度计算是金属结构焊接节点设计的重要内容。角焊缝的应力分布非常复杂，尤其是在丁字接头和搭接接头等接头形式中，角焊缝截面中的各面均存在正应力和剪应力，焊根处存在着严重的应力集中。精确计算其强度比较困难，常用的计算方法都是在一些假设的前提下进行的。

1. 角焊缝静强度计算的基本原理

静载荷条件下，角焊缝一般是在切应力作用下破坏的（见图 3-46），因此按切应力计算其强度。直角角焊缝的破坏常发生在喉部，通常是以 45°方向的最小截面，即计算高度与焊缝计

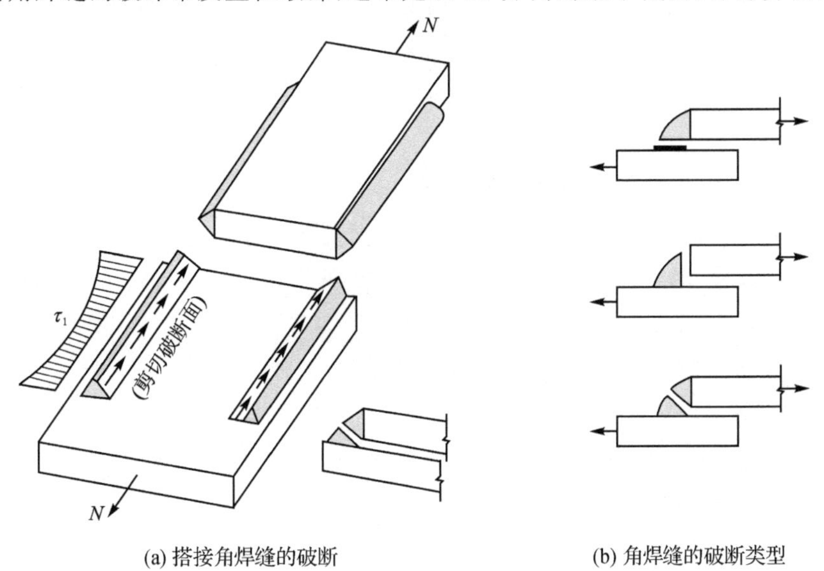

(a) 搭接角焊缝的破断　　(b) 角焊缝的破断类型

图 3-46　角焊缝的破断

算长度的乘积作为有效截面。

图3-47所示为直角角焊缝的截面。直角边边长 h_f 称为角焊缝的焊脚尺寸。三角形中的垂直高度 h_e 为计算高度。等腰直角三角形焊缝的计算高度为

$$h_e=\frac{h_f}{\sqrt{2}}=0.7h_f \tag{3-28a}$$

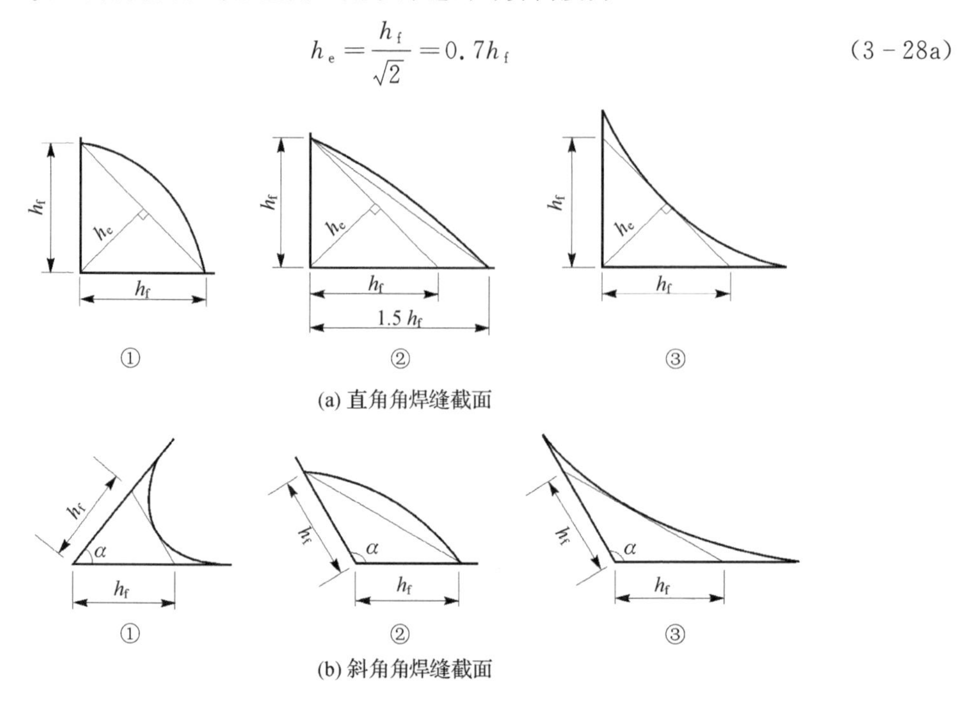

(a) 直角角焊缝截面

(b) 斜角角焊缝截面

图3-47 角焊缝的计算厚度

熔深较大的角焊缝(见图3-48)的计算高度为

$$h_e=(h_p+h_f)\cos 45° \tag{3-28b}$$

作用于焊缝有效截面上的应力如图3-49所示。这些应力包括:垂直于焊缝有效截面的正应力 $\sigma_\perp$,垂直于焊缝长度方向的剪应力 $\tau_\perp$,平行于焊缝方向的剪应力 $\tau_{/\!/}$,以及平行于焊缝的正应力 $\sigma_{/\!/}$。在正拉力 N 的作用下,$\tau_{/\!/}$、$\sigma_{/\!/}$ 都为0。我国钢结构设计规范采用的角焊缝应力折算公式为

$$\sqrt{\sigma_\perp^2+3(\tau_\perp^2+\tau_{/\!/}^2)}\leqslant\sqrt{3}f_f^W \tag{3-29}$$

式中:f_f^W——规范规定的角焊缝强度设计值,是根据抗剪条件确定的,而 $\sqrt{3}f_f^W$ 相当于角焊缝的抗拉强度设计值。

将 $\sigma_\perp=\tau_\perp=\sigma_f/\sqrt{2}$,代入式(3-29)得

$$\sigma_f\leqslant\beta_f f_f^W \tag{3-30}$$

式中:$\sigma_f=\dfrac{N}{h_e l_W}$;

β_f——正面角焊缝的强度增大系数,$\beta_f=\sqrt{\dfrac{3}{2}}=1.22$。

这里 σ_f 为 $\sigma_\perp$ 与 $\tau_\perp$ 的合力。对于两侧对称角焊缝 $l_W=2l$,式(3-30)为正面角焊缝强度的基本计算公式。

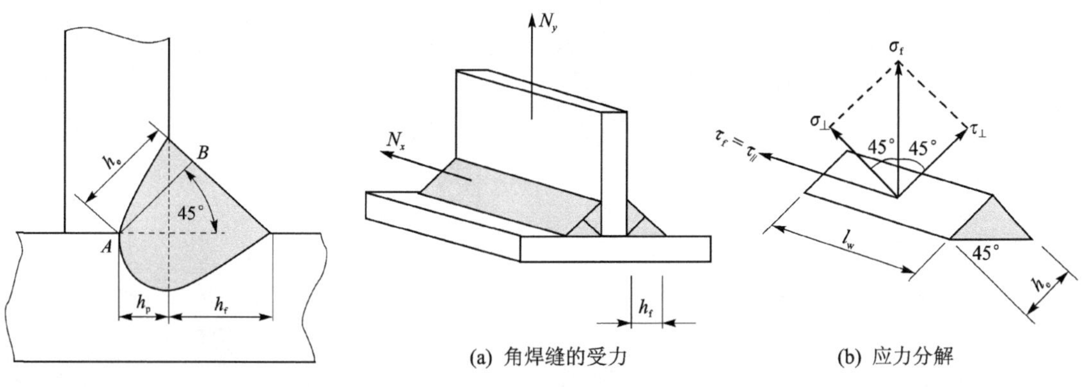

图 3-48　深熔焊的角焊缝尺寸

图 3-49　角焊缝的应力分析

2. 角焊缝的强度计算

(1) 正面与侧面角焊缝在轴向力作用下的计算

在通过焊缝形心的拉力、压力或剪力作用下，正面角焊缝强度（见图 3-50(a)）按下式计算：

$$\sigma_f = \frac{N}{h_e \sum l_W} \leqslant \beta_f f_f^W \tag{3-31}$$

式中：σ_f——垂直于焊缝长度方向的应力；

h_e——角焊缝的有效厚度；

$\sum l_W$——角焊缝的总计算长度，每条角焊缝取其实际长度减 $2h_f$（每端减 h_f）；

β_f——系数，对承受静力载荷和间接承受动力载荷的结构，$\beta_f = 1.22$；对直接承受动力载荷的结构，$\beta_f = 1.0$。

侧面角焊缝强度（见图 3-50(b)）按下式计算：

$$\tau_f = \frac{N}{\sum h_e l_W} \leqslant f_f^W \tag{3-32}$$

式中：τ_f——沿焊缝长度方向的剪应力。

盖板搭接接头受轴心力作用，且轴心力通过连接焊缝中心时，可认为焊缝应力是均匀分布的。在图 3-50(c)所示的盖板的搭接中，当只有侧面角焊缝时，按式(3-32)计算；当只有正面角焊缝时，按式(3-31)计算正面角焊缝承担的内力。采用联合角焊缝盖板搭接时，需要先计算正面角焊缝承担的载荷，即

$$N' = \beta_f f_f^W \sum h_e l_W \tag{3-33}$$

式中：$\sum l_W$——正面角焊缝的总计算长度。

侧面角焊缝承担的载荷为 $N - N'$，则按下式计算强度：

$$\tau_f = \frac{N - N'}{\sum h_e l_W} \leqslant f_f^W \tag{3-34}$$

式中：$\sum l_W$——侧面角焊缝的总计算长度。

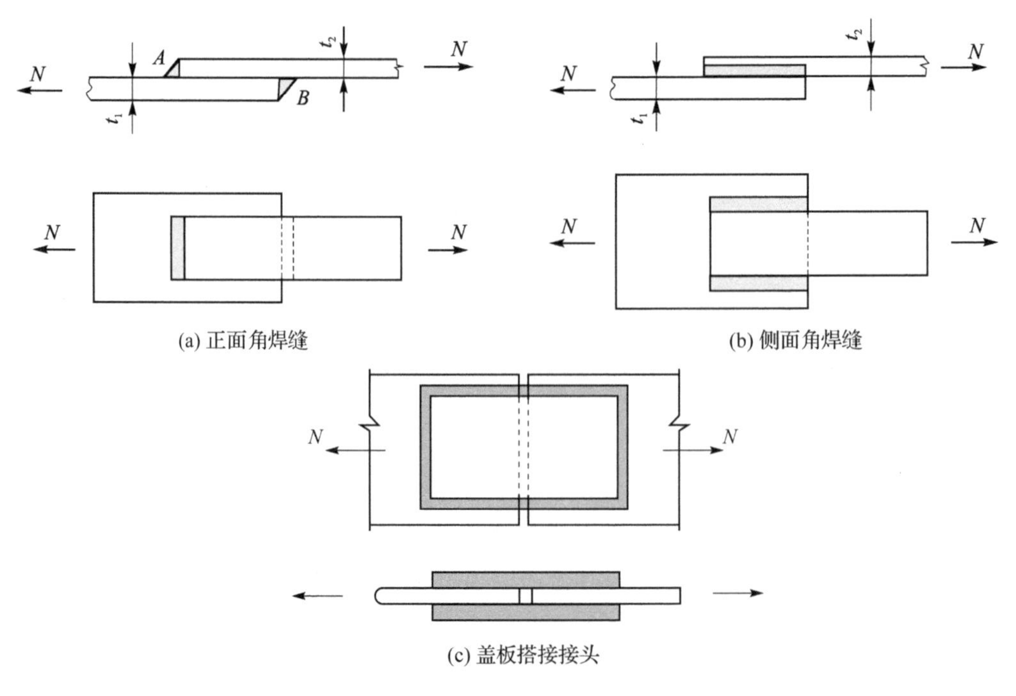

(a) 正面角焊缝　　(b) 侧面角焊缝

(c) 盖板搭接接头

图 3-50　搭接接头受轴向力情况

(2) 承受轴向力的角钢与节点板连接的角焊缝的强度计算

由于角钢截面的形心到肢背与肢尖的距离不相等,因而角钢肢背与肢尖焊缝所传递的内力也不相等。对于图 3-51 所示的角钢用两侧角焊缝连接,设角钢肢背焊缝和肢尖焊缝所承担的内力分别为 N_1 和 N_2,由力的平衡条件可得

$$N_1 e_1 = N_2 e_2 \tag{3-35a}$$

$$N_1 + N_2 = N \tag{3-35b}$$

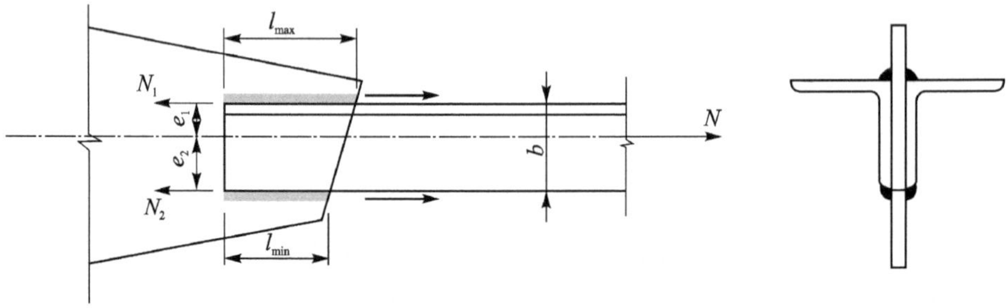

图 3-51　角钢与节点板的角焊缝连接

求解可得

$$N_1 = \frac{e_2}{b} N = K_1 N \tag{3-35c}$$

$$N_2 = \frac{e_1}{b} N = K_2 N \tag{3-35d}$$

式中:$b = e_1 + e_2$,$K_1 = e_2/b$,$K_2 = e_1/b$;

K_1、K_2——焊缝内力分配系数(见表 3-3)。

表 3-3　角钢与节点板连接焊缝的内力分配系数

角钢类型	连接形式	肢背 K_1	肢尖 K_2
a 等肢角钢		0.7	0.3
b 不等肢角钢	长肢水平	0.75	0.25
c 不等肢角钢	长肢垂直	0.65	0.35

(3) 角钢用三面围焊与节点板连接的焊缝计算

采用三面围焊时(见图 3-52),可先假定正面角焊缝的焊角高度尺寸 h_e,求出角钢端部正面角焊缝能传递的内力,根据式(3-31)有

$$N_3 = \beta_f h_e l_{W3} f_f^W \tag{3-36a}$$

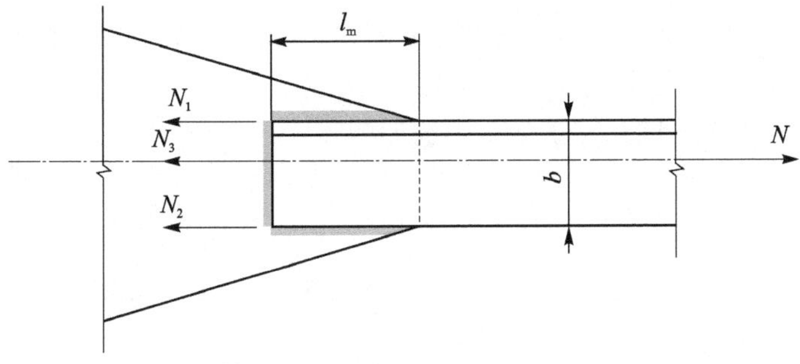

图 3-52　三面围焊

假定 N_3 作用在 $b/2$ 处,由力的平衡条件有

$$N_1 = K_1 N - \frac{N_3}{2} \tag{3-36b}$$

$$N_2 = K_2 N - \frac{N_3}{2} \tag{3-36c}$$

(4) 角钢用 L 形围焊与节点板连接的焊缝强度计算

当采用 L 形围焊时(见图 3-53),可令式(3-36c)中的 $N_2 = 0$,由此可得

$$N_3 = 2K_2 N \tag{3-37a}$$

$$N_1 = (K_1 - K_2)N \tag{3-37b}$$

求出上述各类焊缝所承受的载荷后,可分别按式(3-31)或式(3-32)计算角焊缝的强度或长度。

试验结果表明,当板件端部仅有两条侧面角焊缝连接时,连接的承载力与 b/l_W 有关。b 为两侧焊缝的距离,l_W 为侧焊缝长度。当 $b/l_W > 1$ 时,连接的承载力随着 b/l_W 比值的增大而

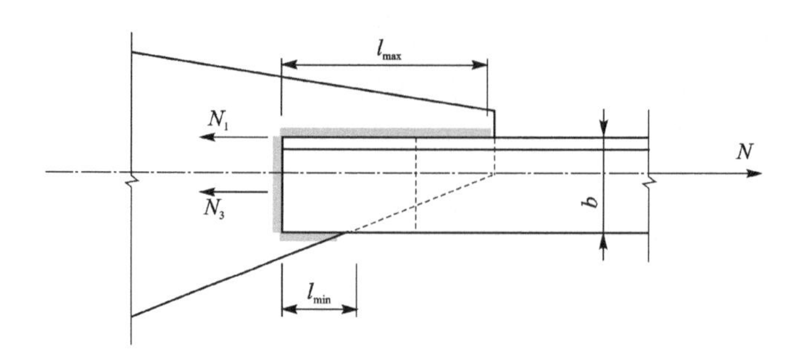

图 3-53 L形围焊

明显下降。这主要是因应力传递的过分弯折使构件中应力分布不均匀造成的。为使连接强度不致过分降低,应使每条侧焊缝的长度不宜小于两侧面角焊缝之间的距离,即 $b/l_W \leqslant 1$。两侧面角焊缝之间的距离 b 也不宜大于 $16t$($t>12$ mm)或 200 mm($t \leqslant 12$ mm),t 为较薄焊件的厚度,以免因焊缝横向收缩,引起板件发生较大拱曲。

在搭接连接中,当仅采用正面角焊缝时,其搭接长度不得小于焊件较小厚度的5倍,也不得小于25 mm,以免焊缝受偏心弯矩影响太大而破坏。

杆件端部搭接采用三面围焊时,在转角处截面突变,会产生应力集中,如在此处起灭弧,可能出现弧坑或咬肉等缺陷,从而加大应力集中的影响。故所有围焊的转角处必须连续施焊。对于非围焊情况,当角焊缝的端部在构件转角处时,可连续作长度为 $2h_f$ 的绕角焊。

(5) 弯矩、剪力、轴心力共同作用下的角焊缝

在弯矩、剪力、轴心力共同作用下的角焊缝如图3-54所示。

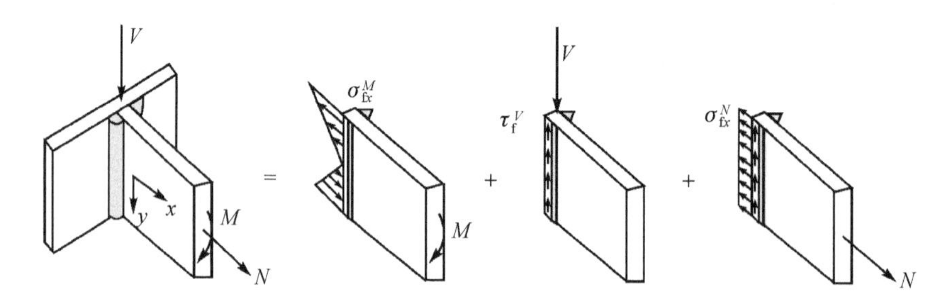

图 3-54 弯矩、剪力、轴心力共同作用下的角焊缝

在弯矩 M 作用下,x 方向应力 σ_{fx}^M 为

$$\sigma_{fx}^M = \frac{6M}{2h_e l_W^3} \tag{3-38}$$

在剪力 V 作用下,y 方向应力 τ_f^V 为

$$\tau_f^V = \frac{V}{2h_e l_W} \tag{3-39}$$

在轴心力 N 作用下,x 方向应力为

$$\sigma_{fx}^N = \frac{N}{2h_e l^2} \tag{3-40}$$

在 M、V 和 N 共同作用下,焊缝上或下端点最危险处应满足:

$$\sqrt{\left(\frac{\sigma_f}{\beta_f}\right)^2+\tau_f^2} \leqslant f_f^W \tag{3-41}$$

式中：

$$\sigma_f=\sigma_{fx}^M+\sigma_{fx}^N$$

$$\tau_f=\tau_f^V$$

如果只承受上述 M、N、V 的某一两种载荷时，则只取其相应的应力进行验算。

(6) 弯矩、剪力共同作用下的 T 形截面梁角焊缝连接计算

此种焊缝承受弯矩 $M=Fe$ 和剪力 F，计算时通常假设全部剪力均由腹板焊缝承受，翼缘不承受剪力，而弯矩由翼缘与腹板角焊缝共同承受。图 3－55 中，1、2、3 点的强度条件分别为

点 1：
$$\sigma_f^M \leqslant f_f^W \tag{3-42}$$

点 2：
$$\sqrt{\left(\frac{\sigma_f^M}{\beta_f}\right)^2+\tau_f^2} \leqslant f_f^W \tag{3-43}$$

点 3：
$$\sqrt{\left(\frac{\sigma_f^M}{\beta_f}\right)^2+\tau_f^2} \leqslant f_f^W \tag{3-44}$$

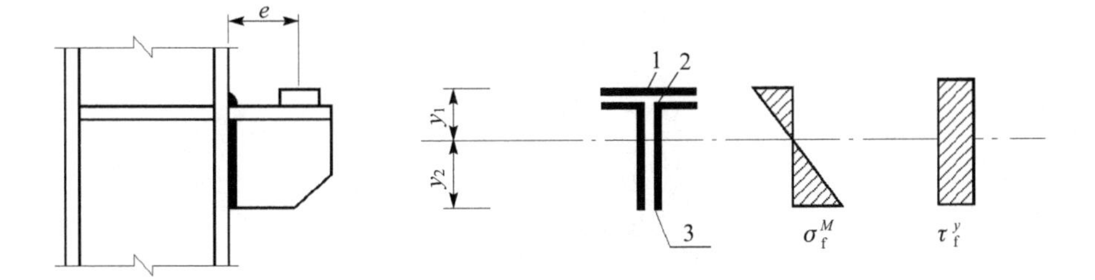

图 3－55　T 形截面梁角焊缝连接

其中：

$$\sigma_f=\frac{Fe}{I_W}y_2$$

$$\tau_f=\frac{F}{\sum h_{e2}l_{W2}}$$

式中：$\sum h_{e2}l_{W2}$——腹板焊缝有效面积之和。

(7) 扭矩、剪力、轴心力共同作用下的搭接角焊缝

在计算受斜向拉力 F 作用的角焊缝连接搭接接头（见图 3－56(a)）的应力时，可将 F 分解并向角焊缝的形心 O 简化，得到等效的扭矩 $T=Ve$、剪力 V 和轴心力 N。假定被连接件是绝对刚性的，而角焊缝是弹性的；被连接件绕形心 O 旋转，角焊缝群上任意一点处的应力方向垂直于该点与形心的连线，且应力的大小与连线距离 r 成正比。

扭矩 T 作用下各点应力计算（以 A 点为例）：

$$\tau_{fx}^T=\frac{Tr_y}{I_x+I_y} \tag{3-45a}$$

$$\sigma_{fy}^T=\frac{Tr_x}{I_x+I_y} \tag{3-45b}$$

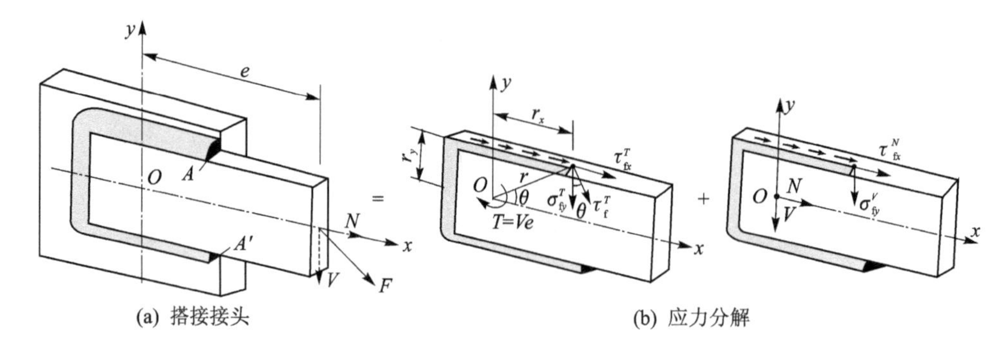

图 3-56 扭矩、剪力、轴心力共同作用下的搭接角焊缝

式中：I_x+I_y——焊缝计算截面对形心的极惯性矩；

r_x、r_y——焊缝角点到焊缝形心的坐标距离。

剪力和轴力作用下 A 点应力为

$$\sigma_{fy}^V=\frac{V}{\sum h_e l_W} \tag{3-46}$$

$$\tau_{fx}^N=\frac{N}{\sum h_e l_W} \tag{3-47}$$

其合应力为

$$\sigma_f=\sigma_{fy}^T+\sigma_{fy}^V \tag{3-48a}$$

$$\tau_f=\tau_{fx}^T+\tau_{fx}^N \tag{3-48b}$$

$$\sqrt{\left(\frac{\sigma_f}{\beta_f}\right)^2+\tau_f^2}\leqslant f_f^W \tag{3-48c}$$

(8) 斜角角焊缝的计算

两焊脚边的夹角不是90°的角焊缝为斜角角焊缝，如图3-57所示。这种焊缝常用于料仓壁板、管形构件等的端部T形接头连接中(见图3-58)。

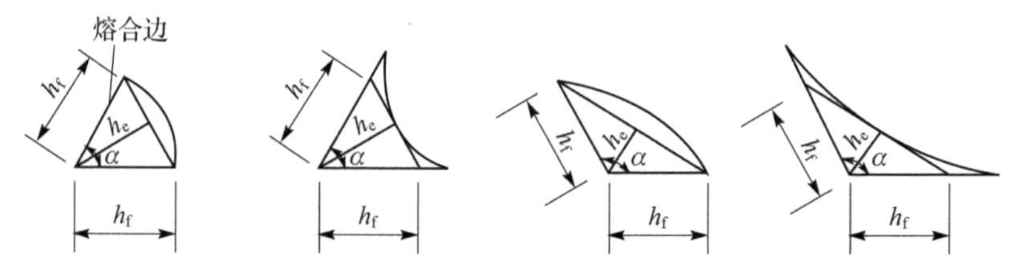

图 3-57 斜角角焊缝截面

斜角角焊缝的计算方法与直角焊缝相同。但应注意：①不考虑应力方向，任何情况都取 $\beta_f=1.0$。②当两焊角边夹角为 $60°\leqslant\alpha_2<90°$ 或 $60°<\alpha_1\leqslant90°$，且根部间隙(b、b_1 或 b_2)不大于1.5 mm时，焊缝的有效厚度为

$$h_e=h_f\cos\frac{\alpha}{2} \tag{3-49}$$

当根部间隙大于1.5 mm时，焊缝的有效厚度为

$$h_e=\left[h_f-\frac{b(或\ b_1,b_2)}{\sin\alpha}\right]\cos\frac{\alpha}{2} \tag{3-50}$$

任何根部间隙不得大于5 mm。当图3-58(a)中的$b_1>5$ mm时,可将板端切割成图3-58(b)的形式。

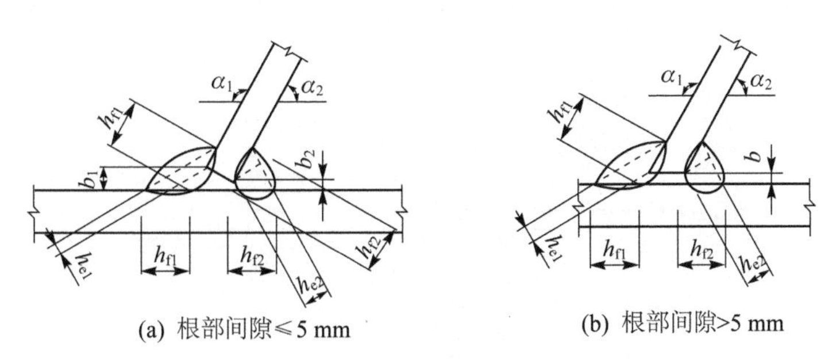

图3-58 T形接头的根部间隙和焊缝截面

3.4.3 点焊接头的强度计算

1. 焊点布置参数

点焊接头焊点的布置如图3-59所示,焊点直径d、节距t及边距t_1和t_2可根据材料及板厚δ确定。一般可取$d=5\sqrt{\delta}$,$t\geqslant 3d$,$t_1\geqslant 2d$,$t_2\geqslant 1.5d$。

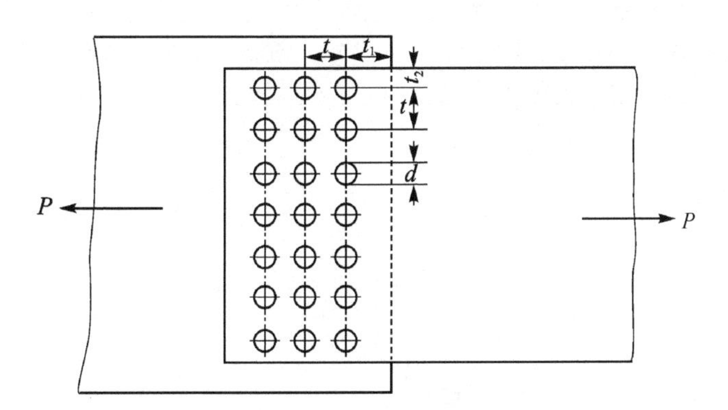

图3-59 点焊接头的焊点布置

2. 点焊接头强度计算

点焊接头强度多数是按剪切计算的。这里仅介绍承受拉力和弯矩的点焊接头强度计算方法。

(1) 承受拉力的点焊接头强度计算

承受拉力的点焊接头有单剪切面承载(见图3-60(a))、双剪切面承载(见图3-60(b))和横向拉伸(见图3-60(c))等形式。单剪切面和双剪切面承载的点焊接头许用载荷[P]为

$$[P]=\frac{n\pi d^2}{4}[\tau'_0] \tag{3-51}$$

承受横向拉伸的点焊接头许用载荷[P]为

$$[P]=\frac{n\pi d^2}{4}[\sigma_0']$$ (3-52)

式中：n——焊点数目；

$[\tau_0']$——焊点的剪切许用应力；

$[\sigma_0']$——焊点的抗拉许用应力。

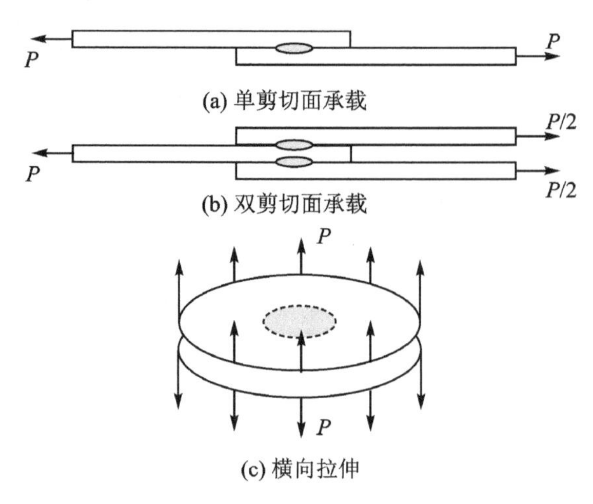

图 3-60　点焊接头的典型承载形式

(2) 承受弯矩的点焊接头强度计算

在进行承受弯矩的点焊接头(见图 3-61)强度计算时，各焊点承受的剪力不等，离中性轴 $x—x$ 越远，承受的剪力越高，各焊点承受剪力的大小与其距中性轴的距离成正比，即 $T_i=T\cdot y_i$，所承受的外载力矩为

$$\Delta M=T_i y_i=T\cdot y_i^2$$ (3-53)

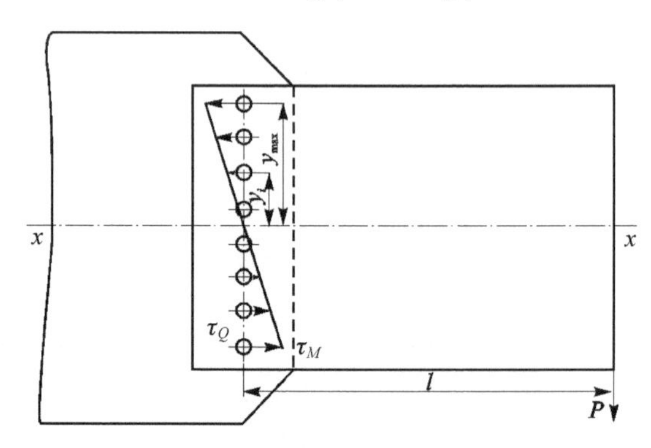

图 3-61　受弯矩的点焊接头

由全部焊点承受的力矩与外力矩平衡，即

$$M=\sum\Delta M=T\sum y_i^2$$ (3-54)

可得

$$T=\frac{M}{\sum y_i^2}$$ (3-55)

距中性轴最远焊点的最大剪力为

$$T_{max}=Ty_{max}=\frac{M}{\sum y_i^2}y_{max} \tag{3-56}$$

由此产生的最大剪切应力为

$$\tau_M=\frac{T_{max}}{\pi d^2/4}=\frac{4My_{max}}{\pi d^2\sum y_i} \tag{3-57}$$

因焊点分布与中性轴对称，因此有

$$\sum y_i^2=2(y_1^2+y_2^2+\cdots+y_{max}^2) \tag{3-58}$$

由剪力 $Q=P$ 在各焊点中所产生的剪应力并不相等，但为了简化计算，假设每个焊点所承受的剪切应力相等，可按下式计算：

$$\tau_Q=\frac{Q}{n\pi d^2/4}=\frac{4P}{n\pi d^2} \tag{3-59}$$

如果点焊接头是由每排为 n 个焊点，共有 m 排的单剪切面焊点构成，则由弯矩 M 产生的最大水平方向的切应力为

$$\tau_M=\frac{4My_{max}}{m\pi d^2\sum y_i} \tag{3-60}$$

而由剪力 Q 产生的垂直方向的切应力为

$$\tau_Q=\frac{4Q}{mn\pi d^2} \tag{3-61}$$

则焊点的强度按合成切应力计算

$$\tau_{合}=\sqrt{\tau_M^2+\tau_Q^2}\leqslant[\tau'_0] \tag{3-62}$$

3.4.4 焊缝的许用应力

在焊接过程中，填充金属将被母材所稀释，因此焊缝的力学性能如抗拉强度 σ_c，其值将在母材与焊材相应值之间。焊缝的抗拉强度依据其与焊材和母材之间的关系可以表示为

$$\sigma_c=k_1[\alpha\sigma_W+(1-\alpha)\sigma_P] \tag{3-63}$$

式中：σ_c、σ_P 和 σ_W——焊缝、母材和焊材的抗拉强度；

α——稀释系数，有研究指出 α 的平均值为 0.6；

k_1——热输入量影响系数，k_1 值受焊接层数和焊接条件的影响。

因此，式(3-63)可以写为

$$\sigma_c=k_1(0.6\sigma_W+0.4\sigma_P) \tag{3-64}$$

有的研究将 k_1 值定为 1.05。而实际应用的计算式还有

$$\sigma_c=0.6\sigma_W+0.38\sigma_P \tag{3-65}$$

或

$$\sigma_c=0.5\sigma_W+0.5\sigma_P \tag{3-66}$$

实际工程中，确定焊缝的许用应力有以下两种方法：

① 按基本金属的许用应力乘以一个系数，确定焊缝的许用应力。这个系数主要是根据所用焊接方法和焊接材料而确定的。若用一般焊条和手工焊成的焊缝，应采用较低的系数，用低

氢型焊条或机械化焊焊成的焊缝,采用较高的系数,见表3-4。

② 采用已经规定的具体数值,这种方法多为某类产品行业所用。为了本行业的方便和技术上的统一,常根据产品的特点、工作条件、所用材料、工艺过程和质量检验方法等,制订出相应的焊缝许用应力的具体数值,见表3-5。

表3-4 焊缝金属的许用应力

焊缝种类	应力状态	焊缝许用应力	
		一般420 MPa及490 MPa级焊条电弧焊	低氢焊条电弧焊、自动焊和半自动焊
对接焊缝	拉应力	0.9[σ]	[σ]
	压应力	[σ]	[σ]
	切应力	0.6[σ]	0.65[σ]
角焊缝	切应力	0.6[σ]	0.65[σ]

注:1 [σ]为基本金属的拉伸许用应力。

2 表中数值适用于低碳钢及490 MPa级以下的低合金结构钢。

表3-5 焊缝的强度设计值

焊接方法和焊条型号	构件材料		对接焊缝				角焊缝
	钢号	厚度或直径/mm	抗压f_c^W/MPa	焊缝质量级别与抗拉强度f_t^W/MPa		抗剪f_v^W/MPa	抗拉、抗压和抗剪f_t^W/MPa
				一级、二级	三级		
自动焊、半自动焊和F43××型焊条的手工焊	Q235钢	≤16	215	215	185	125	160
		16~40	205	205	175	120	
		40~60	200	200	170	115	
		60~100	190	190	160	110	
自动焊、半自动焊和E50××型焊条的手工焊	Q345钢	≤16	310	310	265	180	200
		16~35	295	295	250	170	
		35~50	265	265	225	155	
		50~100	250	250	210	145	
自动焊、半自动焊和E55××型焊条的手工焊	Q390钢	≤16	350	350	300	205	220
		16~35	335	335	285	190	
		35~50	315	315	270	180	
		50~100	295	295	250	170	

注:1 自动焊和半自动焊所采用的焊丝和焊剂,应保证其熔敷金属抗拉强度不低于相应手工焊焊条的数值;

2 焊缝质量等级应符合现行国家标准《钢结构工程施工及验收规范》的规定;

3 对接焊缝抗弯受压区强度设计值取f_c^W,抗弯受拉区强度设计值取f_t^W。

3.5 焊接管节点及强度

采用钢管相贯焊接而成的桁架具有较高的抗压和抗扭承载能力,用于大型空间构架,如固定式海上采油平台的导管架型。管桁架可以采用圆管和方管制造,由于圆管应用较普遍,所以本节内容以圆管桁架为主。管桁架中连接多个管件的接头称为管节点。管节点的设计包括管节点的构造形式、相贯焊缝的强度计算和管节点的承载力计算。

3.5.1　直接焊接管节点的构造形式

管桁架中直径较大的弦管常称为主管，直径较小的腹管称为支管。管节点可以有节点板，也可以不用节点板而直接进行焊接。直接焊接管节点称为相贯节点，系指在节点处主管保持连续，其余支管通过端部相贯线加工后，不经任何加强措施，直接焊接在主管外表的节点形式。当节点交汇的各杆轴线处于同一平面时，称为平面相贯节点，否则称为空间相贯节点。

主管和支管均为圆管的直接焊接管节点的构造形式见表 3－6。平面管节点主要有 T 形、Y 形、X 形及有间隙的 N 形、K 形和 KT 形。

表 3－6　主管和支管均为圆管的直接焊接管节点的构造形式

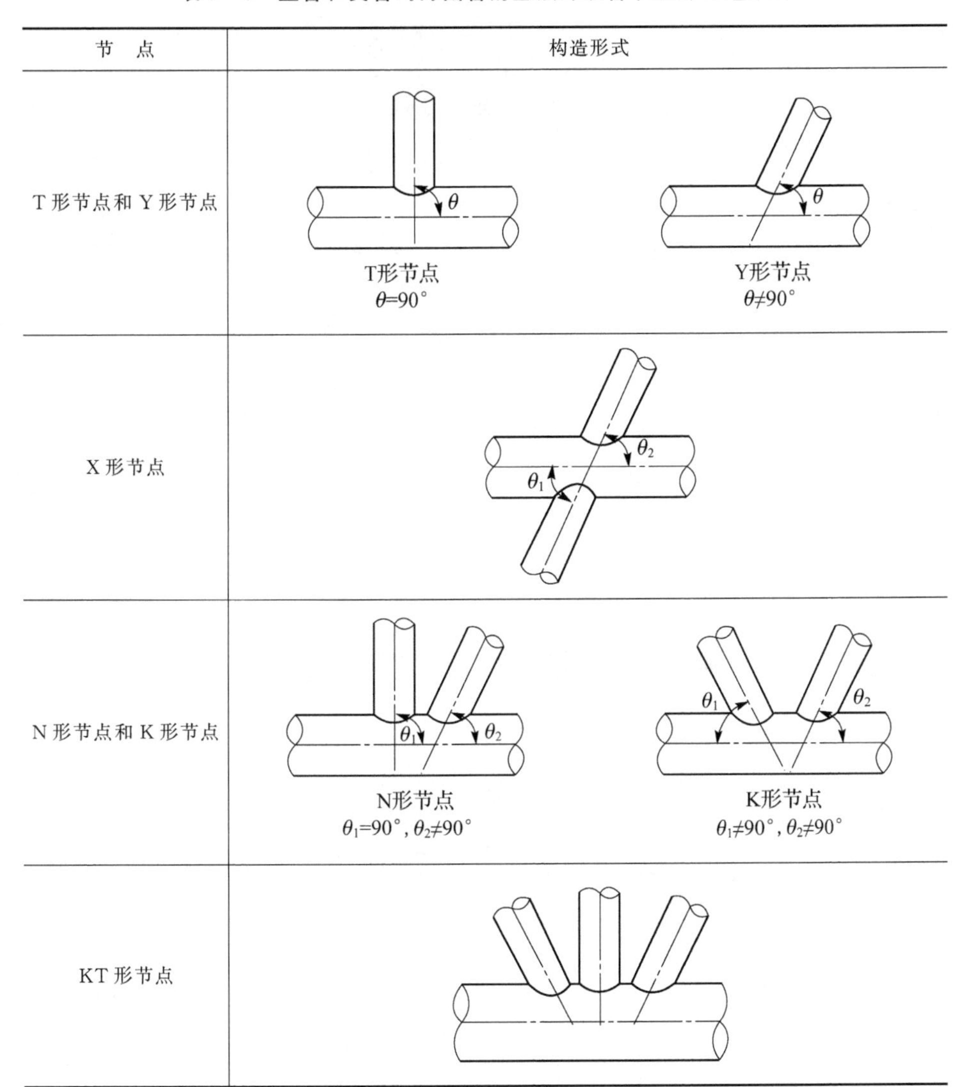

节　点	构造形式
T 形节点和 Y 形节点	T形节点 $\theta=90^\circ$；Y形节点 $\theta\neq90^\circ$
X 形节点	θ_1，θ_2
N 形节点和 K 形节点	N形节点 $\theta_1=90^\circ, \theta_2\neq90^\circ$；K形节点 $\theta_1\neq90^\circ, \theta_2\neq90^\circ$
KT 形节点	

图 3－62 所示为 Y 形和 K 形管节点的几何参数。图中，e 为支管轴线交点与主管轴线间

的偏心矩,当偏心位于无支管一侧时,定义为 $e>0$,反之为 $e\leqslant0$。这些参数均对节点的工作性能有影响。图 3-63 所示为两支管间有间隙和搭接的管节点。图 3-64 所示为矩形截面管节点。

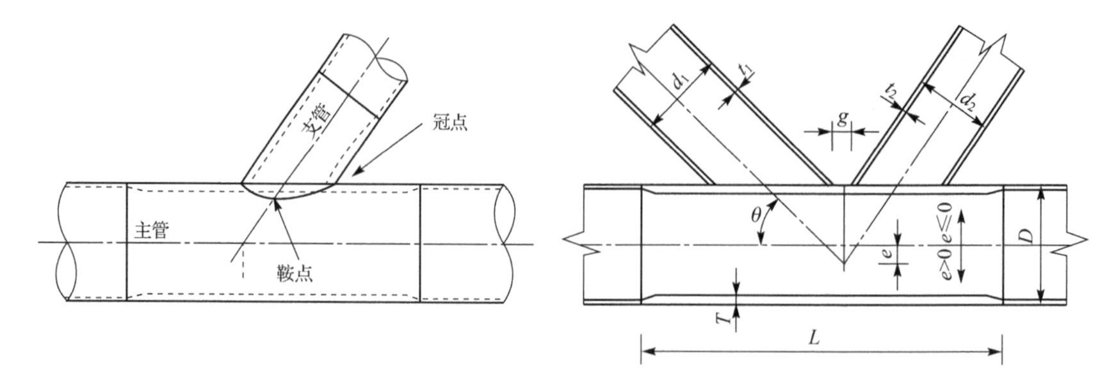

D—主管直径;d_1,d_2—支管直径;T—主管壁厚;t_1,t_2—支管壁厚;
θ—主管与支管之间的夹角;L—主管长度;g—支管间的间隙

图 3-62 管节点参数

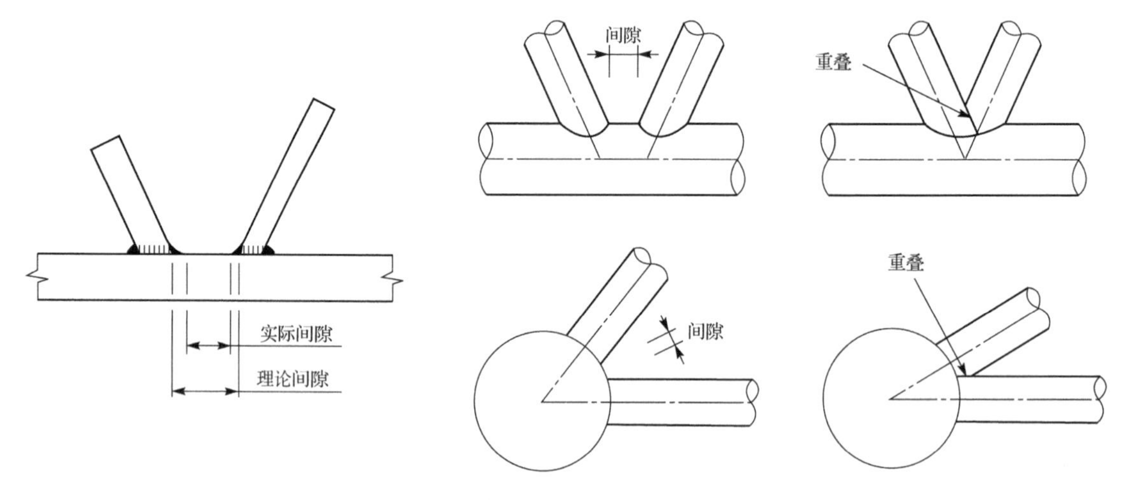

图 3-63 两支管间有间隙和搭接的管节点

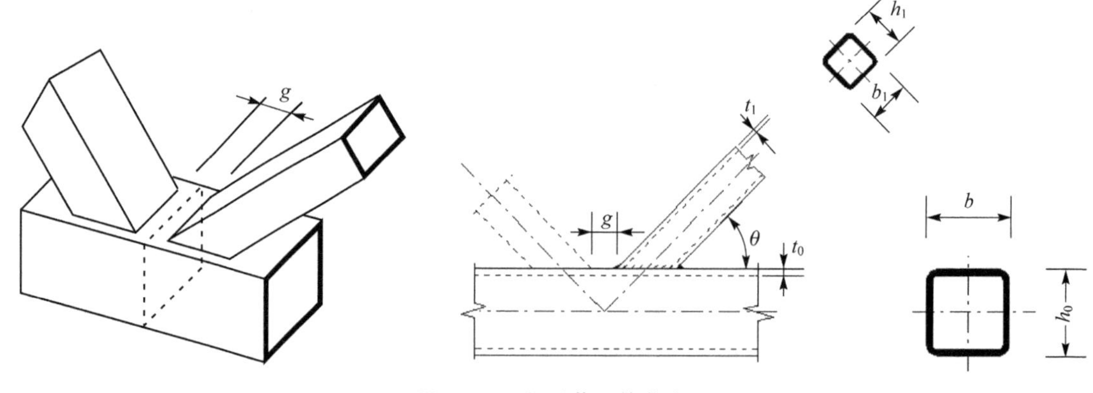

图 3-64 矩形截面管节点

影响节点强度和刚度的重要几何和力学参数有：主管的径厚比，支管与主管间的直径比 β_i，各支管轴线与主管轴线间的夹角 θ_i，对空间节点还有主管轴线平面处支管间的夹角 φ，以及钢材的屈服强度和屈强比，主管的轴压比等。

节点的承载能力与节点的构造形式和上述参数间的关系十分复杂，为了确保安全和简化计算，根据工程的实用范围和试验研究的范围，国家标准 GB 50017—2003 中提出了一系列构造要求和参数限制。设计者在根据国家标准的规定进行管节点的设计时，必须满足这些要求和限制。

直接焊接节点的构造设计应遵守以下基本要求：

① 在节点处主管应连续，支管的端部应加工成马鞍形，直接焊于主管外壁上。主管的外部尺寸不应小于支管的外部尺寸，主管的壁厚不应小于支管壁厚，二者连接处不得将支管插入主管内。

② 各管杆轴线之间夹角不宜小于 30°，否则支管端部焊接不易施焊，焊缝熔深也不易保证，并且支管的受力性能也欠佳。

③ 除搭接型节点外，主管与支管的轴线应尽可能交于一点，避免偏心。对于直接焊接的管节点，杆件轴线不易对准，很难避免连接的偏心，但其偏心量应严格限制不超过规定值。

④ 钢管构件是承受较大集中荷载的部位，其工作情况较为不利，应采取适当的加强措施。钢管构件的主要部位应尽量避免开孔，不得以要开孔时，应采取适当的补强措施。

⑤ 支管端部应平滑并与主管接触良好，不得有过大的间隙。支管端部宜用数控切管机切割成所需的空间形状，并按要求加工坡口，支管壁厚小于 6 mm 时可不开坡口。

⑥ 对有间隙的 K 形或 N 形节点，支管间隙 g 应不小于两支管壁厚之和。对搭接节点，当支管厚度不同时，薄壁管应搭在厚壁管上；当支管钢材强度等级不同时，低强度管应搭在高强度管上。

3.5.2 相贯焊缝的计算

1. 支管与主管之间的连接焊缝形式

当支管壁厚不大时，支管与主管之间的连接可沿相贯线采用全周角焊缝。当支管壁厚较大时，支管与主管之间的连接宜部分采用对接焊缝，部分采用角焊缝。支管壁与主管壁之间大于或等于 120°的区域，宜用对接焊缝或带坡口的角焊缝相焊。为确保焊缝承载力大于或等于节点承载力，角焊缝的最大焊脚尺寸可用到支管壁厚的 2 倍。

支管端部焊缝位置可分为 A、B、C 三个区域，如图 3-65 所示。A、B 两区采用对接焊缝，而 C 区采用角焊缝（因 C 区管壁交角小，采用对接焊缝不易施焊）。

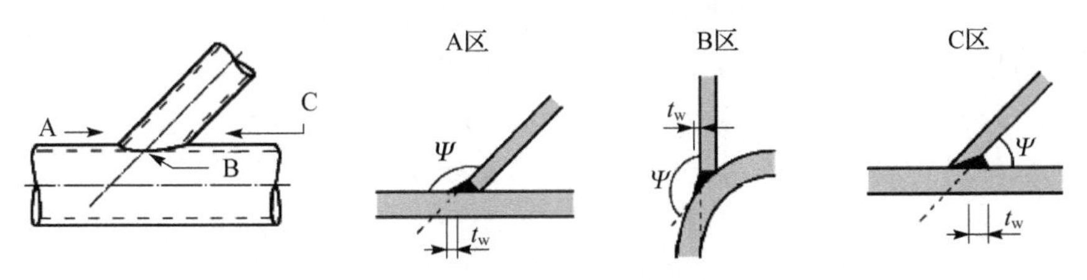

图 3-65　管节点焊缝位置

2. 焊缝尺寸

(1) 角焊缝的焊脚尺寸

角焊缝的焊脚尺寸,若按普通钢结构角焊缝最大焊脚尺寸的规定应不大于 $1.2t$。但对管节点,为确保焊缝的承载能力,则将焊缝最大焊脚尺寸放宽为等于支管壁厚的 2 倍,即支管与主管连接的焊脚尺寸不大于 $2t$。

(2) 焊缝的计算厚度

管节点的支管与主管连接焊缝厚度是沿相贯线变化的,精确计算比较复杂。为方便计算,支管与主管连接焊缝不论采用角焊缝、对接焊缝或带坡口的角焊缝,都可视为全周角焊缝按正面角焊缝进行计算。当支管轴心受力时,圆管端部焊缝有效厚度的平均值可取为 $0.7h_f$。

(3) 焊缝的计算长度

支管与主管相贯焊缝的长度可按下式计算:

当 $d_i/d \leqslant 0.65$ 时,

$$l_W=(3.25d_i-0.025d)\left(\frac{0.534}{\sin\theta_i}+0.466\right) \tag{3-67}$$

当 $d_i/d > 0.65$ 时,

$$l_W=(3.81d_i-0.398d)\left(\frac{0.534}{\sin\theta_i}+0.466\right) \tag{3-68}$$

式中:d_i,d——支管与主管外径;

θ_i——支管轴线与主管轴线的夹角。

3.5.3 直接焊接管节点的承载力

管节点是空间封闭薄壳结构,受力比较复杂。在节点中,载荷由支管直接传给主管。由于支管的轴向刚度远远大于主管的径向刚度,全支管的相贯线成为整个结构的薄弱环节。图 3-66 所示为 T 形节点支管受轴向载荷时的应力分布情况。应力分析表明,节点部位的应力由名义应力、几何应力和局部应力三部分组成。在支管与主管相交处的最低点,名义应力与几何应力之和达到最大值,该点称为热点,该处的应力称为热点应力(见图 3-66)。热点应力集中系数定义为

$$K_{hs}=\frac{\sigma_{hs}}{\sigma_n} \tag{3-69}$$

该处不仅会出现很高的应力集中,而且又存在有焊接缺陷和焊接残余拉应力,多种不利因素相叠加使管节点对交变载荷的抵抗能力较低,疲劳裂纹往往起源于高应力区的初始缺陷处,常常在热点附近由表面裂纹扩展并穿透管壁,逐步扩展而使节点破坏,导致整个结构承载力的丧失。为了降低热点的应力集中,常需要采用局部加强等措施。

不同的节点形式、几何尺寸和受力状态,可能发生不同的破坏形式。试验研究和理论分析表明,节点的破坏形式主要有:①与支管相连的主管壁因形成塑性铰而产生过大的变形而失效;②与支管相连的主管壁因冲剪而失效;③主管壁局部屈曲失效,包括邻近受拉支管处的主管壁和邻近 T 形、Y 形和 X 形连接中受压支管处的主管壁的局部屈曲失效;④受压支管在节点处的局部屈曲失效;⑤有间隙的 K 形和 N 形节点中主管在间隙处的剪切破坏等。

图 3-67 所示为 T 形节点的冲剪破坏模式。此时,被拉裂的主管截面上所受的应力为剪

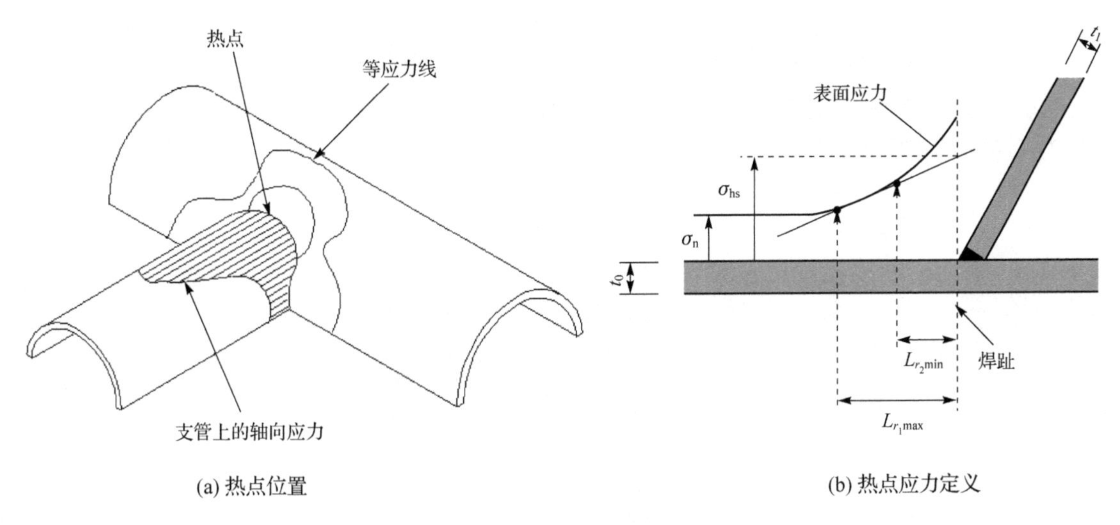

(a) 热点位置　　(b) 热点应力定义

图 3-66　管节点热点应力

应力。因此,主管的抗剪能力在一定程度上可以用来反映管节点的最终强度。

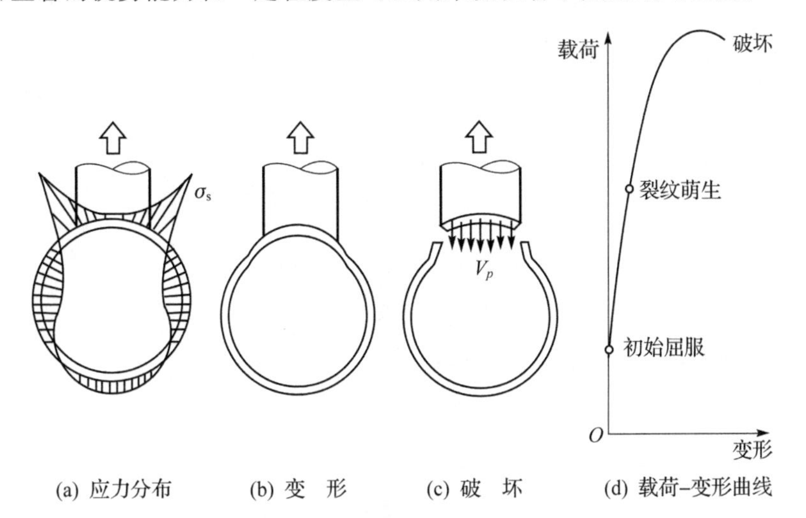

(a) 应力分布　(b) 变　形　(c) 破　坏　(d) 载荷-变形曲线

图 3-67　T 形节点的冲剪破坏模式

为了保证节点处主管的强度,要求支管的最大轴向应力不得大于规定的承载能力设计值。几种典型管节点的内力限值计算方法如下:

(1) X 形节点

对受压支管有

$$N_{cX}^{Pj}=\frac{5.45}{(1-0.81\beta)\sin\theta}\Psi_n t^2 f \tag{3-70}$$

对受拉支管有

$$N_{tX}^{Pj}=0.78\left(\frac{d}{t}\right)^{0.2}N_{cX}^{Pj} \tag{3-71}$$

式中:Ψ_n——参数,当 $\sigma<0$ 时,$\Psi_n=1-0.3\frac{\sigma}{f_y}-0.3\left(\frac{\sigma}{f_y}\right)^2$;当 $\sigma\geqslant0$ 时,$\Psi_n=1$。

f——主管钢材的抗拉、抗压和抗弯强度设计值。

f_y——主管钢材的屈服强度。

σ——节点两侧主管轴心压应力的较小绝对值。

(2) T形和Y形节点

对受压支管有

$$N_{cT}^{Pj}=\frac{11.51}{\sin\theta}\left(\frac{d}{t}\right)^{0.2}\Psi_n\Psi_d t^2 f \tag{3-72}$$

式中:Ψ_d——参数,当$\beta\leqslant0.7$时,$\Psi_d=0.069+0.93\beta$;当$\beta>0.7$时,$\Psi_d=2\beta-0.68$。

对受拉支管有

当$\beta\leqslant0.6$时,

$$N_{tT}^{Pj}=1.4N_{cT}^{Pj} \tag{3-73}$$

当$\beta>0.6$时,

$$N_{tT}^{Pj}=(2-\beta)N_{cT}^{Pj} \tag{3-74}$$

(3) K形节点

对受压支管有

$$N_{cK}^{Pj}=\frac{11.51}{\sin\theta_c}\left(\frac{d}{t}\right)^{0.2}\Psi_n\Psi_d\Psi_a t^2 f$$

式中:Ψ_a——参数,$\Psi_a=1+\dfrac{2.19}{1+\dfrac{7.5g}{d}}\left(1-\dfrac{20.1}{6.6+\dfrac{d}{t}}\right)(1-0.77\beta)$;

θ_c——受压支管轴线与主管轴线的夹角;

g——两支管间的间隙,当$g<0$时,取$g=0$。

对受拉支管有

$$N_{tK}^{Pj}=\frac{\sin\theta_c}{\sin\theta_t}N_{cK}^{Pj} \tag{3-75}$$

式中:θ_t——受拉支管轴线与主管轴线的夹角。

式(3-70)~式(3-75)的使用范围为:$0.2\leqslant\beta\leqslant1.0$;$d_i/t_i\leqslant60$;$d/t\leqslant100$;$\theta\geqslant30°$。其中,X形和K形节点系指支管轴线与主管轴线在同一平面内。

3.6 压力容器焊接接头与结构强度

压力容器在现代工业、民用和军事等领域已广泛应用。石油天然气储运、化工生产、核能发电和运载火箭发射等都离不开压力容器。压力容器多为焊接制造,是典型的焊接结构。

3.6.1 压力容器焊接接头

1. 压力容器焊接接头分类

压力容器的结构是多种多样的,但其基本构成是筒体(圆柱形、圆锥形、球形)、封头、法兰、接管、支座、密封元件和安全附件。压力容器零部件通过焊接、法兰连接和螺纹连接。焊接拼装的压力容器,根据接头所连接两元件的结构类型以及应力水平,将接头分为A、B、C、D四类,如图3-68所示。

A类焊接接头包括圆筒部分的纵向接头(多层包扎容器层板层纵向接头除外)、球形封头与圆筒连接的环向接头、各类凸形封头中的所有拼焊接头以及嵌入式接管与壳体对接连接的接头。

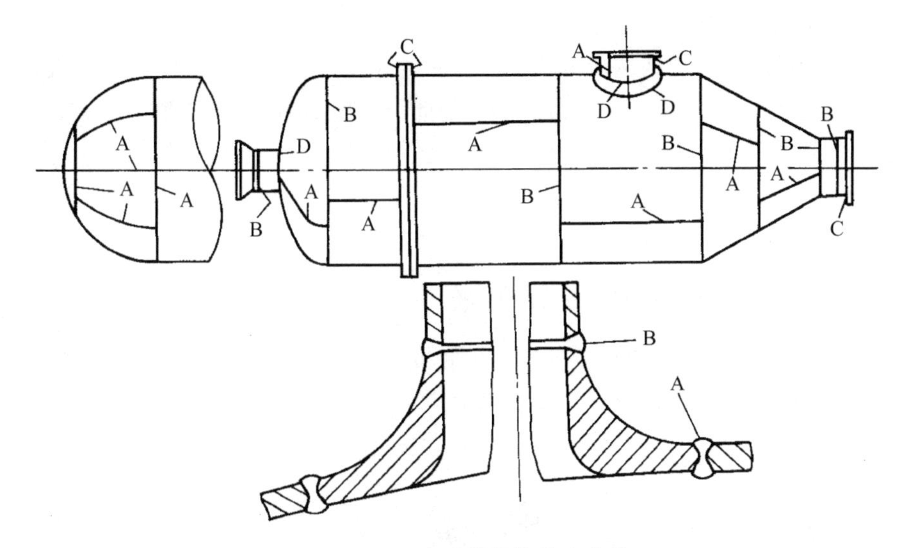

图 3－68　压力容器焊接接头分类

B类焊接接头包括壳体部分的环向接头、锥形封头小端与接管连接的接头、长颈法兰与接管连接的接头。但已规定为A、C、D类的焊接接头除外。

C类焊接接头包括平盖、管板与圆筒非对接连接的接头，法兰与壳体、接管连接的接头，内封头与圆筒的搭接接头以及多层包扎容器层板层纵向接头。

D类焊接接头包括接管、人孔、凸缘和补强圈等与壳体连接的接头。但已规定为A、B类的焊接接头除外。

上述焊接接头分类的原则，仅根据焊接接头在容器所处的位置，而不是按焊接接头的结构形式分类，所以，在设计焊接接头形式时，应由容器的重要性、设计条件以及施焊条件等确定焊接结构。这样，同一类别的焊接接头在不同的容器条件下，就可能有不同的焊接接头形式。

2. 压力容器焊接结构要求

① 尽量采用对接接头，易于保证焊接质量，所有的纵向及环向焊接接头、凸形封头上的拼接焊接接头，必须采用对接接头外，其他位置的焊接结构也应尽量采用对接接头。例如，将角焊缝（见图 3－69（a））改用对接焊缝（见图 3－69（b）（c）），减小了应力集中，方便了无损检测，有利于保证接头的内部质量。

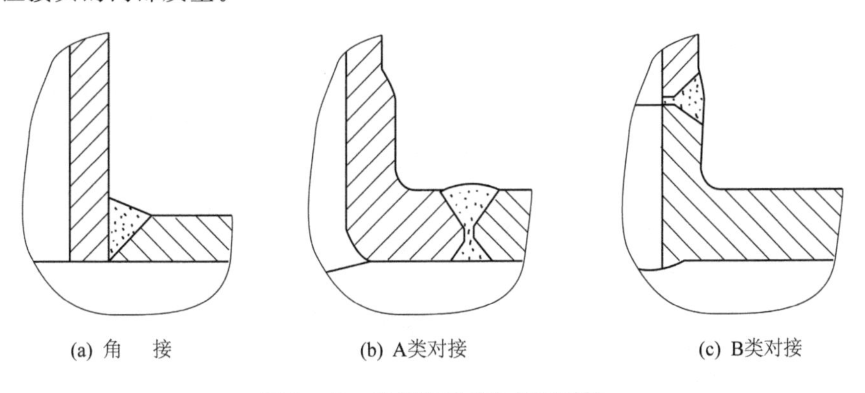

图 3－69　容器接管的角接和对接

② 尽量采用全焊透的结构,不允许产生未焊透缺陷。未焊透容易导致脆性破坏的启裂,在交变载荷作用下,它也可能诱发疲劳破坏。为预防未焊透出现,应选择合适的坡口形式,如双面焊;当容器直径较小,且无法从容器内部清根时,应选用单面焊双面成形的对接接头,如用氩弧焊打底,或采用带垫板的坡口等。

③ 尽量减小焊缝处的应力集中。接头应力集中部位常常是脆性破坏和疲劳破坏的起源处,因此,在设计焊接结构时必须尽量减小应力集中。

3.6.2 压力容器焊接结构的强度

常规的压力容器的强度设计是基于弹性失效准则的设计方法,认为容器只有完全处于弹性状态时才是安全的,一旦结构内某一点的最大应力进入塑性范围,即达到或超过材料的屈服点,就认为整个容器失效。这一设计准则是由最大主应力理论来确定最大相当应力作为强度校核条件。

这里仅介绍薄壁容器主要结构强度计算的基本原理。

1. 筒 体

薄壁容器的强度设计以(薄)膜应力理论为基础,所谓(薄)膜应力是假定应力沿板厚分布均匀,好像承受压力的薄膜,因此板愈薄愈精确。通常规定,其适用条件为外经与内径之比$K=D_o/D_i \leqslant 1.1 \sim 1.2$,或壁厚与半径之比$\delta/r \leqslant 1/20$。

一般情况下,薄壳内薄膜内力和弯曲内力同时存在。在壳体理论中,若同时考虑薄膜内力和弯曲内力,这种理论称为有力矩理论或弯曲理论。当薄壳的抗弯刚度非常小,或者中面的曲率、扭率改变非常小时,弯曲内力很小。这样,在考察薄壳平衡时,就可忽略弯曲内力对平衡的影响,于是得到无矩应力状态。忽略弯曲内力的壳体理论,称为无力矩理论或薄膜理论。因壳壁很薄,沿厚度方向的应力与其他应力相比很小,其他应力不随厚度而变,因此中面上的应力和变形可以代表薄壳的应力和变形。

根据回转壳体的无矩理论,在内压p的作用下(见图3-70),薄壳圆筒形壳体内会产生轴向拉应力σ_z和环向拉应力σ_θ,两向应力沿壁厚均布,且$\sigma_\theta=2\sigma_z$。

$$\sigma_\theta=\frac{pD}{2\delta} \tag{3-76}$$

式中:D——圆筒形壳体的平均半径,$D=(D_i+D_o)/2$;

δ——圆筒形壳体的厚度。

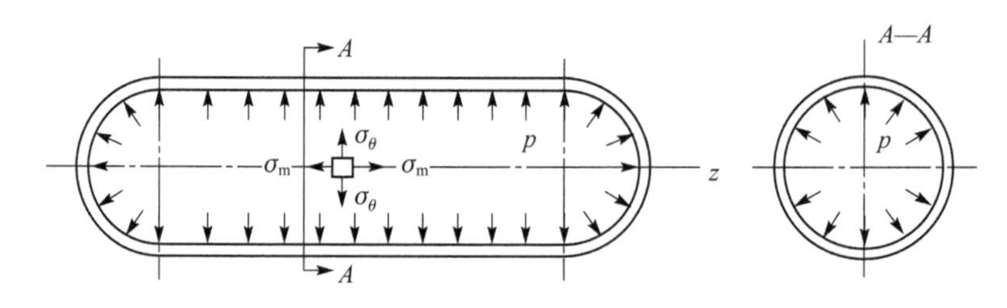

图3-70 内压薄壁圆筒壁内的两向应力

对圆筒形壳体的强度起决定性作用的环向应力σ_θ,强度条件为

$$\sigma_\theta = \frac{pD}{2\delta} \leqslant [\sigma]^t \tag{3-77}$$

式中：$[\sigma]^t$——设计温度下的许用应力。焊缝的许用应力等于母材的许用应力$[\sigma]^t$乘以焊接接头系数ϕ，即$[\sigma]^t\phi$。这样，式(3-77)可以写为

$$\frac{pD}{2\delta} \leqslant [\sigma]^t\phi \tag{3-78}$$

用容器的内径表示，则有

$$\frac{p_c(D_i+\delta)}{2\delta} \leqslant [\sigma]^t\phi \tag{3-79}$$

由此可得圆筒形壳体厚度计算式为

$$\delta = \frac{pD_i}{2[\sigma]^t\phi - p} \tag{3-80}$$

由式(3-80)计算出的圆筒形壳体壁厚为承受内压p的最小厚度。引入计算压力p_c，则有

$$\delta = \frac{p_cD_i}{2[\sigma]^t\phi - p_c} \tag{3-81}$$

若筒体的有效厚度为δ_e，则圆筒形壳体环向应力按下式计算：

$$\sigma_\theta = \frac{p_c(D_i+\delta_e)}{2\delta_e} \tag{3-82}$$

在设计温度下，圆筒形壳体的最大允许工作压力为

$$[p_w] = \frac{2\delta_e[\sigma]^t\phi}{D_i+\delta_e} \tag{3-83}$$

受内压的球形壳体的计算厚度为

$$\delta = \frac{pD_i}{2[\sigma]^t\phi - p} \tag{3-84}$$

在设计温度下，球形壳体的计算应力为

$$\sigma = \frac{p_c(D_i+\delta_e)}{4\delta_e} \tag{3-85}$$

最大允许工作压力为

$$[p_w] = \frac{4\delta_e[\sigma]^t\phi}{D_i+\delta_e} \tag{3-86}$$

考虑到制造、运输及安装过程的刚度要求，对压力容器壳体加工成形后的厚度最小值δ_{min}提出要求。碳素钢、低合金钢制容器：$\delta_{min} \geqslant 3$ mm；高合金钢制容器：$\delta_{min} \geqslant 2$ mm。

上述计算中的焊接接头系数ϕ是焊接接头强度与母材强度之比，其值的大小与焊接接头的形式、焊接工艺及无损检测的严格程度等因素有关。

钢制压力容器的焊接接头系数如表 3-7 所列。

表3-7　钢制压力容器的焊接接头系数 ϕ 值

焊接接头形式	无损检测比例	ϕ 值	焊接接头形式	无损检测比例	ϕ 值
双面焊对接接头和相当于双面焊的全熔透对接接头	100%	1.00	单面焊对接接头(沿焊缝根部全长有紧贴基本金属的垫板)	100%	0.90
	局部	0.85		局部	0.80

2. 封　头

图3-71所示为常见的压力容器封头形式。其中,球形封头的设计与内压球壳相同。

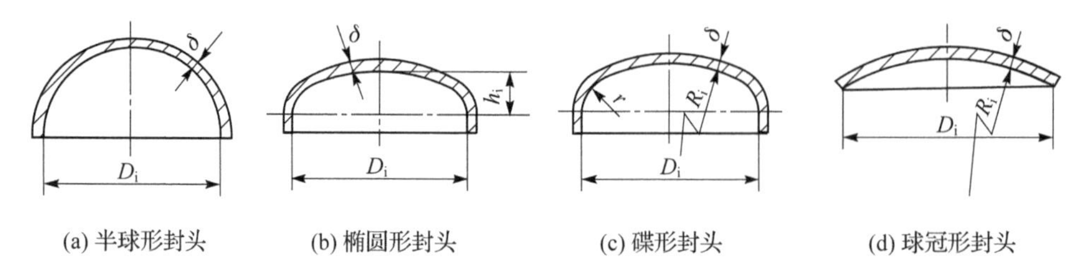

(a) 半球形封头　(b) 椭圆形封头　(c) 碟形封头　(d) 球冠形封头

图3-71　常见的压力容器封头形式

椭圆形封头由半个椭圆和一段直边部分组成,在封头上设置直边是为了使封头与圆筒连接处边缘的应力不作用在封头与圆筒连接的焊缝上。中小直径的中低压容器多采用椭圆形封头。椭圆形封头的计算厚度为

$$\delta=\frac{Kp_cD_i}{2[\sigma]^t\phi-0.5p_c} \tag{3-87}$$

式中:

$$K=\frac{1}{6}\left[2+\left(\frac{D_i}{2h_i}\right)^2\right]$$

3. 开孔补强

为满足一定的工艺操作、安装、检测及维修等要求,在容器上开孔是不可避免的。开孔以后,不仅使容器整体强度受到削弱,而且造成开孔边缘局部应力集中。因此,对容器开孔应予以足够的认识。

开孔对容器强度虽有影响,但并不是每开一个孔都需要补强,根据有关规定,当开孔直径很小,容器所受压力不大,且其对容器强度影响也很小时,可以不专门进行补强。

压力容器开孔补强常用的形式可分为补强圈补强、厚壁接管补强、整体锻件补强三种,如图3-72所示。

补强圈补强是使用最为广泛的结构形式。它是在开孔接管周围壳体外壁或内壁焊上补强圈,使其与壳体、接管相连。补强圈的厚度一般与补强壳体厚度相同,其基本形式如图3-73所示。

厚壁接管补强是在开孔处焊接壁厚较厚的接管。由于接管的加厚部分正处于最大应力分布区域,故能有效地降低开孔周围的应力集中系数。厚壁接管补强结构简单、焊缝少,焊接质量容易检验,是一种较为合理、理想的补强形式。

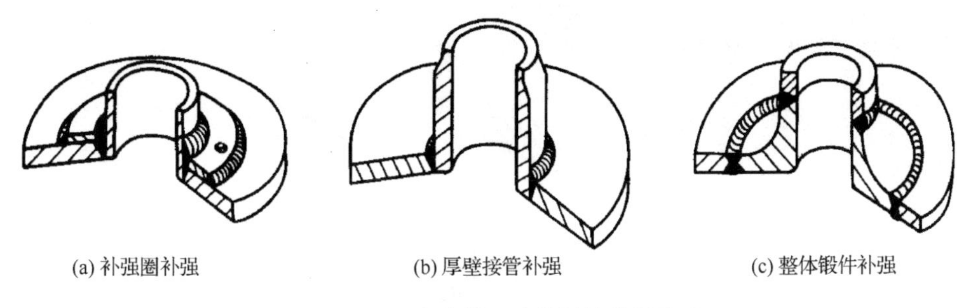

图 3-72　压力容器开孔补强的常用形式

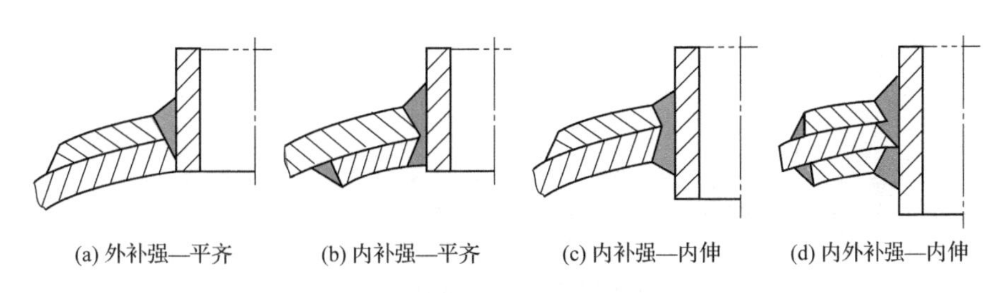

图 3-73　补强圈补强的基本形式

与前两种补强形式比较,整体锻件补强是最为合理和有效的补强结构。其优点是补强金属集中于开孔应力最大的部位,应力集中系数最小,且与壳体采用对接焊缝,使焊缝及热影响区离开最大应力点的位置,故抗疲劳性能好。因此,整体锻件补强一般用于有严格要求的重要压力容器。

压力容器接管区的应力分布是比较复杂的,对于重要的压力容器,需要采用分析设计方法对压力容器关键部位逐一进行详细的应力计算。有关分析设计的基本原理将在第 6 章介绍。

思考题

1. 分析焊接接头的不均匀性及其影响。
2. 焊缝强度失配对焊接接头力学行为有何影响?
3. 焊接接头及焊缝有哪几种基本形式?各有何特点?
4. 为什么对接焊时要开坡口?
5. 为什么焊接结构中最好不要采用盖板接头?
6. 什么是应力集中?焊缝外形上什么地方容易产生应力集中?
7. 为什么说应力集中对塑性材料的静载强度无影响?
8. 什么是工作焊缝?什么是联系焊缝?
9. 角焊缝的计算高度是如何确定的?

10. 试验算图 3-43 所示的对接焊缝强度。其中,$l_W=550$ mm,$t=22$ mm,轴心力的设计值为 $N=2\ 300$ kN。钢材为 Q235,焊条电弧焊,$f_t^W=175$ MPa。

11. 图 3-74 所示为一由侧面角焊缝连接的搭接接头,母材的许用应力为 $\sigma_t^B=320$ MPa,焊缝金属的抗剪强度为 $f_t^W=200$ MPa。请根据图中给出的尺寸计算该接头所能承受的最大拉力。

12. 在图 3-51 所示角钢和节点板的连接中,$N=660$ kN(静荷载设计值),角钢为

2∟110×10,节点板厚度 $t_1=12$ mm,钢材为Q235,焊条电弧焊,$f_f^W=160$ MPa。试确定所需角焊缝的焊脚尺寸和焊缝长度。

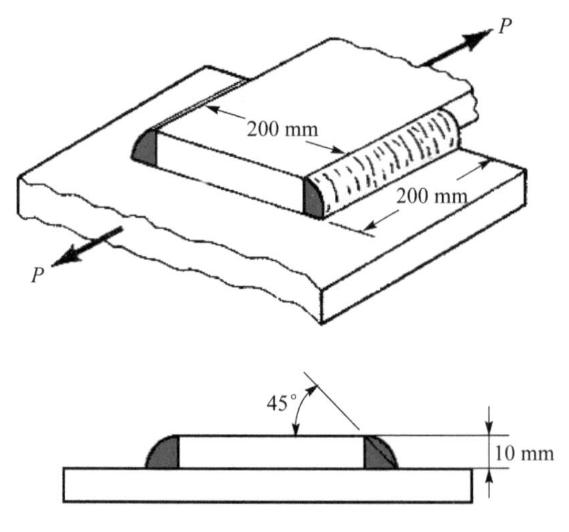

图3-74 题11图

13. 调研焊接管节点在工程结构中的应用情况。

14. 压力容器结构焊接接头分为哪几种类型?

15. 为什么压力容器的开孔需要采取补强措施?

第 4 章　焊接结构断裂分析及控制

4.1　金属材料脆性断裂与延性断裂

断裂是材料在外力作用下的分离过程，是材料失效的主要形式之一。断裂过程包括裂纹萌生、裂纹扩展和最终断裂。断裂的形式分为脆性断裂和延性断裂。脆性断裂指断裂前无明显变形的断裂，延性断裂指断裂前有明显塑变的断裂。

4.1.1　脆性断裂

脆性断裂发生时没有或只伴随少量的塑性变形，吸收的能量也较少。脆性断裂的断口上有许多放射状条纹，这些条纹汇聚于一个中心，这个中心区域就是裂纹源，如图 4－1(a)所示。断口表面越光滑，放射状条纹越细，这是典型的脆断形貌。如为板状试样，断裂呈“人”字形花样，“人”字的尖端指向裂纹源，见图 4－1(b)。

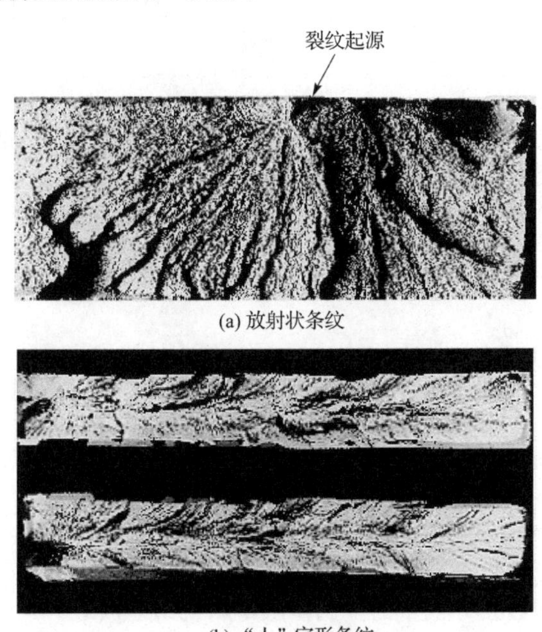

(a) 放射状条纹

(b) “人”字形条纹

图 4－1　脆性断裂的断口

脆性断裂的主要特征如下：

① 脆性破坏时的工作应力一般不高，破坏应力往往低于材料的屈服强度，或低于结构的许用应力。结构在名义应力下工作，往往认为是安全的，但是却发生破坏，因此，人们也把脆性断裂称为低应力脆性断裂。破坏后取样测定材料的常规强度指标通常是合乎设计要求的。高强度钢可能发生脆性断裂，低强度钢也可能发生脆性断裂。

② 脆性断裂一般在比较低的温度下发生，因此，人们也把脆性断裂称为低温脆性断裂。

与面心立方金属比较,体心立方金属随温度的下降,其延性将明显下降,并伴随着屈服强度升高。根据系列冲击试验可以得到材料从延性向脆性转化的温度。低于脆性转化温度下工作的结构,可能发生脆性断裂。

③ 脆性断裂时,裂纹一旦产生,就迅速扩展,直至断裂。脆性断裂总是突然间发生的。由于断裂之前宏观变形量极小,使人们看不到断裂的征兆,不能在断裂之前察觉出来。

④ 脆性断裂通常在体心立方和密排六方金属材料中出现;而面心立方金属只有在特定的条件下,才会出现脆性断裂。

常见的材料脆性断裂机制有解理断裂和晶间断裂,如图 4-2 所示。

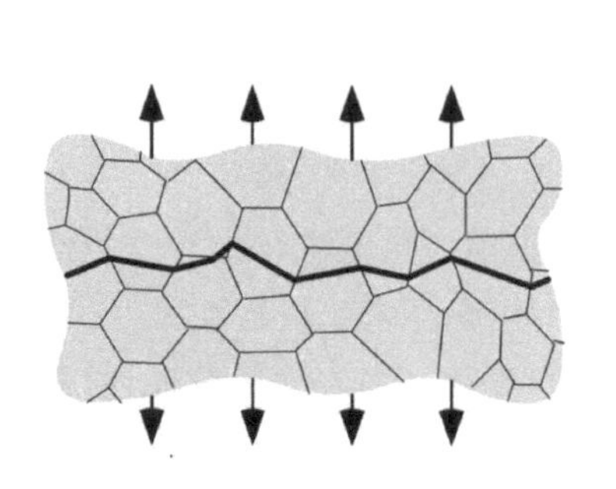

(a) 穿晶断裂

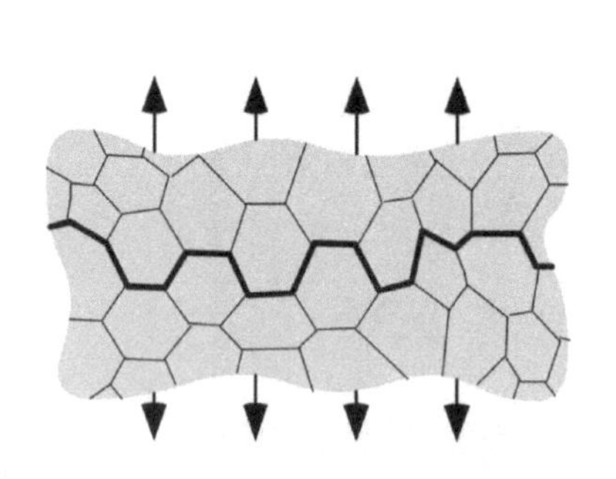

(b) 晶间断裂

图 4-2 脆性断裂与断口的微观形貌

解理断裂是材料在拉应力的作用下,由于原子间结合键的破坏,沿一定的结晶学平面分离而造成的,这个平面叫解理面。解理断口的宏观形貌是较为平坦的、发亮的结晶状断面,如图 4-2(a)所示。具有面心立方晶格的金属一般不出现解理断裂。

晶间断裂是裂纹沿晶界扩展的一种脆性断裂(见图 4-2(b))。晶间断裂时,裂纹扩展总是沿着消耗能量最小,即原子结合力最弱的区域进行。

4.1.2 延性断裂

延性断裂也称为韧性断裂。在电子显微镜下,可以观察到韧性断口由许多被称为韧窝的微孔洞组成(见图 4-3),韧窝的形状因应力状态而异。韧窝的大小和深浅取决于第二相的数量分布以及基体的塑性变形能力。韧性断裂过程可以概括为微孔成核、微孔长大和微孔聚合三个阶段。

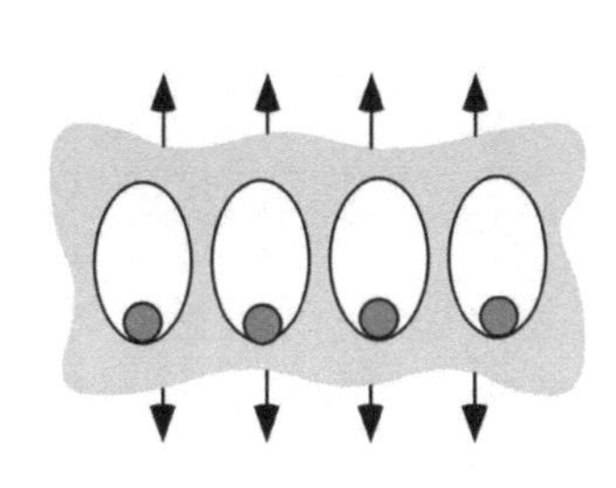
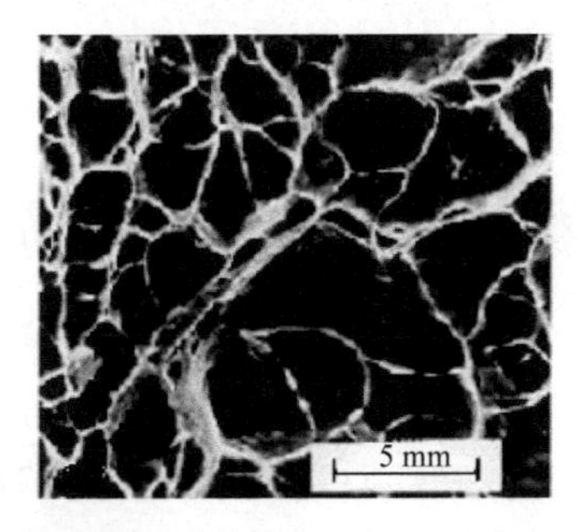

图 4-3　韧性断裂与断口

4.1.3　韧性—脆性转变

材料的断裂属于脆性还是延性，不仅取决于材料的内在因素，而且与应力状态、温度、加载速率等因素有关。实验表明，大多数塑性金属材料随温度的下降，会发生从韧性断裂向脆性断裂过渡，这种断裂类型的转变称为韧性—脆性的转变，所对应的温度称为韧性—脆性转变温度。一般体心立方金属韧性—脆性转变温度高，而面心立方金属一般没有这种温度效应。韧性—脆性转变温度的高低，与材料的成分、晶粒大小、组织状态、环境及加载速率等因素有关。韧性—脆性转变温度是选择材料的重要依据。工程实际中需要确定材料的韧性—脆性转变温度，在此温度以上只要名义应力处于弹性范围，材料就不会发生脆性破坏。

一些材料的冲击韧性对温度是很敏感的，如低碳钢或低合金高强度钢在室温以上时韧性很好，但温度降低至－20～－40 ℃时就变为脆性状态，即发生韧性—脆性的转变现象（见图 4-4）。通过系列温度冲击实验可得到特定材料的韧—脆转变温度范围。

-59 ℃　-12 ℃　4 ℃　16 ℃　24 ℃　79 ℃

(a) 不同温度下的冲击断口

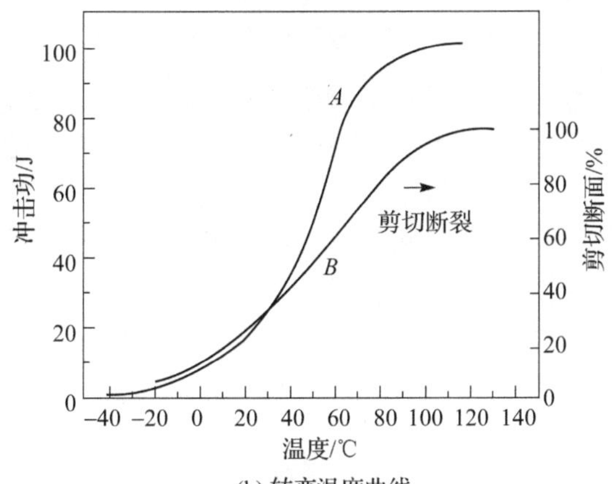

(b) 转变温度曲线

图 4-4　冲击功与温度的关系

4.2 断裂力学基础

4.2.1 含裂纹构件的断裂行为

结构的断裂破坏机制可分为两类:其一是以材料屈服为主的塑性破坏;其二是以裂纹失稳扩展为主的断裂破坏。缺陷对两类断裂破坏都有重要影响,但其作用机制是不同的。对于以材料屈服为主的塑性破坏而言,缺陷主要影响结构的有效承载截面,破坏的临界条件由塑性极限载荷控制。对于以裂纹失稳扩展为主的断裂破坏而言,缺陷引起的局部应力-应变场对结构强度起主导作用,缺陷附近局部应力-应变场特征参数是该类破坏的主要驱动力。断裂力学就是研究含缺陷或裂纹的材料或结构的断裂行为。

含裂纹的材料或结构在外载作用下的力学行为与材料和裂纹几何等因素密切相关。图4-5所示为带有中心裂纹的不同类型材料平板在外载作用下断裂的特征。其中,A、B为含裂纹的高强材料,断裂时裂纹端部只发生很小的屈服,其他区域还处于弹性,其断裂行为可采用线弹性断裂力学理论来分析。C、D为含裂纹的延性材料,断裂时裂纹端部发生较大的屈服,其他区域处于弹性,其断裂行为须采用弹塑性断裂力学理论来分析。E为含裂纹的完全塑性材料,断裂时构件整体均发生屈服,其断裂行为实际上是以材料屈服为主的塑性破坏。

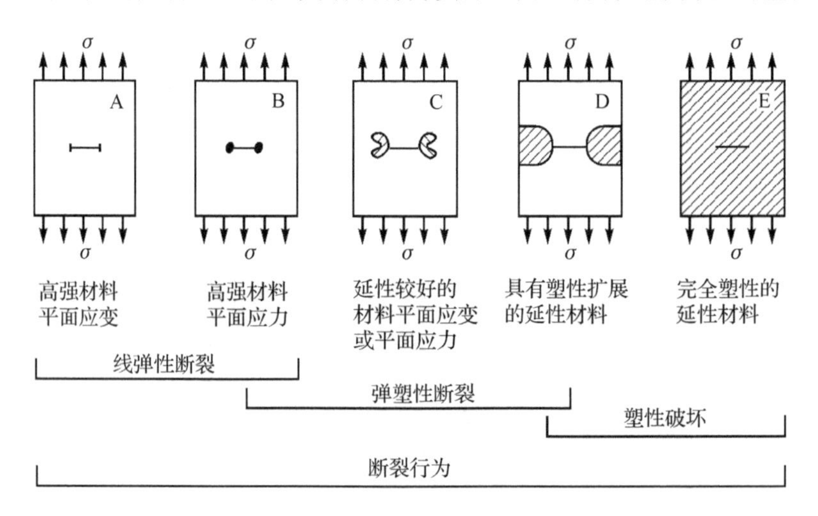

图4-5 有中心裂纹的平板在外载作用下断裂的特征

含裂纹的结构在外载的作用下,裂纹会随时间而发生扩展,将含裂纹结构在连续使用中任何一时刻所具有的承载能力称为该结构的剩余强度。结构的剩余强度通常随裂纹尺寸的增加而下降(见图4-6)。如果剩余强度大于设计的强度要求,结构是安全的。如果裂纹扩展至某一临界尺寸,结构的剩余强度就不能保证设计的强度要求,以致结构可能发生破坏。研究含裂纹结构的剩余强度问题是断裂力学理论工程应用的重要方面。

含裂纹结构的断裂力学分析应解决的主要问题有以下几方面:

① 结构的剩余强度与裂纹尺寸之间的函数关系;

② 在工作载荷作用下,结构中容许的裂纹尺寸,即临界裂纹尺寸或裂纹容限;

③ 结构中一定尺寸的初始裂纹扩展到临界裂纹尺寸需要的时间;

④ 结构在制造过程中容许的缺陷类型和尺寸;

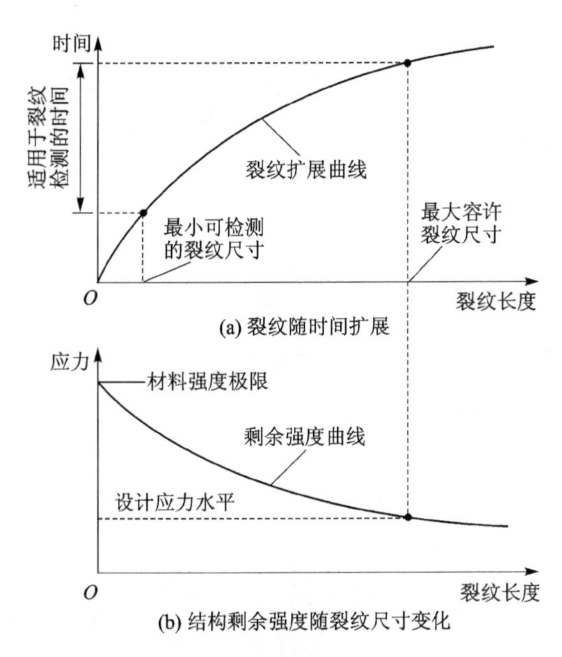

图 4－6　裂纹扩展与剩余强度

⑤ 结构在维修周期内,裂纹检查的时间间隔。

下面将主要介绍断裂力学的基本原理,为解决上述问题提供理论基础。

4.2.2　线弹性断裂力学

1. 裂纹类型

根据裂纹体的受载和变形情况,可将裂纹分为三种类型。

(1) 张开型(或称拉伸型)裂纹

如图 4－7(a)所示,外加正应力垂直于裂纹面,在应力作用下裂纹尖端张开,扩展方向与正应力垂直。这种张开型裂纹通常简称为Ⅰ型裂纹。

(2) 滑开型(或称剪切型)裂纹

剪切应力平行于裂纹面,裂纹滑开扩展,通常称为Ⅱ型裂纹(见图 4－7(b))。

(3) 撕开型裂纹

如图 4－7(c)所示,在切应力作用下,一个裂纹面在另一裂纹面上滑动脱开,裂纹前缘平行于滑动方向,称为撕开型裂纹,简称为Ⅲ型裂纹。

实际工程构件中的裂纹形式大多属于Ⅰ型裂纹,也是最危险的一种裂纹形式,最容易引起低应力脆断,所以重点讨论Ⅰ型裂纹。

2. 裂纹尖端应力场及应力强度因子

设一无限大平板中心含有一长为 $2a$ 的穿透裂纹(见图 4－8),垂直裂纹面方向平板受均匀的拉伸载荷作用。

欧文(Irwin)得出离裂纹尖端为(r,θ)的一点的应力和位移为

$$\sigma_x = \frac{K_{\mathrm{I}}}{\sqrt{2\pi r}} \cos\frac{\theta}{2}\left(1 - \sin\frac{\theta}{2}\sin\frac{3\theta}{2}\right) \tag{4-1a}$$

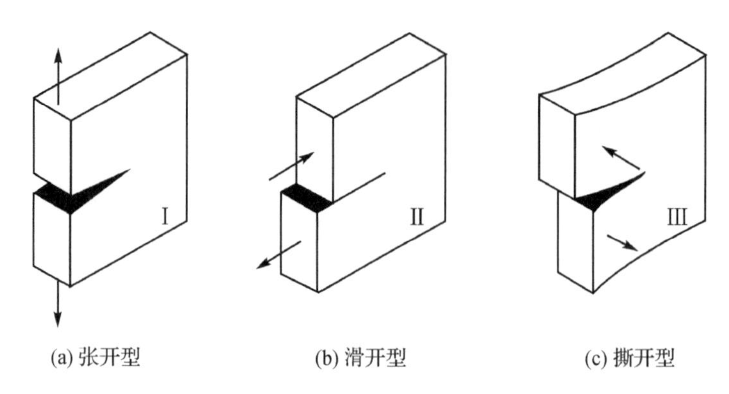

图 4-7　加载方式与裂纹面位移类型

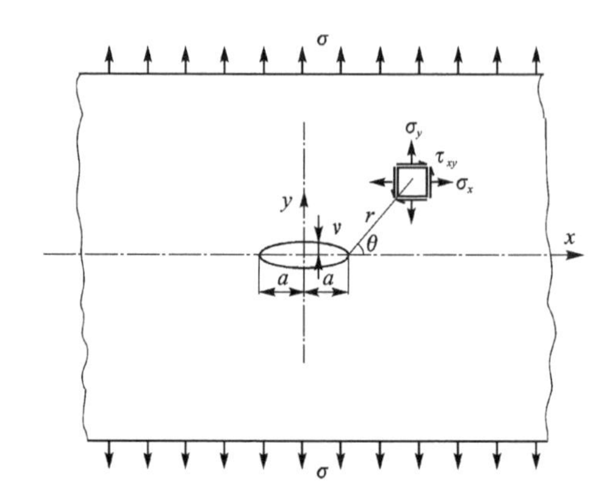

图 4-8　裂纹尖端区域的坐标系统

$$\sigma_y = \frac{K_{\mathrm{I}}}{\sqrt{2\pi r}} \cos\frac{\theta}{2}\left(1 + \sin\frac{\theta}{2}\sin\frac{3\theta}{2}\right) \tag{4-1b}$$

$$\tau_{xy} = \frac{K_{\mathrm{I}}}{\sqrt{2\pi r}} \sin\frac{\theta}{2}\cos\frac{\theta}{2}\cos\frac{3\theta}{2} \tag{4-1c}$$

对于薄板平面应力状态，

$$u = 2\frac{K_{\mathrm{I}}}{E}\sqrt{\frac{r}{2\pi}}\cos\frac{\theta}{2}\left(1 + \sin^2\frac{\theta}{2} - \nu\cos^2\frac{\theta}{2}\right) \tag{4-2a}$$

$$v = 2\frac{K_{\mathrm{I}}}{E}\sqrt{\frac{r}{2\pi}}\sin\frac{\theta}{2}\left(1 + \sin^2\frac{\theta}{2} - \nu\cos^2\frac{\theta}{2}\right) \tag{4-2b}$$

对于厚板平面应变状态，

$$u = 2(1+\nu)\frac{K_{\mathrm{I}}}{E}\sqrt{\frac{r}{2\pi}}\cos\frac{\theta}{2}\left(2 - 2\nu - \cos^2\frac{\theta}{2}\right) \tag{4-3a}$$

$$v = 2(1+\nu)\frac{K_{\mathrm{I}}}{E}\sqrt{\frac{r}{2\pi}}\sin\frac{\theta}{2}\left(2 - 2\nu - \cos^2\frac{\theta}{2}\right) \tag{4-3b}$$

由上述裂纹尖端应力场可知，如给定裂纹尖端某点的位置(r,θ)时，裂纹尖端某点的应力、位移和应变完全由 K_{I} 决定。K_{I} 称为应力强度因子，是衡量裂纹尖端区应力场强度的重要参数，下标Ⅰ代表Ⅰ型(张开型)裂纹。同样，可以定义Ⅱ型和Ⅲ裂纹的应力强度因子 K_{II} 和

K_{III}。受单向均匀拉伸应力作用的无限大平板有长度 $2a$ 的中心裂纹时的应力强度因子为

$$K_{\mathrm{I}} = \sigma\sqrt{\pi a} \tag{4-4}$$

即应力强度因子 K_{I} 取决于裂纹的形状和尺寸，也决定于应力的大小，同时考虑了应力与裂纹形状及尺寸的综合影响。

典型裂纹的应力强度因子计算式见图 4－9。

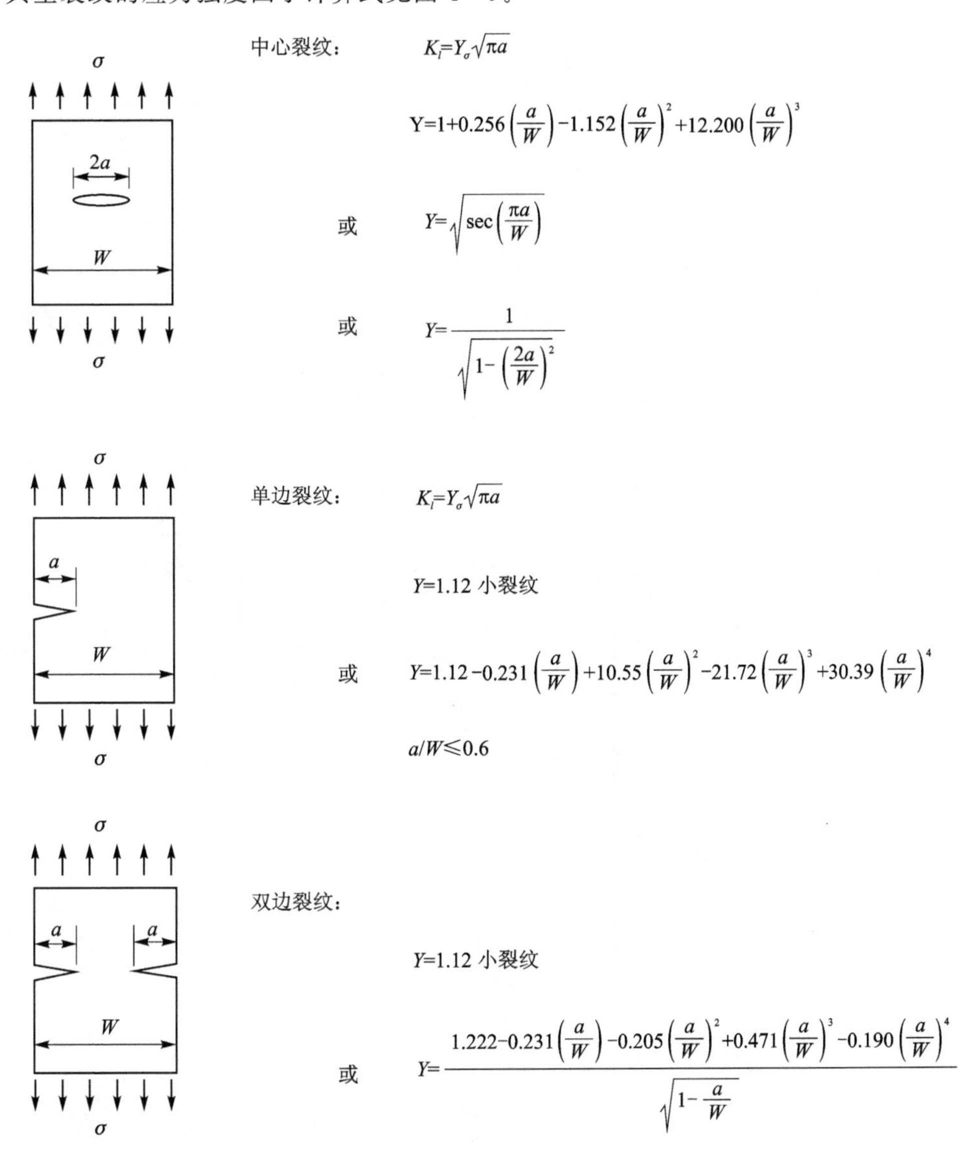

图 4－9　典型裂纹应力强度因子计算

3. 裂纹尖端的塑性区

从式(4－1)可以看出，当 $\theta=0$，即在裂纹的延长线上，切应力为零，而正应力最大，所以裂纹容易沿着该平面扩展。当 $r\to 0$ 时，裂纹尖端处的应力趋于无穷大，表明裂纹尖端处应力场具有 $r^{-1/2}$ 阶奇异性。而实际材料都不可能承受无限大的应力，当裂纹尖端附近的应力增大到材料屈服限时，就会在围绕裂纹尖端处形成一个小的塑性区(见图 4－10)，因而应力奇异性

是不存在的。在塑性区内,线弹性分析是无效的。

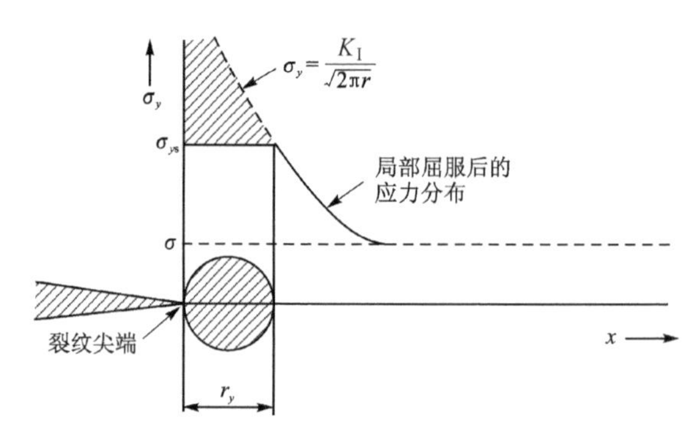

图 4-10　裂纹尖端塑性区

欧文认为,裂纹尖端产生塑性区后,其效果是提高了结构的柔度,降低了其承载能力。为了考虑塑性区的影响,可将裂纹长度由 a 修正到 $a+r_y$,r_y 为塑性区长度。Ⅰ型裂纹的 r_y 为

$$r_y=\frac{1}{2\pi}\left(\frac{K_I}{\sigma_y}\right)^2 \quad (平面应力) \tag{4-5a}$$

$$r_y=\frac{1}{4\sqrt{2}\pi}\left(\frac{K_I}{\sigma_y}\right)^2 \quad (平面应变) \tag{4-5b}$$

由于裂纹尖端塑性区以外的区域是弹性区,因此使用修正的裂纹长度(见图 4-11),还是可以进行线弹性分析的,但是裂纹尖端塑性区应当小于裂纹的半长或材料厚度。

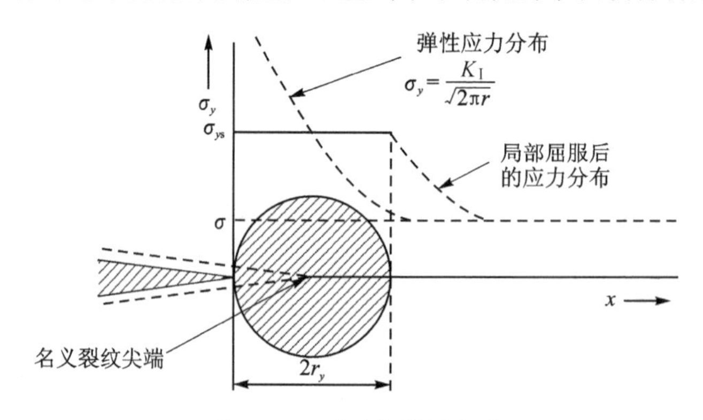

图 4-11　欧文塑性区尺寸

将修正后的裂纹尺寸 $a+r_y$ 代入式(4-4)可得

$$K'_I=\sigma\sqrt{\pi(a+r_y)} \tag{4-6}$$

将式(4-5)代入式(4-6)可求得

$$K'_I=\frac{\sigma\sqrt{\pi a}}{\sqrt{1-\frac{1}{2}\left(\frac{\sigma}{\sigma_s}\right)^2}} \quad (平面应力) \tag{4-7a}$$

$$K'_I=\frac{\sigma\sqrt{\pi a}}{\sqrt{1-\frac{1}{4\sqrt{2}}\left(\frac{\sigma}{\sigma_s}\right)^2}} \quad (平面应变) \tag{4-7b}$$

式(4-7)给出的是塑性区沿裂纹线上的长度。根据不同的屈服条件,可求得不同的塑性区边界形状(见图 4-12)。

对于较厚的构件,塑性区边界沿厚度方向从平面应力状态的尺寸逐步过渡到平面应变状态的尺寸(见图 4-13)。

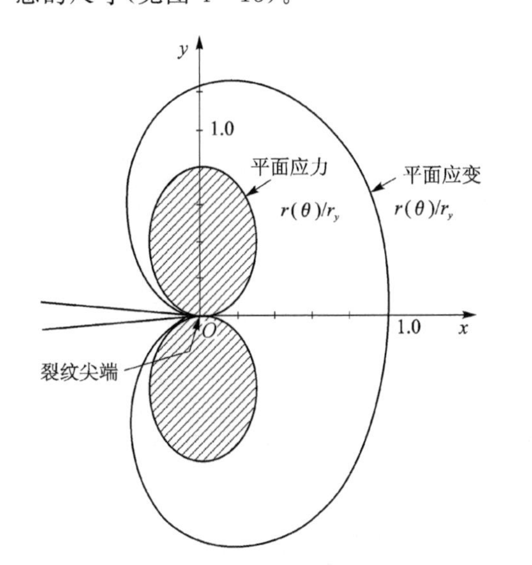

图 4-12　根据米塞斯屈服准则得到的塑性区形状

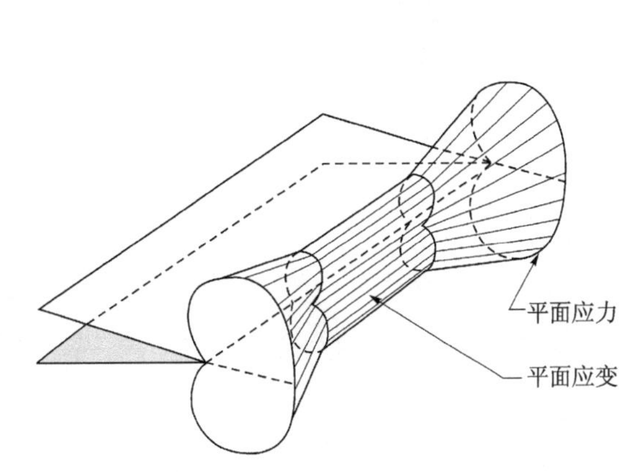

图 4-13　中等厚度平板中穿透厚度的塑性区形状

图 4-14 所示为平面应变断裂与延性断裂时裂纹扩展示意图。

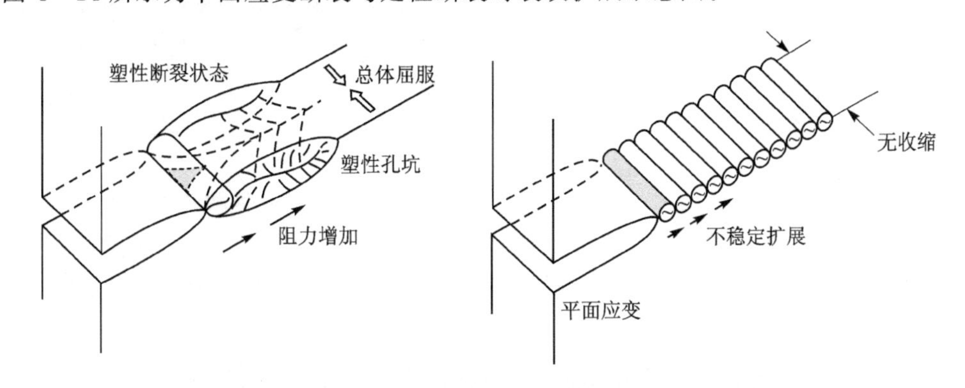

图 4-14　平面应变断裂与延性断裂时裂纹扩展示意图

4. 断裂分析的能量原理

与弹性力学中应用能量原理解决问题一样,在断裂力学中也可以从能量的观点研究裂纹问题。最早从能量观点研究含裂纹体断裂问题的是英国物理学家 Griffith,他在 1921 年发表的论文中首先提出了裂纹扩展时能量释放率的概念,解释了材料实际强度远低于理想强度的原因。其基本观点是在裂纹扩展过程中,由于物体内部能量的释放所产生的裂纹驱动力导致了裂纹的扩展。同时,也存在着阻止形成新的裂纹表面的阻力,即在裂纹扩展过程中,物体中驱动裂纹扩展的动力与阻止裂纹扩展的阻力是平衡的。

如图 4-8 所示的无限大平板在远场外力作用下,当裂纹长度扩展至 $2a$ 时,裂纹的上下自由表面的形成导致了应变能的释放。比较裂纹扩展前后的总应变能变化就可以得到能量释放率或称裂纹驱动力。根据 Griffith 的分析,单位厚度板的总应变释放量为

$$U=\frac{\pi a^{2}\sigma^{2}}{E} \tag{4-8}$$

由于裂纹扩展而形成新的表面所吸收的表面能为

$$W=4\gamma a \tag{4-9}$$

式中:γ——单位面积表面能。

裂纹体总的能量改变为

$$E=-U+W=-\frac{\pi a^{2}\sigma^{2}}{E}+4\gamma a \tag{4-10}$$

这个能量改变相对裂纹长度变化率为

$$\frac{\partial E}{\partial a}=-\frac{2\pi a\sigma^{2}}{E}+4\gamma \tag{4-11}$$

裂纹扩展的临界条件为$\partial E/\partial a=0$,即

$$-\frac{\pi a\sigma^{2}}{E}+2\gamma=0 \tag{4-12}$$

或

$$\frac{\pi a\sigma^{2}}{E}=2\gamma$$

式中:$\frac{\pi a\sigma^{2}}{E}$称为能量释放率($G$),是使裂纹扩展的驱动力,而 2γ 则可以看成是裂纹扩展的阻力(R)。当 $G>R$ 时,裂纹自动扩展;当 $G<R$ 时,裂纹则不会扩展。若 R 为常数,则当 $G\geqslant G_C=R$ 时发生断裂,G_C 称为临界能量释放率。图 4-15 所示为断裂能量的平衡关系。

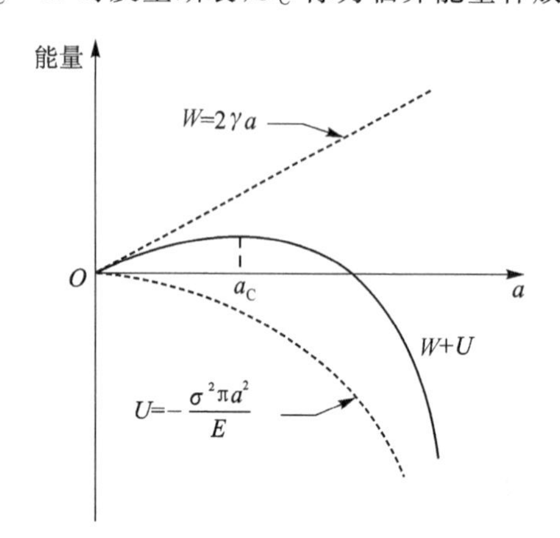

图 4-15 断裂能量的平衡

由式(4-12)可以求得应力为 σ 裂纹扩展的临界尺寸 a_C:

$$a_C=\frac{2\gamma E}{\pi\sigma^{2}} \tag{4-13}$$

当 $a>a_C$ 时,裂纹就会自动扩展;当 $a<a_C$ 时,裂纹则不会扩展。

若板中存在长度为 $2a$ 的裂纹,则裂纹扩展临界应力为

$$\sigma=\left(\frac{2\gamma E}{\pi a}\right)^{1/2} \tag{4-14}$$

应当指出,上述裂纹扩展的能量关系是 Griffith 根据玻璃、陶瓷等脆性材料得到的。在金属材料中,当裂纹扩展时,裂纹尖端局部区域要发生一定的塑性变形。因此,Orowan 提出,金属中裂纹扩展所释放的变形能不仅用于表面能,更多的是用于裂纹扩展前的塑性变形。设 P 为裂纹扩展单位面积所需的塑性变形能,则在裂纹扩展能量关系中应以 $P+\gamma$ 来代替 γ。裂纹扩展的临界条件为

$$-\frac{\pi a\sigma^{2}}{E}+2(\gamma+P)=0 \tag{4-15}$$

一般而言，塑性变形能 P 比 γ 大得多，因此 γ 可忽略不计，此时裂纹扩展的临界条件为

$$-\frac{\pi a\sigma^2}{E}+2P=0 \tag{4-16}$$

即塑性变形是阻止裂纹扩展的主要因素。

5. 断裂韧度和断裂判据

由裂纹扩展的能量原理可以看出，结构的断裂条件不仅取决于应力的大小，还与裂纹长度有关。这与断裂力学原理是一致的。比较应力强度因子 K_{I} 与应变能释放率 G 可得

$$G=\frac{K_{\mathrm{I}}^2}{E} \quad (\text{平面应力}) \tag{4-17a}$$

$$G=\frac{(1-\nu)K_{\mathrm{I}}^2}{E} \quad (\text{平面应变}) \tag{4-17b}$$

由上述关系可见，K_{I} 也是裂纹扩展驱动力。当 K_{I} 达到某一临界值时，带裂纹的构件就会发生断裂，这一临界值称为断裂韧度 K_{IC}。G_{C} 与 K_{IC} 都是材料对裂纹扩展的抗力。因此，断裂准则为

$$K_{\mathrm{I}} \geqslant K_{\mathrm{IC}} \tag{4-18a}$$

或

$$G_{\mathrm{I}} \geqslant G_{\mathrm{IC}} \tag{4-18b}$$

应当注意，裂纹扩展驱动力 K_{I} 或 G 与应力和裂纹长度有关，与材料本身的固有性能无关；而断裂韧度 K_{IC} 与 G_{C} 反映材料阻止裂纹扩展的能力，是材料本身的特性。

临界应力强度因子 K_{IC} 一般是指材料在平面应变下的断裂韧性，平面应力状态下的断裂韧性(用 K_{C} 表示)和试样厚度有关，而当板材厚度增加达到平面应变状态时，断裂韧性就趋于一稳定的最低值，这时便与板材或试样的厚度无关了(见图 4-16(a))。K_{IC} 是材料常数，反映了材料阻止裂纹扩展的能力。K_{IC} 值可通过有关标准试验方法来获得。

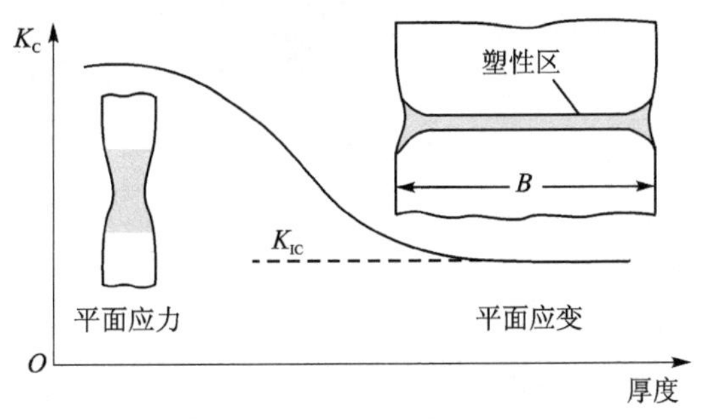

(a) 平面应力与平面应变断裂韧度

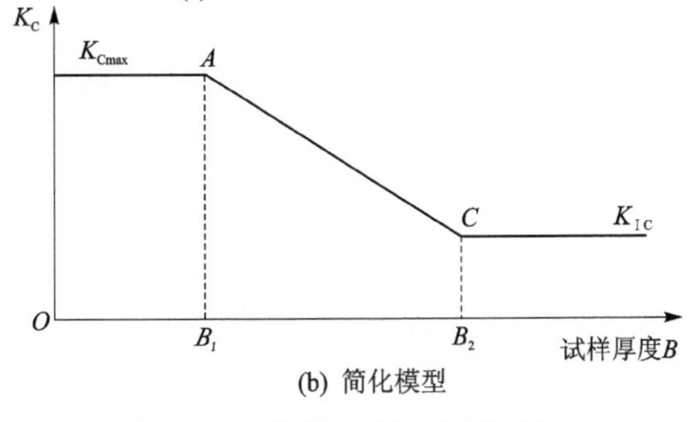

(b) 简化模型

图 4-16　断裂韧度与厚度的关系

K_{IC}反映了最危险的平面应变断裂情况,从平面应力向平面应变过渡的相对厚度取决于材料的强度,较高的屈服强度意味着较小的塑性区,K_{C}和K_{IC}一般随屈服强度增大而降低。材料的屈服强度越高,达到平面应变状态的板材厚度越小。K_{C}和K_{IC}与厚度的关系可用简化的折线来表示(见图4-16(b))。有关研究表明,A点和C点所对应的厚度B_1和B_2近似为

$$B_1=\frac{1}{3\pi}\left(\frac{K_{\mathrm{IC}}}{\sigma_s}\right)^2 \tag{4-19}$$

$$B_2=2.5\left(\frac{K_{\mathrm{IC}}}{\sigma_s}\right)^2 \tag{4-20}$$

在缺乏全面数据时,可用上两式估算实际厚度材料的断裂韧度。

在实际应用中,须尽量避免平面应变的脆性断裂,K_{IC}的选取应保证平面应力的延性断裂,简单的方法是采用发生穿透厚度屈服的条件,即

$$K_{\mathrm{IC}}\geqslant\sigma_s\sqrt{B} \tag{4-21}$$

若已知K_{IC}值,则最大厚度为

$$B\leqslant\left(\frac{K_{\mathrm{IC}}}{\sigma_s}\right)^2 \tag{4-22}$$

4.2.3 弹塑性断裂力学

线弹性断裂力学的应用限于小范围屈服的条件。对于延性较好的金属材料,裂纹尖端区已不满足小范围屈服的条件,线弹性断裂力学理论已不再适用,需要采用弹塑性断裂力学的方法分析构件裂纹尖端的应力-应变场。为了描述弹塑性断裂问题,需要寻找新的断裂控制参量。J积分和裂纹尖端张开位移(CTOD)是常用的弹塑性断裂力学参量。

1. J积分

Rice于1968年提出用J积分表征裂纹尖端附近应力-应变场的强度。如图4-17所示,设有一单位厚度($B=1$)的Ⅰ型裂纹体,逆时针取一回路Γ,其所包围的体积内应变能密度为ω,Γ回路上任一点作用应力为$\boldsymbol{T}$,回路边界上的位移为$\boldsymbol{u}$,J积分的定义为

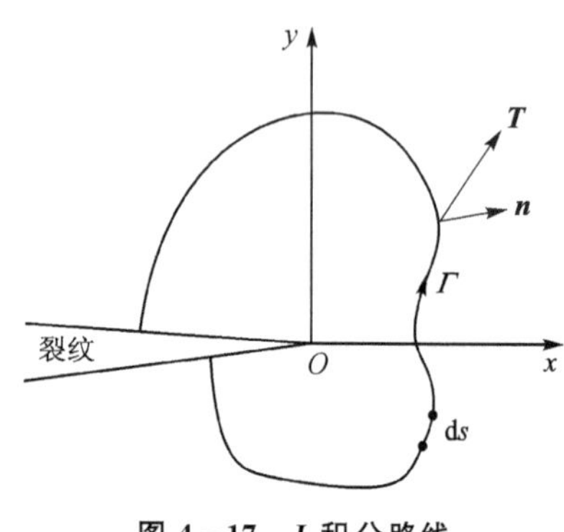

图4-17 J积分路线

$$J=\int_{\Gamma}\left(\omega\mathrm{d}y-\boldsymbol{T}\cdot\frac{\partial\boldsymbol{u}}{\partial x}\mathrm{d}s\right) \tag{4-23}$$

可以证明,J积分与积分路径无关,即J积分的守恒性。

在小范围屈服的条件下,J积分与应力强度因子K和能量释放率G具有对应关系,如平面应力的Ⅰ型裂纹问题有

$$J=\frac{K_{\mathrm{I}}^2}{E}=G_{\mathrm{I}} \tag{4-24}$$

由此可见,J积分上具有能量释放率的物理意义。J积分是表征材料弹塑性断裂行为的特征参量,断裂准则为

$$J\geqslant J_{\mathrm{IC}} \tag{4-25}$$

式中：J_{IC}——平面应变条件下的 J 积分临界值，即弹塑性断裂韧度，为材料常数，可以通过标准试验方法测定。

需要指出，塑性变形是不可逆的，因此求 J 值必须单调加载，不能有卸载现象。但裂纹扩展意味着有部分区域卸载，所以通常 J 积分不能处理裂纹的连续扩展问题，其临界值只是开裂点，不一定是失稳断裂点。

在实际结构分析中很少用 J_{IC} 来计算裂纹体的承载能力，这是因为 J 积分的数学表达式中的应力和裂纹尺寸等参数的关系不像应力强度因子那样直接，即使知道 J_{IC} 值，也很难用来计算。目前，J 积分判据主要是通过用小试样测出 J_{IC}，换算成大试样的 K_{IC}，然后再根据 K_{I} 判据去解决中、低强度钢大型件的断裂问题。

2. 裂纹尖端张开位移(CTOD 或 δ)

对承载裂纹体结构，由于裂纹尖端的应力高度集中，致使该地区材料发生塑性滑移，进而导致裂纹尖端的钝化，裂纹面随之张开，称为裂纹尖端张开位移(CTOD 或 δ)。

Wells 认为裂纹尖端张开位移(CTOD)可以表征裂纹尖端附近的塑性变形程度，因此提出了 CTOD 判据。裂纹体受Ⅰ型载荷时，裂纹尖端张开位移 δ 达到极限值 δ_{C}(mm)时裂纹会起裂扩展，断裂准则为

$$\delta \geqslant \delta_{\mathrm{C}} \tag{4-26}$$

式中：δ_{C}——材料的裂纹扩展阻力，可通过标准试验方法测定。与 J 积分判据一样，CTOD 是一个起裂判据，无法预测裂纹是否稳定扩展。

为了便于试验测定和数值计算，CTOD 常用的定义方法如图 4-18 所示。定义一，采用变形后裂纹表面上弹塑性区交界点处的位移量作为 CTOD。这一定义具有明显的力学意义，但实验中不容易测得。定义二，CTOD 为发生位移后，裂纹自由表面轮廓线的切线在裂尖处的距离。这个定义不但便于测定，而且在大多数情况下的应用均有满意的精度。定义三，采用裂纹扩展时，原始裂纹顶端位置的张开位移作为 CTOD。采用这个定义直观易懂，所以应用较广。但缺点是，从理论上讲，原始裂纹顶端的位置难以确定。定义四，采用从变形后裂纹顶端对称于原裂纹作一直角，与上下裂纹表面的交点 1—1′之间的距离定义为 CTOD。这一定义被广泛应用于中心穿透裂纹问题的研究之中，便于有限元分析。

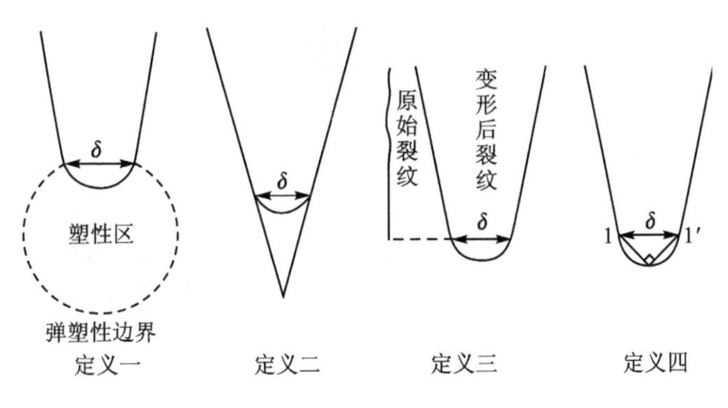

图 4-18　CTOD 定义方法

CTOD 是裂尖变形的直接量度，在材料发生整体屈服之前均适用。与 J 积分相似，小范围屈服条件下 CTOD 与应力强度因子或应变能释放率是等价的。Irwin 和 Dugdale 分别给出

了平面应力条件下的小范围屈服时,无限大平板中心裂纹受到单向拉伸时的 δ 与 K_{I} 的关系为

$$\delta=\begin{cases}\dfrac{4K_{\mathrm{I}}^{2}}{\pi E\sigma_{s}} & \text{Irwin}\\[2ex] \dfrac{K_{\mathrm{I}}^{2}}{E\sigma_{s}} & \text{Dugdale}\end{cases}\tag{4-27}$$

二者只相差一个系数 $4/\pi$。因此,δ 与 K_{I} 的一般关系可写为

$$\delta=a\frac{K_{\mathrm{I}}^{2}}{E\sigma_{s}}\tag{4-28}$$

由此可得,应变能释放率与 CTOD 的关系为

$$G=m\sigma_{s}\delta\tag{4-29}$$

J 积分与 CTOD 之间的一般关系为

$$J=k\sigma_{s}\delta\tag{4-30}$$

式中:k 的值在 1.1～2.0 之间,主要由试件的几何形状、约束条件和材料的硬化特性等决定。

在大范围屈服条件下,建立 CTOD 与应力、裂纹尺寸以及构件几何等参数的关系是非常困难的。Burdekin 和 Stone 在大量试验数据的基础上,提出了方便工程应用的设计曲线,即

$$\Phi=\frac{\delta}{2\pi\varepsilon_{s}a}=\begin{cases}\left(\dfrac{\varepsilon}{\varepsilon_{s}}\right)^{2}, & \dfrac{\varepsilon}{\varepsilon_{s}}\leqslant 0.5\\[2ex] \dfrac{\varepsilon}{\varepsilon_{s}}-0.25, & \dfrac{\varepsilon}{\varepsilon_{s}}>0.5\end{cases}\tag{4-31}$$

若获得临界 CTOD 值 δ_{C} 和应变水平 $\varepsilon/\varepsilon_{s}$,可通过设计曲线计算临界裂纹尺寸,确定裂纹容限,或根据应变水平及允许的裂纹尺寸计算所需的 δ_{C},为选择材料韧度提供依据。

4.2.4 剩余强度

这里以宽为 W 的中心裂纹板为例,分析结构的剩余强度问题。根据线弹性断裂准则,当 $K_{\mathrm{I}}=\sigma\sqrt{\pi a}=K_{\mathrm{IC}}$ 时,结构发生断裂。由此可得结构的剩余强度为

$$\sigma_{\mathrm{C}}=\frac{K_{\mathrm{IC}}}{\sqrt{\pi a}}\tag{4-32}$$

σ_{C} 与裂纹长度 a 的关系曲线如图 4-19 中的虚线所示。对于高韧性材料,构件上的应力会高到使整个净截面在断裂发生前先产生屈服,最后导致构件破坏。对于这种净截面屈服破坏,可以直接用截面上的净应力与材料的屈服强度的关系建立破坏判据。图中的实线为净截面发生屈服的应力与裂纹长度 a 的关系,该线上的点表示未开裂的韧带部分($W-2a$)的净应力已达到屈服应力。在远场应力 σ 的作用下,发生净截面屈服断裂的最大裂纹尺寸 a_{n} 由下式决定:

$$(W-2a_{n})\sigma_{s}=W\sigma\tag{4-33}$$

即

$$a_{n}=\left(1-\frac{\sigma}{\sigma_{s}}\right)\frac{W}{2}\tag{4-34}$$

从图 4-18 中可以看出,在 $2a$ 很小(A 点以左)或 $2a$ 较大(B 点以右)时,根据断裂准则计算出的断裂应力 σ_{C} 已超过净截面屈服应力,即在裂纹失稳扩展以前,净截面已发生屈服。

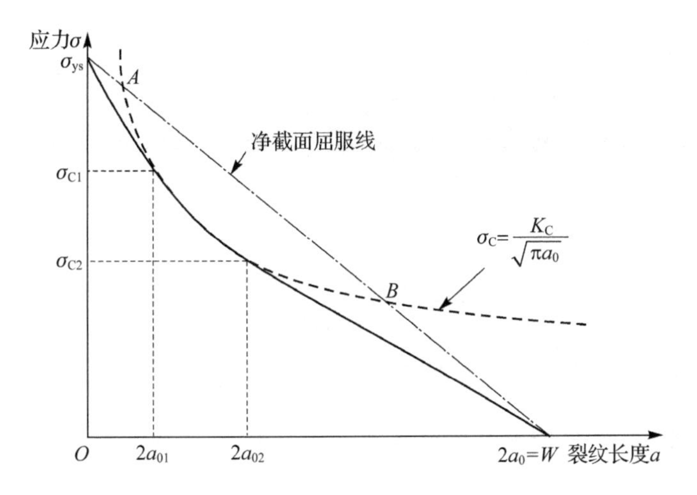

图 4-19　剩余强度图

当裂纹长度小于某一数值时，在净截面断裂前，材料的应变硬化性能可以使韧带屈服向全面屈服转变。发生全面屈服的最大裂纹尺寸 a_g 由下式决定：

$$(W-2a_g)\sigma_u = W\sigma_s \tag{4-35}$$

即

$$a_g = \left(1-\frac{\sigma_s}{\sigma_u}\right)\frac{W}{2} \tag{4-36}$$

式中：σ_u——材料的极限强度。由此可见，板宽一定的情况下，a_g 的大小取决于 σ_s/σ_u。对于脆性材料，σ_s/σ_u 接近于 1，因此不可能发生全面屈服断裂。

在线弹性断裂和净截面屈服断裂之间还存在另一种断裂类型，即净截面屈服还未发生，但裂纹尖端塑性区已不符合小范围屈服的条件，这种情况属于弹塑性断裂问题。为了简化分析，工程上常采用一些近似方法来处理这类问题，切线法就是其中一种。含中心裂纹有限宽板剩余强度分析的切线法是分别从 $\sigma=\sigma_s$ 和 $2a=W$ 两点向线弹性断裂曲线作切线，两条切线与原线弹性断裂曲线共同组成弹塑性断裂线。线弹性断裂曲线的斜率为

$$\frac{d\sigma}{d(2a)} = \frac{d\sigma}{d(2a)}\left(\frac{K_C}{\sqrt{\pi a}}\right) = -\frac{\sigma}{4a} \tag{4-37}$$

通过$(0,\sigma_s)$点与线弹性断裂曲线相切的切点$(\sigma_1,2a_1)$满足下列关系：

$$-\frac{\sigma}{4a_1} = -\frac{\sigma_s-\sigma_1}{2a_1} \tag{4-38}$$

即

$$\sigma_1 = \frac{2}{3}\sigma_s$$

这表明左切点的纵坐标总等于$\frac{2}{3}\sigma_s$。又因为 $\sigma_1 = K_C/\sqrt{\pi a_1}$，因此有

$$2a_1 = \frac{9}{2\pi}\left(\frac{K_C}{\sigma_s}\right)^2 \tag{4-39}$$

通过$(W,0)$点与线弹性断裂曲线相切的切点$(\sigma_2,2a_2)$满足下列关系：

$$-\frac{\sigma_2}{4a_2} = -\frac{\sigma_2}{W-2a_2} \tag{4-40}$$

由此得
$$2a_2=\frac{W}{3}$$
这表明右切点的横坐标总位于板宽的1/3处。

在实际应用中,可以将按线弹性断裂力学确定的剩余强度曲线、净截面屈服的塑性断裂线,以及按切线近似的弹塑性断裂线绘制在一起,根据具体问题来判断应该选择哪条曲线作为剩余强度分析的依据。

4.2.5 动态裂纹扩展与止裂

动态裂纹扩展通常有两类情况:其一是含静止裂纹的结构承受迅速变化的动载荷作用引起的裂纹扩展;其二是在静载荷或缓慢变化的载荷作用下的裂纹快速扩展。在线弹性材料特性的范围内,第一类问题中的裂纹起裂准则为

$$K_{\mathrm{I}}=K_{\mathrm{Id}} \tag{4-41}$$

式中:K_{I}——动载荷下的应力强度因子;

K_{Id}——取决于加载速率和温度的材料特性参数,可称为动态应力强度因子。

相对而言,第一类问题较容易解决,第二类问题涉及裂纹扩展速度及止裂问题。下面将重点讨论这些问题。

1. 动态裂纹扩展

根据能量平衡原理,在裂纹失稳扩展开始以后,由于裂纹扩展驱动力G大于裂纹扩展阻力R,多余的能量$(G-R)$将转化为裂纹快速扩展时裂纹扩展路径两侧材料运动的动能。因此,$G-R$的大小决定了裂纹扩展速度的大小。裂纹扩展到长度a时的总剩余能量可用图4-20和图4-21中的阴影区来近似计算。若裂纹扩展在恒应力下进行,G与裂纹扩展速度无关,且材料的裂纹扩展阻力R为常值,裂纹扩展速度可以表示为

$$V=0.38C_0\left(1-\frac{a_{\mathrm{C}}}{a}\right) \tag{4-42}$$

式中:$C_0=\sqrt{E/\rho}$——弹性波的一维传播速度,即声速。

由式(4-42)可以看出,裂纹扩展速度有一个极限值,即当$a_{\mathrm{C}}/a\to 0$时,$V=0.38C_0$。实验证明,裂纹扩展速度确有一个极限值,但所测得的极限值比理论极限值要小。例如,钢材在低温下发生脆性断裂,其裂纹扩展速度可达1 000～1 400 m/s,$V/C_0=0.20\sim0.28$。

实际上,当裂纹快速扩展时,应力强度因子与瞬时裂纹扩展速度有关,即

$$K(V)=k(V)K(0) \tag{4-43}$$

式中:$K(V)$——动态应力强度因子;

$K(0)$——同一载荷及当前裂纹长度下的静态应力强度因子;

$k(V)$——裂纹扩展速度的函数。

能量释放率与应力强度因子的关系,在动态情况下要比静态情况下复杂。Craggs得到的瞬时能量释放率与应力强度因子的关系为

$$G=A(V)\frac{K^2}{E'} \tag{4-44}$$

式中:$A(V)$——裂纹扩展速度的函数。

Freund 导出的动态裂纹能量释放率与静态裂纹能量释放率之间的关系为

$$G(V)=g(V)G(0) \tag{4-45}$$

式中：$G(V)$——动态裂纹能量释放率；

$G(0)$——静态裂纹能量释放率；

$g(V)$——裂纹扩展速度的函数。

2. 裂纹止裂的基本原理

裂纹止裂和动态裂纹扩展一样，也能利用能量平衡进行研究。最初，人们把裂纹止裂问题看做能量率平衡，如果 G 降低到 R 以下，裂纹止裂。当 R 为常数时，情况确实如此。然而，对有些材料，R 并非常数，而取决于裂纹扩展速度。对于应变速率敏感的材料，屈服强度随应变速率增加而增大。较高的屈服强度将降低裂纹尖端塑性变形量，使 R 降低。图 4－20 所示为平面应力状态下裂纹止裂的能量平衡原理。

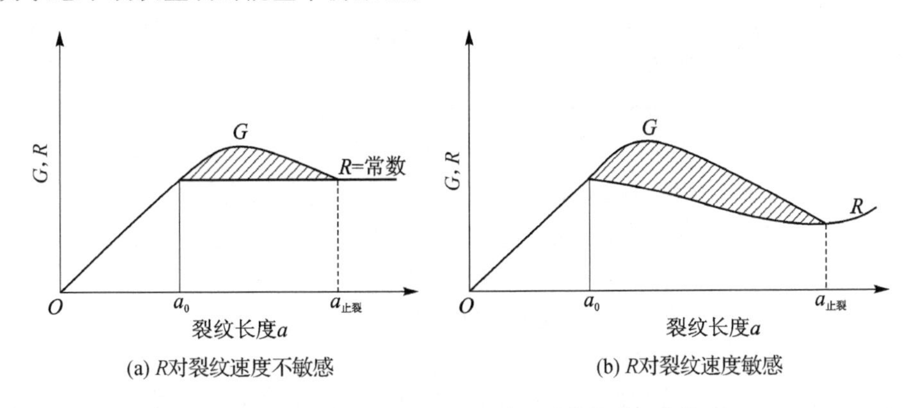

图 4－20　平面应力状态下裂纹止裂的能量平衡原理

实际上能量平衡判据是一种过于简化的判据。如果失稳以后的剩余能量被转化为动能，并用于裂纹扩展。对于应变速率敏感的材料，当逼近止裂点时 R 将增加(见图 4－19(b))。这是因为动能的降低将伴随裂纹扩展速度降低的缘故，也就是具有低的应变速率以及再裂纹前沿具有较低的屈服强度。

图 4－21 所示为平面应变状态下裂纹止裂的能量平衡。在止裂时 G 不是材料的常数，而是取决于随裂纹长度和速度而变化的 G 和 R 之间的变量。也就是说，即使对相同的最大 G 值和常数 R，在不同初始裂纹长度下，止裂时的 G 值显然并不相同。材料断裂阻力 R 的增加

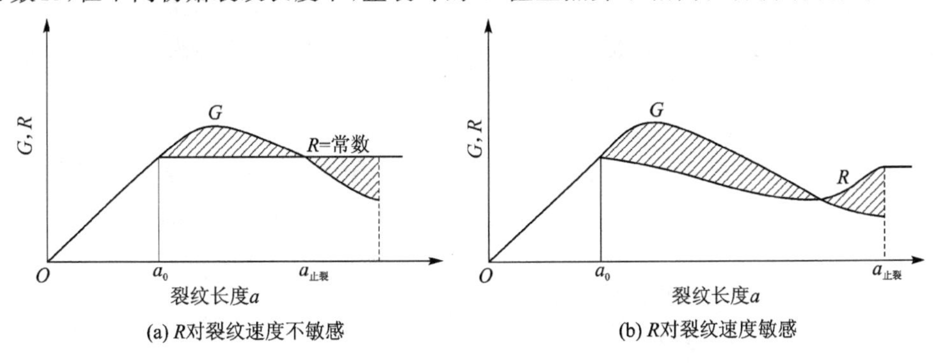

图 4－21　平面应变状态下裂纹止裂的能量平衡

是不容易达到的,一个有实际意义的可能是选定结构的断面尺寸,从而使失稳伴随着从平面应变到平面应力状态的转变,形成快速上升的 R 曲线,即使 G 继续增大也能使裂纹迅速止裂。

快速扩展裂纹的止裂对气体管道尤为重要。因为气体管道不同于液体管道。对于液体管道,由于液体实际上是无压力的,如果管道开裂,管道中的压力将立即下降,进而引起作用在管壁上载荷的降低,并导致 G 和裂纹应力强度的降低,而这种下降足以使扩展中的裂纹迅速止裂。但当气体管道断裂时,气体迅速减压,从而引起减压冲击波,其传播速度在气体中为声速,约为 400 mm/s。如果管道中断裂速度大于减压波速度,在没有止裂环的情况下,裂纹将不会止裂。

3. 天然气管道止裂控制的工程模型

天然气管道止裂控制预测模型主要基于三种方法预测裂纹的扩展或停止:一是对全尺寸爆破试验数据的统计;二是通过应力分析建立数学模型,得到裂尖止裂应力后建立止裂应力、裂纹速度、管道尺寸和材料性能之间的联系,如 Battelle 双曲线(Battelle-Two-Curve)法;三是采用能量平衡,以数值分析考察输入和吸收能量对止裂行为的影响。这里主要介绍 Battelle 双曲线(BTC)法。

天然气输送管道延性断裂与裂尖前沿区的气体压力变化密切相关。当气体管道出现裂纹时,断口处内压不可能立即降为零,在断裂起始点将产生扩展波,并以工作压力下的声速沿管道传播,在裂尖前沿形成减压波。如果断裂速度大于减压波速度,即裂尖总处于减压波前端,此时裂尖所受压力为管道运行压力,因而断口获得较大的驱动力,裂纹将迅速扩展,表现为脆性断裂。反之,由于裂纹尖端的压力处于急速降低状态中,裂尖获得的驱动力相应减小,裂纹将在扩展一定距离后停止。因而通过比较裂纹扩展速度和减压波速度的大小就可得到裂纹止裂判据。对于天然气管线延性断裂而言,双曲线法就是通过求解减压波速度及断裂速率与气体压力之间的关系,从而建立速度-压力曲线图,最终获得断裂临界条件。这就是 Battelle 双曲线模型基本原理。

在得到减压波速度和裂纹扩展速度方程后,即可进行止裂评定。如果裂纹扩展速度大于气体减压波速度($V_m > v_d$),则裂纹扩展;反之,如果裂纹扩展速度小于气体减压波速度($V_m < v_d$),则裂纹停止。在图 4-22 所示的三种情况下,假设初始条件与工作压力相对应,减压波速度开始时大于断裂速度,裂纹尖端压力沿减压波曲线降低,同时裂纹扩展相应减速。如果为断裂速度曲线 1 所示出现相交,裂纹将继续扩展。如果二者没有相交,如断裂速度曲线 3,减压波速度总是高于断裂速度,持续降低的压力最终使裂尖压力低于止裂压力,则很快止裂。断裂速度曲线 2 与减压曲线相切,那么裂纹处于扩展和止裂之间,此时对应的韧性就是最小止裂韧性。

最初的 BTC 法与已与全尺寸试验结果相当吻合,为了便于应用,在对 BTC 预测结果统计拟合的基础上,建立了以环向应力、直径和壁厚表述的止裂韧性简化公式:

$$A_{KV} = 3.57 \times 10^5 \sigma_H^2 (Rt)^{1/3} \tag{4-46}$$

式中:A_{KV}——止裂所需最低夏比冲击值,J;

σ_H——环向应力,MPa,$\sigma_H = PR/t$,其中 P 为全尺寸爆破试验管道内压,MPa。

在相同应力水平下,材料的 A_{KV} 越高越容易止裂。在相同应力水平和 A_{KV} 下,直径、壁厚及钢材等级增加不利于止裂;当管道直径、壁厚、钢材等级一定时,止裂只能通过提高 A_{KV}

达到。由于夏比冲击值在工程条件下易于获得，因而式(4-46)广泛用于管道止裂标准制定中。

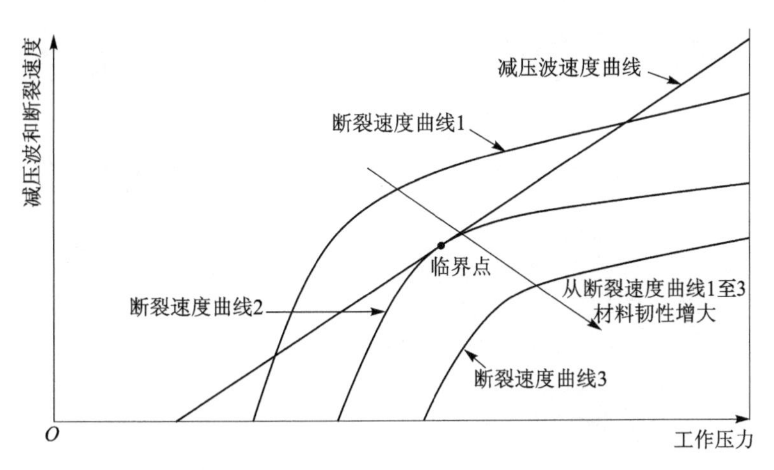

图 4-22　Battelle 管道止裂评定示意图

4.3　焊接接头的断裂力学分析

4.3.1　焊接接头应力强度因子

焊接接头应力集中区疲劳裂纹扩展断裂力学分析的主要问题之一是计算应力强度因子。对形状复杂的裂纹和接头几何形状，应力强度因子的计算分析也较为复杂。这里仅介绍典型的焊趾表面裂纹和根部裂纹应力强度因子的分析方法。

1. 焊趾表面裂纹应力强度因子

焊趾表面裂纹短轴顶端(见图 4-23)的应力强度因子可以表示为

$$K=\frac{M_S M_T M_K}{\Phi_0}\sigma\sqrt{\pi a} \tag{4-47}$$

式中：M_S、M_T 和 M_K——自由表面修正系数、有限厚度修正系数和应力集中修正系数。

M_S 值取定于裂纹深度与宽度的比值 $a/2c$，即

$$M_S=1+0.12\left(1-0.75\frac{a}{c}\right) \tag{4-48}$$

M_T 为有限厚度修正系数，其数值取决于裂纹的轮廓、$a/2c$ 以及裂纹深度与板厚的比值 a/B。在 $2c=6.71+2.58a$ 条件下，可采用联合修正系数$\dfrac{M_S M_T}{\Phi_0}$，即

$$\frac{M_S M_T}{\Phi_0}=1.122-0.231\left(\frac{a}{B}\right)+10.55\left(\frac{a}{B}\right)^2-21.7\left(\frac{a}{B}\right)^3+33.19\left(\frac{a}{B}\right)^4 \tag{4-49}$$

对于对接接头，$a/B=0.4$；不承载角焊缝，$a/B\geqslant 0.6$；承载角焊缝，$a/B\geqslant 0.7$ 时，$M_K=1.0$。图 4-24 所示为联合修正系数$\dfrac{M_S M_T}{\Phi_0}$的变化趋势。

M_K 为应力集中修正系数。对于深度无限小的裂纹，M_K 可取应力集中系数。当裂纹深度增加时，裂纹尖端逐渐远离焊趾应力集中区，因此，M_K 随裂纹深度的增加而减小。

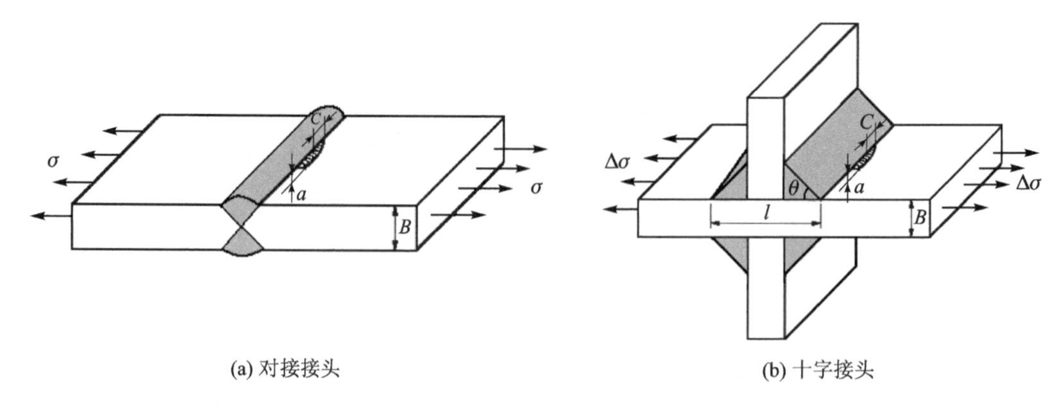

(a) 对接接头 (b) 十字接头

图 4-23 焊趾表面裂纹示意图

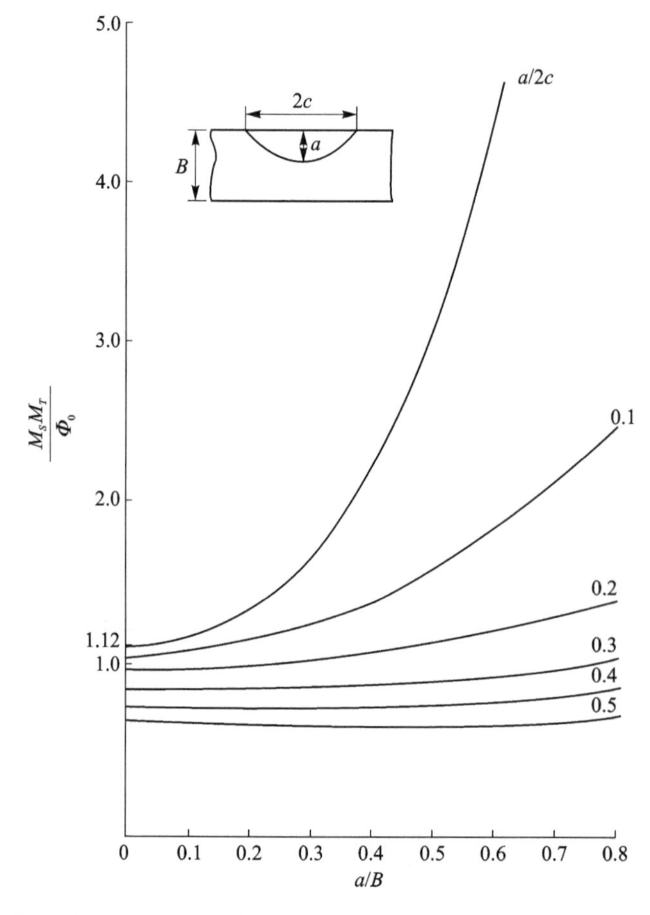

图 4-24 各种轮廓中($a/2c$)随裂纹深度不同 M_aM_t/Φ_0 的变化

Φ_0——第二类完全椭圆积分

$$\Phi_0 = \int \left[1 - \left(1 - \frac{a^2}{c^2}\right)\sin^2\varphi\right] \mathrm{d}\varphi \tag{4-50}$$

对于浅长裂纹 $a/c \approx 0$，$\Phi_0 \approx 1$。

图 4-25 所示为十字接头角焊缝焊趾裂纹无量纲应力强度因子与 a/B 的关系。由此可见，裂纹深度方向近焊趾区的高应力强度因子在厚板中比在薄板中延伸的更远些。因此，对于两个具有相同尺寸初始裂纹而板厚不同的接头而言，厚板中裂纹应力强度因子要高于薄板中裂纹应力强度因子，导致厚板焊趾裂纹扩展快于薄板焊趾裂纹。这与第 3 章中有关分析结果是一致的。

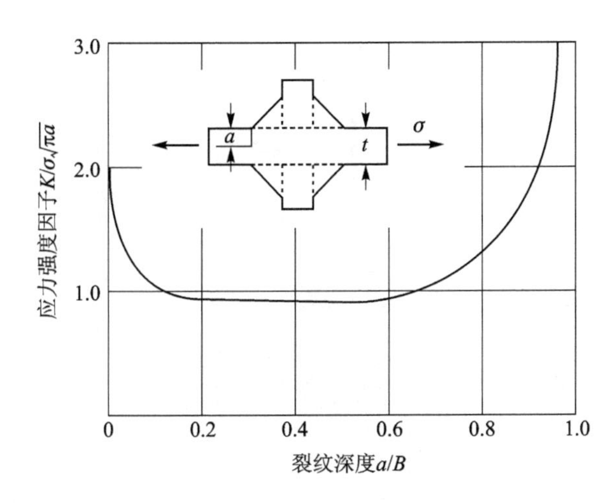

图 4-25　十字接头角焊缝焊趾裂纹的应力强度因子与裂纹深度的关系

2. 焊缝根部裂纹应力强度因子

焊缝根部裂纹(见图 4-26)应力强度因子可以表示为

$$K = M_K \sigma \sqrt{\pi a \sec\left(\frac{\pi a}{W}\right)} \tag{4-51}$$

式中：

$$M_K = \frac{A_1 + A_2 \dfrac{2a}{W}}{1 + \dfrac{2h}{B}} \tag{4-52}$$

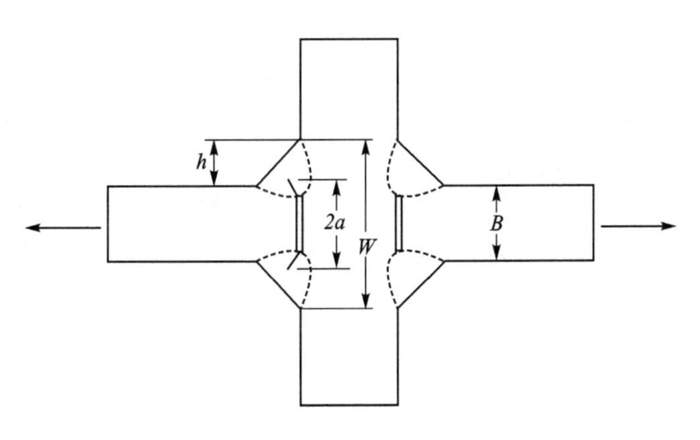

图 4-26　横向承载十字接头中缺陷

其中：A_1 和 A_2 是 h/B 的多项式，分别为

$$A_1 = 0.528 + 3.278\left(\frac{h}{B}\right) - 4.361\left(\frac{h}{B}\right)^2 + 3.696\left(\frac{h}{B}\right)^3 - 1.875\left(\frac{h}{B}\right)^4 + 0.425\left(\frac{h}{B}\right)^5 \tag{4-53}$$

$$A_2 = 0.218 + 2.717\left(\frac{h}{B}\right) - 10.171\left(\frac{h}{B}\right)^2 + 13.122\left(\frac{h}{B}\right)^3 - 7.755\left(\frac{h}{B}\right)^4 + 1.783\left(\frac{h}{B}\right)^5 \tag{4-54}$$

图 4-27 所示为十字接头角焊缝根部裂纹无量纲应力强度因子与裂纹几何尺寸的关系。

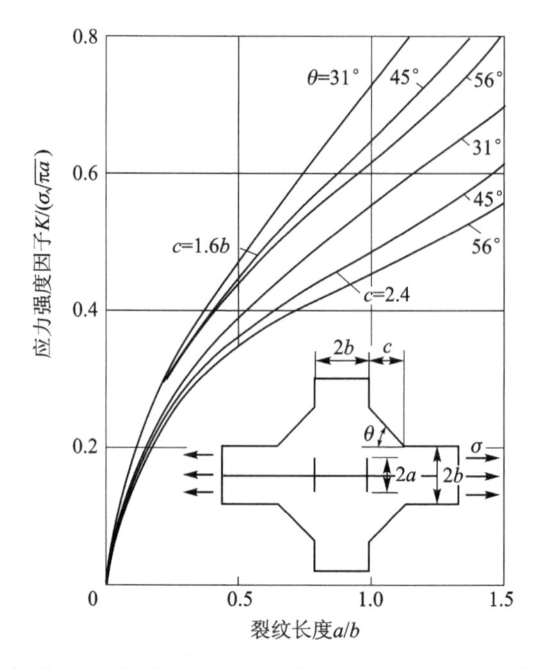

图 4-27 十字接头根部裂纹(间隙)的应力强度因子与裂纹长度、焊角尺寸和焊缝坡口角度的关系

4.3.2 含裂纹焊接接头的断裂分析

1. 含裂纹焊接接头的断裂模式

在含缺陷接头中发生的屈服模式不同于匀质母材的屈服模式。含裂纹焊接接头的断裂模式受接头强度失配比、裂纹尺寸和应变硬化性能等因素相互作用的影响。图 4-28 所示为含裂纹焊接接头六种可能的断裂前屈服模式。

在低匹配接头中,由于焊缝金属的屈服强度比母材金属低,当受横向拉伸载荷作用时,裂纹尖端首先发生塑性变形,若裂纹较长,则发生韧带屈服,如图 4-28 中的图①所示;当裂纹较小时,焊缝金属发生整体屈服,如图 4-28 中的图②所示,此两种情况皆为静截面屈服。如果裂纹较小且焊缝金属的应变硬化性能足够大,焊缝金属应变硬化后的强度超过了母材金属,则母材金属也可能发生屈服。

焊接接头断裂前的屈服模式受缺陷尺寸、母材金属和焊接金属应变硬化性能以及屈服强度失配比等因素相互作用的影响,在高匹配接头中,焊缝金属的屈服强度高于母材金属,在横向拉伸载荷作用下,母材首先发生屈服,一般接头匹配水平越高,则其越趋向于产生母材屈服,如图 4-28 中的图③④所示。当裂纹较长时,高匹配接头的焊缝金属中裂纹尖端处会发生塑性屈服，如图 4－28 中的图⑤所示。当母材金属的应变硬化性能足够大时，母材金属也可能产生屈服，如图 4－28 中的图⑥所示。

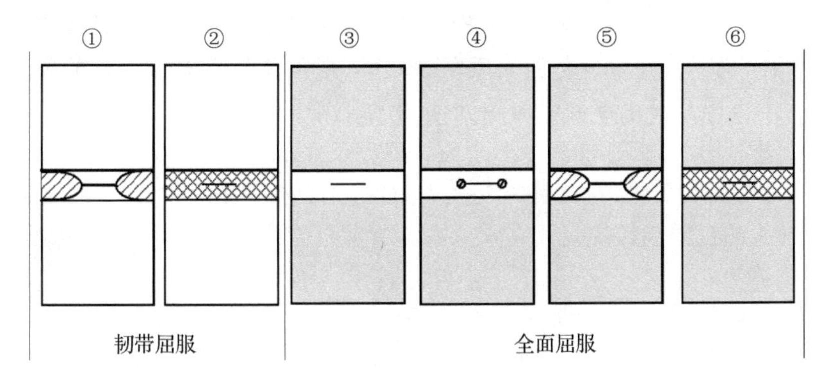

图 4－28　在含缺陷焊接接头中可能的塑性屈服模式（阴影代表塑性变形）

焊缝区裂纹容限不仅与焊缝金属的屈服强度有关，而且与母材金属的屈服强度及两者的应变硬化性能有关。根据焊缝含中心裂纹焊接接头的断裂模式，可以定义几个主要的临界裂纹尺寸。

焊接接头发生全面屈服的最大裂纹尺寸 a_g 由下式决定：

$$(W-2a_g)\sigma_u^W=W\sigma_s^B \tag{4-55}$$

即

$$a_g=\left(1-\frac{\sigma_s^B}{\sigma_u^W}\right)\frac{W}{2}=\left(1-\frac{1}{M}\frac{\sigma_s^W}{\sigma_u^W}\right)\frac{W}{2} \tag{4-56}$$

式中：σ_u^W——焊缝的极限强度。

由此可见，在板宽一定的情况下，a_g 的大小与失配性及焊缝的应变硬化性能有关。

焊接接头母材发生屈服断裂的最大裂纹尺寸 a_{bg} 由下式决定：

$$(W-2a_{bg})\sigma_s^W=W\sigma_u^B \tag{4-57}$$

即

$$a_{bg}=\left(1-\frac{\sigma_u^B}{\sigma_s^W}\right)\frac{W}{2}=\left(1-\frac{1}{M}\frac{\sigma_u^B}{\sigma_s^B}\right)\frac{W}{2} \tag{4-58}$$

式中：σ_u^B——母材的极限强度。

由此可见，在板宽一定的情况下，a_{bg} 的大小与失配性及母材的应变硬化性能有关。

在高匹配条件下，焊缝发生小范围屈服而母材发生屈服断裂的最大裂纹尺寸 a_W 可根据线弹性断裂力学判据来确定，即

$$a_W=\frac{1}{\pi}\left(\frac{K_C^W}{\sigma_u^B}\right) \tag{4-59}$$

式中：K_C^W——焊缝的断裂韧度。

2. 失配性对焊缝裂纹驱动力的影响

含缺陷焊缝宽板试验和有限元计算的断裂研究表明，焊接接头力学失配对接头断裂参数有较大的影响。在高匹配焊缝中心裂纹宽板（CCT 试件）横向拉伸过程中，裂纹驱动力参量 CTOD 与匹配因子 M、焊缝宽度与板厚比 $2H/B$、韧带宽度比 $2H/(W-a)$ 等参数有关。

在 $2H/B$ 和 W 一定的条件下,存在一临界裂纹尺寸 a_{C1},当 $a \leqslant a_{C1}$ 时,焊缝 CTOD 随外载增加到一定数值后发生所谓的"冻结"现象(见图 4-23),即总应变增加,CTOD 值恒定不变。此时,塑性变形集中在母材,当母材的形变硬化与焊缝变形能力同步时,CTOD 才开始继续增加,达到其临界值 δ_C,并发生全面屈服断裂,这一现象还与焊缝和母材的硬化特性有关。若$a > a_{C1}$,则 CTOD 随载荷呈单调增加,变形集中在韧带部分,发生韧带屈服断裂或小范围屈服断裂。如果再深入分析,还存在另外一个裂纹临界尺寸 $a_{C2} < a_{C1}$,若 $a \leqslant a_{C2}$,随着总应变的增加,CTOD 进入"冻结"后将不再"解冻"。CTOD 达不到局部材料的临界值 δ_C,此时接头的断裂行为将由接头的极限载荷决定。在 $a_{C2} < a < a_{C1}$ 范围内,CTOD 将在焊接宽板进入全面屈服后达到其临界值 δ_C。

有限元计算的结果,随着非匹配因子 M 的增大,CTOD-ε 曲线将会降低,如图 4-29 所示,即随着非匹配因子 M 的增加,CTOD 更容易进入永久冻结状态。由此可知,在一定的断裂尺寸范围内,高匹配对焊接裂纹具有屏蔽作用,则断裂的发生与否不受裂纹所在区域材料的断裂韧度参数控制,即高匹配接头的断裂受整体极限载荷和焊缝区局部断裂临界条件双重控制。发生何种机制的破坏取决于控制参量。若 $a \leqslant a_{C2}$,则接头强度由极限载荷决定;若 $a_{C2} < a < a_{C1}$,则断裂的发生是两种控制参量相互竞争的结果;若 $a > a_{C1}$,则断裂的发生取决于焊缝的韧性水平。

在低匹配焊缝中心裂纹宽板(CCT 试件)横向拉伸过程中,裂纹驱动力参量 CTOD 由焊缝金属的断裂韧性决定。接头的 CTOD 随着外载单调增加,此时变形集中于韧带部分,发生韧带屈服断裂或小范围屈服断裂。这一现象也与母材金属和焊缝金属的硬化特性有关。

通常情况下,焊接接头都处于非匹配状态,因此,CTOD 设计曲线并不能准确表达焊接接头一定缺陷尺寸的 CTOD 与应变之间的关系。通过大量试验以及前面的有限元分析可以看出,匹配因子对于 CTOD 设计曲线的影响如图 4-30 所示。由图可知,现行 CTOD 设计曲线(相当于等匹配情况)明显低估了低匹配裂纹驱动力,尤其是较大应变水平范围,而对于高匹配则相反,即在较大应变水平范围,CTOD 设计曲线高估了裂纹驱动力,表现为过于保守。因此,在焊接接头断裂分析中要充分考虑非匹配因素的影响。

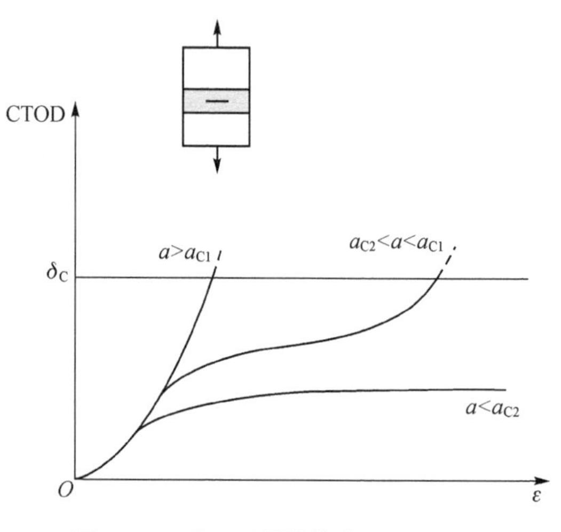

图 4-29 非匹配焊接接头 CTOD 行为

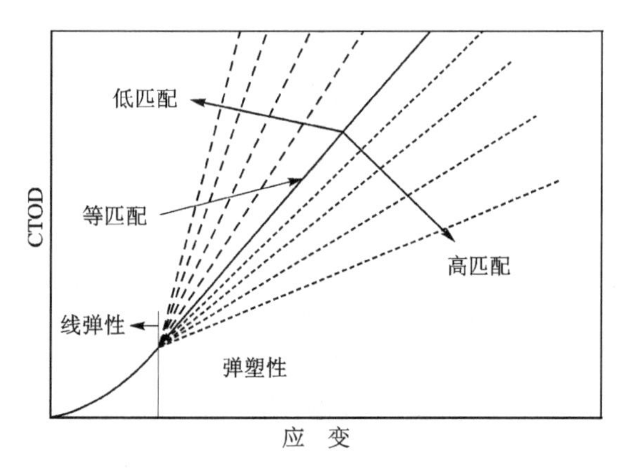

图 4-30 CTOD 与施加应变的关系

4.3.3　异种材料连接界面断裂判据

1. 异种材料连接界面断裂行为

图 4－31 所示为异种材料连接接头的破坏形式。界面是两种材料的分界面，是两种材料的冶金结合区，界面强度是指异种材料连接接头在外载作用下界面抵抗破坏的能力。异种材料连接结构的界面强度与材料因子（界面及界面两侧材料的强度组配、材料的弹塑性性能、热传导性能等）、界面性质（表面形状、物化性能、表面性质、界面构造等）、连接方法（机械连接、粘接、焊接和化学接合等）、环境（温度和湿度等）及力学条件（形状、尺寸、载荷及残余应力等）有关。

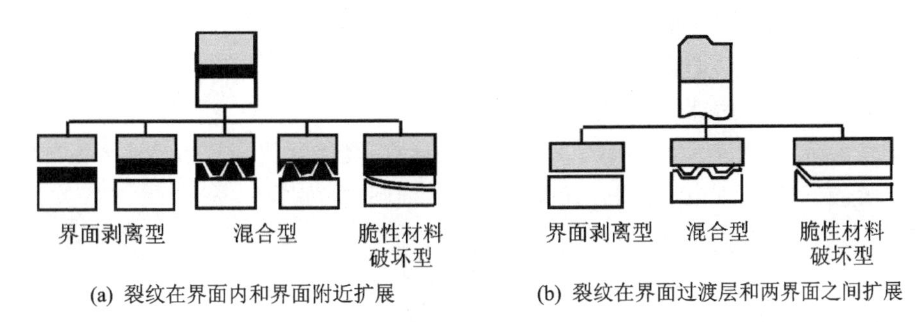

图 4－31　异种材料连接接头的破坏形式

由于构成异材结构材料的物化、力学性能差异较大，且一般都采用固相连接或钎焊等方法来连接，连接后形成的接头区域可能存在各种类型的缺陷。缺陷或裂纹的存在将直接影响到结构的强度和使用的安全可靠性。研究表明，异材连接结构中的裂纹可能在界面内扩展，也可能在界面附近材料中扩展（见图 4－31(a)）；如果异材结构为三明治式结构，裂纹还可能在中间过渡层（粘接层）中扩展，或者在两个界面之间交替扩展（见图 4－31(b)）。不同的裂纹扩展轨迹对结构的强度和韧性影响也不同。

界面裂纹的扩展轨迹是由薄弱的微结构路径对裂纹扩展的抵抗力（主要由材料本身的物理性能决定）以及外载驱动力直接控制的，二者的相互作用决定了裂纹的最终走向。裂纹驱动力本身则是远场载荷与界面结构的弹性失配参数的函数。影响界面裂纹扩展的因素包括裂纹尖端的应力场强度、残余应力、材料性能失配参数、裂纹的几何形状，以及界面和结构的断裂韧性等。

2. 异种材料连接界面裂纹

界面断裂力学研究表明，由于界面两侧材料在力学性质上的失配，界面裂纹尖端的弹性应力场不仅表现出 $r^{-1/2}$ 的奇异性，而且不断改变正负号，即所谓的振荡奇异性。这种振荡奇异性源于两种不同性质的材料连接在一起时要满足连续条件。在断裂前裂纹尖端同时作用有法向正应力和切向剪应力，裂纹面上既有张开位移又有滑开位移，因而包含张开型和滑开型应力强度因子。

异种材料连接裂纹尖端应力场的奇异性主要有两部分产生：一是由于裂纹尖端本身的几何形状而产生的奇异性，二是由于构成界面结构的材料物化力学性能的差异而产生的奇异性。这两部分因素实际上是相互影响和相互交织在一起的。因此，异种材料连接裂纹尖端应力场的奇异性是不可避免的。

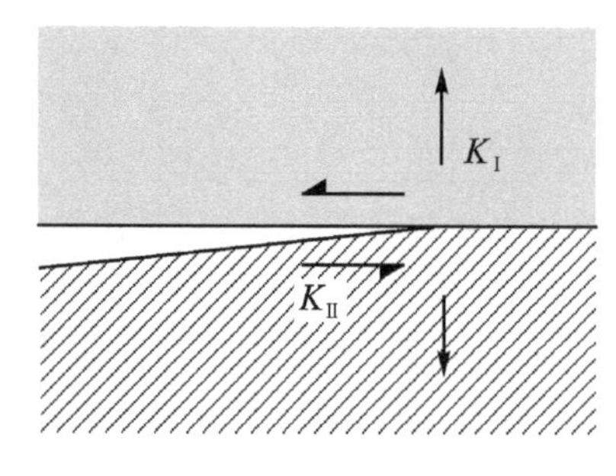

图4-32 异种材料连接界面裂纹

均匀的各向同性材料断裂时,有纯Ⅰ型断裂和纯Ⅱ型断裂;而界面裂纹的断裂问题,只有在特殊情况下才可以区分为纯Ⅰ型和纯Ⅱ型,一般情况下,两者总是耦合在一起(见图4-32)。载荷的对称性及几何的对称性无法抵消材料性质的非对称性。

研究表明,界面裂纹的断裂韧性是相位角ψ的函数

$$\psi = \arctan(K_{\text{II}}/K_{\text{I}}) \tag{4-60}$$

用能量释放率表示的界面的混合断裂条件为

$$G(\psi) \geqslant G_{\text{C}}(\psi) \tag{4-61}$$

式中:G——界面裂纹应变能释放率。

$G_{\text{C}}(\psi)$——界面裂纹临界应变能释放率。

已有研究表明,对于实际应用而言,采用界面裂纹应变能释放率作为描述界面的断裂韧性参量较为方便,或采用$K_{\text{I}}-K_{\text{II}}$联合控制断裂韧性准则

$$\left(\frac{K_{\text{I}}}{K_{\text{IC}}}\right)^2 + \left(\frac{K_{\text{II}}}{K_{\text{IIC}}}\right)^2 = 1 \tag{4-62}$$

以及$G_{\text{I}}—G_{\text{II}}$联合控制断裂准则

$$\frac{G_{\text{I}}}{G_{\text{IC}}} + \frac{G_{\text{II}}}{G_{\text{IIC}}} = 1 \tag{4-63}$$

3. 界面裂纹的扩展行为

在弹塑性条件下,界面裂纹受到拉伸载荷时的张开位角α_1和α_2一般情况下不相等(见图4-33),裂纹总张开角$\alpha=\alpha_1+\alpha_2$,这两种材料都存在着相应的临界值$(\text{CTOA})_{\text{C}}$,α_1和α_2应分别根据相应的临界值作为裂纹扩展临界条件,寻找两者中易发生破坏的临界值作为裂纹起始判据(假设两种材料界面强度足够大)。对于两种物理性能相差较大的连接界面裂纹,与材料2的裂纹张开角α_2相比,材料1的裂纹张开角α_1非常小(≈ 0),所以对于这种连接的构件$(\text{CTOA})_{\max} \approx \alpha_2$,如果界面强度足够大,则可以考虑用材料2的裂纹扩展临界条件对含裂纹的异种材料构件进行起始判据。

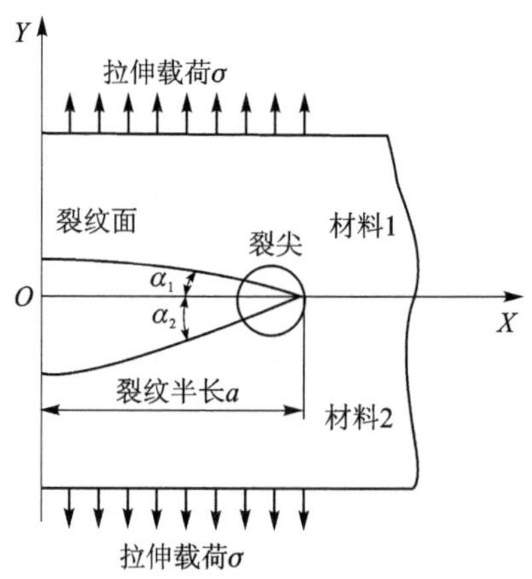

图4-33 异种材料的界面裂纹的张开行为

4.4　焊接结构的断裂控制

4.4.1　影响焊接结构脆性断裂的主要因素

1. 焊接结构特点对脆性断裂的影响

通过对焊接结构脆断破坏事故的研究发现，焊接结构脆断行为与焊接结构的特点密切相关。与其他连接结构如铆接结构相比，焊接结构的整体性强，刚性大。焊接结构是由不可拆卸的焊接接头连接而成的整体，连接件之间很难产生相对位移，容易引起较大的附加应力，使得结构的抗断裂能力降低。焊接结构的刚性大使其对应力集中非常敏感，特别是当工作温度降低时，应力集中增大了结构发生脆断的危险性。

焊接结构的整体性为设计制造合理的钢结构提供了可能性。但是，如果焊接结构一旦发生开裂，裂纹很容易由一个构件扩展到另一构件，继而扩展到结构的整体，造成结构整体破坏(见图 4-34)。然而，对于铆接结构则不易发生整体破坏，因为铆接接头具有组织裂纹跨越构件扩展的特点，即扩展中的裂纹可能会自动终止，从而就有可能避免灾难性的脆性破坏。因此，在许多大型焊接结构中，有时仍保留着少量的铆接接头，其道理就在于此。

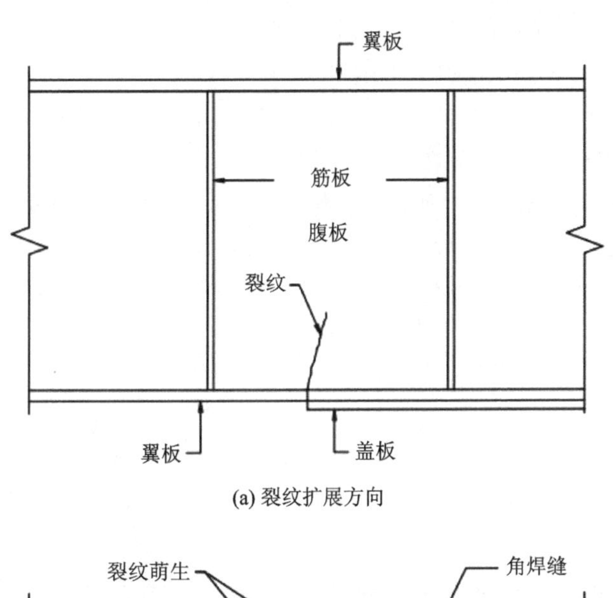

(a) 裂纹扩展方向

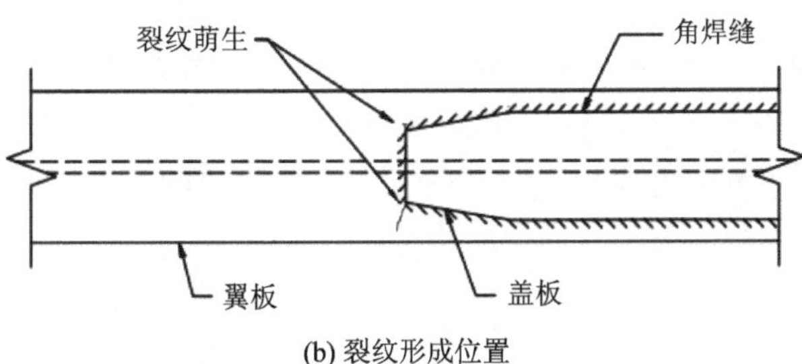

(b) 裂纹形成位置

图 4-34　盖板搭接角焊缝裂纹

2. 焊接残余应力对结构脆性断裂的影响

宽板拉伸试验表明：当工作温度高于材料的韧—脆转变温度时，拉伸残余应力对结构的强度无不利影响,但当工作温度低于材料的韧—脆转变温度时,拉伸残余应力对结构的强度有不利影响,残余应力将与工作应力叠加共同起作用,在外加载荷很小时,结构发生脆性破坏,即所谓低应力破坏。

由于拉伸残余应力具有局部性质,一般只限于焊缝及近缝区,离开焊缝区其值迅速减小。峰值拉伸残余应力有助于断裂的发生,若裂纹扩展离开焊缝区进入低残余应力区,如果工作应力较低,裂纹可能终止扩展,如果工作应力较高,裂纹将继续扩展至结构破坏。

3. 焊接缺陷对结构脆性断裂的影响

焊接结构的脆性断裂通常起源于焊接缺陷,焊接缺陷对结构脆断的影响与缺陷造成的应力集中程度和缺陷附近的材料性能有关。一般而言,结构中缺陷造成的应力集中越严重,脆性断裂的危险性越大。由于裂纹尖端的尖锐度比未焊透、未熔合、咬边和气孔等缺陷要尖锐得多,所以裂纹的危害最大。实验证明,带裂纹试件的脆—韧性转变温度要比含夹杂缺陷试件高得多。

许多焊接结构的脆性断裂都是由小的裂纹类缺陷引发的。根据断裂力学理论,由于小裂纹未达到临界尺寸,结构不会在运行后立即发生断裂。但是,小的焊接缺陷很可能在使用过程中出现稳定增长,最后达到临界值而发生脆性断裂。所以,在结构使用期间要进行定期检查,及时发现和监测接近临界条件的缺陷,以防止焊接结构发生脆性断裂。

4. 焊接接头金相组织对脆性断裂的影响

焊接过程的快速加热和冷却,使焊缝及其近缝区发生了一系列金相组织的变化,对接头中各部位的缺口韧性有较大影响。焊接热影响区的显微组织主要取决于金属材料的原始显微组织、化学成分、焊接方法和线能量。焊接方法和材料选定后,热影响区的组织主要取决于焊接线能量,合理选择焊接线能量是十分重要的。尤其是对高强钢的焊接,更要注意焊接线能量的选择。实践证明,高强钢焊接时,过小的焊接线能量易造成淬硬组织而引起裂纹,过大的焊接线能量又易造成晶粒粗大和脆化,降低其韧性。

5. 应变时效对脆性断裂的影响

焊接结构生产中可能引起两种类型的应变时效:其一是材料被剪切、冷作矫形和弯曲变形,随后又经 150～450 ℃温度范围的加热所产生的应变时效;其二是焊接热循环所产生的热塑性应变循环引起的应变时效,又称为动应变时效或热应变时效。研究表明,应变时效引起的局部脆化是非常严重的,使材料的韧—脆转变温度提高、缺口韧性和断裂韧度值降低。比较两种类型的应变时效对脆断的影响程度,动应变时效引起的脆化更为严重。

焊后热处理(550～650 ℃)可以消除两类应变时效对低碳钢和一些低合金钢的影响,恢复其韧性。因此,对应变时效敏感的一些钢材,焊后热处理不但可以消除焊接残余应力,而且可以消除应变时效引起的脆化影响,有利于防止结构发生脆断。

4.4.2 焊接结构断裂控制原则

1. 焊接结构断裂控制的基本概念

控制焊接结构断裂的主要因素有三个方面:①材料在一定的工作温度、加载速率和板厚条件下的断裂韧度;②结构断裂薄弱部位的裂纹和缺陷尺寸;③包括工作应力、应力集中、残余应力和温度应力在内的拉应力水平。根据断裂力学原理,当上述三方面因素的特定组合达到临界状态时，结构就会发生断裂破坏。

焊接结构的断裂包括裂纹起裂、稳态扩展和失稳断裂过程，控制焊接结构的断裂的基本方法与此相对应，即：①选择具有足够韧性的母材金属和焊缝金属，以抵抗裂纹的起裂——抗开裂能力。②一旦裂纹起裂，其周围材料应具有阻止裂纹进一步扩展的能力——对裂纹扩展的止裂能力。控制裂纹的开裂(起裂)与扩展是焊接结构断裂控制的基本准则，分别称为防止裂纹产生准则(开裂控制)和止裂准则(扩展控制)。

焊接结构的断裂破坏受设计、选材、制造工艺和使用环境等多方面因素的影响，断裂控制设计就是依据断裂理论建立系统的强度设计体系，其设计准则一方面考虑传统的强度和刚度，另一方面又强调结构的抗断裂性能。其核心是保障结构在使用过程中的完整性和可靠性。系统的结构断裂控制设计的主要内容包括：

① 详细确定结构整体或断裂关键构件完整性的全部因素；

② 定性或定量分析各因素对结构或构件断裂的影响；

③ 制定设计、工艺、安装、检验和维护等措施，以减少断裂的可能性；

④ 强调各方面、各环节的协调与合作，制定严格控制程序以及组织措施。

表 4-1 列出了综合断裂控制设计各环节的工作内容。

表 4-1　综合断裂控制设计内容

序　号	环　节	细　则
1	设计	① 应力分布资料； ② 应力引起最大断裂危险区的裂纹容限； ③ 运行期内裂纹扩展估算； ④ 确定安全运行所必须的检查条件
2	材料	① 强度和断裂性能； ② 热处理条件； ③ 焊接方法和工艺评定
3	制造	① 完善的检验制度； ② 工艺及管理的检查； ③ 残余应力与变形控制； ④ 保证构件的抗断裂性能； ⑤ 详细的制造记录
4	检验	① 制造终了检验； ② 缺陷的无损检验； ③ 制造管理检查； ④ 最大裂纹类缺陷尺寸评定
5	运行	① 工作应力水平和范围控制； ② 腐蚀防护； ③ 运行中的定期检查

下面重点介绍焊接结构断裂控制设计中的材料选择、结构设计和制造工艺方面的原则。

2. 材料选择

(1) 选材依据

焊接结构材料的选择所考虑的主要问题是材料的屈服强度、焊接性和断裂韧性等。影响材料选择的主要因素有材料费用与结构总体费用的对比和断裂后果的严重性。对于以脆性断裂为主要失效形式的焊接结构,断裂韧度与屈服强度的比值(K_{IC}/σ_s)是选择材料的主要依据。断裂韧度与屈服强度的比值是材料断裂韧性的量度。根据 K_{IC}/σ_s 的大小(其数值按英制单位计算)可将材料划分为以下三类:

① $K_{\mathrm{IC}}/\sigma_s>1.5$ 为屈服点低、软而韧的钢及合金材料。这种材料对裂纹不敏感,裂纹扩展时伴随大量的塑性变形,允许较大的缺陷存在。

② $1.5>K_{\mathrm{IC}}/\sigma_s>0.5$ 包括了屈服点很宽的钢及合金材料,材料的破坏常呈现塑性-脆性混合形式。

③ $K_{\mathrm{IC}}/\sigma_s<0.5$ 属于这个韧性范围的材料破坏呈脆性,如超高强度钢。这类材料的临界裂纹尺寸小。

焊接结构的断裂控制设计还需要综合考虑力学性能匹配的影响、焊接区材料劣化、残余应力等因素的作用结果。

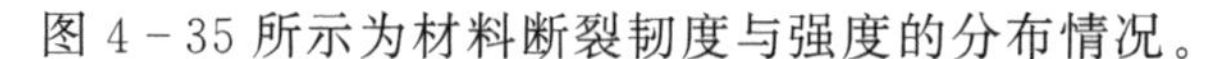
图 4-35 所示为材料断裂韧度与强度的分布情况。

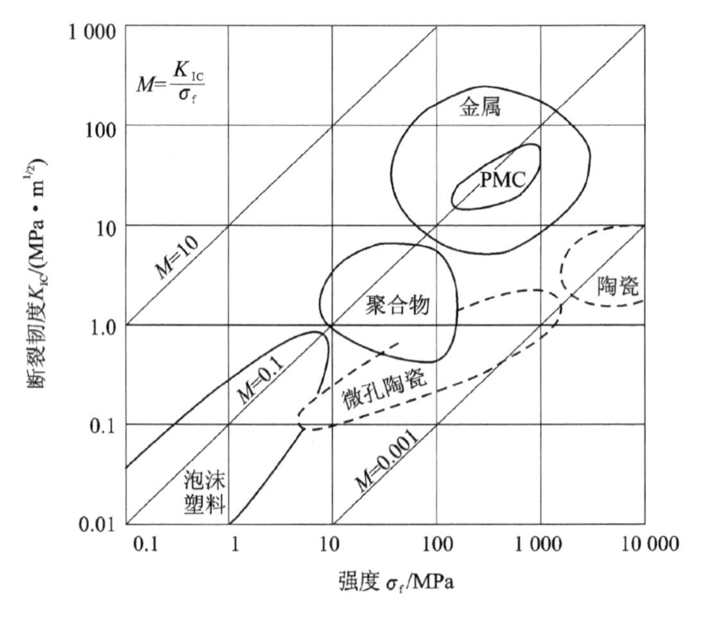

图 4-35 材料的断裂韧度与强度

3. 结构设计

焊接结构设计除了要遵循断裂控制设计的基本原则外,在构造设计上还应注意以下几方面:

① 尽量减少结构和接头部位的应力集中,选择结构的传力截面和焊接接头形式时要尽量使力线均匀分布。构件截面变化的部位,必须设计成圆滑过渡。焊缝应尽量避开最大应力和应力集中部位,如图 4-36 所示。以防止焊接应力与外加应力相互叠加,造成过大的应力而开裂。不可避免时,应附加刚性支承,以减小焊缝承受的应力。

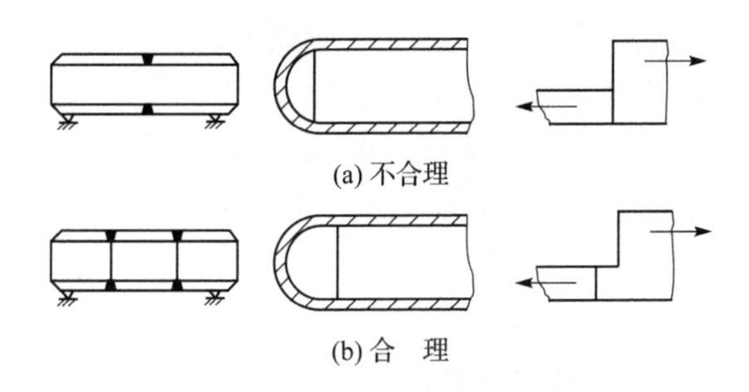

图 4 - 36　焊缝避开最大应力集中部位

② 在满足结构承载能力的条件下，尽量减小结构的刚度，以降低对应力集中的敏感性和附加应力的影响。

③ 设计焊缝布置时要考虑到焊接与检验的可达性，以保证焊接质量。

④ 避免焊缝密集或交叉(见图 4 - 37)，防止产生过大的残余应力和多轴应力。

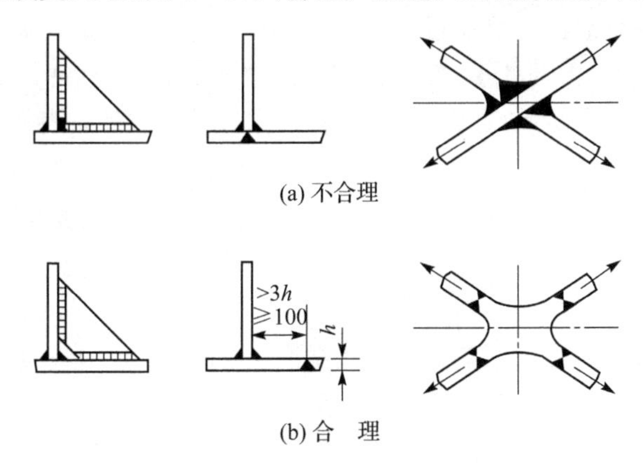

图 4 - 37　焊缝分散布置的设计

⑤ 对于附件或次要焊缝和主要承力焊缝予以同样重视。

4. 制造工艺

焊接结构制造过程也要符合断裂控制设计体系，应注意以下几方面：

① 合理选择焊接材料、焊接方法和工艺参数，严格执行焊接工艺评定和管理。

② 按照工艺规程生产，加强质量管理和工艺纪律检查，完善检验制度，避免不必要的返修。

③ 充分考虑焊接区局部材料性能的劣化及残余应力，可采用热处理。对于断裂关键件，应通过试验评定，决定是否需要焊后热处理。

④ 采取有效措施防止影响结构使用性能的焊接变形，控制焊接变形的同时注意减少对结构性能的损害。

4.4.3　焊接结构抗断裂性能的试验评定方法

根据焊接结构断裂控制设计原则，焊接接头必须具有足够的抗断裂性能和剩余强度，以使结构在规定的寿命期内能够承受可以预见的载荷和环境条件(包括统计变异性)的作用。要证明焊接接头的抗断裂性能是否足够则需要采用试验进行评定，按照材料断裂的物理机制和判据，常用的试验评定方法主要有转变温度和断裂力学试验。

1. 转变温度的试验评定方法

由于某些金属材料具有韧性—脆性转变特性，因此，确定材料的韧性—脆性转变温度对于预防结构的脆性断裂是十分重要的。材料的韧性—脆性转变温度试验通常是采用具有缺口的试件在不同温度下测定其韧性值，建立缺口韧性与温度的关系，以此得到韧性—脆性转变温度。结构设计时应根据韧性—脆性转变温度来确定结构的最低工作温度。目前已发展了多种转变温度试验方法，这里主要介绍冲击试验、落锤试验、动态撕裂试验、宽板拉伸试验、尼伯林克试验和止裂温度试验等。

(1) 冲击韧性试验

材料在使用过程中除受到静载荷(如拉伸、弯曲、扭转、剪切)外，还会受到突然施加的载荷。这种突然作用的载荷称为冲击载荷，它易使构件和工具受到破坏。材料抵抗冲击载荷而被破坏的能力，称为冲击韧性(简称韧性)，用符号 a_k 表示，单位为 J/cm^2。这是材料在冲击载荷作用下抵抗断裂的一种能力。目前，常用一次摆锤冲击弯曲试验法来测定材料承受冲击载荷的能力。材料的脆性大，则韧性小；反之，材料的韧性大，则脆性小。

用于结构和零件制造的材料应具有较高的韧性和较低的脆性。各种材料的韧性和脆性大小可用 a_k 值评定。a_k 愈大，则表示韧性愈大，脆性愈小。部分高聚物和陶瓷材料的 a_k 较小，大部分金属材料的 a_k 较大。这说明部分高聚物和陶瓷材料常为脆性材料，金属材料大多数为韧性材料(或塑性材料)。

1) 断口形貌标准

这种标准使用得最多的称为断口形貌转化温度 FATT，是根据断口上出现50%纤维状的韧性断口和50%结晶状的脆性断口作标准的。冲击试样断口一般也存在三个区域，如图4-38所示。裂纹源在缺口根部的中央稍离缺口表面的位置，对塑性较好的材料，裂纹通常沿两侧和深度方向稳态扩展，中央部分较深，构成了纤维状区域，然后快速扩展形成放射区。由于缺口的一侧受张应力，不开缺口的一侧受压应力，所以放射区在从拉应力区扩展至压应力区时，裂纹停止扩展，继而出现二次纤维区。断口除了缺口根部附近之外，其四周皆为剪切唇。在温度降低或材料的冲击韧性很低时，二次纤维区和一次纤维区以及剪切唇都可以不出现，而只有单

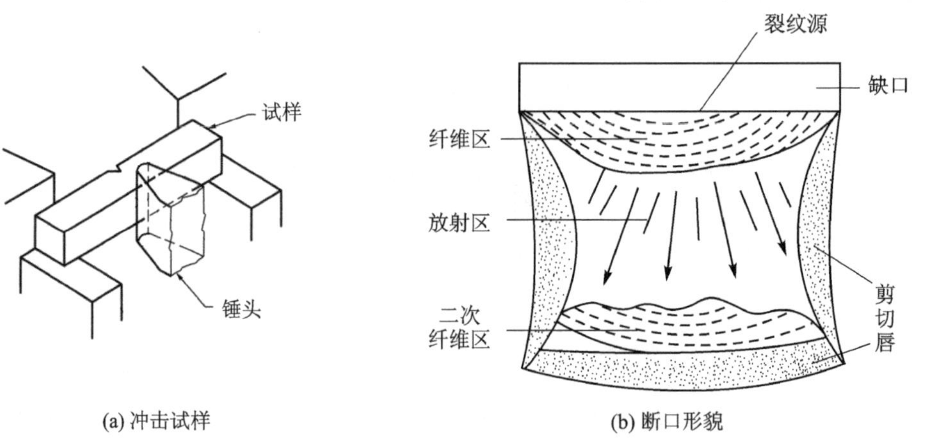

(a) 冲击试样　　(b) 断口形貌

图 4-38 冲击试样与断口形貌

一的放射区，呈现 100%结晶状断口，材料处于完全脆性的状态。FATT 标准的依据是通过夏氏冲击试验和服役失效分析结果的对比得到的。对比发现，在服役条件下，当承受的应力不超过材料屈服强度的一半时，只要确定夏氏冲击试样上出现小于 70%结晶状断口的温度，并以此温度为标准来选择材料，高于此温度的材料将不会发生脆性断裂或者说断裂的概率很小。这是实验观察的结果。现规定 FJLI－f 为 50%的结晶状断口更趋于安全。

2）能量标推

以某一固定能量来确定脆化温度。例如对第二次世界大战期间出现脆断事故的焊接油轮进行大量的研究发现，如果用 20 J 来确定船用钢板的脆性转化温度，则具有低于此脆化温度的材料，将不会发生脆性破坏。20 J 的能量标准被低强度的船用钢板普遍接受。但是需注意，这一能量标准的提出，仅仅是针对船用钢板的脆性破坏而言，对其他构件的破坏将失去意义，而且这是 20 世纪 50 年代提出的指标，随着低合金高强度钢逐渐代替低碳钢，即由于材料强度的提高，能量标准值也相应提高，如 27 J 等。

3）断口变形标准

将缺口试样冲断时，缺口一侧收缩，无缺口一侧膨胀，测量两侧面的膨胀率，以侧面膨胀率为 3.8%的温度作为冷脆转化温度。

这三种不同的标准规定的冷脆转化温度是不同的，实验数据表明，以 20 J 和 3.8%的侧面膨胀率这两个标准所确定的脆化温度比较接近，但总低于断口形貌确定的冷脆转化温度值。

(2) 爆炸鼓胀和落锤试验

1）爆炸鼓胀试验

为了模拟仅在弹性应力水平下发生的脆性断裂，美国海军实验室（NRL）首先使用了爆炸鼓胀试验法。该试验是取 355 mm×355 mm×25 mm 的钢板作为试件，在试件中心区堆焊一小段脆性焊道，并沿焊道垂直方向锯一缺口作为起裂源，然后将其安置在环形支座上，从上方用炸药爆炸加载（见图 4－39(a)）。在不同的温度下进行试验，被试钢板将有不同的破裂形式（见图 4－39(b)）。

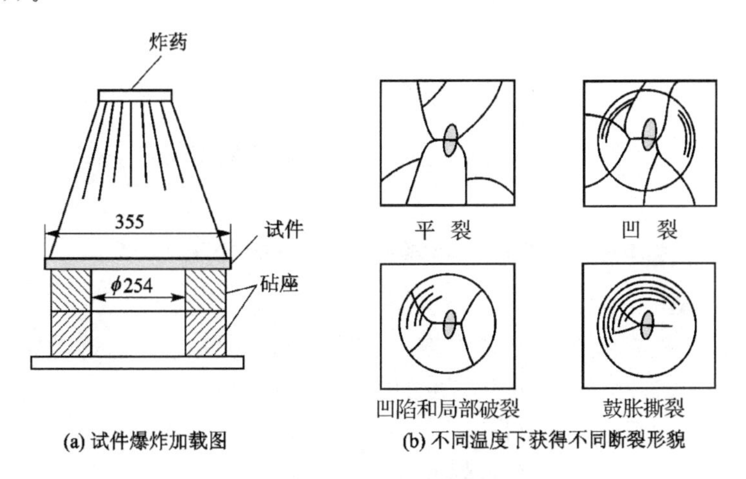

(a) 试件爆炸加载图　(b) 不同温度下获得不同断裂形貌

图 4－39　Pellini 爆炸鼓胀试验

① 平裂　钢板在没有任何宏观塑性变形的情况下就破裂为碎片，这说明断裂是完全弹性的。

② 凹裂　钢板产生一定的凹陷而开裂,裂纹穿过弹性区扩展至试件的边缘。这种破坏伴随一定的塑性变形,但仍然具有脆性特征。

③ 凹陷和局部破裂　钢板中部凹陷明显,裂纹的起裂和扩展局限在塑性变形区,不再发生裂纹进入弹性区的低应力扩展。

④ 鼓胀撕裂　钢板发生较大的鼓胀变形,裂口呈剪切撕裂型,表明破裂是完全塑性的。

在①和②之间存在一个临界温度,称为无塑性转变温度 NDT,低于此温度,材料的断裂是无延性的脆断。在②和③之间存在一个弹性断裂转变温度 FTE,在这个温度以下,裂纹能够向弹性区扩展,高于这个温度,裂纹只能在应力达到屈服点范围内扩展,而不向弹性区扩展。在③和④之间存在一个延性断裂转变温度 FTP,在此温度以上,断裂完全是塑性撕裂的。试验结果表明,对于 25 mm 厚的低强度钢板,NDT 和 FTE、FTP 之间存在如下关系:

$$\mathrm{FTE}=\mathrm{NDT}+33\ ℃ \tag{4-64}$$

$$\mathrm{FTP}=\mathrm{FTE}+33\ ℃=\mathrm{NDT}+66\ ℃ \tag{4-65}$$

对于低强度钢板,爆炸鼓胀试验与 V 形缺口冲击试验得到的转变温度行为具有一致性(见图 4-40)。但对中、高强度钢而言,这种关系的对应性随钢种的不同而有较大的差异,不能直接套用。

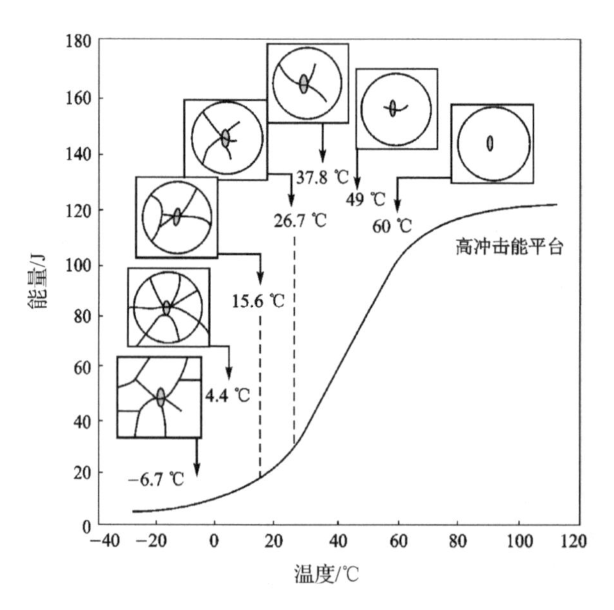

图 4-40　爆炸鼓胀试验与 V 形缺口冲击试验的关系

2) 落锤试验(DW)

落锤试验可以比较简单地测得 NDT 温度。落锤试验装置和所用试件如图 4-41 所示,试件厚度为钢板全厚(12～25 mm),试件宽度的中部沿长度方向堆焊一条蚕形脆性焊道,然后在焊道中部的垂直方向上锯开一缺口作为裂纹源。试验时将试件在低温槽中降温到试验温度,保温冷透后迅速移出低温槽,将试件堆焊面朝下置于支座上,支座中部设有限制试件下挠的止挠块,释放落锤,冲击试件中部。落锤的冲击能量要依据试件的厚度、跨距和钢材的屈服强度,参照有关标准来确定。在不同的温度下进行落锤试验,试件发生断裂的最高温度就是 NDT 温度。

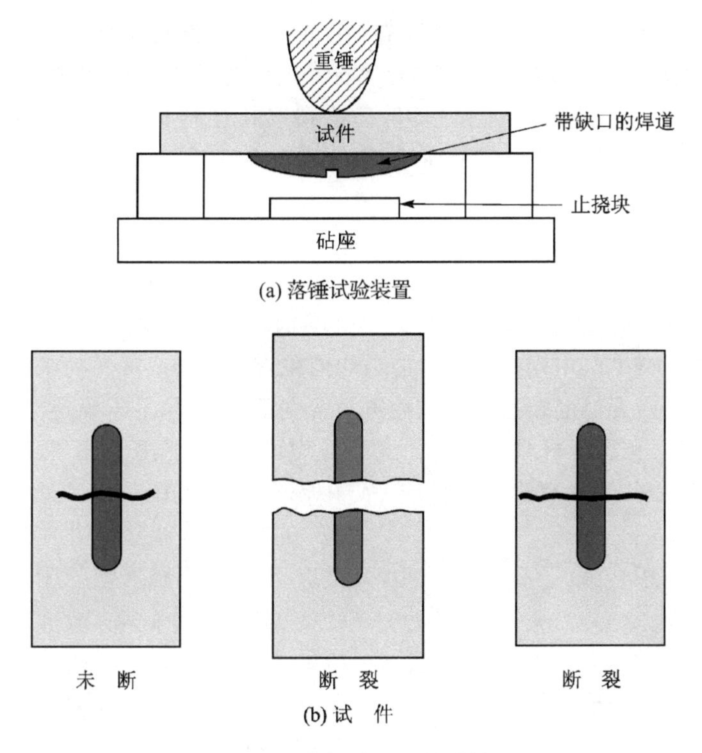

(a) 落锤试验装置

(b) 试　件

图 4－41　落锤试验及断裂判别

在落锤试验中，如果锯口未开裂则判为试验无效，表明断裂前试件发生塑性变形，应降低温度再进行试验。锯口根部开裂但被母材制止未能扩展到试件边缘则判为未断。锯口根部开裂并扩展至边缘判为断裂，这样得到的试件断裂最高温度，即为无塑性转变温度 NDT。落锤试验是由爆炸鼓胀试验发展起来的，从断裂评定标准上来看，这种试验属于裂纹传播试验（或称止裂试验）。这种试验方法简单易行，已被广泛用于测定钢材的 NDT 温度和抗断裂设计。其缺点是试件尺寸不能反映大型焊接结构的尺寸效应和较大的拘束度，表面堆焊脆性焊道会使某些对热敏感的合金材料的性能有所变化，导致试验结果不能反映材料的真实性能。

将 NDT 与其他断裂试验结果相结合可建立用于结构设计的断裂分析图（FAD），如图 4－42 所示。

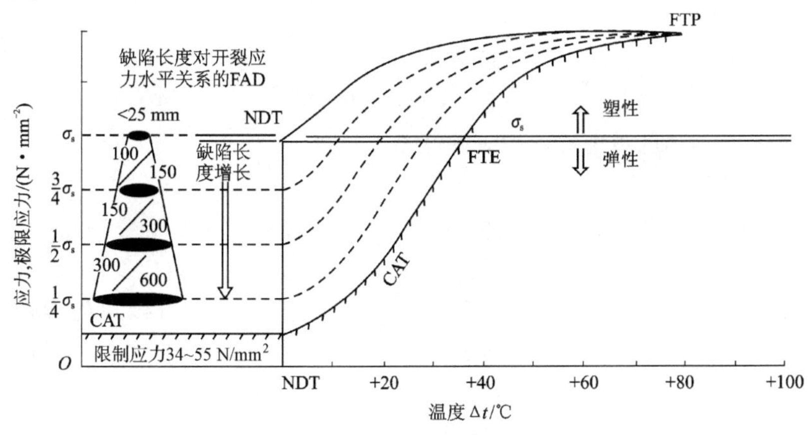

图 4－42　断裂分析图（FAD）

图 4-42 中给出了温度、缺陷尺寸和断裂强度的关系。当温度低于 NDT 时，随着缺陷尺寸的增加，断裂强度明显下降；但当工作温度高于 NDT 时，其断裂强度明显上升。当温度达到 FTE 后，其断裂强度不管缺陷尺寸如何，都达到或超过材料的屈服极限，而当温度达到 FTP 后，只有当应力达到材料的极限强度时，构件才发生破坏。结构设计时，可根据不同的断裂控制要求确定结构的最低工作温度。

(3) 动态撕裂试验

测定 NDT 温度的 DW 试验仅适用于低强度钢和一些中强度钢，对各向异性敏感的高强度钢以及超高强度钢并不适用。为了能反映出这类钢的抗撕裂敏感性，在 DW 试验基础上发展了落锤撕裂试验 DWTT，应用撕裂断口的剪切面积百分比与温度的关系获得转变温度。试验结果表明，DWTT 转变温度较微型缺口冲击功转变温度明显，易于确定，剪切面积百分比为 50% 的温度 $DWTT_{50}$ 相当于材料的 FTE。落锤撕裂试验结果与石油天然气输送管道的断裂行为有很好的一致性，因此在管道止裂性能评定中得到广泛应用。

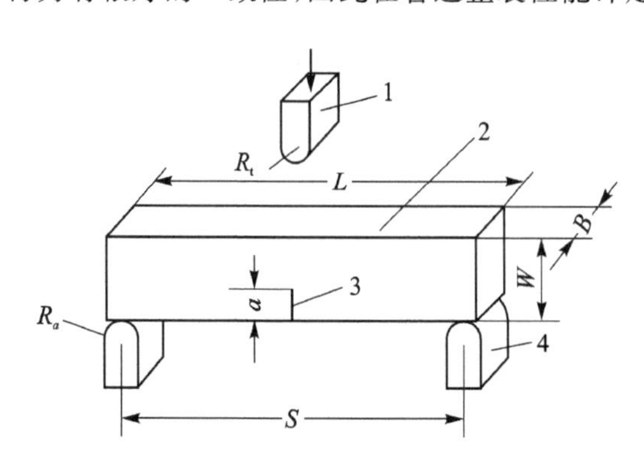

1—摆锤；2—试件；3—缺口；4—砧座

图 4-43 DT 试件和试验示意图

进一步的研究表明，DWTT 尚不能充分反映一些中、高强度钢的纯塑性断裂特征。为此，又发展了动态撕裂试验 DT。如图 4-43 所示，DT 试件的厚度通常为 16 mm，最大厚度可达 152～305 mm，缺口先采用机械方法加工，然后用特制刀刃将缺口压深到一定深度。试件在落锤式或摆锤式实验机上一次冲断，记录试验温度和冲击能量，绘制冲击能量和温度的关系曲线，该曲线的下平台所对应的温度就是材料的 NDT 温度。该方法不仅可以测定 NDT 温度，还能准确测定最高塑性断裂温度及相应的冲击功。试验结果证明，具有同一 NDT 温度的不同高强度钢，其纯塑性断裂的冲击功有较大差别，弥补了 DW 和 DWTT 试验结果的不足。

大量大厚度 DT 试验结果表明，试件厚度对 NDT 温度影响不大，但对其他的转变温度(FTE 和 FTP)却有明显影响。因此，FTE 和 FTP 温度要考虑厚度效应。例如，对 76 mm 以上的钢板有

$$FTE = NDT + 72\ ℃ \tag{4-66}$$

$$FTP = NDT + 94\ ℃ \tag{4-67}$$

对于大厚度钢板，FAD 图也要做相应的修正。

(4) 宽板拉伸试验

宽板拉伸试验是在实验室条件下模拟研究焊接结构低应力脆性断裂的重要方法。应用该试验可评估材料厚度、焊接工艺、焊接残余应力与变形、应力集中、热应变时效、裂纹和温度等因素对焊接结构脆性断裂行为的影响。Wells 于 1956 年提出了预开缺口的焊接宽板拉伸试验方法，试件尺寸为 910 mm×910 mm×25.4 mm，由两块钢板焊接而成。焊前试件焊接边加工成 X 形坡口，并在坡口锯出缺口(见图 4-44)，然后用焊条电弧焊焊成纵向对接焊缝。试件用连接板装在特制的拉伸试验机上，将试件中部冷却至不同温度后加载将其拉断。根据宽

板拉伸实验可以确定转变温度以及焊接结构断裂行为。

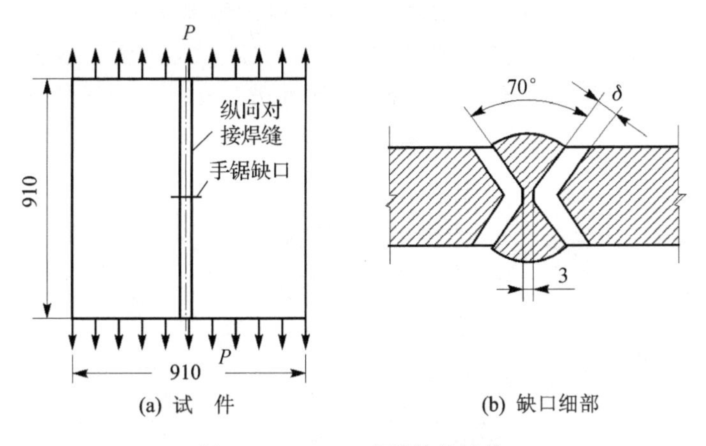

图 4-44　Wells 宽板拉伸试件

木原等人 1959 年进行了焊后开缺口的宽板拉伸试验(也称大板拉伸试验),试件尺寸为 1 000 mm×1 000 mm×25 mm,其断裂特征类似于 Wells 宽板试验。木原等人将试验结果与其他断裂试验结果综合整理后,形成图 4-45 所示的宽板拉伸试验断裂行为图。该图给出尖锐缺口和残余应力对碳钢焊接宽板断裂强度的影响。

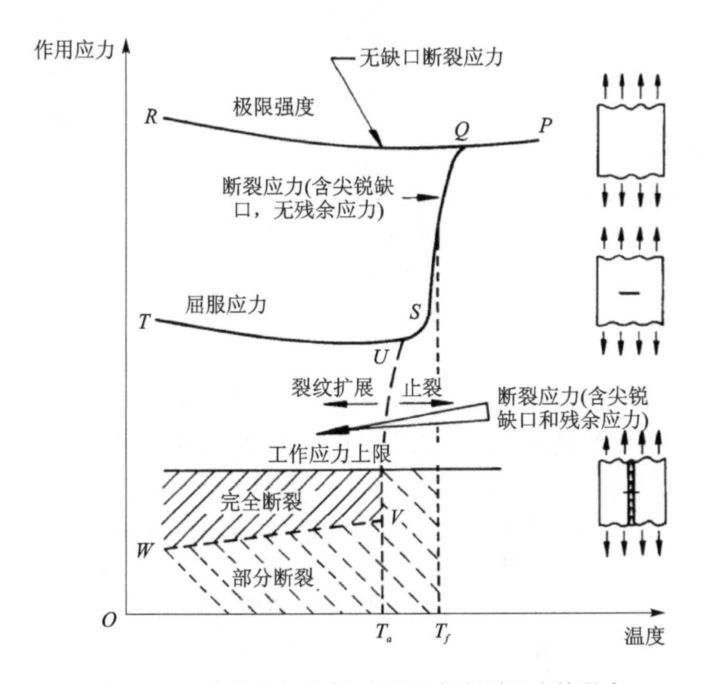

图 4-45　残余应力对碳钢焊接宽板断裂强度的影响

随着断裂力学理论的发展和应用,出现了多种宽板试验方法,各种试验方法都从不同的角度模拟了焊接结构的断裂行为,试验设计时要综合考虑结构的特征和工作环境。

(5) 尼伯林克(Niblink)试验

这种试验是检验母材或焊接接头抗脆断开裂性能的重要方法之一。该试验方法实际上是动载下的裂纹张开位移法。试验在一定温度下进行,用一定质量的重锤自高处自由落下,多次冲击试件,如图4-46所示。第一锤的高度按材料的强度级别来确定,每1 MPa升高1 cm,以后逐渐增加高度(高度在1 m以内每次增加10 cm,1 m以上每次增加20 cm)。每次冲击后,测量裂纹尖端的残余张开位移和扩展量。经过多次冲击,裂纹扩展不超过5 mm,残余张开位移≥6 mm即认为合格。如不合格,则升高试件温度重新试验。合格的温度就是尼伯林克试验的临界温度。

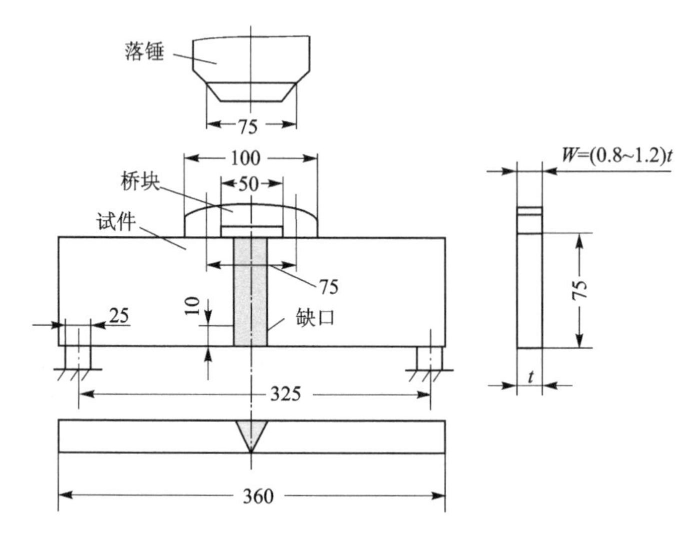

图4-46　尼伯林克(Niblink)试验示意图

(6) 止裂温度试验

1) 罗伯逊试验和ESSO(SOD)试验

罗伯逊试验和ESSO(SOD)试验是20世纪40年代发展起来的典型止裂试验。罗伯逊试验用的试件如图4-47所示。试件一端呈半圆形,在其圆心区钻孔并加工缺口,然后将试件焊接到连接板上。试验时,在试件上预设一个有稳定温度梯度的温度场,可在试件一端圆孔内喷淋液氮,而在另一端用电阻丝加热。调整温度场符合要求后,用重锤向试件半圆端施加冲击载荷,使缺口开裂。在均匀的拉应力作用下,裂纹沿试件长度方向扩展,达到某一温度区域后止裂。裂纹尖端出现剪切唇的温度就是止裂温度。在不同的载荷下进行试验,可获得平均应力与止裂温度的关系曲线,称为止裂温度(CAT)曲线,如图4-42中CAT曲线。

CAT曲线也可以从ESSO石油公司的ESSO试验(早期称SOD试验)获得。这种实验的全部试件处在同一温度场中,试件的一侧有一个尖锐的缺口,而在另一侧用楔子加载,如图4-48所示。当图中冷却区达到指定温度时,对楔子用锤击加载,使之引发脆性裂纹,然后根据裂纹贯穿或停止,绘制CAT曲线。

2) 双重拉伸试验

双重拉伸试验是对罗伯逊试验的一种改进。罗伯逊试验采用冲击力来引发脆性裂纹,而双重拉伸试验则是采用一个附加的静载在试件的一端引发裂纹,使裂纹向有均匀拉伸载荷的试件主体扩展,造成断裂或止裂。试件和加载情况如图4-49所示。试件上的温度分布可以采用梯度温度,也可以采用均匀温度。采用双重拉伸试验同样可以获得止裂应力与温度的关系。

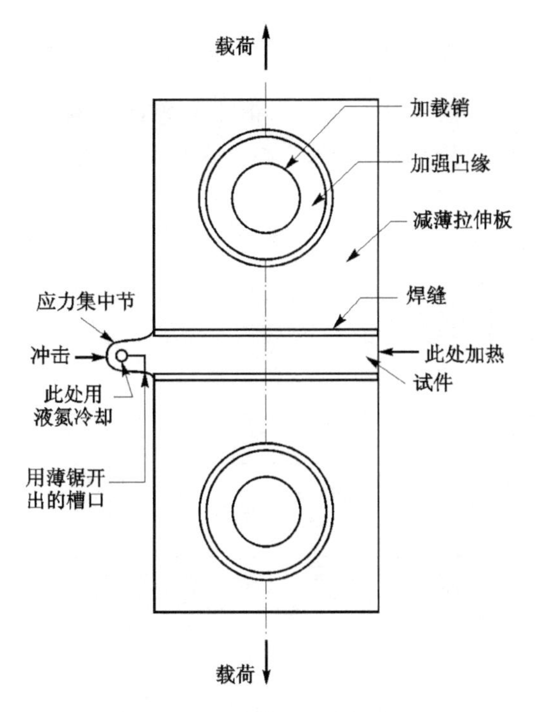

图 4－47　罗伯逊试验的试件

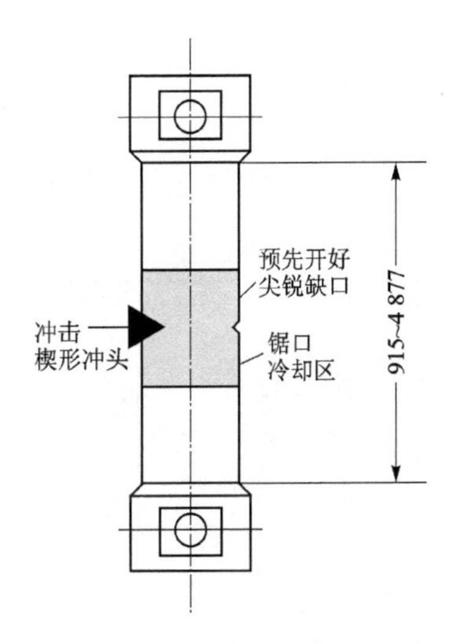

图 4－48　ESSO(即 SOD)止裂试验的试件

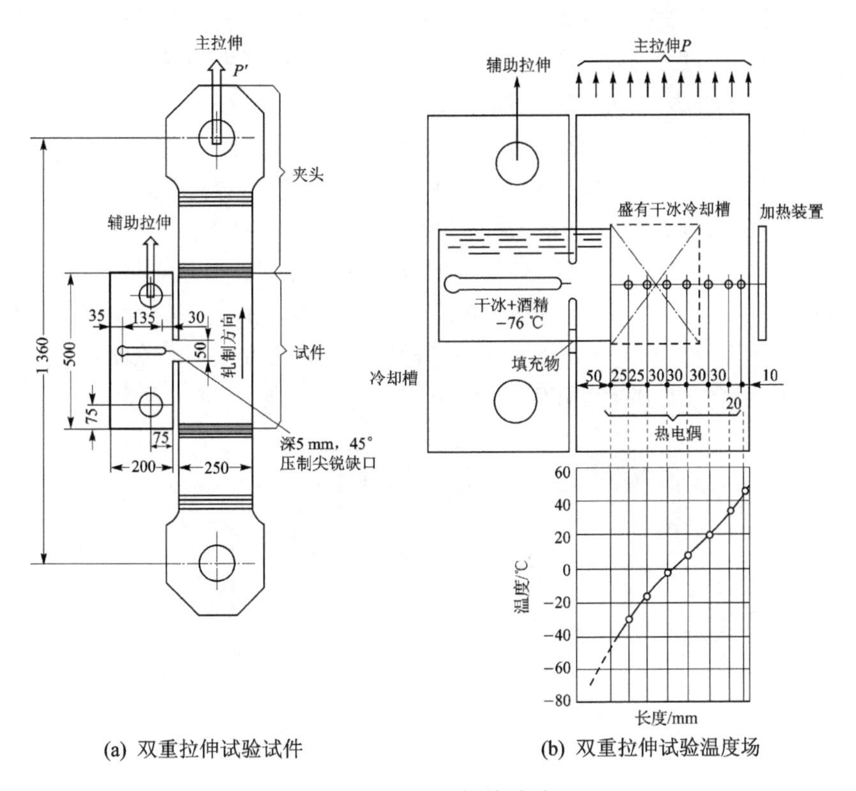

(a) 双重拉伸试验试件　　(b) 双重拉伸试验温度场

图 4－49　双重拉伸试验

2. 断裂力学试验

(1) K_{IC} 试验

测定 K_{IC} 的常用的试件为紧凑拉伸试件(见图 4-50(a))和三点弯曲试件(见图 4-50(b))。测定 K_{IC} 时,为保证裂纹尖端塑性区尺寸远小于周围弹性区的尺寸,即小范围屈服并处于平面应变状态,试件尺寸必须满足以下要求:

$$B \geqslant 2.5(K_{IC}/\sigma_s)^2 \tag{4-68a}$$

$$a \geqslant 2.5(K_{IC}/\sigma_s)^2 \tag{4-68b}$$

$$W-a \geqslant 2.5(K_{IC}/\sigma_s)^2 \tag{4-68c}$$

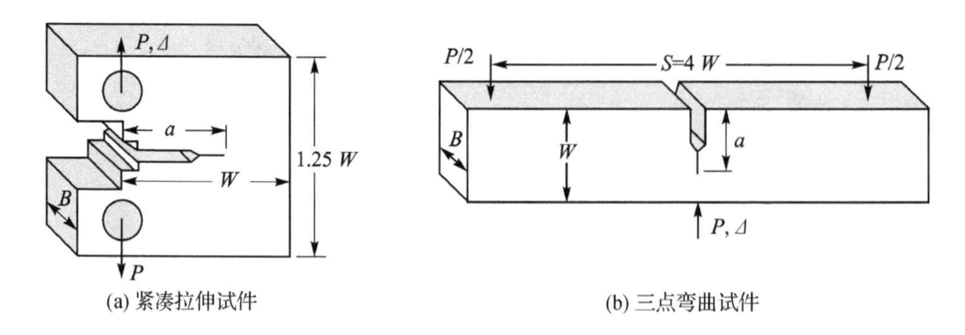

(a) 紧凑拉伸试件　　(b) 三点弯曲试件

图 4-50 紧凑拉伸与三点弯曲试件

试件毛坯经粗加工、热处理和磨削,随后在钼丝切割机床上开切口,再在疲劳试验机上预制裂纹。预制裂纹的长度不小于 1.5 mm。裂纹总长是切口深度与预制裂纹长度之和,应在 (0.45~0.55)W 之间,平均为 0.5W,故韧带尺寸 $W-a=0.50W$。

试验时记录载荷 P 与裂纹嘴张开位移 V 的关系曲线。载荷 P 由载荷传感器测量,裂纹嘴张开位移 V 用夹式引伸计测量(见图 4-51)。根据 $P-V$ 曲线,可求出裂纹失稳扩展时的临界载荷 P_Q。P_Q 相当于裂纹扩展量 $\Delta a/a=2\%$时的载荷。对于标准试件,$\Delta a/a=2\%$大致相当于 $\Delta V/V=5\%$。为求 P_Q,从 $P-V$ 曲线的坐标原点画 OP_5 直线,其斜率较 $P-V$ 曲线的直线部分的斜率小 5%,如图 4-52 所示。$P-V$ 曲线与 OP_5 的交点对应的载荷为 P_5。这个条件相当于 $\Delta V/V=5\%$。图 4-52 所示为不同的确定 P_Q 的方法。若在 P_5 之前,没有比 P_5 大的载荷,则取 $P_Q=P_5$;若在 P_5 前有一较 P_5 大的载荷,则取该载荷为 P_Q。

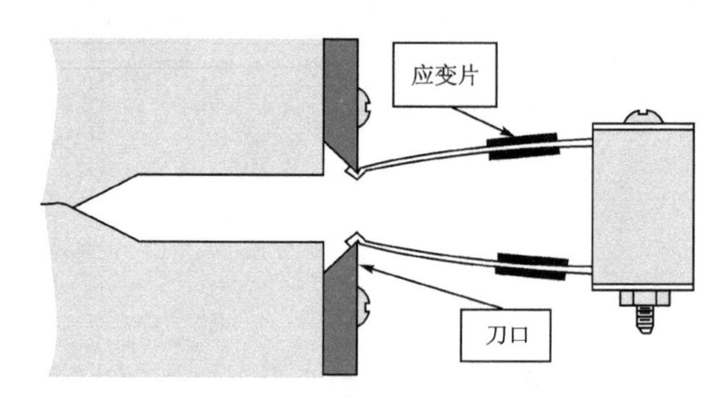

图 4-51 裂纹嘴张开位移的测量

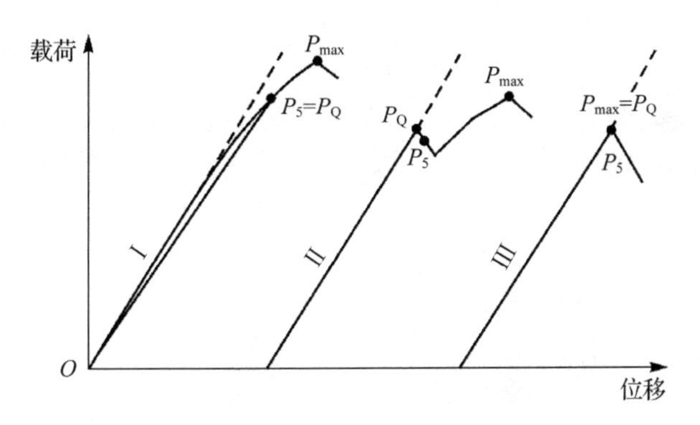

图 4-52　载荷与位移的关系

试件压断后，用工具显微镜测量平均裂纹长度 a。求得 P_Q 和 a 值后，即可代入下列相应的 K_I 表达式，计算出 K_Q。最后按标准要求进行有效性检验。若满足有效性规定，则 K_Q 即为 K_{IC}；否则，将原试件尺寸加大 50%，重新测定 K_{IC} 值。

三点弯曲试样的应力强度因子按下式计算：

$$K_I=\frac{P_Q S}{BW^{3/2}}f\left(\frac{a}{W}\right) \tag{4-69}$$

式中：

$$f\left(\frac{a}{W}\right)=\frac{3\left(\frac{a}{W}\right)^{1/2}\left\{1.99-\left(\frac{a}{W}\right)\left(1-\frac{a}{W}\right)\left[2.15-3.93\left(\frac{a}{W}\right)+2.7\left(\frac{a}{W}\right)^2\right]\right\}}{2\left(1+\frac{2a}{W}\right)\left(1-\frac{a}{W}\right)^{3/2}}$$

紧凑拉伸试样的应力强度因子按下式计算：

$$K_I=\frac{P_Q}{BW^{1/2}}f\left(\frac{a}{W}\right) \tag{4-70}$$

式中：

$$f\left(\frac{a}{W}\right)=\frac{\left(2+\frac{a}{W}\right)\left[0.886+4.64-13.32\left(\frac{a}{W}\right)^2+14.72\left(\frac{a}{W}\right)^3-5.6\left(\frac{a}{W}\right)^4\right]}{\left(1-\frac{a}{W}\right)^{3/2}}$$

(2) J 积分试验

J_{IC} 的测定是根据 J 积分的变形功差率定义，通过加载过程中载荷 P 与加载点的位移 Δ 的关系曲线来计算。根据 $P-\Delta$ 曲线(见图 4-53)计算 J 值时，可将 J 分为弹性和塑性两部分

$$J=J_e+J_p \tag{4-71}$$

式中：J_e——J 的弹性分量；

J_p——J 的塑性分量。

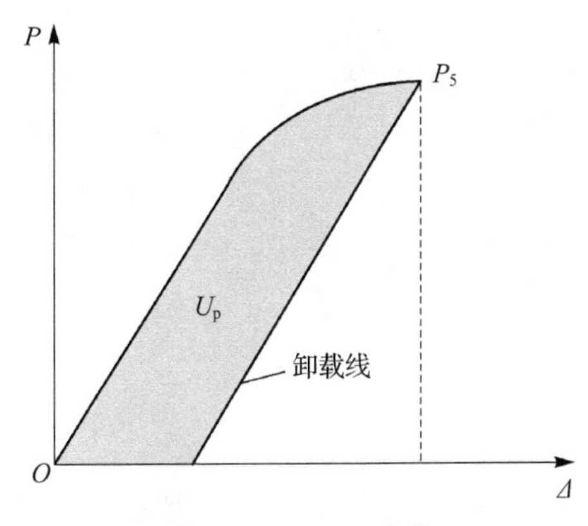

图 4-53　$P-\Delta$ 曲线

它们分别为

$$J_e=G_I=\frac{(1-\nu^2)K_I^2}{E} \tag{4-72}$$

$$J_p = \frac{2U_p}{B(W - a_0)} \tag{4-73}$$

J_{IC} 试验中需要测定起裂点 J_i，可采用声发射或电位法等物理方法检测起裂点，也可以采用 J 积分阻力曲线法确定。应用 J 积分阻力方法测定 J_{IC} 可参见有关国家标准。J 积分阻力曲线是 J 积分值(裂纹扩展阻力 J_R)随裂纹扩展量 Δa 变化的关系曲线，也称为 J_R 曲线。如图4-54(a)所示，当外加 J 积分值小于 J 积分的临界值 J_{IC} 时，裂纹钝化并不扩展；当外加 J 积分值超过 J_{IC} 时，裂纹起裂并稳定扩展。在标准阻力曲线的绘制中，常将裂纹钝化的影响除去，得到图4-54(b)所示的 J_R 曲线。

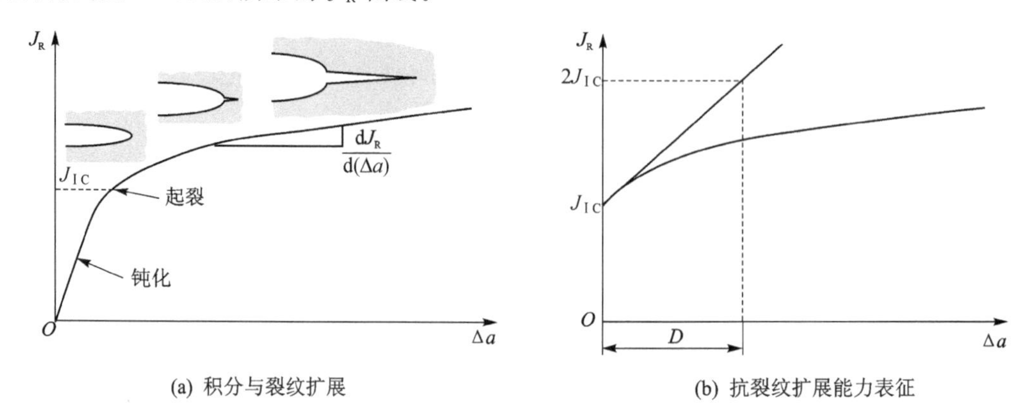

(a) 积分与裂纹扩展　　(b) 抗裂纹扩展能力表征

图4-54　J_R 曲线

对于韧性材料，J_R 随 Δa 增加而迅速上升，$J_R - \Delta a$ 曲线表示了韧性材料随裂纹扩展而表现出来的抗裂潜力，可由下式表示的具有长度量纲的材料常数 D 来度量：

$$D = \frac{J_{IC}}{\left(\frac{dJ_R}{d\Delta a}\right)_{\Delta a \to 0}} \tag{4-74}$$

D 的物理意义见图4-54(b)。若裂纹扩展量 Δa 很小，则扩展段阻力曲线可用起裂点的切线近似。D 表示沿此切线使 J_R 值自 J_{IC} 加倍时裂纹扩展的距离。D 值越大，表明材料抗裂纹扩展能力越弱；D 值越小，表明材料抗裂纹扩展能力越强。

(3) CTOD试验

CTOD试验一般采用三点弯曲试样，试验时记录载荷与裂纹张开位移之间的关系，然后用裂纹的张开位移 V 换算出CTOD值。图4-55所示为CTOD试验原理。

弹塑性情况下，CTOD包括弹性和塑性两部分，即

$$\delta = \delta_e + \delta_p \tag{4-75}$$

夹式引伸计的张开位移 V 与裂纹尖端张开位移 δ 之间的换算关系为

$$\delta_e = \frac{K_I^2(1-\nu^2)}{2\sigma_s E} \tag{4-76}$$

$$\delta_p = \frac{r_p(W-a)V_p}{r_p(W-a)+a+z} \tag{4-77}$$

式中：r_p——转动因子，一般取 $r_p = 0.45$；

V_p——按图4-56确定。

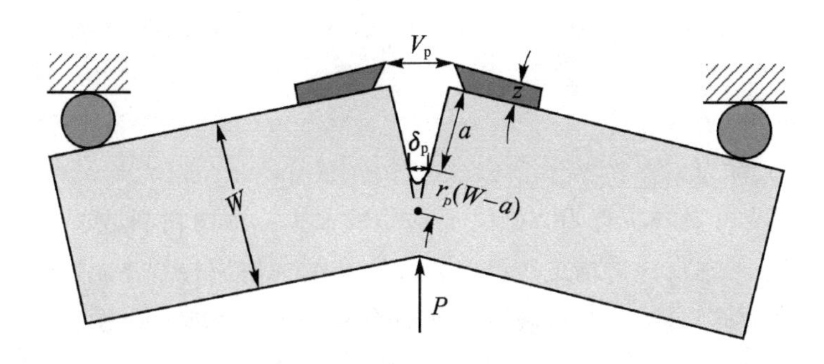

图 4-55　CTOD 试验原理

根据 $P-V$ 曲线的类型，可获得以下不同的临界 CTOD 的特征值：

① 脆性起裂 CTOD 值 δ_C　原始裂纹稳态扩展小于 0.05 mm 的脆性失稳断裂点或突进点所对应的 CTOD 值，如图 4-56 中的①、②两种情况。

② 延性起裂 CTOD 值 δ_i　原始裂纹起裂时的 CTOD 值，如图 4-56 中③～⑤曲线上 P_u、P_m 前的起裂点。

③ 脆性失稳 CTOD 值 δ_u　原始裂纹稳态扩展大于 0.05 mm 的脆性失稳断裂点或突进点所对应的 CTOD 值，如图 4-56 中的③、④两种情况。

④ 最大载荷 CTOD 值 δ_m　$P-V$ 曲线中最大载荷点或最大载荷平台开始点所对应的 CTOD 值，如图 4-56 中的⑤情况。

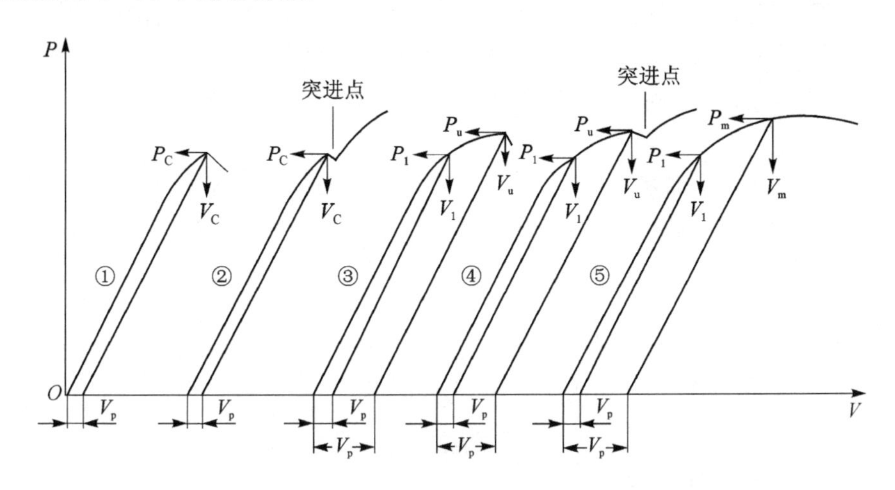

图 4-56　$P-V$ 曲线与 CTOD 特征值

根据 $P-V$ 曲线确定临界的 P_C、V_C，代入式(4-76)和式(4-77)即可求得临界 CTOD 值 δ_C。

4.4.4　焊接结构的合于使用评定

1. 合于使用评定

合于使用原则是考虑如何在经济可承受的条件下保证结构的功能。保证结构的完整性是确保合于使用的基础。焊接结构的绝对完整往往是很难做到的，其完整程度被接受的准则是合于使用性,或者说其损伤程度不影响使用性能。合于使用评定就是分析损伤对焊接结构完整性的影响,确定焊接结构的完整程度。因此,合于使用评定是焊接结构完整性研究的主要内容之一。

合于使用评定又称为工程临界分析ECA(Engineering Critical Assessment),是以断裂力学、弹塑性力学及可靠性系统工程为基础的工程分析方法。结构在制造过程中,出现了缺陷,可根据"合于使用"原则确定该结构是否可以验收。在结构使用过程中,评定所发现的缺陷是否允许存在;在设计新的焊接结构时,规定了缺陷验收的标准。国内外长期以来广泛开展了断裂评估技术的研究工作,形成了以断裂力学为基础的合于使用评定方法,有关应用已产生显著的经济效益和社会效益。多个国家已经建立了适用于焊接结构设计、制造和验收的"合于使用"原则的标准,成为焊接结构设计、制造、验收相关标准的补充。焊接结构合于使用评定方法将在第4章介绍。

质量控制标准与合于使用原则可以并用,在结构制造过程中,若符合质量控制标准要求,对于脆断危险性不高的结构,则不必按合于使用原则进行评定;而对于具有高可靠性要求的结构,则应该对结构的缺陷容限及剩余寿命依据合于使用原则进行评定。若在结构使用过程中发现缺陷,则需要采用合于使用原则对缺陷进行评定。

2. 焊接结构合于使用评定方法概述

目前,各国在结构完整性分析方面趋向于采用英国中央电力局(CEGB)提出的R6评定方法对结构的合于使用性进行评定。CEGB R6评定方法——带缺陷结构的完整性评定的R/H/R6报告于1976年发表,1977年第一次修订,简称R6方法。1980年第二次修订,1986年进行第三次修订。2000年,R6发布了第四修订版。该方法集中反映了弹塑性断裂力学的发展。

R6方法使用失效评定曲线(见图4-57)对含缺陷结构的完全性进行评定,纵轴和横轴分别代表断裂驱动力与断裂韧性的比率以及施加载荷与塑性失稳载荷的比率,以如下两个参量表示:

$$K_r=\frac{K}{K_{mat}} \quad 或 \quad K_r=\sqrt{\delta_r}=\left(\frac{\delta}{\delta_{mat}}\right)^{\frac{1}{2}} \tag{4-78}$$

$$L_r=\frac{P}{P_L(\sigma_y)} \tag{4-79}$$

式中:K 或 δ——断裂驱动力;

K_{mat} 或 δ_{mat}——断裂阻力;

P——作用载荷;

P_L——含缺陷结构的极限载荷。

K_r 和 L_r 取决于施加载荷、材料性能以及裂纹尺寸、形状等几何参数。

采用上述方法对有缺陷构件进行失效分析时,需要按有关规范要求对缺陷进行规则化处理,然后分别计算 K_r 和 L_r 并标在失效评定图上作为评定点,根据评定点的位置可评估缺陷的危险程度。如果评定点(K_r,L_r)位于坐标轴与失效评定曲线之间,则结构是安全的;如果评定点位于失效曲线之外的区域,则结构是不安全的;如果评定点落在失效评定曲线、截断线

$(L_r = L_{r\max})$以及纵横坐标之间，则缺陷是安全的；否则缺陷是不安全的；若评定点落在失效曲线上，则结构处于临界状态。根据评定点所处的区域，可判断结构断裂的模式（见图4-58）。

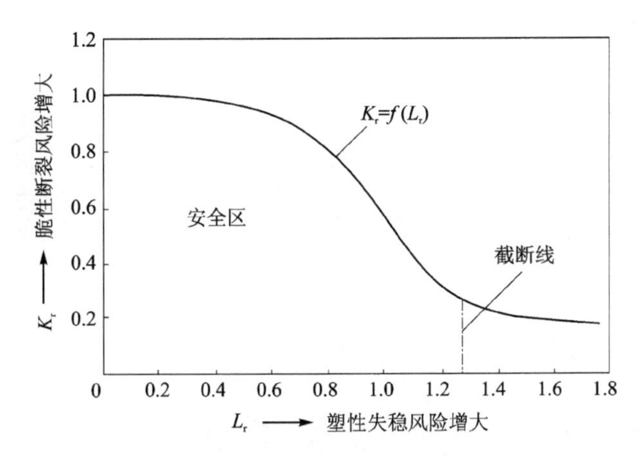

图4-57　失效评定曲线

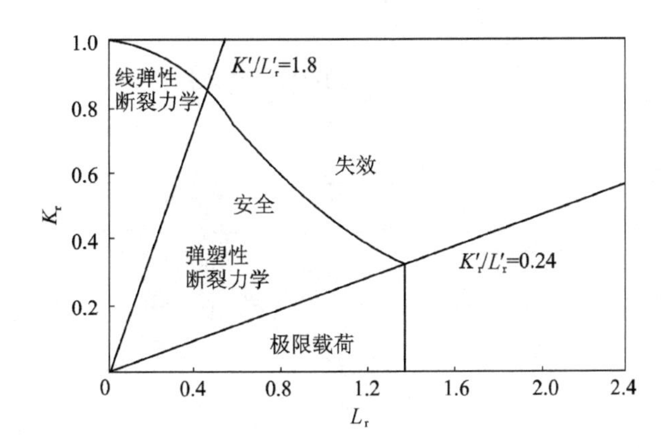

图4-58　断裂模式与失效评定曲线

在断裂评定图中，失效评定曲线由函数$f(L_r)$定义。最简单的失效评定曲线方程为

$$f(L_r) = (1 + 0.5L_r^2)^{-1/2}[0.3 + 0.7\exp(-0.6L_r^6)] \tag{4-80}$$

式中：L_r——截断线，$L_r < L_{r\max} \equiv \frac{1}{2}\left(1+\frac{\sigma_u}{\sigma_y}\right)$；

σ_u——材料的流变应力。

3. 缺陷的规则化

在对缺陷进行评定时，需要将缺陷进行规则化处理。表面缺陷和深埋缺陷分别假定为半椭圆形裂纹和椭圆形埋藏裂纹。简化时要考虑多个缺陷的相互作用，应根据有关规范进行复合化处理（见图4-59）。最后将表面缺陷和埋藏缺陷换算成当量（或称等效的）贯穿裂纹尺寸，换算曲线如图4-60和图4-61所示。其中，$\bar{a}$为当量贯穿裂纹的半长。

构件的同一截面上的多个相邻缺陷会产生相互作用，在缺陷评定时要进行复合处理。表4-2列出了典型平面缺陷的复合准则。

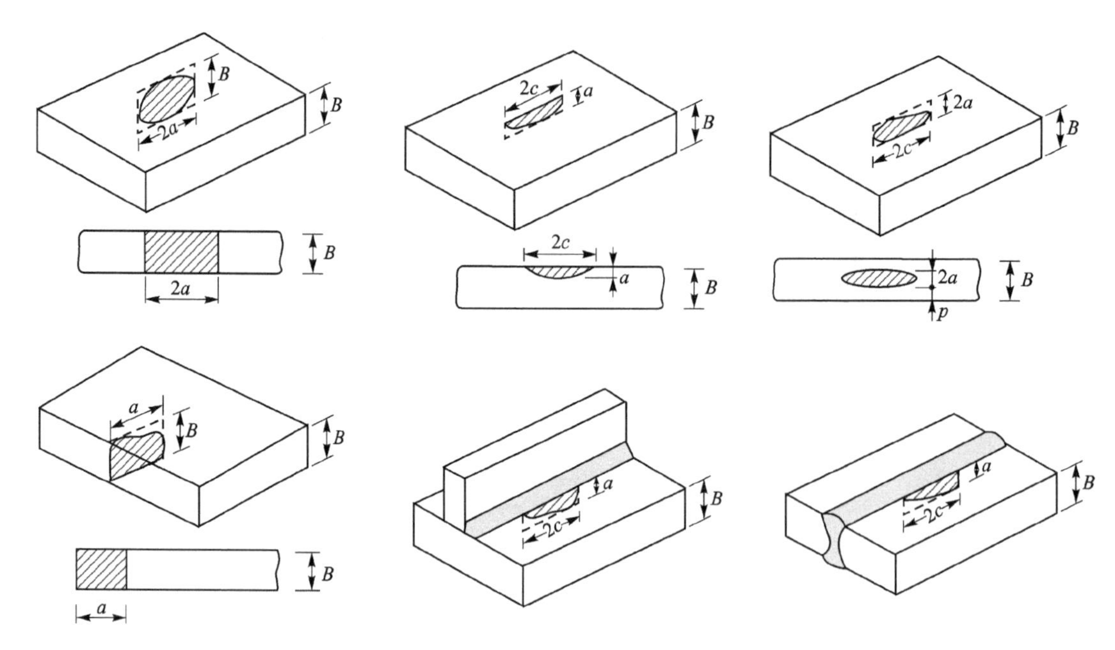

图 4-59 缺陷的尺寸及理想化

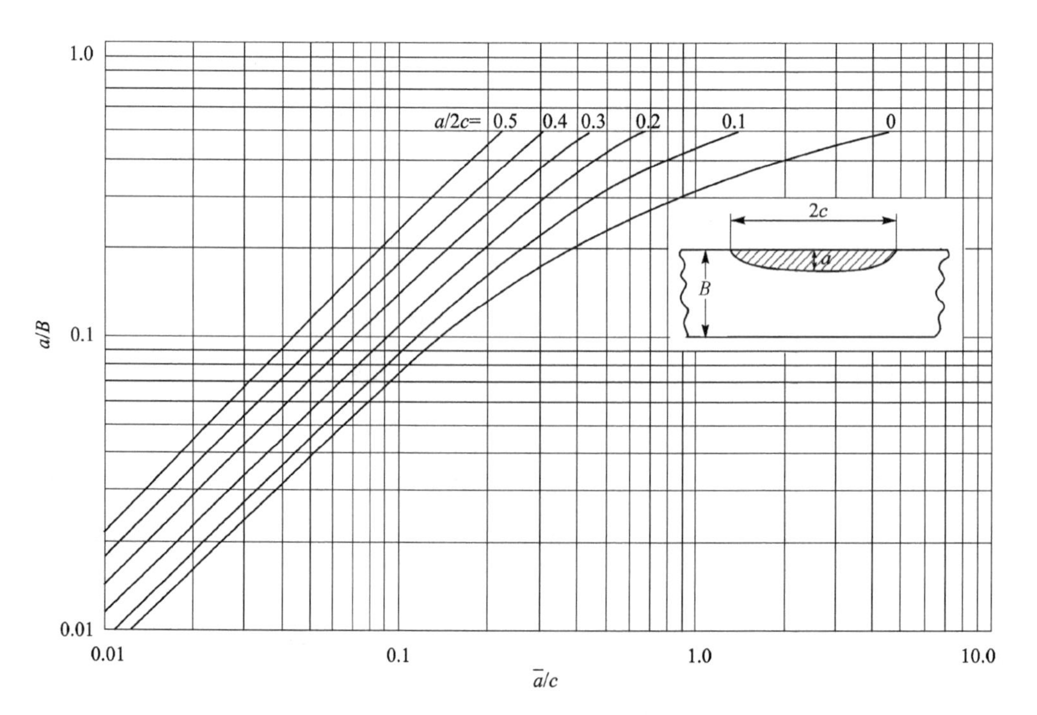

图 4-60 表面缺陷换算曲线

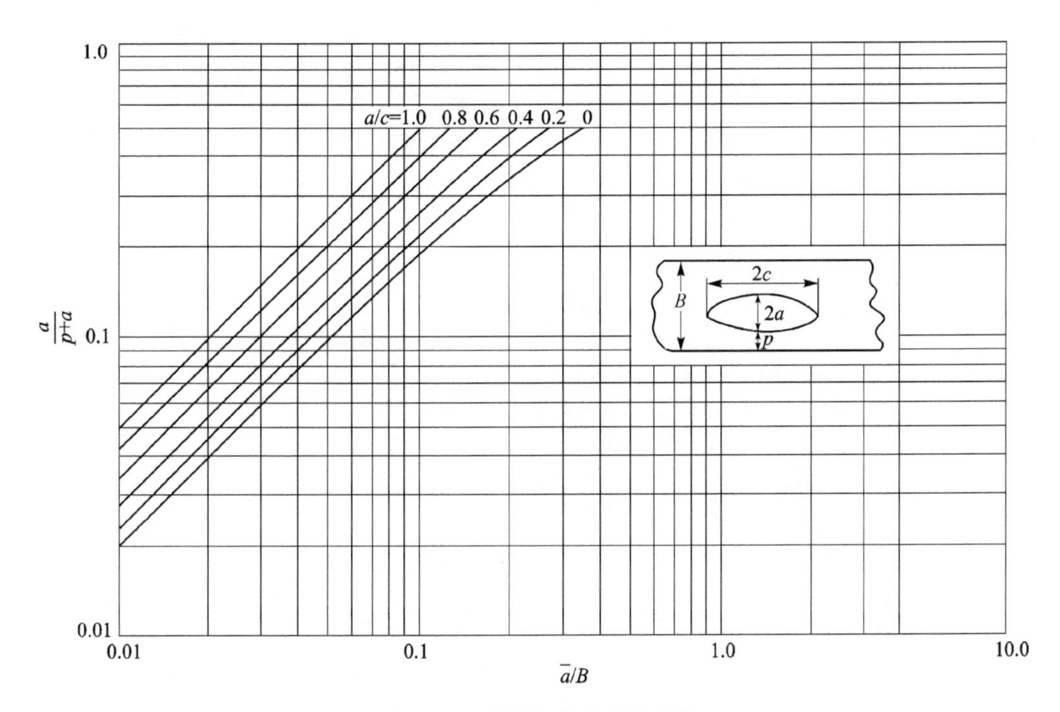

图 4-61　埋藏缺陷的换算曲线

表 4-2　平面缺陷复合准则

缺陷形式	复合准则	当量化有效尺寸
$2c$, $2c_1$, s, $2c_2$, a, a_1, a_2	$s \leqslant c_1 + c_2$	$2c = 2c_1 + 2c_2 + s$ $a = a_1$ 或 $a = a_2$ （取较大值）
$2c_2$, $2a_2$, s, $2a$, $2a_1$, $2c_1$, $2c$	$s \leqslant a_1 + a_2$	$2a = 2a_1 + 2a_2 + s$ $2c = 2c_1$ 或 $2c = 2c_2$ （取较大值）
$2c$, $2c_2$, s, $2c_1$, $2a_2$, $2a_1$, $2a$	$s \leqslant c_1 + c_2$	$2c = 2c_1 + 2c_2 + s$ $2a = a_1$ 或 $2a = a_2$ （取较大值）

续表 4-2

缺陷形式	复合准则	当量化有效尺寸
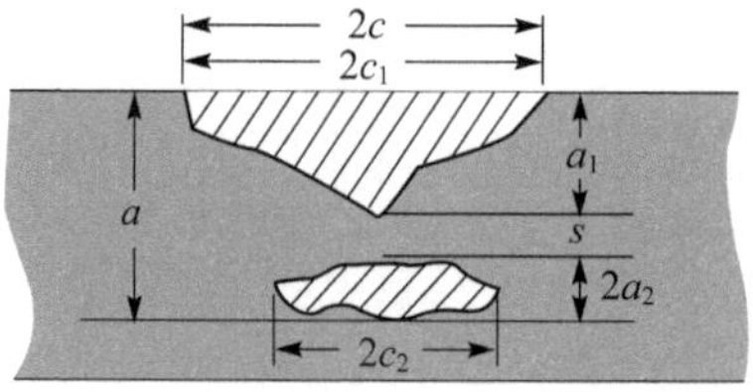	$s \leqslant a_1 + a_2$	$a = a_1 + 2a_2 + s$ $2c = 2c_1$ 或 $2c = 2c_2$ (取较大值)
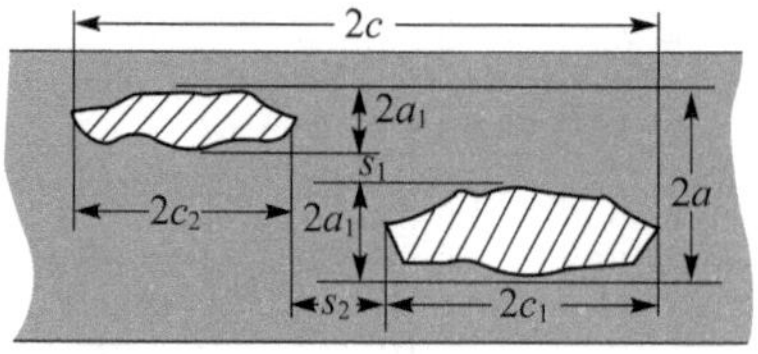	$s_1 \leqslant a_1 + a_2$ 和 $s_2 \leqslant c_1 + c_2$	$2c = 2c_1 + 2c_2 + s_2$ $2a = 2a_1 + 2a_2 + s_1$
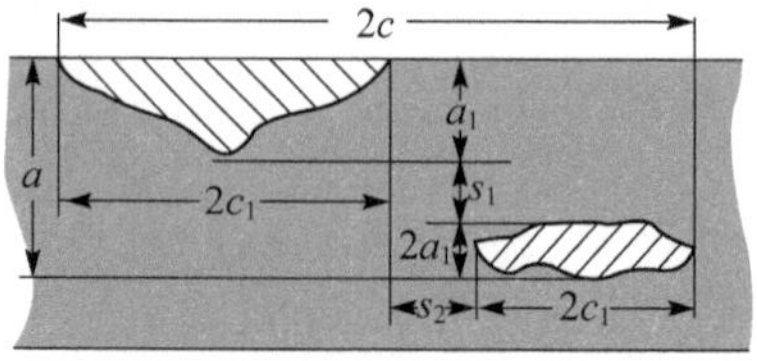	$s_1 \leqslant a_1 + a_2$ 和 $s_2 \leqslant c_1 + c_2$	$2c = 2c_1 + 2c_2 + s_2$ $a = a_1 + 2a_2 + s_1$

思考题

1. 说明脆性断裂与延性断裂的区别。
2. 控制含裂纹结构断裂的主要因素是什么?
3. 影响焊接结构脆性断裂的设计因素有哪些?
4. 分析材料无延性转变温度 NDT 的实际意义及应用。
5. 分析残余应力对焊接接头脆性断裂的影响。
6. 材料厚度对断裂韧度有何影响?
7. 防止焊接结构脆性断裂的措施有哪些?
8. 说明材料的韧性-脆性转变温度的试验方法。
9. 常用的断裂力学试验有哪几种方法?

第5章　焊接接头的疲劳强度

5.1　材料的疲劳强度

疲劳断裂是金属结构失效的一种主要形式。大量统计资料表明，在金属结构失效中，80%以上是由疲劳引起的。焊接结构的疲劳断裂往往是由焊接接头细节部位的疲劳累积损伤导致的，所以焊接接头的疲劳强度是焊接结构抗疲劳性能的基本保证。

5.1.1　疲劳断裂机理

疲劳是材料在循环应力或应变的反复作用下所发生的性能变化，是一种损伤累积的过程。经过足够次数的循环应力或应变作用后，金属结构局部就会产生疲劳裂纹或断裂。

疲劳断裂与脆性断裂相比较，二者断裂时的形变都很小，但疲劳断裂需要多次加载，而脆性断裂一般不需要多次加载；结构脆性断裂是瞬时完成的，而疲劳裂纹的扩展较缓慢，需经历一段时间甚至很长时间才发生破坏。对于脆性断裂，温度的影响是极其重要的，随着温度的降低，脆性断裂的危险性迅速增加，但材料的疲劳强度变化不显著。

金属结构的疲劳抗力取决于构件材料本身及形状、尺寸、表面状态和服役条件。任何材料的疲劳断裂过程都经历裂纹萌生、稳定扩展和失稳扩展（即瞬时断裂）三个阶段。在疲劳断口上可观察到“年轮弧线”的痕迹，并可分为疲劳裂源区、疲劳裂纹扩展区和瞬时断裂区，如图5-1所示。

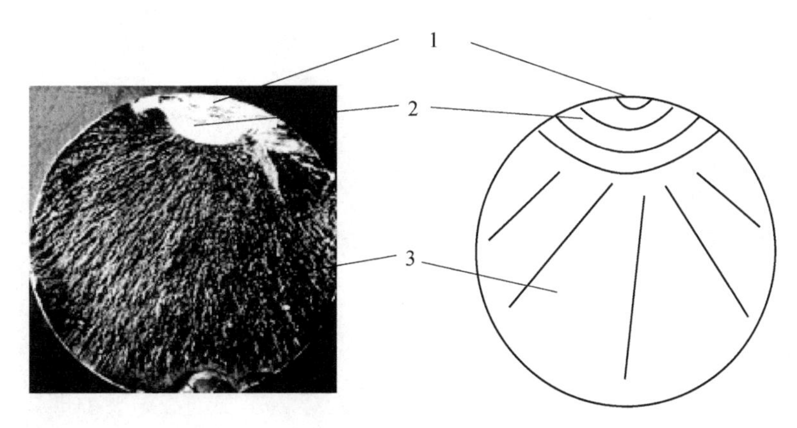

1—裂源区；2—裂纹扩展区；3—瞬时断裂区

图5-1　疲劳断口示意图

1. 疲劳裂源区

疲劳裂源区即疲劳裂纹的萌生区。疲劳裂纹萌生都是由局部塑性应变集中所引起的，由于材料的质量（冶金缺陷与热处理不当等）或设计不合理造成的应力集中，或加工不合理造成表面粗糙或损伤等，均会使裂纹在零件的某一部位萌生。疲劳裂纹一般有三种常见的萌生方式，即滑移带开裂，晶界和孪生界开裂，夹杂物或第二相与基体的界面开裂。

疲劳裂纹大多是在金属表面上萌生的。一般认为,具有与最大切应力面相一致的滑移面的晶粒首先开始屈服而发生滑移。在单调载荷和循环载荷作用下,都会出现滑移。图 5-2(a)所示为单调载荷和高应力幅循环载荷作用下的粗滑移,在低应力幅循环载荷作用下,则出现细滑移(见图 5-2(b))。随着循环加载的不断进行,金属表面出现滑移带的挤入和挤出现象(见图 5-2(c)),滑移带的挤入会形成严重的应力集中,从而形成疲劳裂纹。图 5-3 所示为单晶体的疲劳裂纹形核示意图。

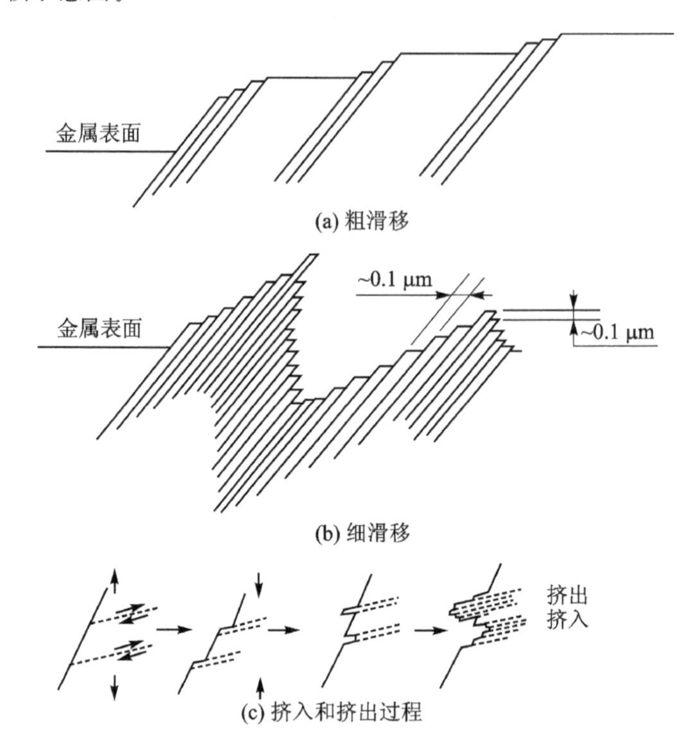

图 5-2 疲劳裂纹在金属表面上的形成过程

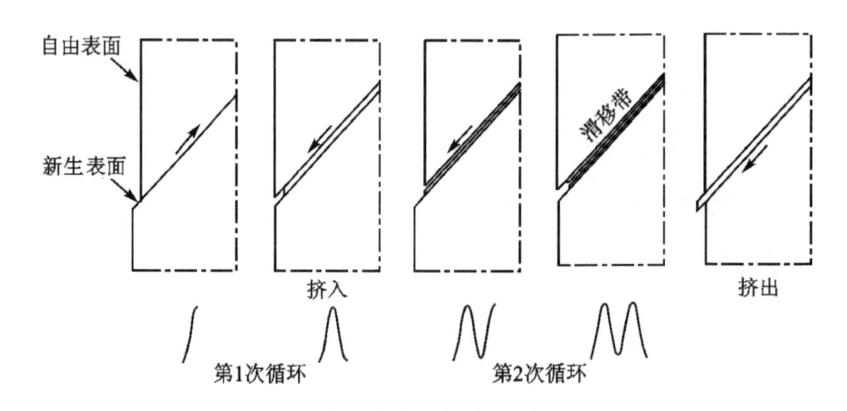

图 5-3 单晶体的疲劳裂纹形核示意图

2. 疲劳裂纹扩展区

疲劳裂纹的扩展可以分为两个阶段,即第Ⅰ阶段裂纹扩展和第Ⅱ阶段裂纹扩展(见图 5-4)。第Ⅰ阶段裂纹扩展时,在滑移带上萌生的疲劳裂纹首先沿着与拉应力成 45°的滑移面扩展。在微裂纹扩展到几个晶粒或几十个晶粒的深度后，裂纹的扩展方向开始由与应力成45°方向逐渐转向与拉伸应力相垂直的方向。这就是第Ⅱ阶段的裂纹扩展。裂纹从与主应力成45°方向逐渐转向与主应力垂直方向的扩展，成为宏观疲劳裂纹直至失稳和断裂。在带切口试件中，可能不出现裂纹扩展的第Ⅰ阶段。

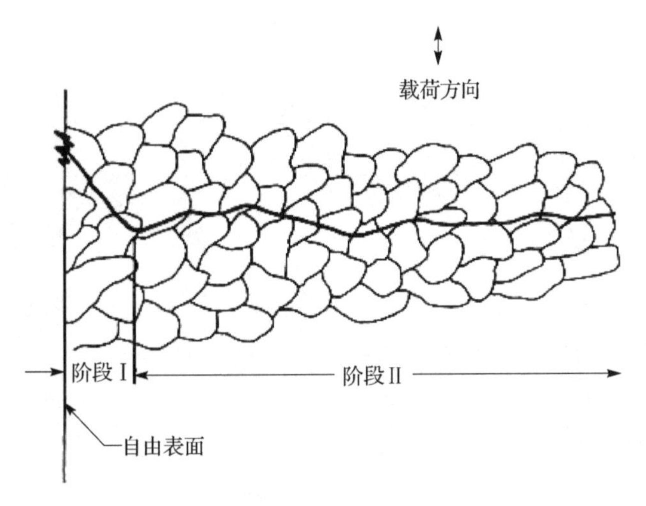

图5-4　疲劳裂纹的扩展示意图

在裂纹扩展的第Ⅱ阶段中，疲劳断口在电子显微镜下可显示出疲劳条带（见图5-5）。将图5-5中的疲劳带数目和排列与循环加强程序加以对照，可以发现一个加载循环形成一个疲劳条带。变换加载程序，疲劳条带的数目和排列也随之变化，并由此推断出，只在循环加载的拉伸部分裂纹才扩展。

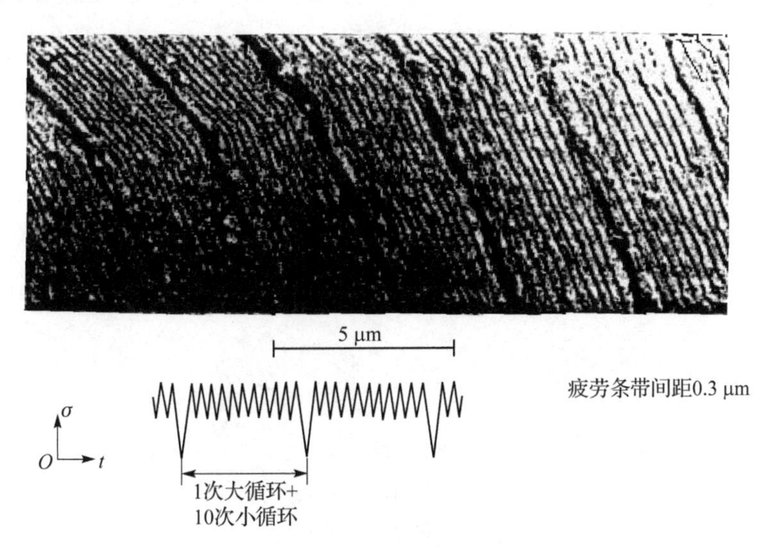

图5-5　疲劳裂纹断面剖面图

疲劳条带的形成通常引用塑性钝化模型予以说明。在每一循环开始时，应力为零，裂纹处于闭合状态（见图5-6(a)）。当拉应力增大时，裂纹张开，并在裂纹尖端沿最大切应力方向产生滑移（见图5-6 (b)）。拉应力增长到最大值，裂纹进一步张开，塑性变形也随之增大，使得裂纹尖端钝化(见图 5-6 (c)),因而应力集中减小,裂纹停止扩展。卸载时,拉应力减小,裂纹逐渐闭合,裂纹尖端滑移方向改变(见图 5-6 (d))。当应力变为压应力时裂纹闭合,裂纹尖端锐化,又回复到原先的状态(见图 5-6 (e))。由此可见,每加载一次,裂纹向前扩展一段距离,这就是裂纹扩展速率 da/dN,同时在断口上留下一疲劳条带,而且裂纹扩展是在拉伸加载时进行的。在这些方面,裂纹扩展的塑性钝化模型与实验观测结果相符。

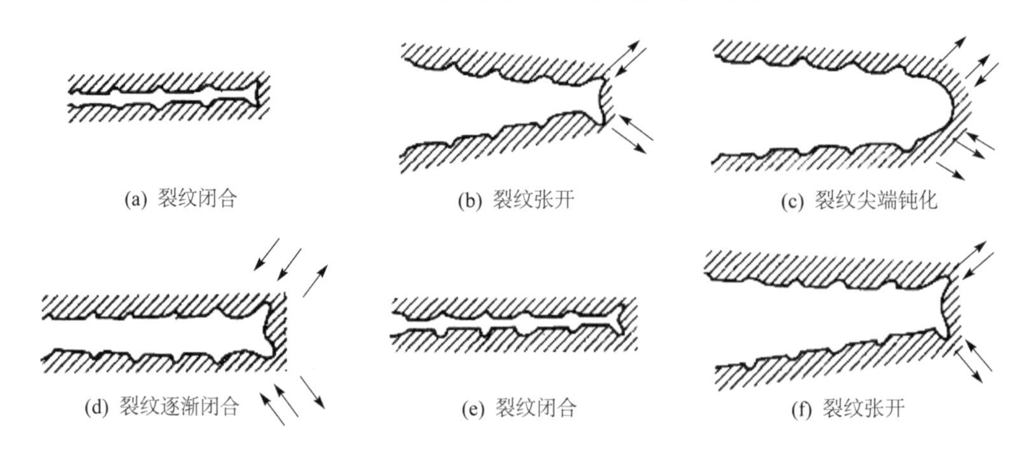

图 5-6 疲劳裂纹扩展示意图

3. 瞬时断裂区

断裂是疲劳破坏的最终阶段,这个阶段和前两个阶段不同,它是在一瞬间突然发生的。这是由疲劳损伤逐渐累积引起的,由于裂纹的不断扩展,使零件的剩余面积越来越小,当构件剩余断面不足以承受外载荷时(即剩余断面上的应力达到或超过材料的静强度时,或者当应力强度因子超过材料的断裂韧性时),裂纹突然发生失稳扩展以致断裂。裂纹的失稳扩展可能是沿着与拉伸载荷方向成 45°的剪切型或倾斜型。这种剪切可能是单剪切(见图 5-7(a)),也可能是双剪切(见图 5-7(b))。

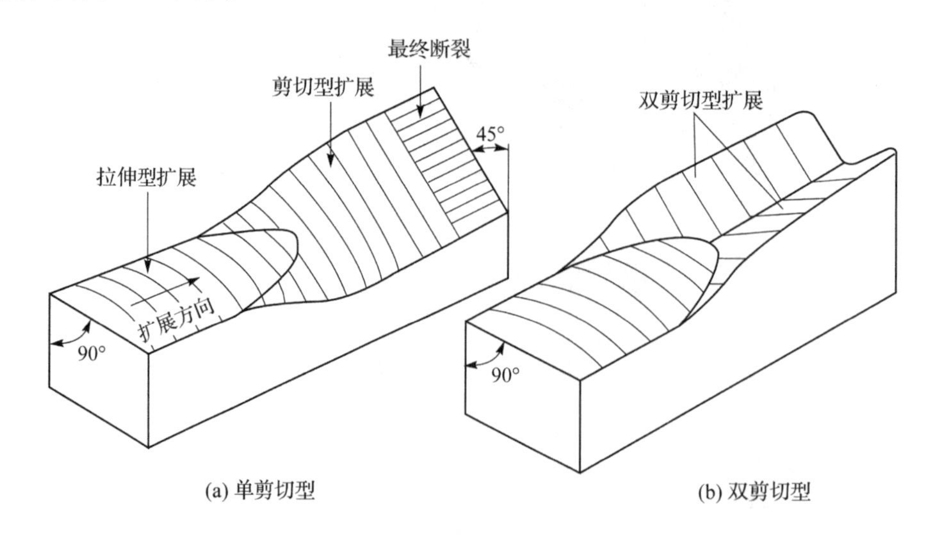

图 5-7 断面上裂纹扩展过程示意图

5.1.2　材料的疲劳性能

1. 应力疲劳与应变疲劳

在常温下工作的结构和机械的疲劳破坏取决于外载的大小。从微观上看，疲劳裂纹的萌生都与局部微观塑性有关。但从宏观上看，在循环应力水平较低时，弹性应变起主导作用，此时疲劳寿命较长，称为应力疲劳或高周疲劳；在循环应力水平较高时，塑性应变起主导作用，此时疲劳寿命较短，称为应变疲劳或低周疲劳，其疲劳寿命一般低于 5×10^4 次。

(1) 应力疲劳

应力疲劳过程中，循环塑性应变为零或者远小于弹性应变，载荷历程以及疲劳损伤由循环应力控制。循环应力的类型主要有拉—拉、拉—压、压—压等形式，应力与时间的关系一般为正弦波或随机载荷，如图 5-8 所示。应力的每一个变化周期，称为一个应力循环。在应力循环中，最大应力 σ_{max}、最小应力 σ_{min}、平均应力 σ_m、应力范围 $\Delta\sigma$ 和应力幅值 σ_a 都是应力循环中的主要参数。应力循环的性质由平均应力和应力幅值来决定，应力循环的不对称特点由应力比 $R=\sigma_{min}/\sigma_{max}$ 表示，称为应力循环特征。

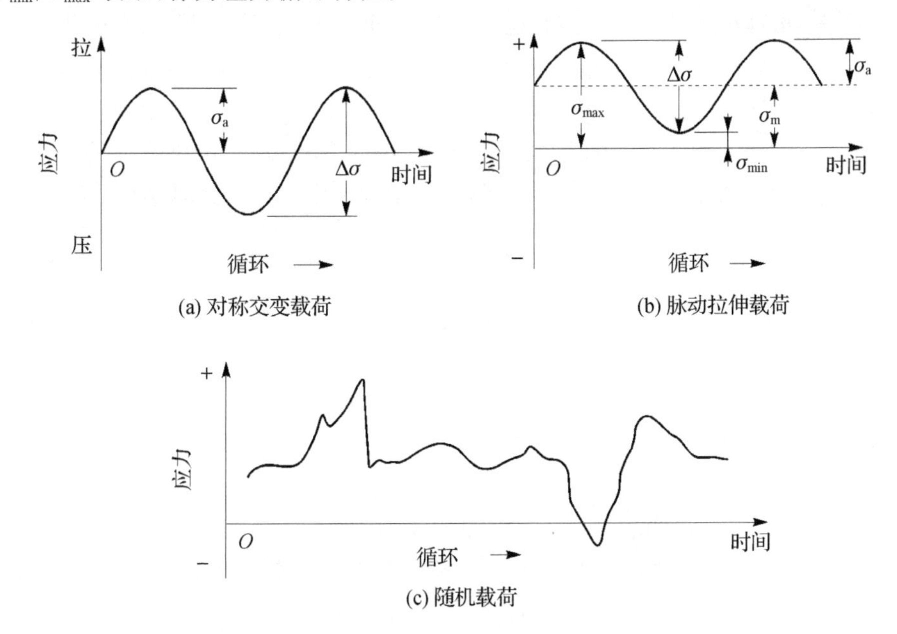

图 5-8　典型疲劳循环载荷

应力循环参数之间的关系为

$$\Delta\sigma=\sigma_{max}-\sigma_{min} \tag{5-1a}$$

$$\sigma_a=\frac{\sigma_{max}-\sigma_{min}}{2} \tag{5-1b}$$

$$\sigma_m=\frac{\sigma_{max}+\sigma_{min}}{2} \tag{5-1c}$$

$$\sigma_{max}=\sigma_m+\sigma_a \tag{5-1d}$$

$$\sigma_{min}=\sigma_m-\sigma_a \tag{5-1e}$$

在疲劳循环载荷中，应力比 R 的变化范围为 $-\infty\sim1$。当 $\sigma_{min}=-\sigma_{max}$ 时，$R=-1$，称为

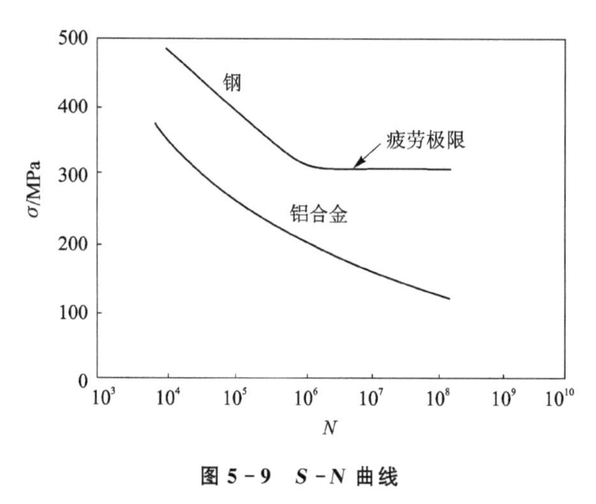

图5-9 S-N曲线

对称交变载荷;当 $\sigma_{\min}=0$ 时,$R=0$,称为脉动拉伸载荷;当 $\sigma_{\max}=0$ 时,$R=-\infty$,称为脉动压缩载荷。其他应力比的疲劳载荷一般统称为非对称循环。

在给定平均应力、最小应力或应力比的情况下,应力幅度(或应力范围、最大应力)与疲劳破坏时的循环次数的关系称为 $S-N$ 曲线(应力-寿命曲线)。图5-9所示为钢与铝合金光滑试件的 $S-N$ 曲线,从图中可以看出,当 N 值达到一定大的数值后,钢的 $S-N$ 曲线就趋于水平,但铝合金的 $S-N$ 曲线则没有明显的水平直线段。

对于钢而言,$S-N$ 曲线的水平直线对应的最大应力为疲劳极限。通常,$R=-1$ 时,疲劳极限的数值最小,此时对应的最大应力就是应力幅值,用 σ_{-1} 表示。对于 $S-N$ 曲线没有明显水平直线段的材料(如铝合金),通常规定承受一定次数应力循环(如 10^7)而不发生破坏的最大应力定为某一特定循环特征下的条件疲劳极限。

$S-N$ 曲线可以通过对疲劳试验数据进行统计处理获得。根据试验数据的分布规律和拟合方法的不同,$S-N$ 曲线常用的表达式有幂函数、指数函数和三参数幂函数。

① 幂函数式

$$\sigma^m N=C \tag{5-2}$$

式中:m 和 C——与材料、应力比、加载方式等有关的参数。

② 指数函数式

$$e^{m\sigma}N=C \tag{5-3}$$

③ 三参数幂函数式

$$(\sigma-\sigma_0)^m N=C \tag{5-4}$$

式中:σ_0——相当于 $N\to\infty$ 时的应力,可以近似取疲劳极限。

幂函数和指数函数表达式只限于表示 $S-N$ 曲线的中等寿命区线段,而三参数幂函数表达式可表示 $S-N$ 曲线的中、长寿命区线段。

(2) 应变疲劳

应变疲劳试验一般是控制总应变范围或者塑性应变范围的。此时的应力-应变关系如图5-10所示的环形滞后回线形式。在循环加载过程中,材料的力学性能会随应变循环而改变。当控制应变恒定时,其应力随循环树增加而增加,然后渐趋稳定的现象称为循环硬化;应力随循环树增加而降低,然后渐趋稳定的现象称为循环软化。在不同总应变范围内得到的一系列稳定滞后回线顶点轨迹即为循环应力-应变曲线(见图5-11)。循环应力-应变曲线通常有两种表达形式:一种是以应力幅与总应变幅来表达的,即

$$\frac{\Delta\varepsilon_t}{2}=\frac{\Delta\sigma}{2E}+\left(\frac{\Delta\sigma}{2K'}\right)^{1/n'} \tag{5-5}$$

另一种是以应力幅与塑性应变幅来表达的,即

$$\frac{\Delta\sigma}{2}=K'\left(\frac{\Delta\varepsilon_{\mathrm{p}}}{2}\right)^{n'} \tag{5-6}$$

式中：K'——循环强化系数；

n'——循环应变硬化指数。

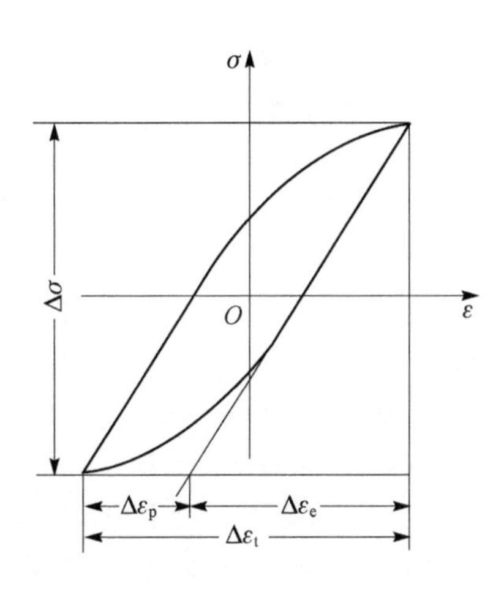

图 5-10　循环加载时的应力-应变曲线

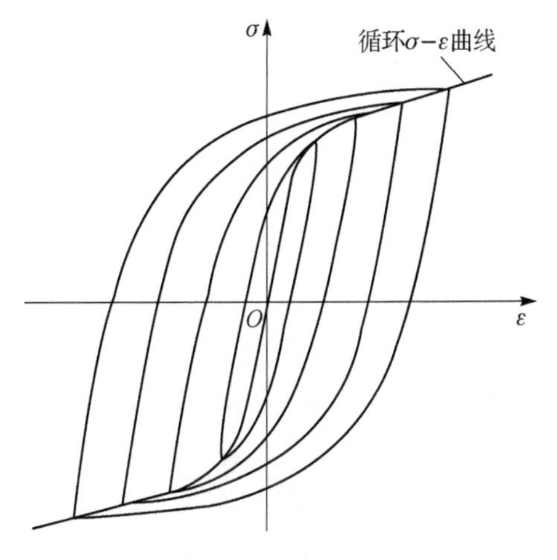

图 5-11　循环应力-应变曲线

在给定的 $\Delta\varepsilon$ 或 $\Delta\varepsilon_{\mathrm{p}}$ 下，测定疲劳寿命 N_{f}，将应变疲劳实验数据在双对数坐标系上作图，即得应变疲劳寿命曲线，如图 5-12 所示。

Manson 和 Coffin 分析总结了应变疲劳的实验结果，给出下列应变疲劳寿命公式：

$$\frac{\Delta\varepsilon_{\mathrm{t}}}{2}=\frac{\sigma_{\mathrm{f}}'}{E}(2N_{\mathrm{f}})^{b}+\varepsilon_{\mathrm{f}}'(2N_{\mathrm{f}})^{c} \tag{5-7}$$

式中：σ_{f}'——疲劳强度系数；

b——疲劳强度指数；

$\varepsilon_{\mathrm{f}}'$——疲劳塑性系数；

c——疲劳塑性指数。

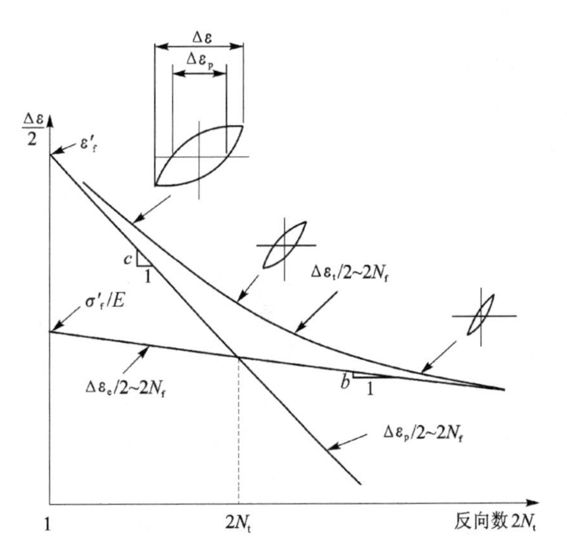

图 5-12　应变疲劳寿命曲线

式(5-7)中，第一项对应于图 5-12 中的弹性线，其斜率为 b，截距为σ_{f}'/E，第二项对应于塑性线，其斜率为 c，截距为 $\varepsilon_{\mathrm{f}}'$。弹性线与塑性线交点所对应的疲劳寿命称为过渡寿命 N_{t}。当 $N_{\mathrm{f}}<N_{\mathrm{t}}$ 时，是低循环疲劳；当 $N_{\mathrm{f}}>N_{\mathrm{t}}$ 时，是高循环疲劳。

在长寿命阶段，以弹性应变幅为主，塑性应变幅的影响可以忽略，因此有

$$\frac{\Delta\varepsilon_{\mathrm{e}}}{2}=\frac{\sigma_{\mathrm{f}}'}{E}(2N_{\mathrm{f}})^{b}$$

在短寿命阶段，以塑性应变幅为主，弹性应变幅的影响可以忽略，则有

$$\frac{\Delta\varepsilon_p}{2}=\varepsilon_f'(2N_f)^c$$

这就是著名的 Manson-Coffin 低周应变疲劳公式。

上述各式中的参数 σ_f'、b、ε_f'和 c 要用实验测定。求得这 4 个常数，也就得出了材料的应变疲劳曲线。为简化疲劳试验以节省人力和物力，很多研究者试图找出 σ_f'、b、ε_f'和 c 与拉伸性能间的关系。Manson 总结了近 30 种具有不同性能材料的实验数据后给出：$\sigma'_f=3.5\sigma_b$，$b=-0.12$，$\varepsilon_f'=\varepsilon_f=\ln(1-1/\psi)$，$c=-0.6$。因此，只要测定了抗拉强度和断裂延性，即可求得材料的应变疲劳寿命曲线。这种预测应变疲劳寿命曲线的方法，称为通用斜率法。显然，用这种方法预测的应变疲劳曲线带有经验性，在很多情况下和实验结果符合得不是很好。

焊接接头的应变疲劳较单一母材复杂，由于焊接接头力学性能的不均匀性，各区域的应变循环特性不同，低强区的材料应变范围大。对于垂直焊缝的横向应变疲劳，若为高强匹配接头，循环塑性应变集中在母材，破坏偏向母材一侧；若为低强匹配接头，则循环塑性应变集中在焊缝，破坏发生在焊缝。而平行焊缝的纵向应变疲劳，则各区域应变相同，由于焊缝性能一般低于母材，再加上缺陷、表面质量等因素的影响，疲劳裂纹通常是产生在焊缝区。

最为普遍的情况是，在名义应力疲劳载荷作用下，焊接接头应力集中区由于缺口效应而发生微区循环塑性变形，并受到周围弹性区的约束。这种局部塑性循环区疲劳裂纹萌生与早期扩展对于接头的疲劳寿命有很大影响。

2. 疲劳极限图

反映材料疲劳性能的 $S-N$ 曲线，是在给定应力比 R 下得到的。对称循环($R=-1$)时的 $S-N$ 曲线，是基本 $S-N$ 曲线。当应力比 R 改变时，材料的 $S-N$ 曲线也随之发生变化。如果在不同的应力比 R 下对同一材料进行疲劳试验，就可以得到该材料的 $S-N$ 曲线族。

应力幅 σ_a 给定时，R 增大，平均应力 σ_m 也增大，循环载荷中的拉伸部分增大，这促使了疲劳裂纹的萌生和扩展，将使得疲劳寿命降低。在给定寿命(如 $N=10^7$)条件下，根据 $S-N$ 曲线族可得到不同应力比 R 所对应的疲劳强度。分别以平均应力为横坐标，最大应力和最小应力或应力幅为纵坐标，可以作出等寿命曲线图(也称疲劳极限图)。如图 5-13 所示，在给定寿命曲线所包围的面积内的任何一点表示在给定寿命内不发生疲劳破坏的交变应力范围，曲线外的点表示在给定寿命内要发生疲劳破坏，曲线上的点所对应的疲劳寿命相同。

图 5-14 所示为以最大应力和最小应力为纵坐标，平均应力为横坐标的疲劳极限图。图中最大应力线与最小应力线的交点为静载荷下的极限强度，最小应力线与横轴交于 E 点，E 点的最小应力为 0，从 E 点作横轴的垂直线，交最大应力线于 D 点，D 点纵坐标对应脉动循环应力的疲劳极限。在对称循环($R=-1$)情况下，$\sigma_m=0$，所对应的 A 点为对称循环的疲劳极限。用直线连接 O、C 两点，则 OC 与坐标轴的夹角为 45°，平均应力一定时，曲线 AC 和 BC 与直线 OC 所对应点的距离为发生疲劳破坏时的应力幅 σ_a。

图 5-15 所示为用最大应力和最小应力表示的一组合金结构钢的疲劳极限图。图中由原点出发的每条射线均代表一个循环特性。利用该疲劳极限图，可直接读出给定寿命 N 下的 σ_a、σ_m、σ_{max}、σ_{min}、R 等各种循环应力参数，便于工程设计使用。在给定的应力比 R 下，由图中相应射线与等寿命线交点读取数据，即可得到不同 R 下的 $S-N$ 曲线。此外，还可利用此图进行载荷间的等寿命转换。

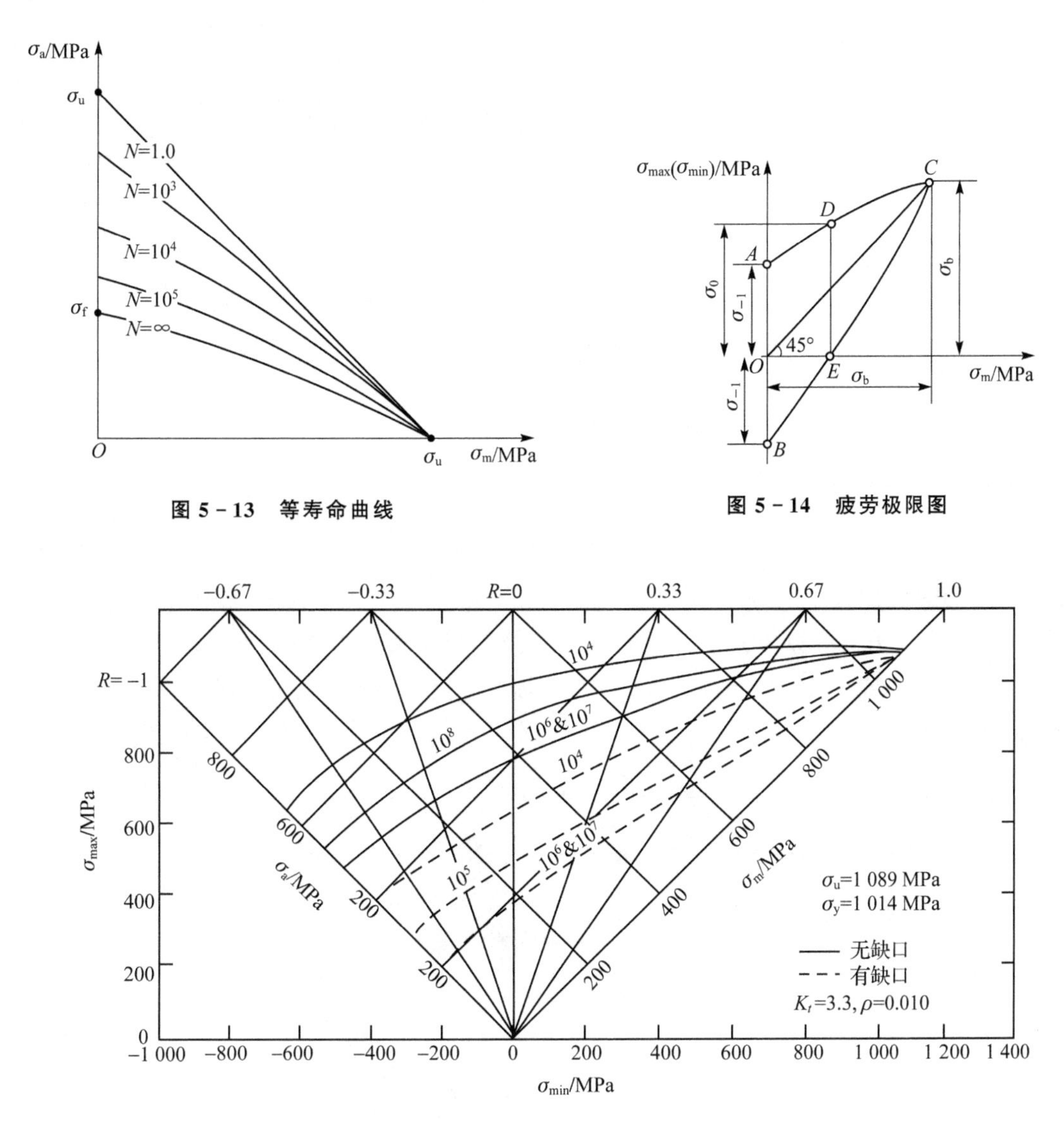

图 5－13　等寿命曲线

图 5－14　疲劳极限图

图 5－15　合金结构钢的疲劳极限图

3. 疲劳裂纹扩展速率

根据断裂力学理论，一个含有初始裂纹（长度为 a_0）的构件，当承受静载荷时，只有当应力水平达到临界应力 σ_C 时，亦即裂纹尖端的应力强度因子达到临界值 K_{IC}（或 K_C）时，才会发生失稳破坏。若静载荷作用下的应力 $\sigma<\sigma_C$，则构件不会发生破坏。但是，如果构件承受一个具有一定幅值的循环应力的作用，这个初始裂纹就会发生缓慢扩展，当裂纹长度达到临界裂纹长度 a_C 时，构件就会发生破坏。裂纹在循环应力作用下，由初始裂纹长度 a_0 扩展到临界裂纹长度 a_C 的这一段过程，称为疲劳裂纹的亚临界扩展。采用带裂纹的试样，在给定载荷条件下进行恒幅疲劳试验，记录裂纹扩展过程中的裂纹尺寸 a 和循环次数 N，即可得到 $a-N$ 曲线。图 5－16 所示为 3 种载荷条件下的 $a-N$ 曲线。

如果在应力循环 ΔN 次后，裂纹扩展为 Δa，则每一应力循环的裂纹扩展为 $\Delta a/\Delta N$，称为疲劳裂纹亚临界扩展速率，简称疲劳裂纹扩展速率，即 $a-N$ 曲线的斜率，用 da/dN 表示。一

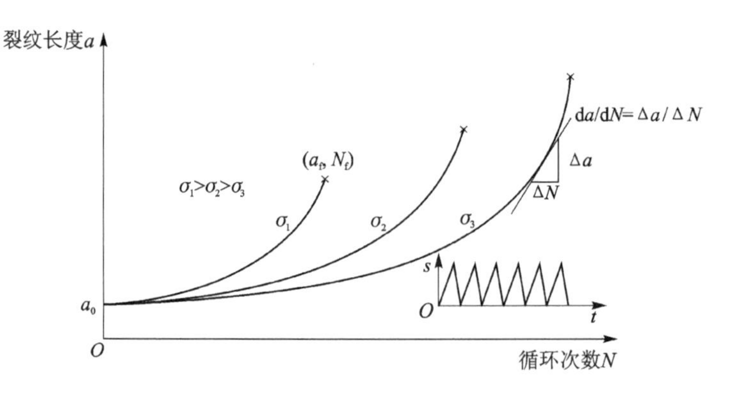

图 5-16　a-N 曲线

般情况下，疲劳裂纹扩展速率可以表示为

$$\frac{da}{dN}=f(\Delta\sigma, a, C) \tag{5-8}$$

式中：C——与材料有关的常数。

Paris 指出，应力强度因子 K 既然能够描述裂纹尖端应力场强度，那么可以认为 K 值也是控制疲劳裂纹扩展速率的主要力学参量。据此提出了描述疲劳裂纹扩展速率的重要经验公式——Paris 公式，即

$$\frac{da}{dN}=C\Delta K^{m} \tag{5-9}$$

式中：ΔK——应力强度因子幅度，$\Delta K=K_{max}-K_{min}$，K_{max} 和 K_{min} 分别是与 σ_{max} 和 σ_{min} 对应的应力强度因子；

C, m——与环境、频率、温度和循环特性等因素有关的材料常数。

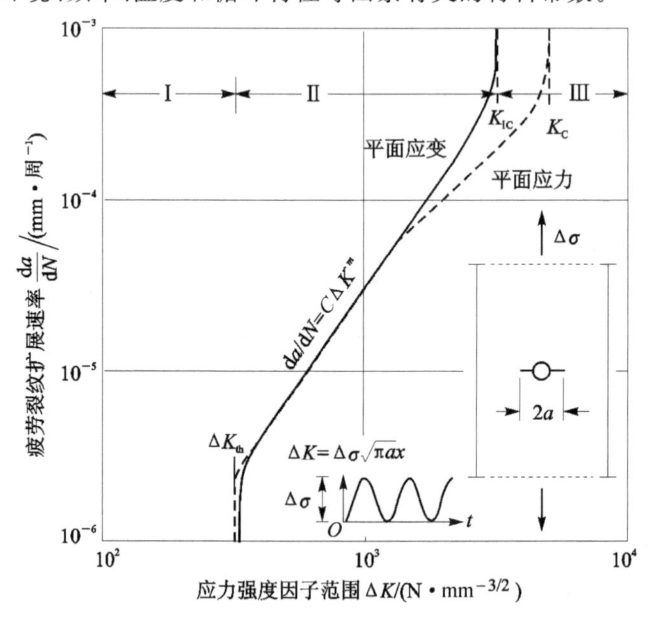

图 5-17　da/dN-ΔK 关系

如将疲劳裂纹扩展速率 $\mathrm{d}a/\mathrm{d}N$ 与裂纹尖端应力强度因子幅度 ΔK 描绘在双对数坐标系中，则完整的 $\lg(\mathrm{d}a/\mathrm{d}N)-\lg\Delta K$ 曲线如图 5-17 所示，曲线可分为低、中、高速率三个区域，对应疲劳裂纹扩展的三个阶段，其上边界为 K_{IC} 或 K_{C}(平面应变或平面应力断裂韧度)，下边界为裂纹扩展门槛应力强度因子 ΔK_{th}。在第Ⅰ阶段，随着应力强度因子幅度 ΔK 的降低，裂纹扩展速率迅速下降。当 ΔK 为门槛值 ΔK_{th} 时，裂纹扩展速率趋近于零。若 $\Delta K<\Delta K_{\mathrm{th}}$，可以认为疲劳裂纹不会扩展。

裂纹扩展从第Ⅰ阶段向第Ⅱ阶段过渡时，裂纹扩展方向在与最大拉应力相垂直的方向上扩展，此时即进入了扩展的第Ⅱ阶段(裂纹稳定扩展阶段)。在低周疲劳的情况下，或表面有缺口、应力集中较大的情况下，第Ⅰ阶段可不出现，裂纹形核后直接进入扩展的第Ⅱ阶段。

第Ⅲ阶段的裂纹扩展迅速增大而发生断裂。断裂的发生由 K_{IC} 或 K_{C} 控制。

大量的试验证实，Paris 公式在一定的疲劳裂纹扩展速率范围内适用，对于大多数金属材料，该范围为 $10^{-5}\sim10^{-3}$ mm/周。对韧性材料来说，材料的组织状态对 $\mathrm{d}a/\mathrm{d}N$ 的影响不大，不论高、中、低强度级别的钢，其 m 值相近；合金在不同热处理条件下的 C、m 值变化都不大。而且试验还证明：疲劳裂纹在第Ⅱ阶段中的速率不受试样几何形状及加载方法的影响，而是直接受交变应力下裂纹前端应力强度因子幅度 ΔK 的控制。随 ΔK 的增大，裂纹扩展速率加快。裂纹一般穿晶扩展，对应每一循环应力下裂纹前进的距离为 10^{-6} mm 数量级。断口典型的微观特征——疲劳辉纹，主要在这一阶段形成。与疲劳裂纹形核阶段寿命(亦称无裂纹寿命)相比，占总寿命 90%的裂纹扩展阶段寿命是主要的，而其中亚临界扩展的第Ⅱ阶段又占最大比例，因而此阶段的裂纹扩展速率，就成了估算构件疲劳寿命的主要依据。脆性材料的第Ⅱ阶段较短，$\mathrm{d}a/\mathrm{d}N$ 受组织状态的影响，裂纹可呈跳跃式扩展。脆性很大的材料，甚至无稳定扩展的第Ⅱ阶段而直接由第Ⅰ阶段进入失稳扩展的第Ⅲ阶段，直至断裂。

研究表明，当 ΔK 及最大应力强度因子 $K_{\max}$ 较低时，其扩展速率由 ΔK 单值决定，$K_{\max}$ 对疲劳裂纹的扩展基本上没有影响；当 $K_{\max}$ 接近材料的断裂韧度，如 $K_{\max}\geqslant(0.5\sim0.7)K_{\mathrm{C}}$(或 K_{IC})时，$K_{\max}$ 的作用相对增大，Paris 公式往往低估了裂纹的扩展速率。此时的 $\mathrm{d}a/\mathrm{d}N$ 需要由 ΔK 和 $K_{\max}$ 两个参量来描述。此外，对于 K_{IC} 较低的脆性材料，K_{IC} 对裂纹扩展的第Ⅱ阶段也有影响。为了反映 $K_{\max}$、K_{IC} 和 ΔK 对疲劳裂纹扩展行为的影响，Forman 提出了如下表达式：

$$\frac{\mathrm{d}a}{\mathrm{d}N}=\frac{C\Delta K^{m}}{(1-R)K_{\mathrm{IC}}-\Delta K} \tag{5-10}$$

Forman 公式不仅考虑了平均应力对裂纹扩展速率的影响，而且也反映了断裂韧度的影响，即 K_{IC} 越高，$\mathrm{d}a/\mathrm{d}N$ 值越小。这一点对构件的选材非常重要。图 5-18 所示为平均应力对裂纹扩展速率的影响。

根据疲劳裂纹扩展速率公式，可对构件的疲劳裂纹扩展寿命进行估算。例如，在等幅循环载荷作用下，可对 Paris 公式直接求定积分得

$$N=N_{\mathrm{f}}-N_{0}=\int_{N_0}^{N_{\mathrm{f}}}\mathrm{d}N=\int_{a_0}^{a_{\mathrm{C}}}\frac{\mathrm{d}a}{C(\Delta K)^{m}} \tag{5-11}$$

式中：N_0——裂纹扩展至 a_0 时的循环次数(若 a_0 为初始裂纹长度，则 $N_0=0$)；

N_{f}——裂纹扩展至临界长度 a_{C} 时的应力循环次数。

对于无限大板含中心穿透裂纹的情况，$\Delta K=\Delta\sigma\sqrt{\pi a}$，代入式(5-11)积分后，得到疲劳裂

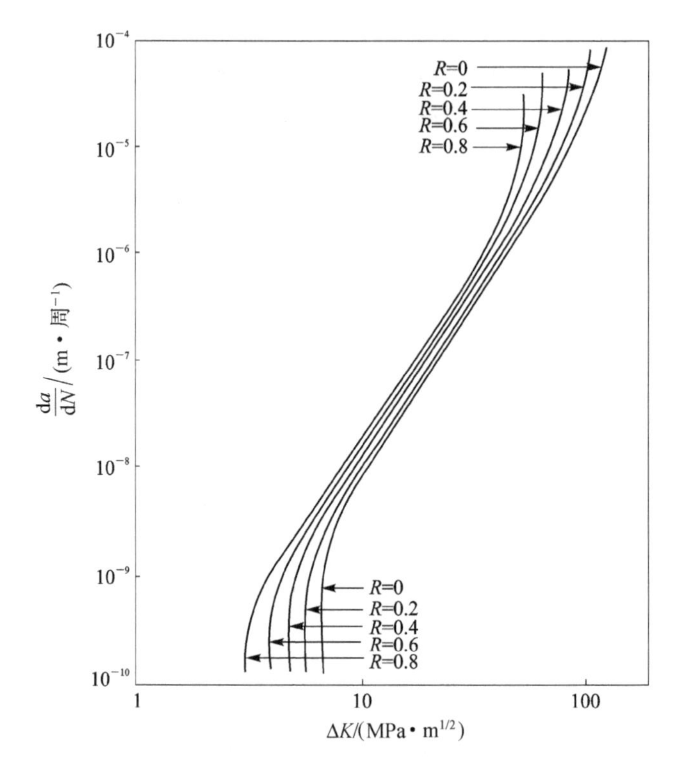

图5-18 平均应力对裂纹扩展速率的影响

纹扩展寿命为

$$N = N_f - N_0 = \frac{1}{C}\frac{2}{m-2}\frac{a_C}{(\Delta\sigma\sqrt{\pi a_0})^m}\left[\left(\frac{a_C}{a_0}\right)^{\frac{m}{2}-1} - 1\right] \quad (m \neq 2) \tag{5-12}$$

$$N = N_f - N_0 = \frac{1}{C(\Delta\sigma\sqrt{\pi a_0})^2}\ln\frac{a_C}{a_0} \quad (m = 2) \tag{5-13}$$

4. 疲劳性能数据的随机性

(1) 材料的 *P*-*S*-*N* 曲线

实际材料的显微组织结构、力学性能都是不均匀的,疲劳抗力是随机量,疲劳裂纹萌生和扩展速率及疲劳寿命则表现出统计特性。即使在控制良好的试验条件下,材料的疲劳强度和疲劳寿命的试验数据也具有显著的离散性(见图5-19),而疲劳寿命的离散性又远比疲劳强度的离散性大。例如,应力水平的3%误差,可使疲劳寿命有60%的误差。应力水平愈高,疲劳寿命的离散性愈小;应力水平愈接近于疲劳极限,疲劳寿命的离散性愈大(见图5-20)。

由于疲劳试验数据具有离散性,所以试样的疲劳寿命和应力水平之间的关系并不是一一对应的单值关系,而是与失效概率 P 有密切关系。前述的 $S-N$ 曲线只能代表中值疲劳寿命与应力水平之间的关系。要想全面表达各种失效概率下的疲劳寿命与应力水平之间的关系,必须使用 $P-S-N$ 曲线。

疲劳性能的离散性,可以用概率密度曲线来描述(见图5-21)。一般认为,当寿命恒定时,材料的疲劳强度服从正态分布和对数正态分布。当应力恒定时,在 $N<10^6$ 次循环下,疲劳寿命服从对数分布和威布尔分布;在 $N>10^6$ 次循环下,疲劳寿命服从威布尔分布。

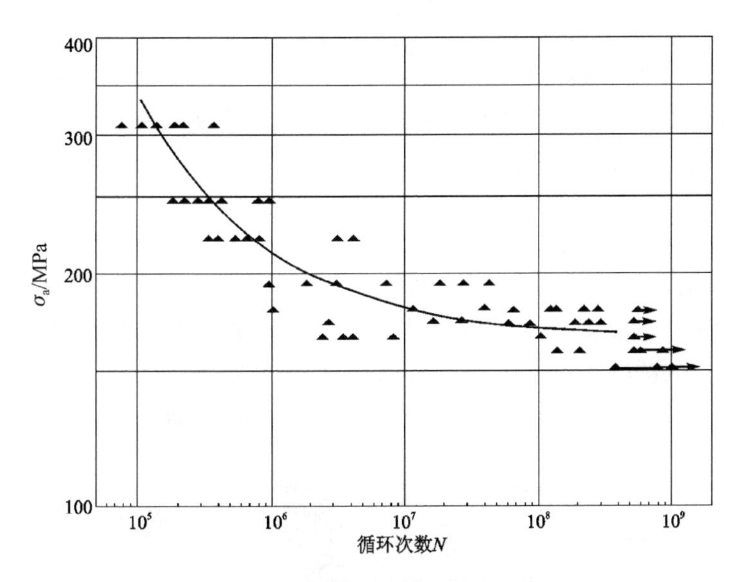

图 5-19　疲劳试验数据的离散性

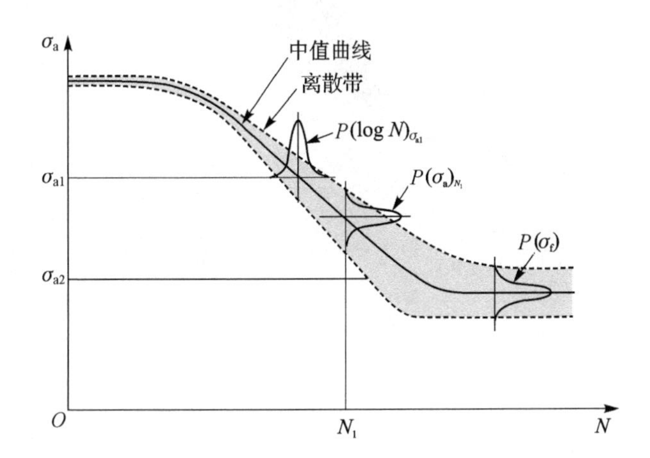

图 5-20　$S-N$ 曲线的离散带

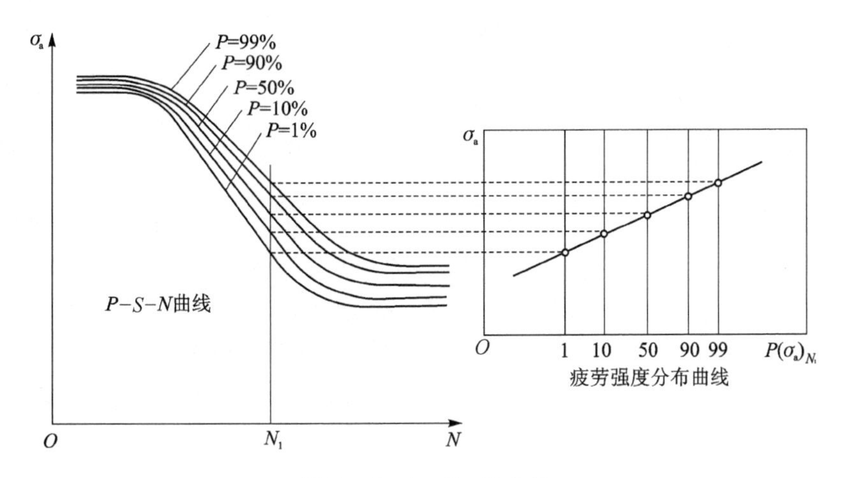

图 5-21　$P-S-N$ 曲线

利用对数正态分布或威布尔分布可以求出不同应力水平下的 $P-N$ 数据，将不同失效概率下的数据点分别相连，即可得出一族 $S-N$ 曲线，其中的每一条曲线分别代表某一不同失效概率下的应力-寿命关系。这种以应力为纵坐标，以失效概率 P 的疲劳寿命为横坐标，所绘出的一族失效概率-应力-寿命曲线，称为 $P-S-N$ 曲线(见图 5-21)。在进行疲劳设计时，可根据所需的失效概率 P，利用与其对应的 $S-N$ 曲线进行设计。

(2) 疲劳裂纹扩展速率的随机性

一般而言，影响材料疲劳裂纹扩展的各种因素都具有随机特性。因此，即使在恒幅载荷作用下，疲劳裂纹扩展速率也应具有随机特性。疲劳裂纹扩展试验结果表明，尽管试验条件相同，但每次试验所得到的样本记录是不一样的(见图 5-22)，每次试验所得结果仅仅是无限个可能产生的结果中的一个，单个样本记录本身也是不规则的(见图 5-23)。

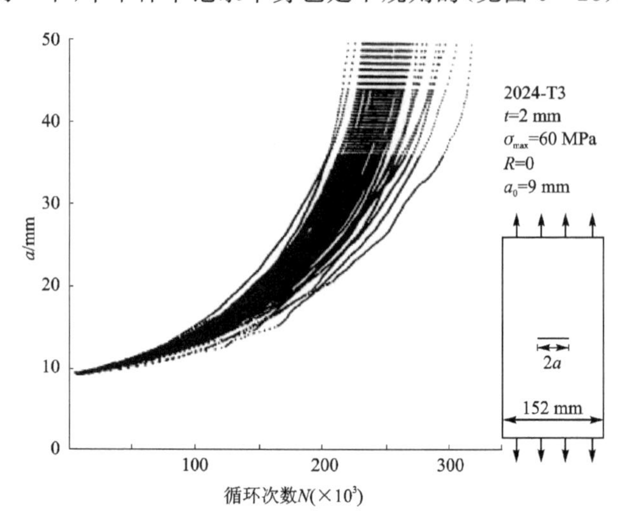

图 5-22 裂纹扩展的离散性

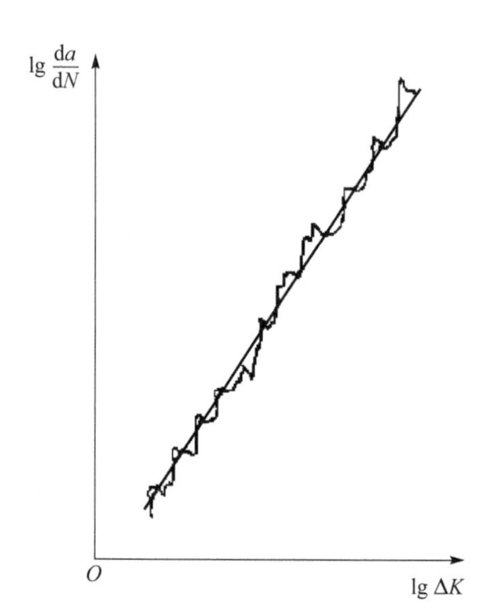

图 5-23 裂纹扩展速率的随机波动

目前，针对疲劳裂纹扩展速率的随机特性，已发展了不同的分析方法。归纳起来有两种：其一是将 Paris 公式中的参数 C、m 作为随机变量，研究疲劳裂纹扩展速率的离散性。其二是将 Paris 公式随机化，称为疲劳裂纹随机扩展过程模型，即

$$\frac{da}{dN}=X(t)C\Delta K^{m} \tag{5-14}$$

式中：$t=N/f$，f 为疲劳载荷频率；

$X(t)$——随机过程，反映了疲劳裂纹扩展的随机性。

在对 $X(t)$ 的数学处理上，有对数正态随机模型和随机微分方程模型两种分析方法。

对数正态随机模型是将 $X(t)$ 视为对数正态随机过程，即 $Z(t)=\lg X(t)$ 为正态随机过程。对式(5-14)两边取对数，得

$$\lg\frac{\mathrm{d}a}{\mathrm{d}N}=\lg C+m\lg\Delta K+Z(t) \tag{5-15}$$

由此可见，疲劳裂纹扩展速率可由确定性趋势项 $\lg C+m\lg\Delta K$ 和随机波动项 $Z(t)$ 两部分组成。确定性趋势项是疲劳裂纹扩展速率的平均行为，$Z(t)=\lg X(t)$ 为随机波动部分，亦可称为高频分量。Paris 公式给出的 $\mathrm{d}a/\mathrm{d}N$ 与 ΔK 的关系所描述的就是裂纹扩展速率的确定性趋势。

随机微分方程模型是将式(5-14)中的确定趋势项与随机项分离，写成如下形式：

$$\frac{\mathrm{d}a}{\mathrm{d}t}=(m_x+\widetilde{X}(t))C\Delta K^m \tag{5-16}$$

式中：m_x——$X(t)$的均值；

$\widetilde{X}(t)$——随机波动项，$X(t)=m_x+\widetilde{X}(t)$。

应用随机微分方程理论可对式(5-16)进行求解，以获得疲劳裂纹扩展的统计信息。

在疲劳裂纹扩展分析中，重要的统计信息是达到给定裂纹尺寸的应力循环次数的分布规律，以及经受一定应力循环后的疲劳裂纹长度的分布规律。根据疲劳裂纹扩展试验数据，结合上述随机模型的求解，可以得到这些统计信息，为结构疲劳可靠性分析提供了依据。

5.2 焊接接头的疲劳及影响因素

5.2.1 焊接接头的疲劳

焊接结构的疲劳破坏往往起源于焊接接头的应力集中区，因此，焊接结构的疲劳实际上是焊接接头细节部位的疲劳。焊接接头中通常存在未焊透、夹杂、咬边和裂纹等焊接缺陷，这种“先天”的疲劳裂纹源，可直接越过疲劳裂纹萌生阶段，缩短断裂的进程。焊接接头处存在着严重的应力集中和较高的焊接残余应力，都会使焊接结构更易产生疲劳裂纹(见图 5-24 和图 5-25)，导致疲劳断裂。

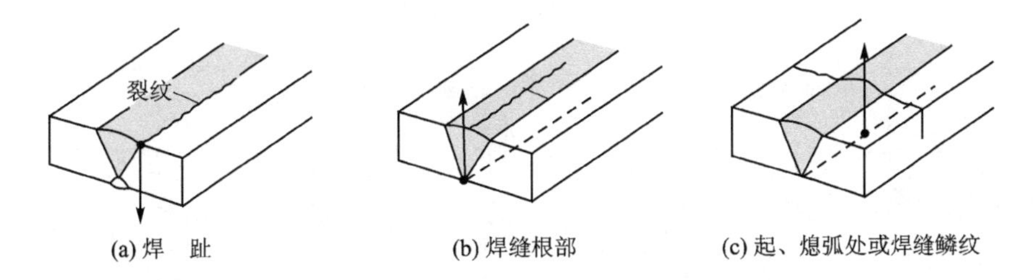

图 5-24　对接焊缝中裂纹萌生部位

实际焊接接头的轮廓参数沿焊缝长度方向是随机变化的，由此产生的应力集中也是随机变化的(见图 5-26)，这种随机性导致疲劳裂纹萌生也具有随机性(见图 5-27(b))。因此，在焊接接头疲劳过程中，可能同时或先后在沿焊趾长度方向上萌生多个疲劳裂纹，这些小裂纹的扩展使相邻裂纹合并成较长的裂纹，并进一步扩展与合并成为长而浅的焊趾疲劳裂纹。

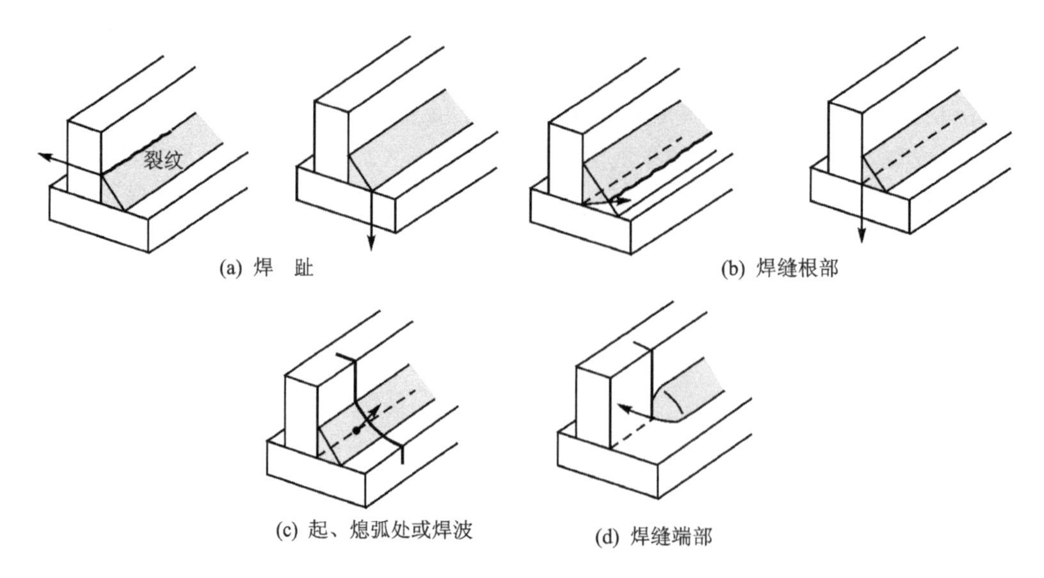

图 5-25　角焊缝中裂纹萌生部位

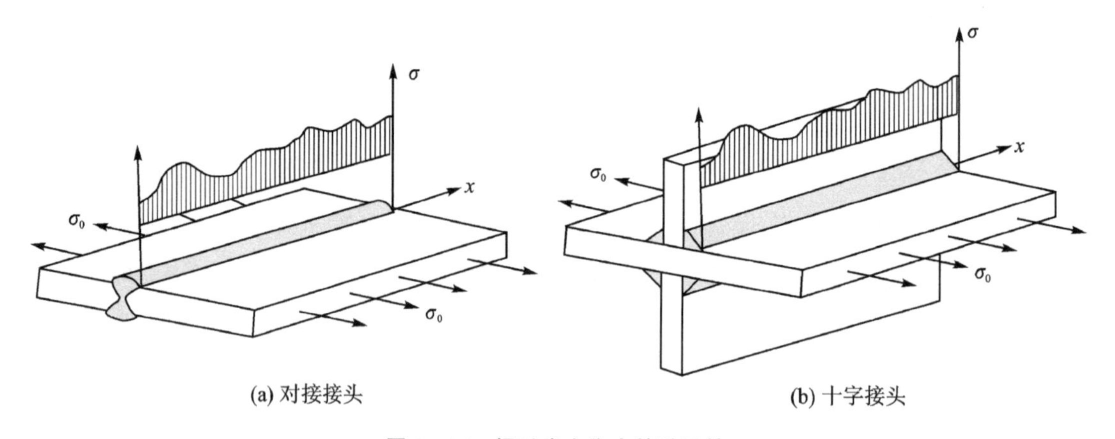

图 5-26　焊趾应力集中的随机性

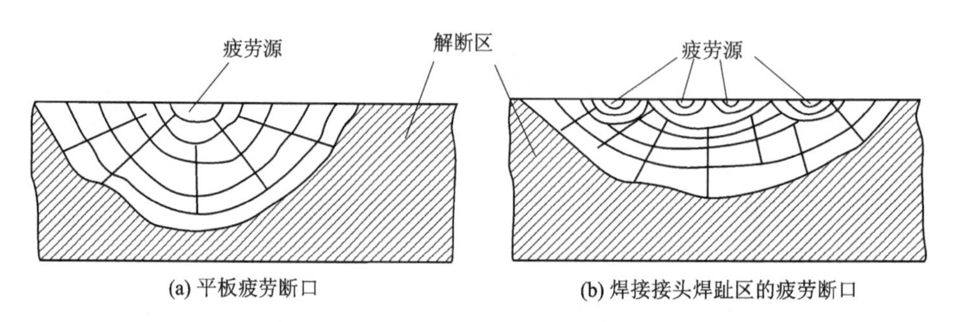

图 5-27　疲劳断口示意图

5.2.2　影响焊接接头疲劳断裂的主要因素

影响基体金属疲劳强度的因素，有应力集中、截面形状尺寸、表面状态、加载情况以及环境介质等，同时也是影响焊接结构疲劳断裂的因素。另外，焊接结构本身的一些特点，如接头材料组织性能变化、焊接缺陷和残余应力等也会对焊接结构的疲劳强度产生影响。

最为普遍的情况是，在名义应力疲劳载荷作用下，焊接接头应力集中区由于缺口效应而发生微区循环塑性变形，并受周围弹性区的约束。这种局部塑性循环区疲劳裂纹萌生与早期扩展对于接头的疲劳寿命有很大影响。

1. 应力集中的影响

焊接结构的疲劳强度由于应力集中程度的不同而有很大的差异(见图 5－28 和图 5－29)，图 5－28 中的纵轴 γ 表示焊接接头疲劳强度与经过磨削的母材平板疲劳强度之比，称为疲劳降低系数(见式(5－22))。焊接结构的应力集中包括接头区焊趾、焊根、焊接缺陷引起的应力集中和结构截面突变造成的结构应力集中。若在结构截面突变处有焊接接头，则其应力集中更为严重，最容易产生疲劳裂纹(见图 5－30)。

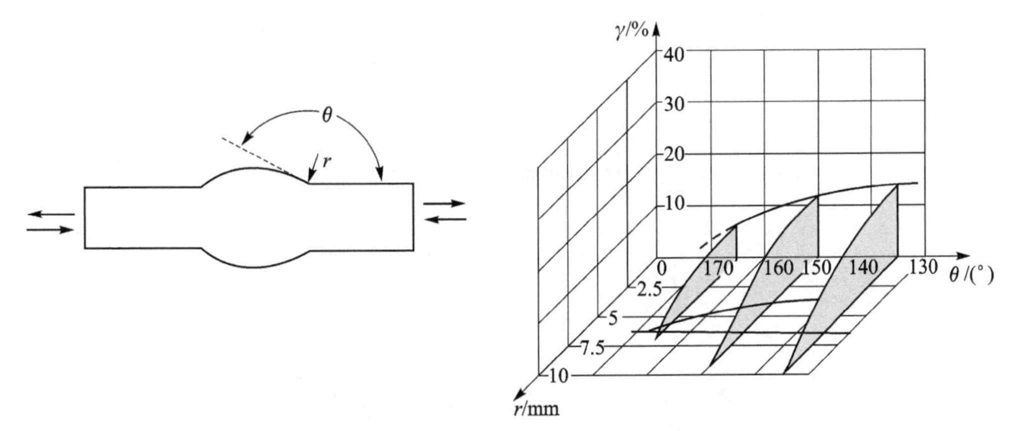

图 5－28　过渡角及圆弧半径对对接接头疲劳强度的影响

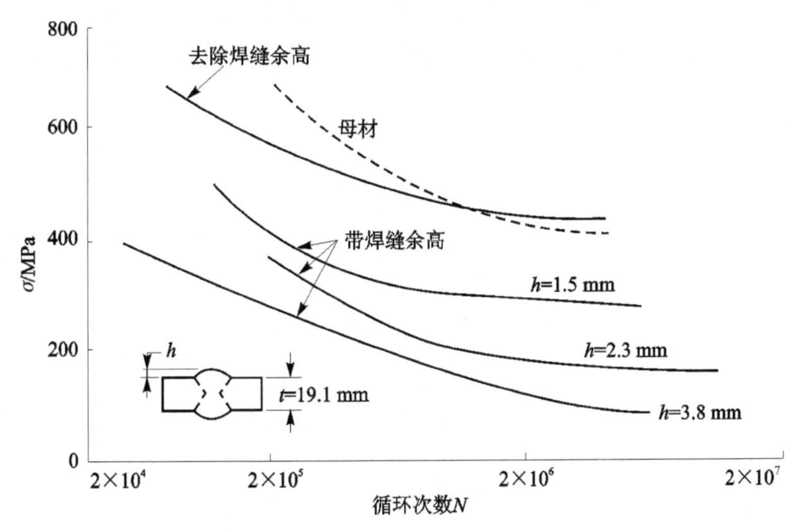

图 5－29　碳钢对接接头的 S－N 曲线

应力集中对疲劳强度的影响可以用疲劳缺口系数 K_f 来衡量，K_f 定义为无缺口试件疲劳强度 σ_a(应力幅)与缺口试件疲劳强度 σ_{aK}(应力幅)的比值

$$K_f = \frac{\sigma_a}{\sigma_{aK}} \tag{5-17}$$

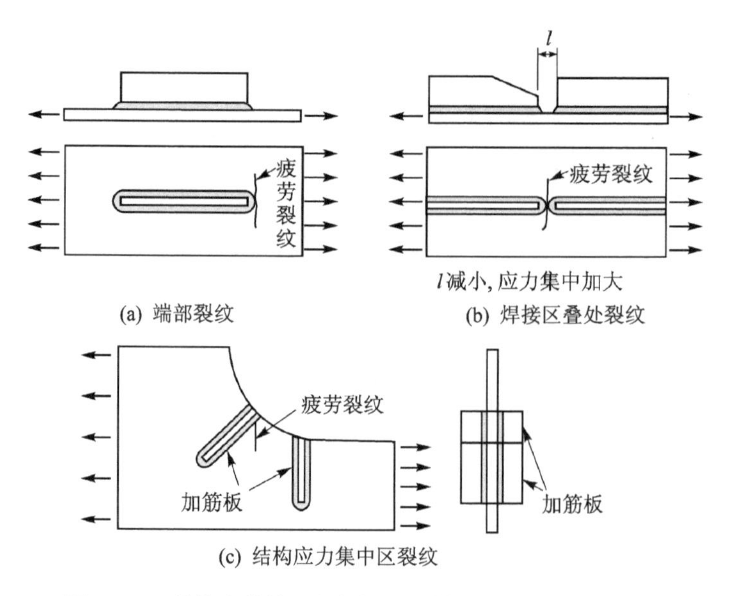

图5-30　结构上的缺口与焊接区重叠部分产生的疲劳裂纹

疲劳缺口系数 K_f 一般小于理论应力集中系数 K_t。为了表征应力集中对材料疲劳强度的影响,定义下式为疲劳缺口敏感系数:

$$q=\frac{K_f-1}{K_t-1} \tag{5-18}$$

疲劳缺口敏感系数首先取决于材料的性质。一般来说,材料的强度提高时 q 增大,而晶粒度和材料性质的不均匀性增大时 q 减小。不均匀性增大使 q 减小的原因,是因为材质的不均匀相当于内在的应力集中,在没有外加的应力集中时它已经存在,因此减小了材料对外加应力集中的敏感性。此外,疲劳缺口敏感系数还与缺口的曲率半径有关,因此 q 并不是材料常数。疲劳缺口敏感系数 q 可用 Neuber 公式计算

$$q=\frac{1}{1+\sqrt{\frac{A}{r}}} \tag{5-19}$$

或 Peterson 公式计算

$$q=\frac{1}{1+\frac{a}{r}} \tag{5-20}$$

式中:r——缺口半径;

A——与材料有关的参数;

a——与材料有关的参数,可用下式计算:

$$a=0.025\,4\left(\frac{2\,068}{\sigma_b}\right)^{1.8} \tag{5-21}$$

对于焊接接头的焊趾和焊根所形成的缺口效应(见图5-31),可取一虚拟的曲率半径 r,如 $r=1$ mm。通过式(5-21)可计算疲劳缺口敏感系数 q,应用实验测定或数值计算可得应力集中系数 K_t,代入式(6-18)可得焊接接头的疲劳缺口系数 K_f。

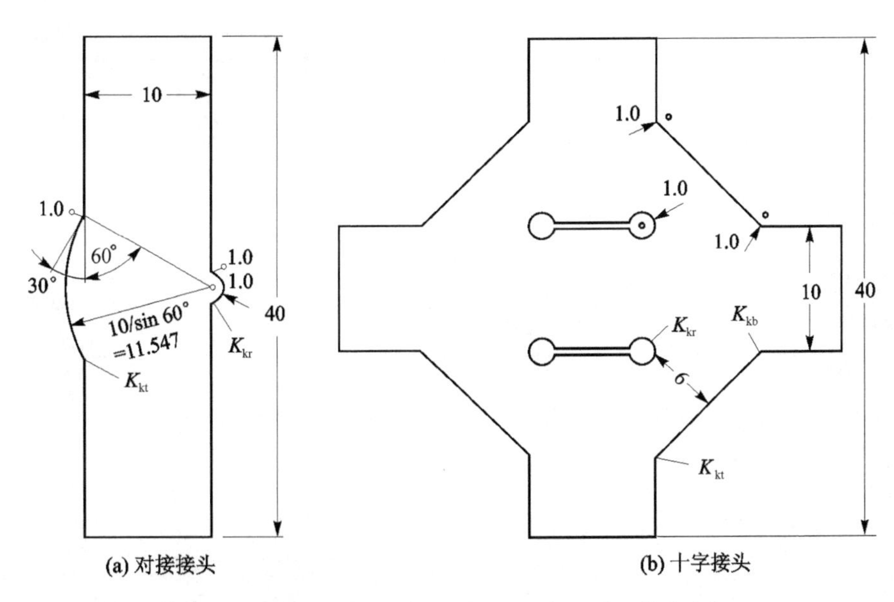

图 5-31　考虑微观结构约束效应的虚拟缺口曲率半径

焊接接头区存在应力集中,即所谓的缺口效应。通常可用疲劳强度降低系数 γ 来描述焊接接头的疲劳强度特性,即

$$\gamma=\frac{\sigma_W}{\sigma_P} \tag{5-22}$$

式中:σ_P——母材的疲劳强度;

σ_W——焊接接头疲劳强度。

对于结构钢而言,焊接接头的疲劳降低系数 γ 与疲劳缺口系数 K_f 成反比,即

$$\gamma=\frac{1}{0.89K_f} \tag{5-23}$$

因此,可用缺口效应来反映焊接接头的疲劳强度降低。

表 5-1 所列为典型焊接接头的缺口疲劳系数 K_f 和疲劳强度降低系数 γ。

表 5-1　典型焊接接头的缺口疲劳系数 K_f 和疲劳强度降低系数 γ

焊接接头(结构钢)	缺口疲劳系数 K_f(裂纹萌生部位)	整体疲劳强度 P_f/MPa			疲劳强度降低系数 γ
		0.1	0.5	0.9	
对接接头	1.89(焊趾)	61	78	99	0.595
横向筋板接头	2.45(焊趾)	52	69	91	0.459
K形焊缝十字接头	2.50(焊趾)	54	67	83	0.449

续表 5-1

焊接接头(结构钢)	缺口疲劳系数 K_f(裂纹萌生部位)	整体疲劳强度 P_f/MPa			疲劳强度降低系数 γ
		0.1	0.5	0.9	
盖板搭接接头	3.12(焊趾)	47	55	62	0.36
角焊缝十字接头	4.03(焊缝根部)	32	43	57	0.279

焊接接头焊趾与焊根的疲劳缺口系数 K_{ft} 和 K_{fr} 通常有较大差别(见图 5-32),因而减小较大 K_f 值的措施,对焊接接头形状优化,提高疲劳强度是很有意义的。

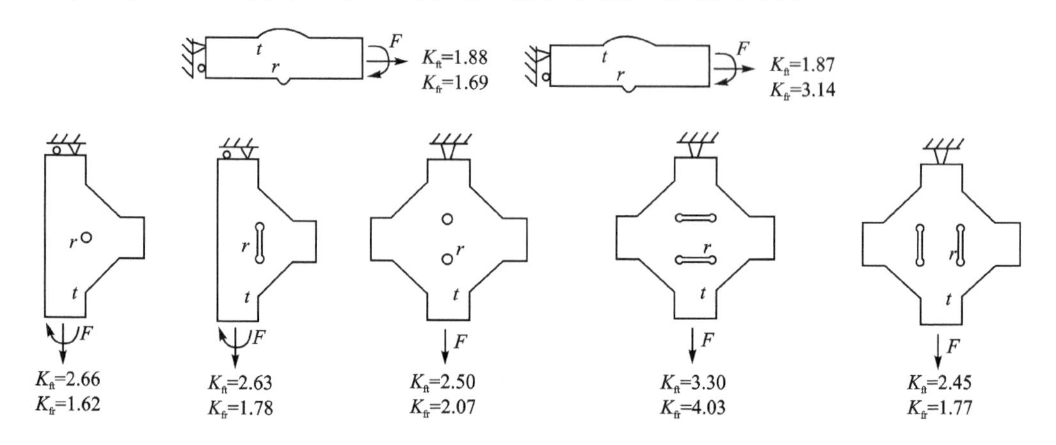

图 5-32 典型焊接接头的疲劳缺口系数

对接焊缝由于形状变化不大,因此它的应力集中比其他形式接头要小,但是过大的余高和过大的母材与焊缝的过渡角以及焊趾圆弧半径都会增加应力集中,使接头的疲劳强度降低。从图 5-32 可以看出,受单向拉伸的对接接头焊缝余高对疲劳强度是很不利的。若对焊缝表面进行机械加工,应力集中程度将大大降低,对接接头的疲劳强度也相应提高。

对接接头的不等厚和错位,以及角变形都会产生结构性应力集中,对接头的疲劳强度都有不同程度的影响。对于板厚差异大的对接应采取过渡对接的形式。

T 形与十字形接头的应力集中系数要比对接接头的高,因此 T 形与十字形接头的疲劳强度远低于对接接头的疲劳强度。单向拉伸的 T 形接头采用双面焊缝为好,单面焊缝是不可取的。单向拉伸十字形接头有间隙的角焊缝根部特别容易引起破坏,减小焊缝根部间隙长度或将工作焊缝转换为联系焊缝,可减小焊根的疲劳缺口系数。

试验结果表明,搭接接头的疲劳强度是很低的。仅有侧面焊缝的搭接接头疲劳强度仅为基本金属的 34%。正面等边直角焊缝的搭接接头为基本金属的 40%。通过调整正面角焊缝尺寸可使搭接接头应力集中稍有降低,因而其疲劳强度有所提高,但是这种措施的效果不大。即使对焊缝向基本金属过渡区进行表面机械加工,也不能显著提高接头的疲劳强度。只有当盖板的厚度比按强度条件所要求的增加 1 倍,才能达到基本金属的疲劳强度。但是在这种情况下,已经丧失了搭接接头简单易行的优点,因此不宜采用这种措施。采用所谓“加强”盖板的对接接头是极不合理的，在这种情况下，接头的疲劳强度由搭接区决定，使得原来疲劳强度较高的对接接头大大地削弱了。

缺口或者零件横截面积的变化使这些部位的应力应变增大，在高周疲劳范围内，缺口应力对于裂纹萌生和裂纹扩展的初始阶段虽不是唯一的影响因素，但也往往是决定性因素。在焊接结构中，若焊缝外形导致尖锐缺口，则不仅降低整个结构的强度，而且更为重要的是会引起强烈的应力集中。应力集中部位是结构的疲劳薄弱环节，控制了结构的疲劳寿命。

图 5-33 所示为结构钢母材和焊接接头的疲劳强度图。图 5-33(b)中的 γ_A 为交变载荷条件下的疲劳强度降低系数。

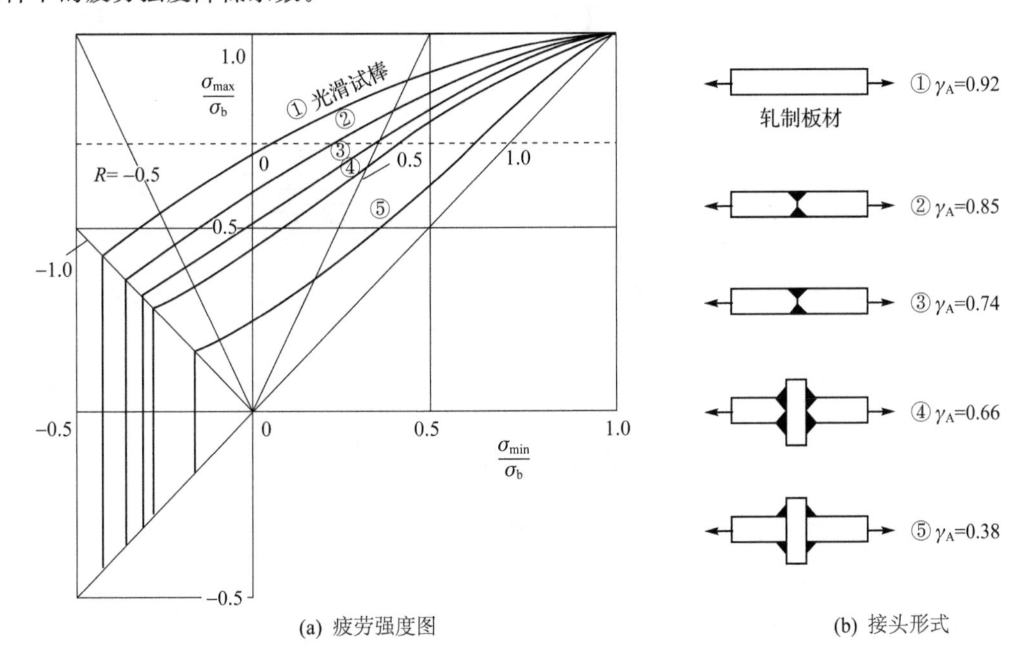

(a) 疲劳强度图　(b) 接头形式

图 5-33　结构钢母材和焊接接头的疲劳强度图

2. 焊接残余应力的影响

焊接残余应力对疲劳强度的影响比较复杂。一般而言，焊接残余应力与疲劳载荷相叠加，如果是压缩残余应力，就降低原来的平均应力，其效果表现为提高疲劳强度。反之，若是残余拉应力，则提高原来的平均应力，从而降低焊接构件的疲劳强度。由于焊接构件中的拉、压残余应力是同时存在的，其疲劳强度分析要考虑拉伸残余应力的作用。

焊接残余应力分布对疲劳裂纹扩展的影响如图 5-34 所示。若焊接残余应力与疲劳载荷叠加后在材料表面形成压缩应力，则有利于提高构件的疲劳强度；若焊接残余应力与疲劳载荷叠加后在材料表面形成拉伸应力，则不利于提高构件的疲劳强度。

残余应力在交变载荷的作用过程中会逐渐衰减，这是因为在循环应力的条件下材料的屈服点比单调应力低，容易产生屈服和应力的重分布，使原来的残余应力峰值减小并趋于均匀化，残余应力的影响也就随之减弱。

在高温环境下，焊件的残余应力会发生松弛，材料的组织性能也会变化，这些因素的交叉作用，使得残余应力的影响常常可以忽略。这种情况下，应注意温度变化引起的热应力疲劳所产生的影响。

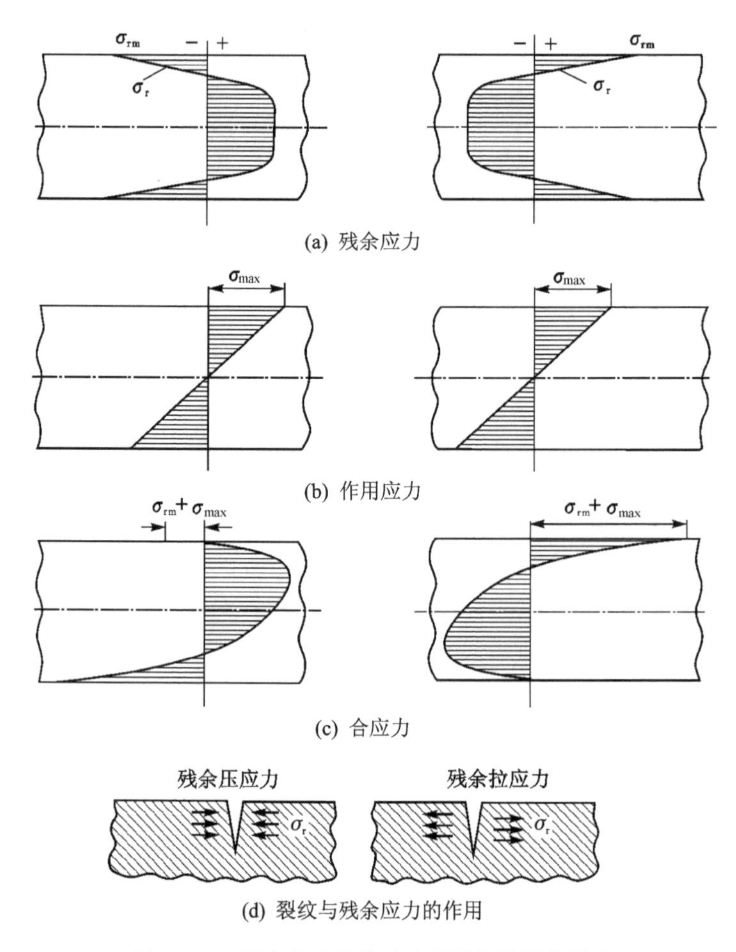

(a) 残余应力

(b) 作用应力

(c) 合应力

(d) 裂纹与残余应力的作用

图 5-34 残余应力及其对疲劳裂纹扩展的影响

3. 焊接缺陷的影响

焊接缺陷对疲劳强度的影响是与缺陷的种类、尺寸、方向和位置有关。即使缺陷率相同，片状缺陷(如裂纹、未熔合、未焊透等)比带圆角的缺陷(如气孔等)的影响大；表面缺陷比内部缺陷影响大；与作用力表面垂直的片状缺陷比其他方向的影响大；位于残余拉应力场内的缺陷比残余压应力场内的影响大；位于应力集中区的缺陷(如焊趾处裂纹)比均匀应力区的缺陷大。

4. 焊接接头组织性能对疲劳强度的影响

在常温和空气介质条件下的疲劳试验研究表明，基本材料的疲劳强度与抗拉强度之间有比较好的相关性。例如，对于抗拉强度小于1 400 MPa的碳钢和合金钢，光滑试样的疲劳极限σ_{-1}与抗拉强度σ_b之间的关系可以表示为

$$\sigma_{-1}=0.46\sigma_b \tag{5-24}$$

焊接接头的组织性能具有很大的不均匀性，疲劳断裂发生在疲劳损伤集中的部位，即使是光滑试样，其断裂可能发生在母材，也可能发生在焊缝、熔合区或热影响区。因此，焊接接头的疲劳强度与母材本身的抗拉强度不存在类似式(5-24)的关系。

有关试验结果表明，抗拉强度在 438～753 MPa 之间的钢材焊接接头，疲劳寿命大于 10^5 次的疲劳强度无显著差异，只有当疲劳寿命小于 10^5 次时，高强材料接头的疲劳强度才高于低强材料接头的疲劳强度。一般而言，钢焊接接头近缝区组织性能的变化对接头的疲劳强度影响较小。因此，在焊接钢结构疲劳设计规范中，对于相同的构造细节，不同强度级别的钢材均采用相同的疲劳设计曲线。

5. 尺寸的影响

人们在疲劳强度试验中早就注意到了试验件尺寸越大疲劳强度越低这一现象。标准试验件的直径通常在 6～10 mm，比实际零部件的尺寸小，因此疲劳尺寸系数在疲劳分析中必须加以考虑。

导致大小试件疲劳强度有差别的主要原因有两个：①对处于均匀应力场的试件，大尺寸试件比小尺寸试件含有更多的疲劳损伤源；②对处于非均匀应力场中的试验件，大尺寸试件疲劳损伤区中的应力比小尺寸试件更加严重。显然，前者属于统计的范畴，后者则属传统宏观力学的范畴。

6. 载荷的影响

绝大多数材料的疲劳强度是由标准试验件在对称循环正弦波加载情况下得到的，而实际零部件所受到的载荷是十分复杂的。不同载荷情况对疲劳强度的影响，主要包括：载荷类型的影响、加载频率的影响、平均应力的影响、载荷波形的影响及载荷间歇和持续的影响等。

5.3 焊接接头的疲劳分析方法

5.3.1 焊接接头疲劳强度分析方法

焊接接头的疲劳裂纹萌生取决于焊趾或焊根等应力集中区的局部缺口应力状态，疲劳裂纹扩展受控于裂纹（包括缺口效应在内）的局部应力强度因子。发生在焊趾或焊根处的疲劳裂纹多数都会进入到热影响区或母材，且焊趾与焊根处同时存在缺口效应和不均匀性。在焊接接头疲劳损伤中，局部最大应力起主导作用，因此焊接接头和焊接结构的疲劳强度的工程分析方法有 4 个不同的层次，即名义应力评定方法、结构应力评定方法、缺口局部应力应变评定方法和断裂力学评定方法。本节重点介绍前 3 种方法。

1. 名义应力评定方法

大量试验结果表明，影响焊接接头疲劳强度主要因素是应力范围和结构构造细节，当然材料性质和焊接质量也有较大影响，而载荷循环特性的影响较小。因此，以名义应力为基础的焊接结构的疲劳设计规范大多采用应力范围和结构细节分类进行疲劳强度设计，要求焊接结构中因疲劳载荷引起的应力范围 $\Delta\sigma$ 不得超过规定的疲劳许用应力范围 $[\Delta\sigma]$。

$$\Delta\sigma \leqslant [\Delta\sigma] \tag{5-25}$$

焊接构件的疲劳许用应力范围是根据疲劳强度试验结果并考虑一定的安全系数来确定的，现行的焊接构件疲劳强度设计标准中一般规定，未消除应力的焊接件许用应力范围不再考虑平均应力的影响，但许用应力范围的最大值不得高于静载许用应力。

图 5－35 所示为对接接头和十字形接头的名义应力范围与循环次数的关系。它表明，对接接头和十字形接头具有不同的疲劳质量等级或疲劳许用应力。

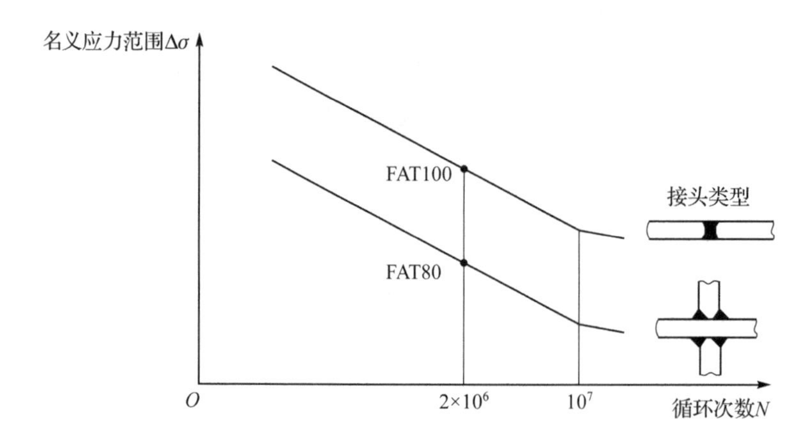

图 5-35 对接接头和十字形接头的名义应力范围与循环次数的关系

目前,一些有关疲劳设计和评定的标准多采用名义应力表征典型焊接结构构件及接头的疲劳强度。这些标准均依据焊接接头细节特征对其疲劳强度进行分类,形成了焊接接头疲劳质量分级方法,为评定各类焊接接头疲劳强度的工程评定提供了方便。

焊接接头的疲劳质量与接头的几何形状相关。焊缝的存在降低了接头的疲劳质量,其本质是接头区存在应力集中——缺口效应,即疲劳缺口效应越大,焊接接头的疲劳强度越小,从而导致焊接接头的疲劳质量越低。

根据焊接接头的缺口效应,各类设计标准均对焊接接头的缺口等级进行了分类。缺口处的应力集中越严重,其疲劳寿命也就较短,对应的疲劳质量等级就越低。如德国有关标准将焊接接头缺口效应分为 5 级(K0～K4),见表 5-2 所列。

表 5-2 焊接接头缺口等级

缺口等级 K0 轻微缺口效应	缺口等级 K1 中弱缺口效应	缺口等级 K2 中度缺口效应	缺口等级 K3 强烈缺口效应	缺口等级 K4 极强缺口效应
				≤10
		斜率≤1:3 斜率≤1:2		

续表 5-2

缺口等级 K0 轻微缺口效应	缺口等级 K1 中弱缺口效应	缺口等级 K2 中度缺口效应	缺口等级 K3 强烈缺口效应	缺口等级 K4 极强缺口效应

不同的焊接接头形式对应于不同的缺口等级，而不同的缺口等级对应于不同的疲劳质量等级，因此不同的焊接接头的疲劳质量就可以用疲劳等级来评定。焊接接头疲劳质量分级是将接头分为不同的缺口等级，并对各缺口等级规定不同的 $S-N$ 曲线和工作寿命曲线。$S-N$ 曲线和工作寿命曲线通常是关于应力水平和循环次数的线性曲线，焊接接头在按其几何形状、焊缝种类、加载形式及制造等级分类后，便可归于一族许用应力或持久应力值不同的标准 $S-N$ 曲线和工作寿命曲线。

表 5-3 所列为许用应力与焊接接头缺口等级的关系，从表中可以看出，不同的焊接接头形式对应于不同的缺口等级，缺口等级越低，其对应的 $S-N$ 曲线的位置也越低(见图 5-36)，也就表示这种焊接接头的疲劳寿命越低。目前，国际上常用的焊接接头的疲劳设计规范就是按照缺口等级来分级的。

表 5-3　焊接接头形式与缺口等级

焊接接头形式	缺口等级	$\sigma_a(N=2\times10^6)$/MPa
	C	43.0
	D	38.0
	E	31.0
	G	27.0
	H	22.3
	I	14.5

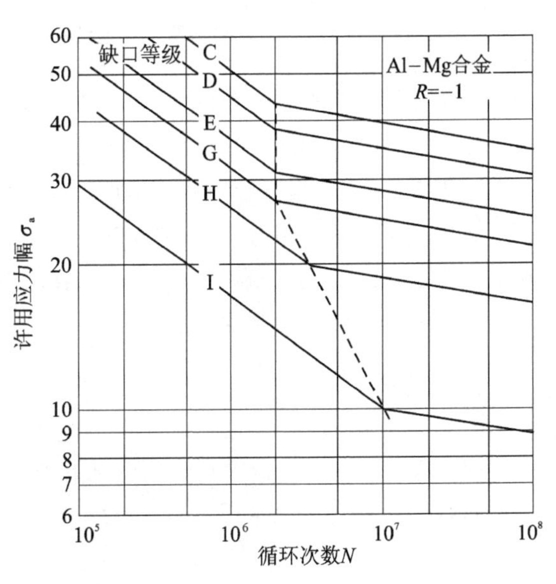

图 5-36　Al-Mg 合金焊接接头的缺口等级

目前,国际上有关焊接接头的疲劳强度设计大多采用质量等级 $S-N$ 曲线确定焊接接头的疲劳质量。国际焊接学会第ⅩⅢ委员会提出的有关钢结构和构件疲劳设计推荐标准用 13 条 $S-N$ 曲线来分级(见图 5-37),图中 FAT160 适用于无焊缝的型材,其余级别的 $S-N$ 曲线在双对数坐标系中互相平行,各疲劳曲线具有 97.7%的失效概率。每条曲线的应力范围和循环次数的关系为

$$\Delta\sigma^m N = C \tag{5-26}$$

式中:C——常数。

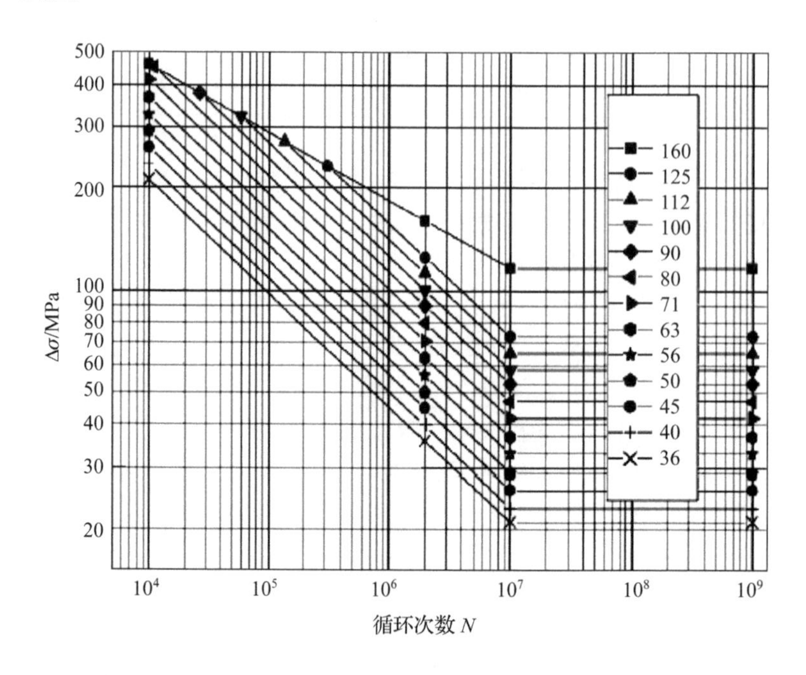

图 5-37 用于评定结构钢焊接接头质量等级的 $S-N$ 曲线

质量等级根据疲劳寿命为 2×10^6 所对应的应力范围 $\Delta\sigma_{2\times10^6}$ 确定。例如 FAT125 表示疲劳寿命为 2×10^6 所对应的疲劳强度 $\Delta\sigma_{2\times10^6}=125$ MPa。疲劳质量等级分别对应不同的结构细节。表 5-4 列出了部分结构细节所对应的疲劳质量等级。

进行变幅载荷疲劳分析时,必须确定零构件或结构工作状态下所承受的载荷谱,获得构件在应力水平 S_i 下经受的循环次数 n_i,然后根据 Miner 累积损伤准则,将变幅载荷的疲劳强度转化为等效的恒幅疲劳强度强度,即

$$S=\left(\frac{\sum n_i S_i^3}{10^5}\right)^{\frac{1}{3}} \tag{5-27}$$

以上转化中用 10^5 次循环作为寿命指标是任意选取的,也可以用其他数值。$S-N$ 曲线中的指数 $m=3$,也可以采用实际实验值。

表 5-4　焊接接头的分类

序　号	结构细节	说　明	疲劳等级
	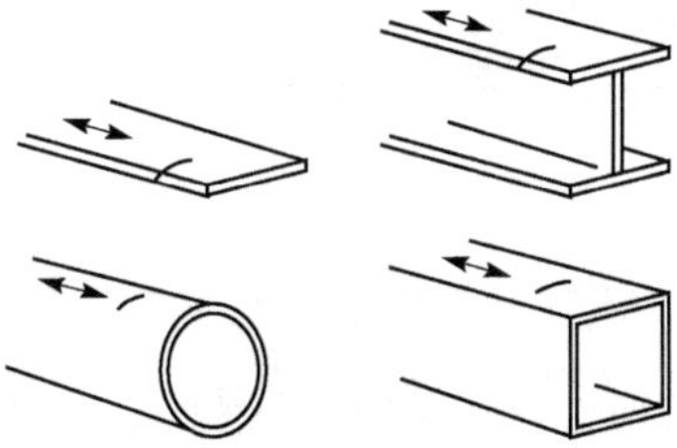	轧制或挤压型材，边缘经机械加工；无缝管 $m=5$	160
1		对接接头磨平，100%NDT	125
2	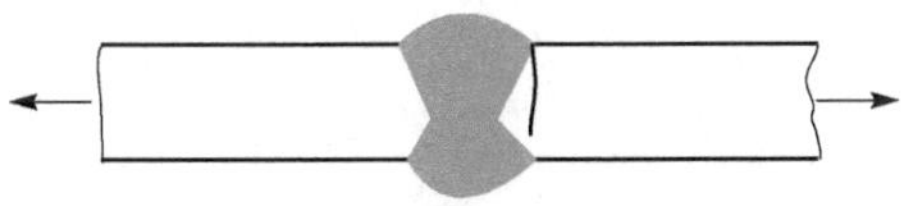	工厂内以平焊位置施焊的横向对接焊缝，NDT	100
3	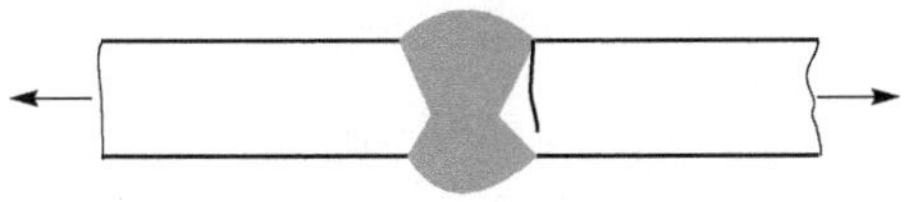	不符合序号 2 要求的横向对接焊缝，NDT	80
4	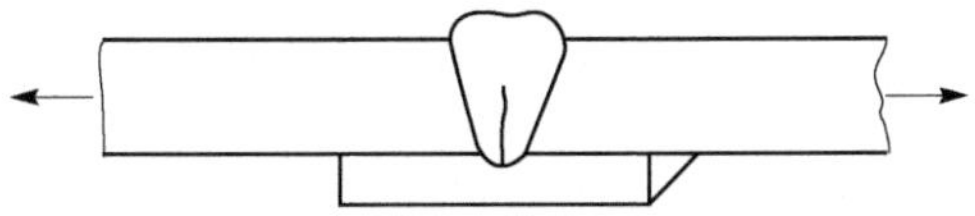	带垫板的横向对接焊缝(应力范围按母材计算，不考虑垫板影响)	71
5	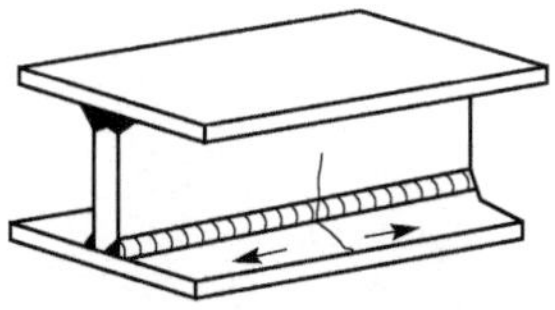	纵向连续对接焊缝自动焊，焊缝无停/始焊处(应力范围按靠近焊缝的翼板计算)	125
6	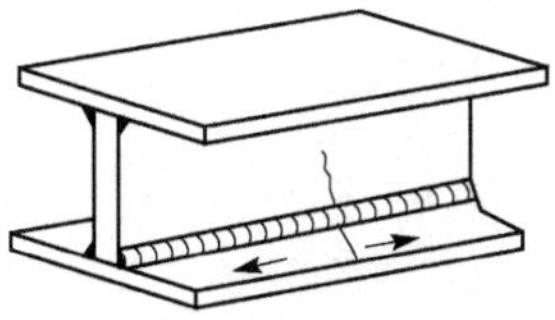	纵向连续角焊缝，自动焊接缝无停/始焊处(应力范围按靠近焊缝的翼板计算)	112
7	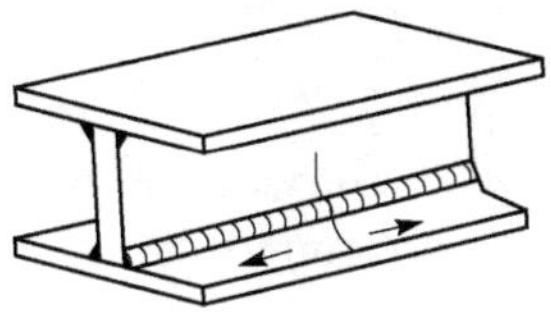	纵向连续对接或角焊接有停/始焊处(应力范围按靠近焊缝的翼板计算)	100

续表 5-4

序　号	结构细节	说　明	疲劳等级
8	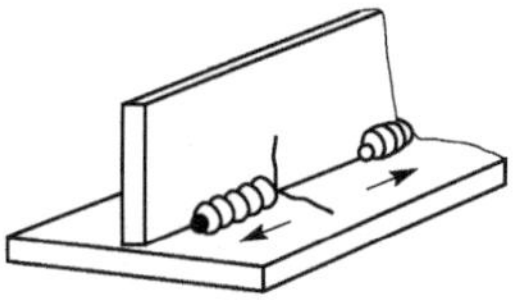	纵向断续角焊缝(应力范围按靠近焊缝的翼板计算)	80
9	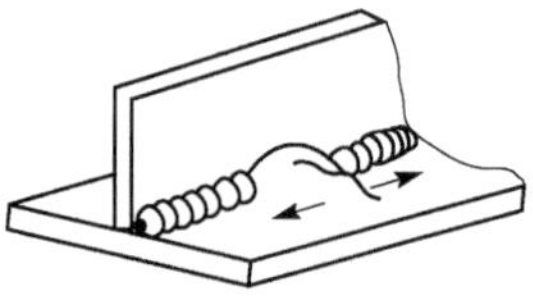	纵向对接、角接或以半圆孔隔开的断续角焊缝(应力范围按靠近焊缝的翼板计算)	71
10	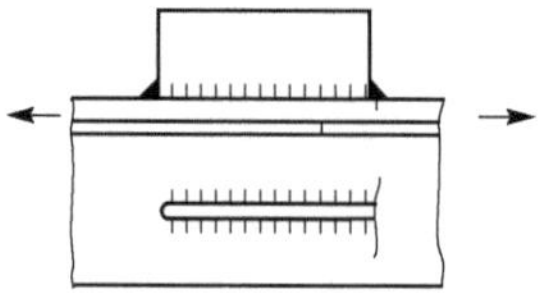	纵向角焊附连件 <150 mm >150 mm 靠近端部	 71 63 50
11	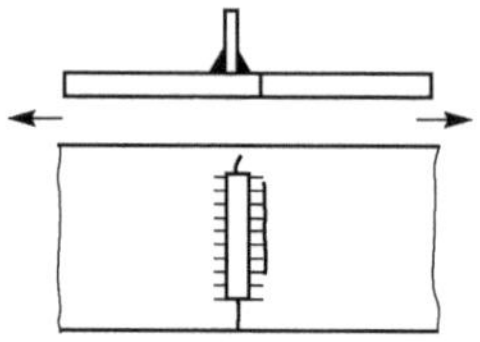	横向角焊附连件	80
12	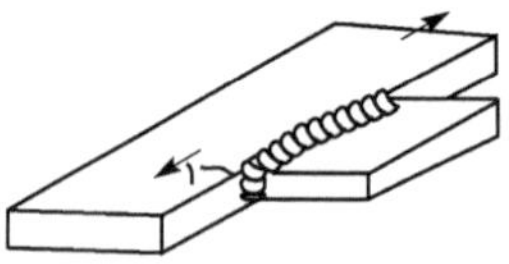	在板边缘焊接的节点板	50
13	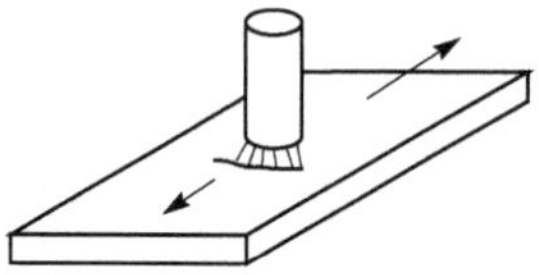	凸焊剪切连接件	80
14	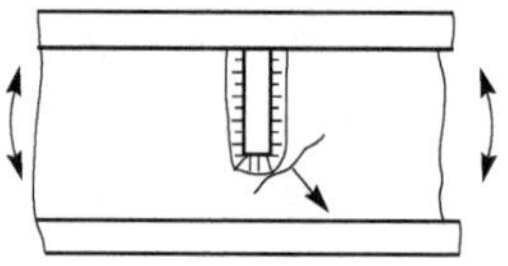	焊接在梁腹板上的加强筋(计算筋板端部的腹板主应力范围)	80
15	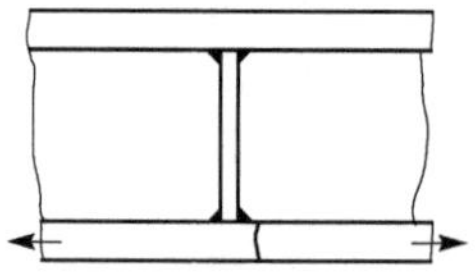	焊接在梁翼板上的加强筋(计算翼板端部的焊趾应力范围)	80

续表 5-4

序　号	结构细节	说　明	疲劳等级
16	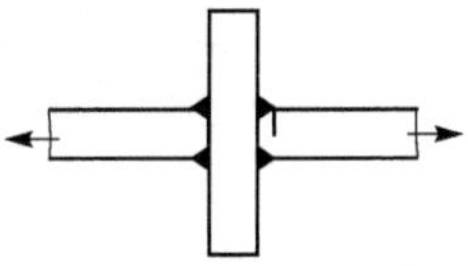	K 形坡口的十字形接头，错边小于板厚的 15%	71
17	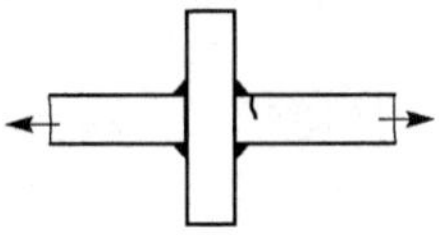	横向角焊缝十字形接头，错边小于板厚的 15%	63
18	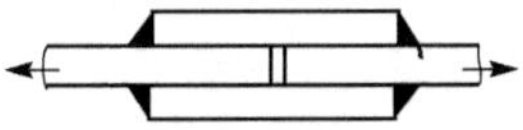	横向承载的角焊缝盖板接头(应力按承载板和盖板等宽计算)	71
19	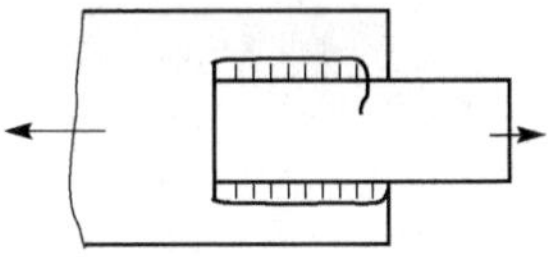	纵向承载的角焊缝盖板接头	50
20	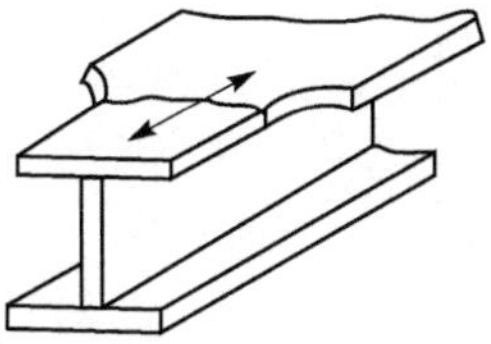	磨平的直线或圆弧过渡的翼板拼接，NDP	112
21	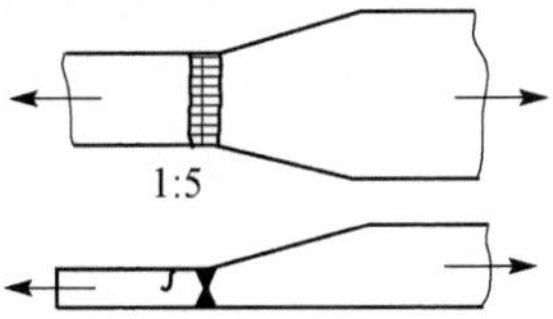 1:5	平滑过渡的不同宽度和厚度的横向对接焊缝： 与序号 2 类型相同 与序号 3 类型相同	 100 80
22	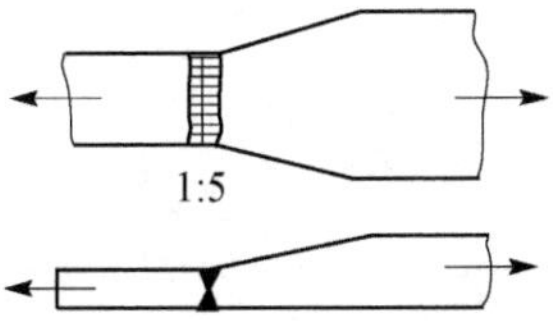 1:5	横向对接焊缝，平滑过渡，磨平，NDT	112
23	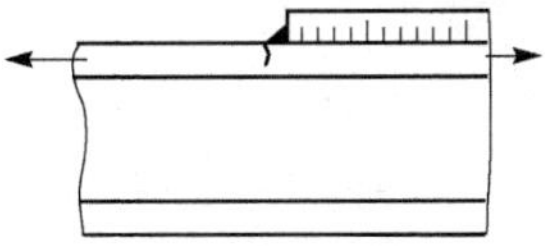	板梁上的盖板，焊接端部(计算端部焊缝翼板侧焊趾应力范围)	50

续表 5-4

序　号	结构细节	说　明	疲劳等级
24	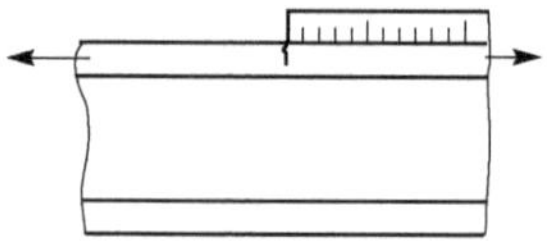	板梁上的盖板,非焊接端部(计算焊缝端部翼板的应力范围)	50
25	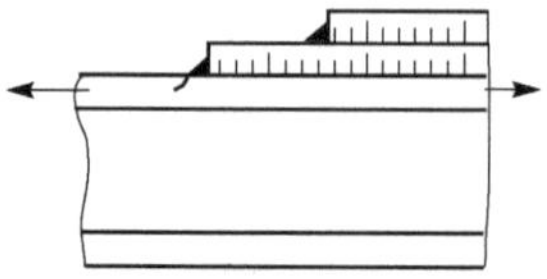	梁上的多层盖板,焊接端部(计算端部焊缝翼板侧焊趾应力范围)	50
26	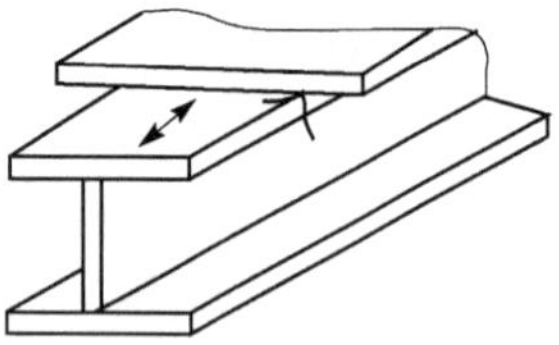	梁上的宽盖板,非焊接端部(计算焊缝端部翼板的应力范围)	50
27	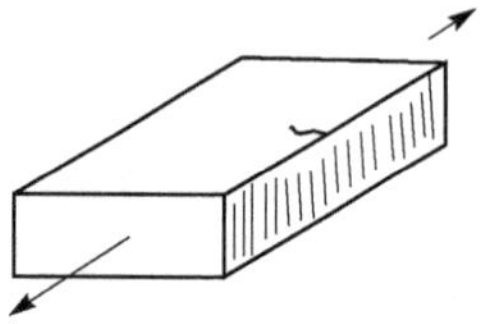	自动火焰切割的平板材料,去除尖角,检查后无裂纹存在	125
28	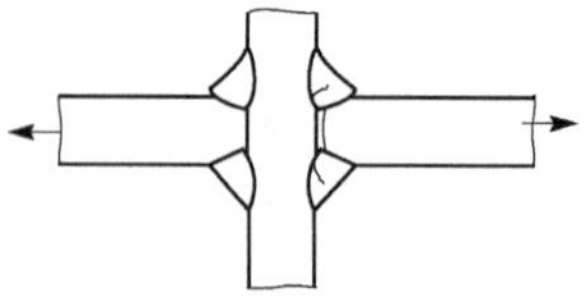	横向承载的角焊缝,根部失效(计算角焊缝最大高度截面的应力范围)	45

2. 结构应力评定方法

结构应力分析方法要求除名义应力外还应确定焊接结构(受外载作用但无缺口效应)中的(非均匀)应力分布情况,为此需要对结构中的应力进行详细计算。在焊接节点中(见图 5-38),紧靠焊趾缺口或焊缝端部缺口前沿的局部应力称为结构应力,或称几何应力,其大小受到整体几何参数的影响。结构应力的最大值称为热点应力。“热点”一词表明最大结构应力循环载荷的局部热效应。多数情况下的结构应力为热点处的表面应力(不考虑缺口效应)。

结构应力分析时需要将结构应力从缺口应力中分离出来。一般而言,接头上应力分布具有高度的非线性,特别是在与构件表面垂直截面中的缺口区内更是如此。如图 5-39 所示,将缺口应力分离,可将结构应力在一定范围内进行线性处理并外推后,确定最大结构应力。

结构应力增大可用结构应力集中系数 K_s 来表示

$$\sigma_h = K_s \sigma_n \tag{5-28}$$

一般而言,热点应力只有在结构应力集中较大的情况下才适合作为疲劳强度评定参数,例

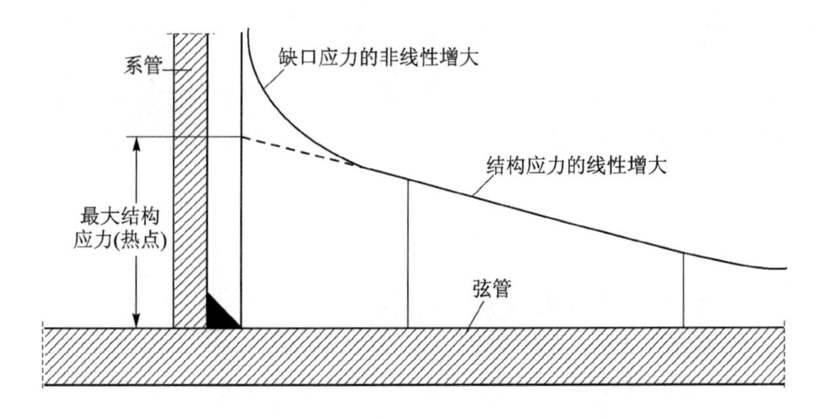

图 5－38　焊趾处的结构应力最大值及缺口应力非线性增大的消除

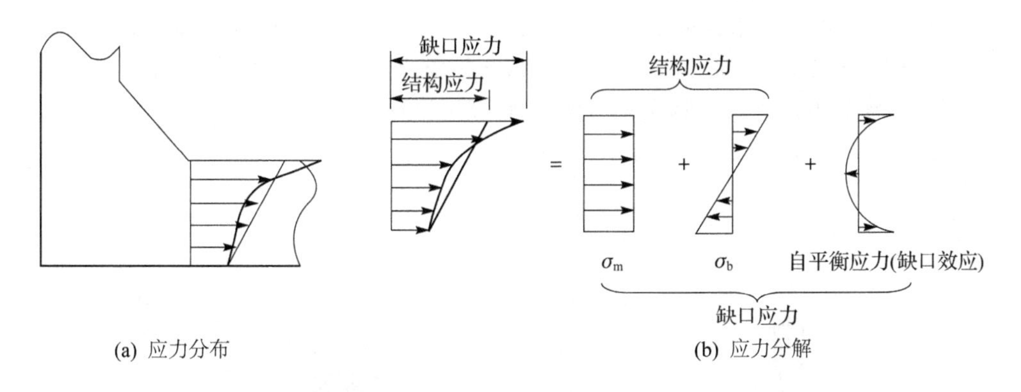

图 5－39　焊趾区结构应力的分解

如热点应力集中系数为 10～20 的管节点结构。在结构应力不是很大的情况下，可采用厚度方向的应力分布线性化方法计算结构应力。图 5－39 中，结构应力分析时将厚度方向上的缺口应力分离，结构应力为

$$\sigma_s = \sigma_m + \sigma_b \tag{5-29}$$

式中：σ_s——结构应力；

σ_m——薄膜应力；

σ_b——弯曲应力。

应当指出，许多情况下决定焊接构件疲劳强度的因素不完全是结构应力而是缺口应力，而结构应力分析时却把缺口应力分离。因此，结构应力评定不能全面反映接头细节的疲劳行为，详细的疲劳分析还需要辅之以缺口应力分析。此外，结构应力方法目前仅局限于焊接接头焊趾的疲劳强度评估，尚不适用裂纹起始于焊根或未焊透等处的疲劳分析。

3. 局部应力应变评定方法

(1) 缺口应力评定方法

在高周疲劳范围内，缺口应力对于裂纹萌生和裂纹扩展的初始阶段虽不是唯一的影响因素，但往往是决定性因素。在焊接结构中，若焊缝外形导致尖锐缺口，则不仅降低整个结构的强度，而且会引起强烈的应力集中，后者一般用弹性应力集中系数 K_k 表示。

应力集中系数 K_k 定义为最大弹性缺口应力 $\sigma_{k\max}$ 与名义应力 σ_n 的比值：

$$K_k = \frac{\sigma_{k\max}}{\sigma_n} \tag{5-30}$$

将无缺口试件疲劳强度 σ_a(应力幅)与缺口试件疲劳强度 σ_{ak}(应力幅)的比值定义为疲劳缺口系数 K_f：

$$K_f = \frac{\sigma_a}{\sigma_{ak}} \tag{5-31}$$

典型焊接接头的缺口疲劳系数与疲劳强度见表5-1。

(2) 局部应力应变分析法

研究表明,决定构件疲劳强度和寿命的是应变集中或应力集中区的最大局部应力和应变。局部应力应变分析法认为,只要最大局部应力应变相同,疲劳寿命就相同。因而,有应力集中的构件疲劳寿命可以使用局部应力应变相同的光滑试样(见图5-40)的应变-寿命(低周疲劳)曲线进行计算,也可以使用局部应力应变相等的试样进行疲劳试验来模拟。根据这一方法,只要知道构件应变集中区的局部应力应变和材料疲劳试验数据,就可以估算构件的裂纹形成寿命,再应用断裂力学方法计算裂纹扩展寿命,就可以得到总寿命。这就为研究各种缺口条件下的焊接接头的疲劳强度提供了方便。

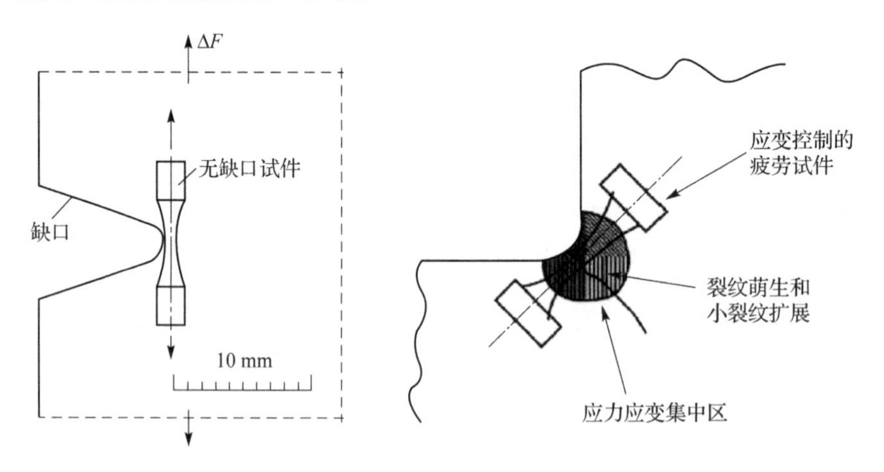

图5-40　局部应力应变分析法

应用局部应力应变法估算疲劳寿命,需要对应力集中引起的局部应变进行分析。在缺口根部的局部应力不超过弹性极限的情况下,缺口根部的局部应变 ε 为

$$\varepsilon = \frac{\sigma}{E} = \frac{K_t\sigma_n}{E} = K_t\sigma_n \tag{5-32}$$

即局部应变较平均应变增大了 K_t 倍。将局部应变与平均应变之比定义为应变集中系数,即 $K_\varepsilon = \varepsilon/\varepsilon_n$。在缺口根部处于弹性状态下,由式(5-32)可得 $K_\varepsilon = K_t$。

在绝大多数零构件的设计中,其名义应力总是低于屈服强度,但由于应力集中,缺口根部的局部应力高于屈服强度。因此,零构件在整体上是弹性的,而在缺口根部则发生塑性应变,形成塑性区,缺口根部表面的局部应变最大。当缺口根部发生塑性应变而处于弹塑性状态时,局部应力与名义应力之比为 $K_\sigma = \sigma/\sigma_n$,$K_\sigma$ 称为弹塑性应力集中系数。

局部应变可根据Neuber法进行计算。Neuber法有

$$K_t^2 = K_\sigma K_\varepsilon \tag{5-33}$$

K_σ 与 K_ε 可分别用名义应力范围 ΔS 和应变范围 Δe、局部应力范围 $\Delta\sigma$ 和局部应变范围 $\Delta\varepsilon$ 表示为

$$K_\sigma = \frac{\Delta\sigma}{\Delta S} \tag{5-34a}$$

$$K_\varepsilon = \frac{\Delta\varepsilon}{\Delta e} \tag{5-34b}$$

又 $\Delta S = E \cdot \Delta\varepsilon$，可得

$$K_t \cdot \Delta S = (\Delta\sigma \cdot \Delta\varepsilon \cdot E)^{1/2} \tag{5-35}$$

式(5－35)将局部应力应变与名义应力建立了联系。在疲劳设计中常用疲劳缺口系数 K_f 代替 K_t，从而得

$$\Delta\sigma \cdot \Delta\varepsilon = \frac{(K_f \cdot \Delta S)^2}{E} \tag{5-36}$$

式(5－36)称为 Neuber 公式。

对于给定的名义应力范围 ΔS，式(5－36)的右端为一常数，故 $\Delta\sigma$ 对 $\Delta\varepsilon$ 的变化是一条双曲线，同时由于 $\Delta\sigma$ 对 $\Delta\varepsilon$ 的变化又受到循环稳定的应力-应变迟滞回线的制约，在这情况下，将式(5－36)与式(5－5)或式(5－6)联立求解，即得 $\Delta\varepsilon$ 以及 $\Delta\varepsilon_p$ 和 $\Delta\varepsilon_e$ 之值，这一求解过程如图 5－41 所示。将这些值代入式(5－7)，得出 N_f 之值，即零件的裂纹形成寿命。若零件受到变幅载荷，则对每一个名义应力幅要进行一次计算，然后按累积损伤原理得出零件的裂纹形成寿命。

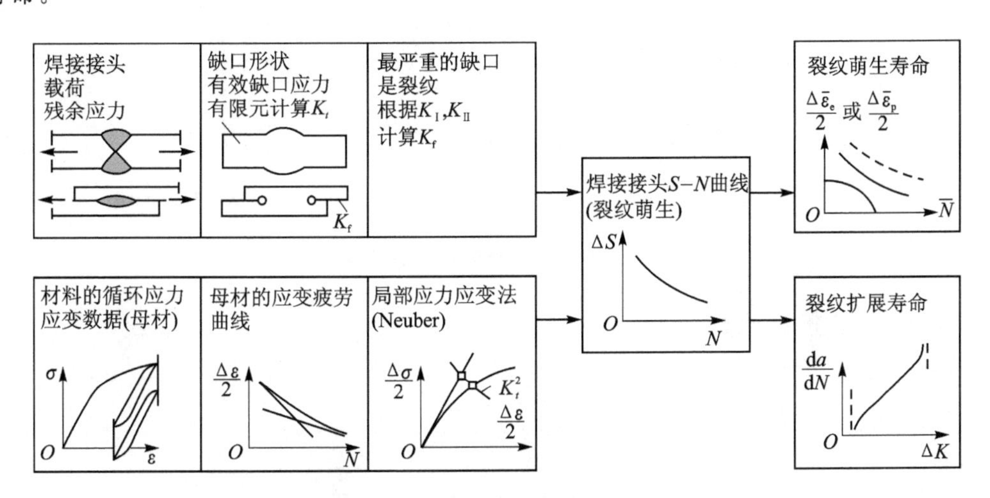

图 5－41　局部应力应变法在焊接接头疲劳分析中的应用

对于有缺陷焊接结构的疲劳断裂评定，有两种方法可供选择：其一是采用断裂力学方法进行详细地分析；其二是采用所谓的简化程序进行分析。简化的评定认为有缺陷焊接接头的疲劳寿命如果不低于无缺陷相同接头细节类型的疲劳寿命就是可以接受的。

5.3.2　焊接结构疲劳裂纹扩展分析

根据断裂力学理论，焊接结构的疲劳后断裂定义为起源于接头的应力集中区疲劳裂纹扩

展至临界尺寸。焊接接头疲劳裂纹的形成受控于结构应力或缺口效应等局部条件,疲劳裂纹扩展需要进一步考虑断裂力学参量以及焊接残余应力、组织不均匀性等因素的作用。

1. 焊接接头疲劳裂纹扩展

焊接接头的疲劳裂纹一般起源于焊趾、焊根等局部应力峰值区(见图5-42),并沿一定方向扩展(见图5-43)到焊趾区。随机萌生的疲劳裂纹合并扩展行为如图5-44所示。随裂纹的扩展,结构的有效承载截面减小,裂纹引起的局部应力-应变场对结构强度的作用提高。将含裂纹结构在连续使用中任何一时刻所具有的承载能力称为该结构的剩余强度。结构的剩余强度通常随裂纹尺寸的增加而下降。如果剩余强度大于设计的强度要求,结构是安全的。如果裂纹扩展至某一临界尺寸,结构的剩余强度就不能保证设计的强度要求,以致结构可能发生破坏。

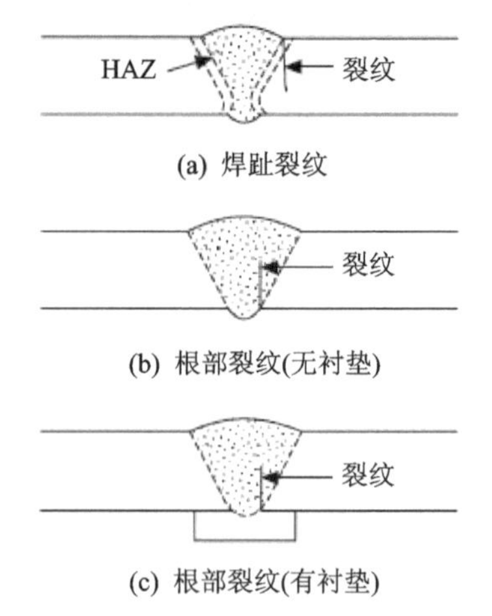

图4-42　焊接接头疲劳裂纹萌生

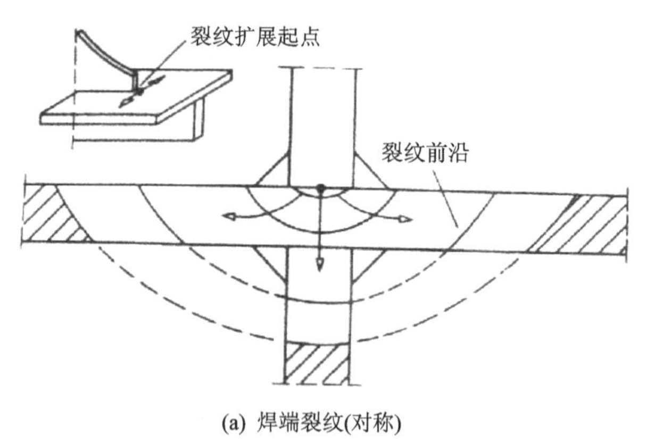

(a) 焊端裂纹(对称)

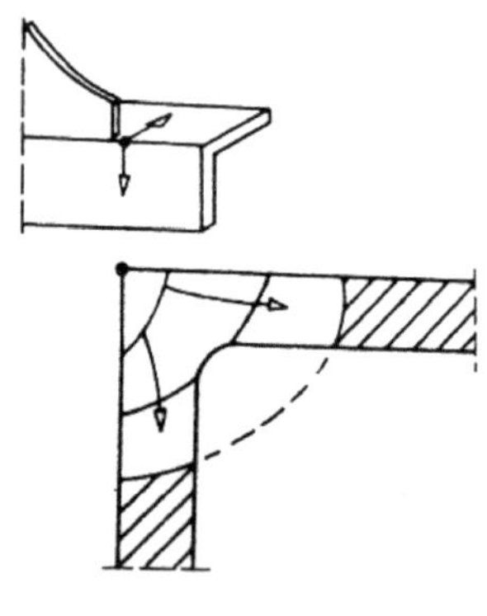

(b) 焊端裂纹(单侧)

图5-43　焊趾疲劳裂纹的扩展

2. 疲劳裂纹扩展寿命计算

根据疲劳裂纹扩展速率公式可对焊接接头的疲劳裂纹扩展寿命进行估算。在等幅循环载荷作用下,根据式(5-11)计算疲劳裂纹扩展寿命,即

$$N=N_{\mathrm{f}}-N_{0}=\int_{N_{0}}^{N_{\mathrm{f}}}\mathrm{d}N=\int_{a_{0}}^{a_{\mathrm{c}}}\frac{\mathrm{d}a}{C(\Delta K)^{m}} \tag{5-37}$$

式中:N_0——裂纹扩展至a_0时的循环次数(若a_0为初始裂纹长度,则$N_0=0$);

N_{f}——裂纹扩展至临界长度a_{c}时的应力循环次数。

含裂纹的焊接接头应力强度因子幅度为$\Delta K=Y\Delta\sigma\sqrt{\pi a}$,其中$Y$为修正系数,则有

$$N=N_{f}-N_{0}=\int_{a_{0}}^{a_{\mathrm{c}}}\frac{\mathrm{d}a}{C(Y\Delta\sigma\sqrt{\pi a})^{m}} \tag{5-38}$$

或

$$\int_{a_{0}}^{a_{\mathrm{c}}}\frac{\mathrm{d}a}{C(Y\Delta\sigma\sqrt{\pi a})^{m}}=N \tag{5-39}$$

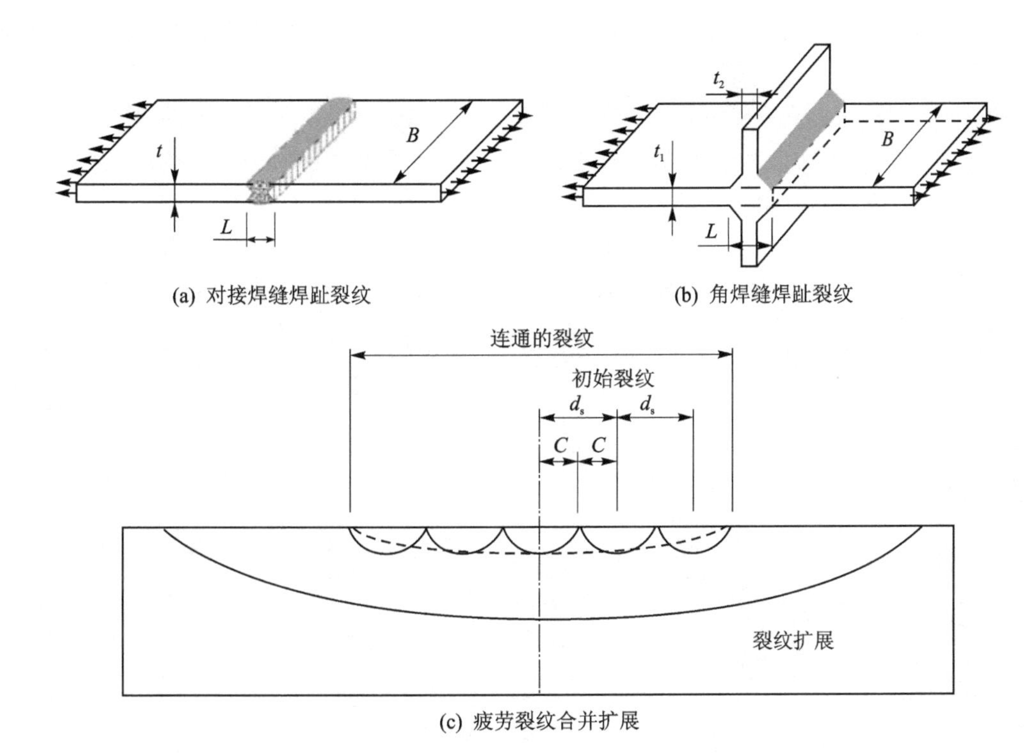

(a) 对接焊缝焊趾裂纹　(b) 角焊缝焊趾裂纹

(c) 疲劳裂纹合并扩展

图 5-44　焊趾疲劳裂纹的形成与扩展

即

$$\int_{a_0}^{a_c} \frac{\mathrm{d}a}{(Y\sqrt{\pi a})^m} = C\Delta\sigma^m N \tag{5-40}$$

由此可见，要估算焊接接头疲劳裂纹扩展，就需要获得修正系数 Y，有关计算方法见本教材的 4.3 节。

由疲劳裂纹门槛值可得疲劳极限

$$\Delta\sigma_0 = \frac{\Delta K_{\mathrm{th}}}{Y\sqrt{\pi a_i}} \tag{5-41}$$

式中：a_i——疲劳裂纹萌生尺寸。当 $a < a_i$ 时称为小裂纹，小裂纹的扩展受控于疲劳极限，即应力幅 $\Delta\sigma < \Delta\sigma_0$ 时，小裂纹不会扩展，$a > a_i$ 时称为长裂纹，疲劳裂纹扩展受控于 ΔK_{th}。

在有限寿命条件下，式(5-40)可以表示为 $\Delta\sigma^m N$＝常数，即疲劳裂纹扩展率与 $S-N$ 曲线具有对应关系。

3. 疲劳疲劳裂纹扩展参数

(1) 初始裂纹尺寸

一般认为，当在构件中检测到裂纹状缺陷(如 0.25 mm 深以上的表面裂纹等)时，可用断裂力学方法评定缺陷的行为。对于焊接接头应力集中区的疲劳裂纹扩展，缺口效应本身就意味着存在原始缺陷，在疲劳载荷作用下很容易扩展。在疲劳裂纹扩展寿命分析中，初始裂纹尺寸的选取与材料类型有关。如铝合金的初始裂纹尺寸一般设为 $a_0=0.01\sim0.05$ mm；钢材的初始裂纹尺寸一般设为$a_0=0.1\sim0.5$ mm;表面裂纹则一般设深宽比为$a/c=0.1\sim0.5$的半椭圆裂纹。

(2) 材料参数

Paris公式中的参数C和m值通过标准的试验方法获得。焊接接头各区域的组织性能各异,其C和m值应分别试验测定。表面裂纹在板厚方向上的扩展和在板面方向上扩展的参数C和m将有所不同。一般而言,同种金属材料的不同组织状态下的C和m值只在一定范围内波动。例如,在$\mathrm{d}a/\mathrm{d}N$和ΔK的单位分别为mm/周和N/mm$^{3/2}$条件下,结构钢的C和m的取值范围为$C=0.9\sim3.0\times10^{-13}$,$m=2.0\sim3.6$,$C$与$m$之间具有相关性

$$C=\frac{1.315\times10^{-4}}{895.4^m} \tag{5-42}$$

为方便计算,结构钢及焊接接头的m值常取3或4。

将式(5-36)代入式(5-9)可得

$$\frac{\mathrm{d}a}{\mathrm{d}N}=1.315\times10^{-4}\left(\frac{\Delta K}{895.4}\right)^m \tag{5-43}$$

由此可见,所有结构钢的$\frac{\mathrm{d}a}{\mathrm{d}N}-\Delta K$的关系在$\Delta K=895.4$ N/mm$^{3/2}$,$\frac{\mathrm{d}a}{\mathrm{d}N}=1.315\times10^{-4}$ mm/周这一点相交处(见图5-45),且m值越高,疲劳裂纹扩展速率越低。

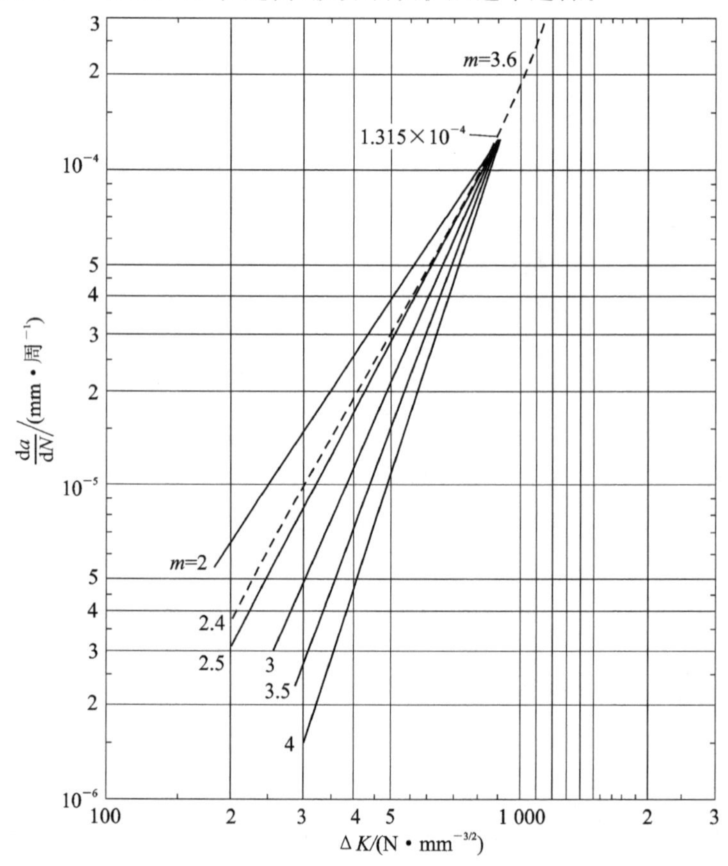

图5-45 m值对疲劳裂纹扩展速率的影响

中等强度(屈服强度为375～780 MPa)碳锰钢焊接接头的母材、热影响区及焊缝的疲劳裂纹扩展速率数据如图5-46所示,经统计分析得

$$m=3.07,\quad C=\begin{cases}8.054\times10^{-12} & (\text{上限})\\ 4.349\times10^{-12} & (\text{中值})\\ 2.366\times10^{-12} & (\text{下限})\end{cases}\tag{5-44}$$

C与m的相关性如图5-47所示。

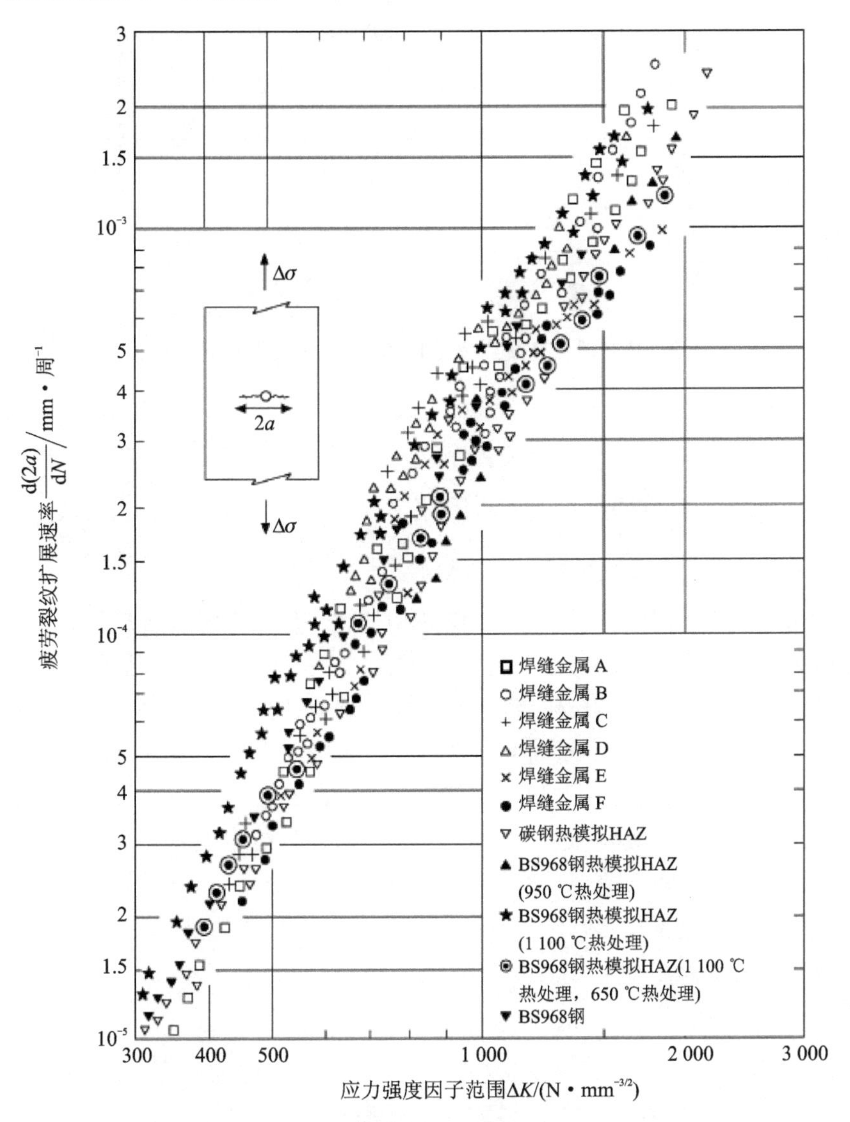

图5-46　结构钢焊接接头疲劳裂纹扩展速率

疲劳裂纹扩展的应力强度因子门槛值ΔK_{th}与环境和平均应力(或应力比)有关,一般关系为

$$\Delta K_{th}=\alpha+\beta(1-R)^{q}\tag{5-45}$$

式中:α,β——与环境有关的常数;

q——与平均应力有关的常数。

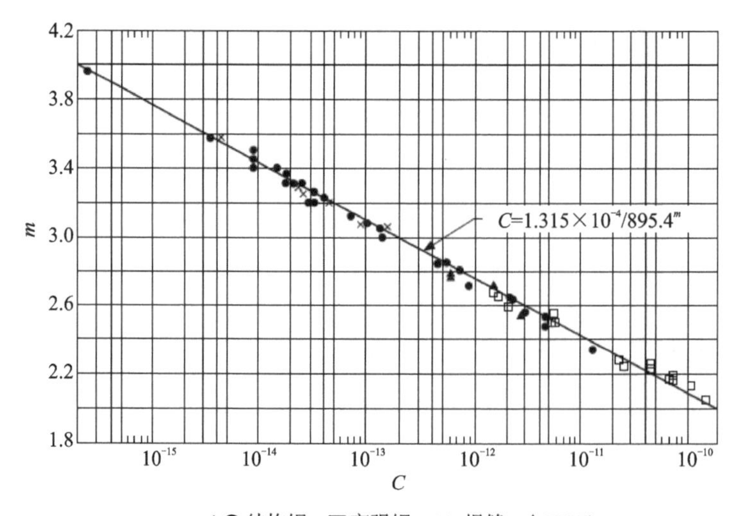

图 5-47 钢及焊缝 C 与 m 的相关性(空气介质,$R=0$)

对于结构钢有如下关系：

$$\Delta K_{\mathrm{th}}=240-173R \tag{5-46}$$

4. 影响焊接接头疲劳裂纹扩展的因素

(1) 力学失配对焊接区裂纹扩展速率的影响

力学失配对焊接区局部裂纹扩展驱动力有较大影响,从而影响疲劳裂纹扩展速率。力学失配对焊接区疲劳裂纹扩展的影响主要有三个方面：一是在高匹配情况下,力学失配效应使得对焊接区的裂纹产生一定的屏蔽作用,从而形成对焊缝的保护,降低疲劳裂纹扩展速率,但如果焊接区有较大的应力应变集中,则另当别论。二是裂纹在不均匀的焊缝区发生偏转形成混合型扩展后,远场载荷未变,而Ⅰ型裂纹扩展驱动力 K_{I} 降低;此外,裂纹偏转后接触面积增大,使裂纹闭合效应增大,有效应力强度因子下降,从而导致疲劳裂纹扩展速率降低。三是当裂纹横向穿过焊缝时裂纹扩展速率可能发生增速或减速现象。

为了研究裂纹在焊缝及热影响区以及横向穿越焊缝的扩展问题,通常采用的疲劳裂纹扩展试件如图 5-48 所示。

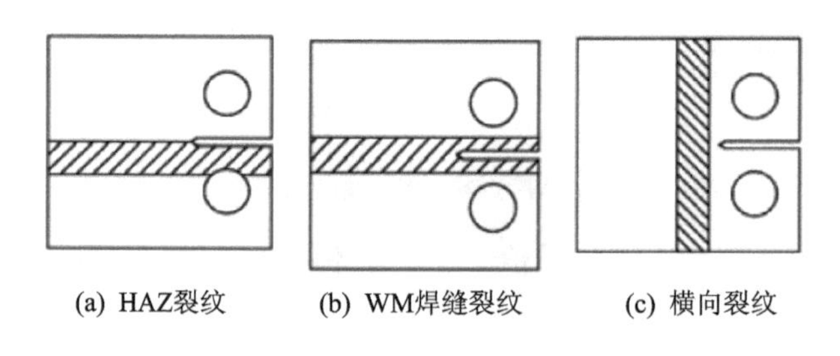

图 5-48 焊接接头疲劳裂纹扩展试件

图 5－49 所示分别为焊接接头的母材、焊缝和热影响区的疲劳裂纹扩展情况。可以看出，焊接接头各区的疲劳裂纹扩展行为有较大区别。始于焊缝区的疲劳裂纹经过一段稳定扩展后，偏离原裂纹扩展方向，穿过熔合区与热影响区，进入母材扩展，形成Ⅰ型和Ⅱ型的复合型裂纹，扩展轨迹为一条曲线。如果热影响区存在较多的缺陷，裂纹可能沿着有利于扩展的热影响区扩展。始于热影响区的疲劳裂纹经过一段稳定扩展后，也偏离原扩展方向进入母材，发展为复合型裂纹。而始于均匀母材的疲劳裂纹则始终保持Ⅰ型（张开型）扩展，裂纹扩展路径呈直线形状，不发生偏转。

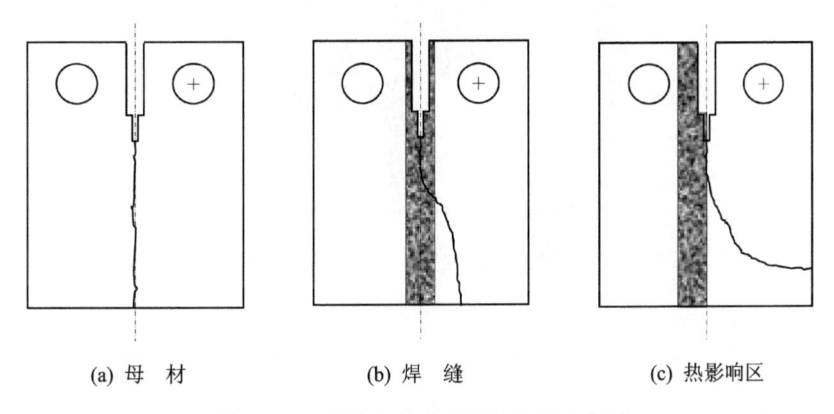

图 5－49　焊接接头疲劳裂纹扩展示意图

造成裂纹扩展路径偏转的主要原因是焊接接头为一个力学不均匀体。一般而言，在高匹配情况下，焊缝中心至母材的过渡区间，其材料的塑性变形能力梯度提高，焊缝为硬区，热影响区次之，母材为软区，塑性变形局部化易向软区的母材一侧发展，始于焊缝区和热影响区的裂纹先直线扩展一段距离，随后向母材一侧偏转。尤其是电子束焊等高能束流焊接接头的焊缝区和热影响区很窄，不均匀性的梯度变化更加严重，焊缝区和热影响区可以看成是两种材料特性的夹层界面，致使焊接区裂纹扩展方向具有更大的不稳定性。

对于低匹配焊缝疲劳裂纹，裂纹不偏向屈服强度较高的母材，焊缝力学不均匀性导致裂纹在小范围内波动扩展，使得表观上裂纹扩展方向比较稳定。对于普通的熔焊接头，虽然在焊缝裂纹尖端存在局部的组织和力学不均匀性，裂纹存在微观的偏离或波动扩展，但由于焊缝较宽，焊缝区力学性能不均匀性变化梯度小，焊缝裂纹扩展方向受力学失配的影响要有所缓和，而位于熔合区或热影响区的裂纹扩展方向同样具有较大的不稳定性，其焊接区的裂纹扩展速率同样与力学失配度有关。因此，焊接接头的疲劳裂纹扩展分析必须综合考虑焊缝力学失配效应。

图 5－50 所示为 6082－T6 铝合金搅拌摩擦焊接头疲劳裂纹扩展路径。疲劳裂纹穿越搅拌摩擦焊接头扩展的疲劳裂纹扩展速率较母材、焊缝及热影响区的情况有较大的波动，其主要原因是裂纹跨越了不同裂纹扩展抗力的微观组织。此外，纵向残余应力对横向裂纹扩展也产生了影响。

(2) 焊接残余应力对疲劳裂纹扩展的影响

焊接结构的断裂力学分析必须考虑焊接残余应力的影响。焊接残余应力作用下的应力强度因子的变化较为复杂，其符号可能为正，也可能为负。如图 5－51 所示，当裂纹位于残余拉应力区时，其作用与外载应力一样发挥驱动断裂的作用。在弹性条件下，残余应力强度因子与

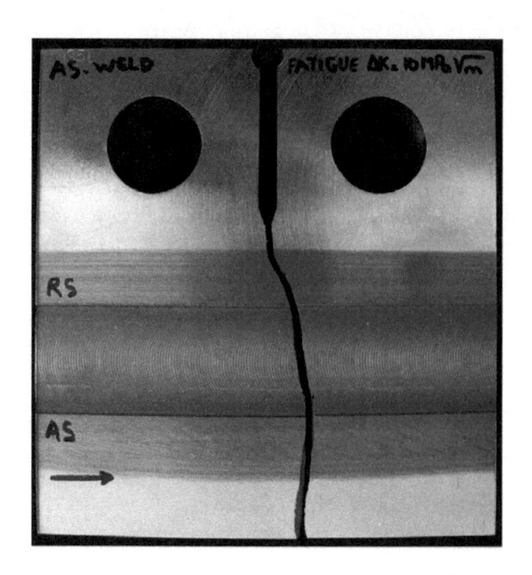

图 5-50 疲劳裂纹穿越铝合金搅拌摩擦焊接头扩展

外载应力强度因子线性叠加构成断裂驱动力。但是,当残余应力与外载应力叠加超过材料屈服限时,残余应力会有所释放,这时断裂驱动力就不能简单地进行线性叠加了,需要进行塑性修正。

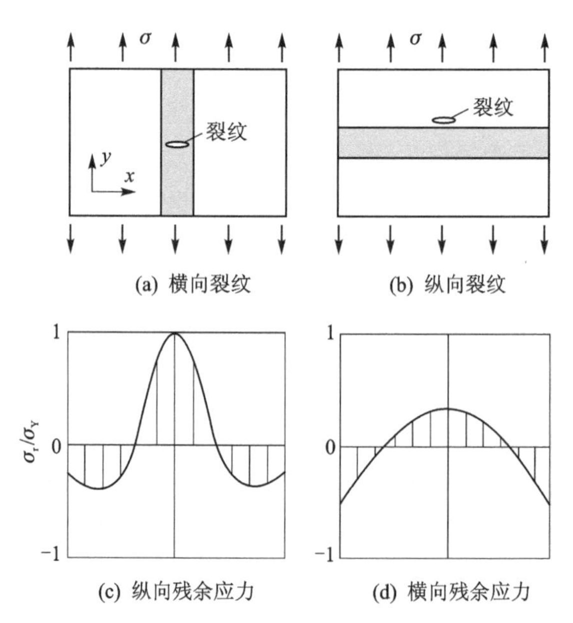

图 5-51 残余应力分布与裂纹位置

裂纹跨越焊缝扩展(见图 5-51(a))时,纵向残余应力的变化如图 5-51(c)所示,表明裂纹将随残余应力的变化而产生波动。

在裂纹沿焊缝扩展过程中,横向残余应力将不断进行重新分布(见图 5-52)。随裂纹不断扩展,其残余应力逐渐释放。若裂纹尖端为压缩残余应力,则减缓裂纹扩展;若裂纹尖端为拉伸残余应力,则对裂纹扩展有加速作用。

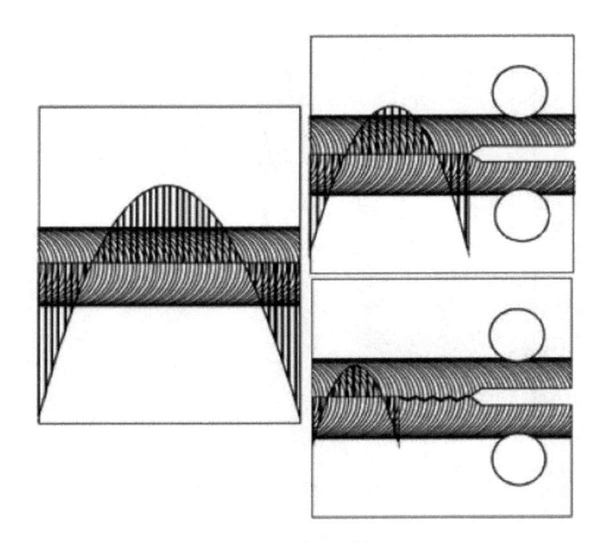

图 5-52　横向残余应力随裂纹扩展的重新分布

5. 疲劳裂纹扩展的概率分析

实际焊接结构的应力集中(见图 5-26)、焊接缺陷、焊接残余应力、材料的组织性能及工作环境都具有较大的不确定性,即使采用较大的安全裕度,也不能确保结构的疲劳寿命可靠性。因此,疲劳裂纹扩展的概率分析受到很大的重视。

在疲劳裂纹扩展概率分析中,重要的统计信息是达到给定裂纹尺寸的应力循环次数的分布规律,以及经受一定应力循环后的疲劳裂纹长度的分布规律。为方便通过解析方法获得裂纹扩展的统计分布,这里将疲劳裂纹扩展随机模型(式(5-14))中的对数正态随机过程 $X(t)$ 简化为随机变量 X,得到对数正态随机变量模型

$$\frac{\mathrm{d}a}{\mathrm{d}N}=XC\Delta K^{m} \tag{5-47}$$

将 $\Delta K=\Delta\sigma\sqrt{\pi a}$,代入式(5-41)积分后可得

$$a=\frac{a_0}{(1-XbQNa_0^{b})^{1/b}} \tag{5-48}$$

式中:

$$Q=C\Delta\sigma^{m}\pi^{m/2}$$

$$b=\frac{m}{2}-1\qquad(m\neq 2) \tag{5-49}$$

a_0——初始裂纹尺寸。

令 z_γ 为正态随机变量 $Z=\lg X$ 的 γ 百分位点,可得 $\gamma\%=P(Z>z_\gamma)=1-\Phi(z_\gamma/\sigma_z)$,其中 Φ 为标准正态分布函数。用 x_γ 来表示随机变量 X 的 γ 百分位点,$x_\gamma=10^{z_\gamma}$,可得到经受 N 次循环后的裂纹尺寸的 γ 百分位点 $a_\gamma(N)$为

$$a_\gamma(N)=\frac{a_0}{(1-x_\gamma bQNa_0^{b})^{1/b}} \tag{5-50}$$

图 5-53 所示为基于正态随机变量模型的裂纹尺寸的 γ 百分位点与循环次数的关系,或者称为概率疲劳裂纹扩展曲线。据此可对疲劳裂纹扩展的统计信息做进一步分析。

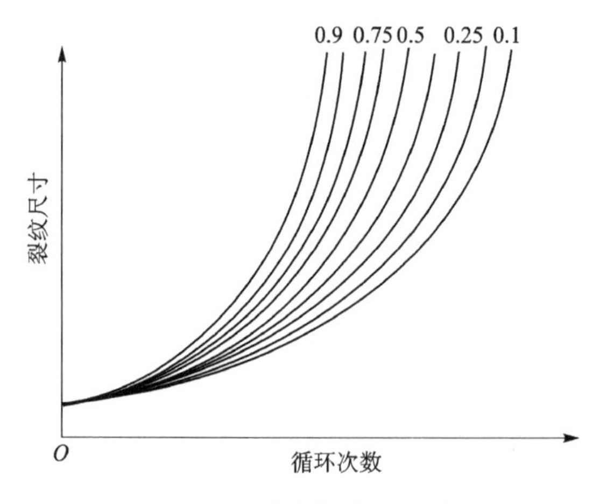

图5-53 概率疲劳裂纹扩展曲线

5.3.3 腐蚀疲劳分析

1. 腐蚀疲劳特点

材料或构件在交变应力和腐蚀介质的共同作用下造成的失效称为腐蚀疲劳。腐蚀疲劳和应力腐蚀不同,虽然两者都是应力和腐蚀介质的联合作用,但作用的应力是不同的。应力腐蚀指的是静应力,而且主要是指拉应力,因此也称为静疲劳。而后者则强调的是交变应力。腐蚀疲劳与应力腐蚀相比,主要有以下不同点:

① 应力腐蚀是在特定的材料与介质组合下发生的,而腐蚀疲劳却没有这个限制,它在任何介质中都会出现。

② 对应力腐蚀来说,当外加应力强度因子 $K_{\mathrm{I}}<K_{\mathrm{ISCC}}$,材料不会发生应力腐蚀裂纹扩展。但对腐蚀疲劳,即使 $K_{\max}<K_{\mathrm{ISCC}}$,疲劳裂纹仍然会扩展。

③ 应力腐蚀破坏时,只有一两个主裂纹,主裂纹上有分支小裂纹;而腐蚀疲劳裂纹源有多处,裂纹没有分支。

④ 在一定介质中,应力腐蚀裂纹尖端的溶液酸度是较高的,总是高于整体环境的平均值。而腐蚀疲劳在交变应力作用下,裂纹不断地张开与闭合,促使介质的流动,所以裂纹尖端溶液的酸度与周围环境的平均值差别不大。

对于应力腐蚀疲劳,在低频和高应力比的情况下,其断裂机制与应力腐蚀的机制相似,一般认为是阳极溶解过程,也就是说腐蚀起主导作用。

与材料在空气介质中的疲劳相比,腐蚀疲劳没有明确的疲劳极限,一般用指定周次作为条件疲劳极限。腐蚀疲劳对加载频率十分敏感,频率越低,疲劳强度与寿命也越低。腐蚀疲劳条件下裂纹极易萌生,故裂纹扩展是疲劳寿命的主要组成部分。

图5-54所示为钢在不同介质条件下的 $S-N$ 曲线。

2. 腐蚀疲劳裂纹扩展特性

研究表明,腐蚀疲劳裂纹扩展速率 $\mathrm{d}a/\mathrm{d}N-\Delta K$ 的关系曲线有三种类型,如图5-55所示。第一种类型(A型)是,当 $K_{\mathrm{I}}<K_{\mathrm{ISCC}}$ 或 $K_{\mathrm{I}}<K_{\mathrm{IC}}$ 时,腐蚀介质中材料的腐蚀疲劳裂纹扩展速率比惰性介质中的大得多。第二种情况(B型)是,当 $K_{\mathrm{I}}<K_{\mathrm{ISCC}}$ 时,裂纹扩展差别不

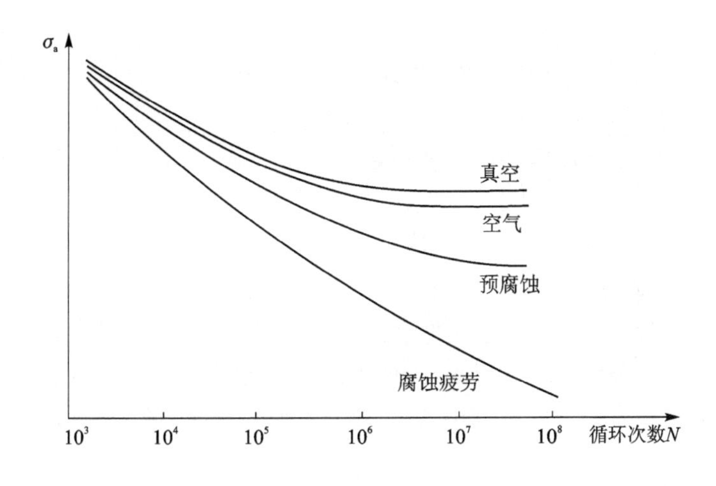

图 5-54　钢在不同介质条件下的 $S-N$ 曲线

大;而当 $K_{\mathrm{I}}>K_{\mathrm{ISCC}}$ 时,发生应力腐蚀,裂纹扩展速率急剧增加,并显示出与应力腐蚀相类似的现象,即有一水平台或裂纹扩展渐趋平缓。为了区别这两种疲劳裂纹扩展持性,第一种情况常称为真腐蚀疲劳(A型),即没有应力腐蚀的作用;第二种情况则称为应力腐蚀疲劳(B型),在交变应力和应力腐蚀共同引起的裂纹扩展中,应力腐蚀的作用往往是主要的;第三种情况为混合型(C型),既有应力腐蚀疲劳又有真腐蚀疲劳。

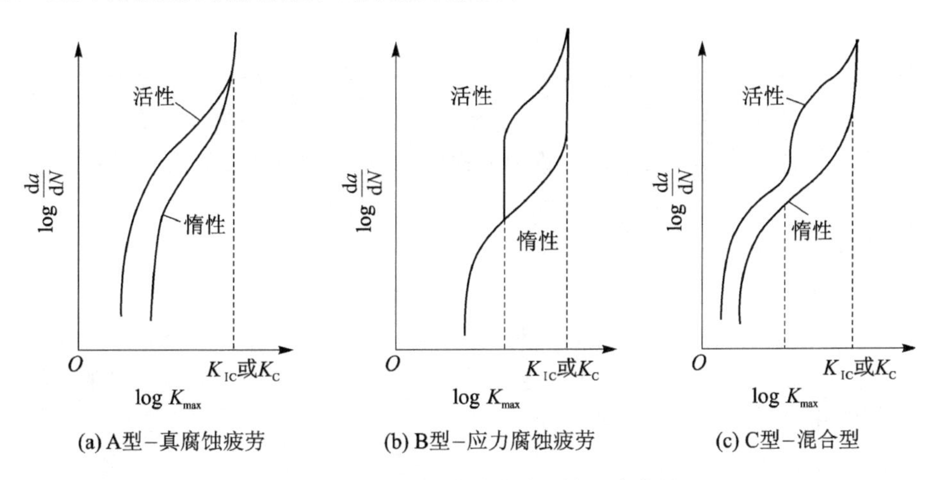

图 5-55　腐蚀疲劳裂纹扩展的三种类型

在影响腐蚀疲劳裂纹扩展的诸多因素中,频率的影响可能是最主要的。在分析频率的影响时要区分真腐蚀疲劳和应力腐蚀疲劳。

在应力腐蚀疲劳中,为了估计在实际服役中频率的影响,一般采用 Wei-Landes 的线性叠加模型,即假定腐蚀疲劳裂纹扩展是应力腐蚀开裂和纯机械疲劳(在惰性环境中)两个过程的线性叠加,因而可表达为

$$\left(\frac{\mathrm{d}a}{\mathrm{d}N}\right)_{\mathrm{CF}}=\left(\frac{\mathrm{d}a}{\mathrm{d}N}\right)_{\mathrm{SCC}}+\int_{\tau}\left(\frac{\mathrm{d}a}{\mathrm{d}t}\right)_{\mathrm{SCC}}\cdot K(t)\mathrm{d}t \tag{5-51}$$

式中:CF(下标)——腐蚀疲劳;

SCC(下标)——应力腐蚀;

$K(t)$——随时间而变化的应力强度因子;

$(da/dt)_{SCC}$——静载荷下应力腐蚀裂纹的扩展速率;

τ——疲劳载荷周期。

Wei曾利用上述线性叠加模型估算过高强度钢在干氢、蒸馏水和水蒸气介质以及钛合金在盐溶液中的疲劳裂纹扩展,当$K_{max}>K_{ISCC}$时其结果还是令人满意的。因为这一模型没有考虑应力和介质的交互作用,随后有人在式(5-50)中加入了修正项。

3. 焊接接头的腐蚀疲劳

焊接接头的腐蚀疲劳强度与焊接工艺、焊接材料和接头形式等因素有关。焊接接头焊趾的应力集中对腐蚀疲劳强度有较大影响,降低焊趾的应力集中程度能够显著提高焊接接头的腐蚀疲劳强度。如采用打磨焊趾或TIG熔修来降低应力集中,同时消除表面缺陷,有利于改善焊接接头的腐蚀疲劳性能。

5.4 焊接结构的抗疲劳设计与工艺措施

焊接结构的疲劳破坏多起源于焊接接头应力集中区。为保证焊接结构的疲劳强度要求,必须对焊接接头进行抗疲劳设计并采取相应的工艺措施,以改善和提高焊接接头抗疲劳开裂和裂纹扩展的性能。焊接接头的抗疲劳设计应做到既能满足所需的疲劳强度、使用寿命和安全性,又能使焊接结构全寿命周期费用尽可能降低。

5.4.1 焊接结构的抗疲劳设计

应力集中是降低焊接接头和结构疲劳强度的主要原因,只有当焊接接头和结构的构造合理,焊接工艺完善,焊缝金属质量良好时,才能保证焊接接头和结构具有较高的疲劳强度。焊接结构的抗疲劳设计的重点是减小应力集中的作用,同时选用抗疲劳开裂、抗腐蚀性能好的母材和焊材。

1. 降低应力集中

疲劳裂纹源于焊接接头和结构上的应力集中点,消除或降低应力集中的一切手段,都可以提高结构的疲劳强度。通过合理的结构设计可降低应力集中,主要措施如下:

① 优先选用对接接头,尽量不用搭接接头;重要结构最好把T形接头或角接接头改成对接接头,让焊缝避开拐角部位;必须采用T形接头或角接接头时,最好选用全熔透的对接焊缝。

承受弯曲的细高截面工字梁常用钢板焊接而成(见图5-56(a)),翼缘与腹板通常采用双面角焊缝连接。这种焊接梁的疲劳强度低于相应的轧制梁,疲劳强度降低系数为0.8。图5-56中列举了几种焊接梁的疲劳强度降低系数。其中,图5-56(c)中采用型钢作为翼缘与腹板连接,由于焊缝处于弯曲应力较低的区域,因而疲劳强度较高。

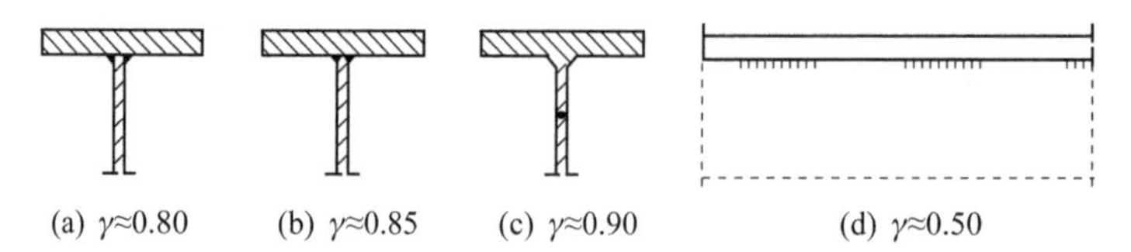

图5-56 工字梁翼缘与腹板的连接形式及疲劳强度降低系数

② 尽量避免偏心受载的设计，使构件内力的传递畅通、分布均匀，不引起附加应力。

③ 减小断面突变，当板厚或板宽相差悬殊而需对接时，应设计平缓的过渡区；结构上的尖角或拐角处应作成圆弧状，其曲率半径越大越好。

图5-57所示为各种节点板连接的疲劳强度降低情况。可以看出，只有当接头拐角处过渡圆角半径较大，且圆滑过渡时，才能获得较高的疲劳强度。

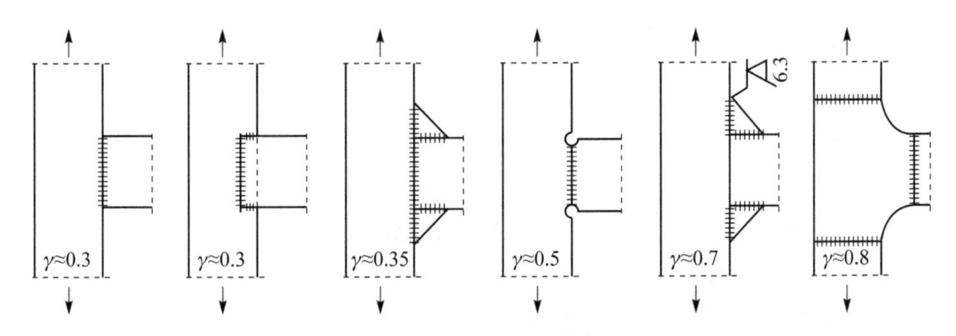

图5-57　节点板不同连接设计的疲劳强度降低系数

④ 避免三向焊缝空间汇交，焊缝尽量不设置在应力集中区，尽量不在主要受拉构件上设置横向焊缝；不可避免时，一定要保证该焊缝的内外质量，减小焊趾处的应力集中。

图5-58(a)为重型桁架焊接节点，这类节点具有强烈的缺口效应，仅可用于承受静载荷。图5-58(b)所示的结构适用于承受疲劳载荷。图5-58(c)所示的结构从缺口效应方面考虑特别合理。

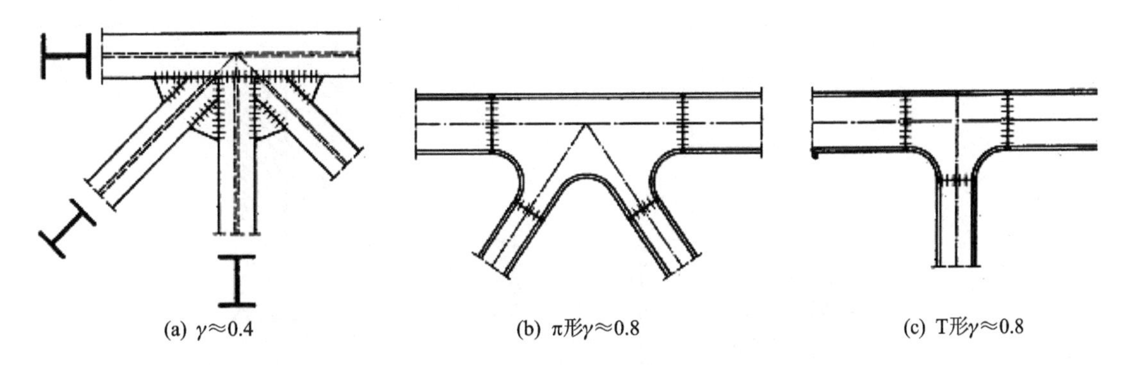

图5-58　重型桁架焊接节点设计形式及疲劳强度降低系数

⑤ 只能单面施焊的对接焊缝，在重要结构上不允许在背面放置永久性垫板。避免采用断续焊缝(见图5-56(d))，因为每段焊缝的始末端都有较高的应力集中，其疲劳强度将大大降低，但承受横向力的双面角焊缝可以通过对焊缝进行交错布置而得到改善。

2. 材料选择

① 强度、塑性和韧性应合理配合。强度是材料抵抗断裂的能力，但高强度材料对缺口敏感。塑性的主要作用是通过塑性变形，可吸收变形功，消除应力峰值，使高应力重新分布；同时，也使缺口和裂纹尖端得以钝化，裂纹的扩展得到缓和甚至停止。塑性能保证强度作用充分发挥。所以，对于高强度钢和超高强度钢，设法提高一点塑性和韧性，将显著改善其抗疲劳能力。

② 提高母材金属和焊缝金属的疲劳抗力还应从材料内在质量考虑。应提高材料的冶金质量,减少钢中夹杂物。重要构件可采用真空熔炼、真空除气,甚至电渣重熔等冶炼工艺的材料,以保证纯度;在室温下细化晶粒钢可提高疲劳寿命;通过热处理可以获得最佳的组织状态,在提高(或保证)强度的同时,也能提高其塑性和韧性。回火马氏体、低碳马氏体(一般都有自回火效应)和下贝氏体等组织都具有较高抗疲劳能力。

5.4.2 焊接结构的抗疲劳工艺措施

焊接接头的疲劳断裂多始于形状不连续、缺口和裂纹等局部应力峰值区。对于整个焊接结构而言,应力峰值区所占的比例不大,但对结构疲劳完整性可能起决定性的作用。在焊接结构制造过程中,采取有效的措施降低和消除应力峰值的不利影响,则能够显著提高焊接结构的抗疲劳性能。因此,必须重视提高焊接接头抗疲劳性能的各项工艺措施的应用。

1. 焊缝外形修整方法

(1) 表面机械加工

采用表面机械加工减少焊缝及附近的缺口效应,可以降低构件的应力集中程度,提高接头的疲劳强度。在对接接头中,可以用机械打磨的方法使母材与焊缝之间平缓过渡,打磨应顺着力线传递方向,垂直力线方向打磨往往产生相反的效果。

角焊缝及焊趾的打磨修整能够明显提高疲劳性能。打磨焊趾时,仅仅打磨出一个与母材板面相切的圆弧是不够的(见图 5-59(a)),应如图 5-59(b)所示那样磨掉焊趾区母材的一部分材料,以消除焊趾过渡区微小的缺陷为限,不得产生新的缺口效应。这种方法对于改善横向焊缝的强度特别有用。

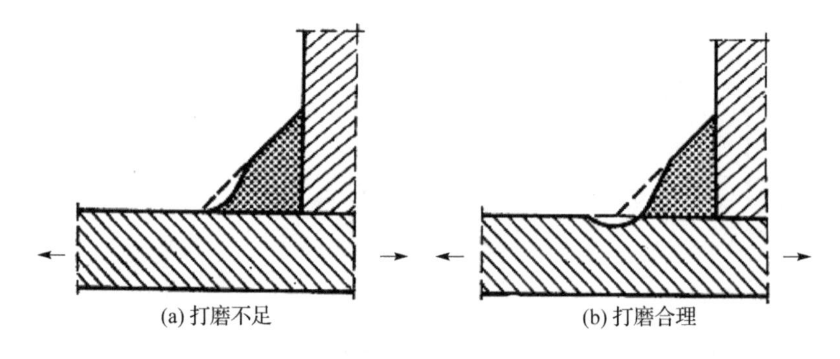

图 5-59 焊趾机械打磨

表面机械加工的成本较高,只有在确认有益和可加工的地方,才适合采用这种修整方法。对存在未焊透、未熔合的焊缝,其表面不完整性已不起主要作用,而采用焊缝表面的机械加工也变得毫无意义。

(2) 电弧整形

采用电弧整形的方法可以替代机械加工的方法,使焊缝与母材之间平滑过渡。这种方法常采用钨极氩弧焊在焊接接头的过渡区重熔一次(常称 TIG 熔修),TIG 熔修不仅可使焊缝与木材之间平滑过渡,而且还减少了该部位的微小非金属夹杂物,从而提高了接头的疲劳强度。

图 5-60 所示为焊趾局部几何形状及测量示意图。

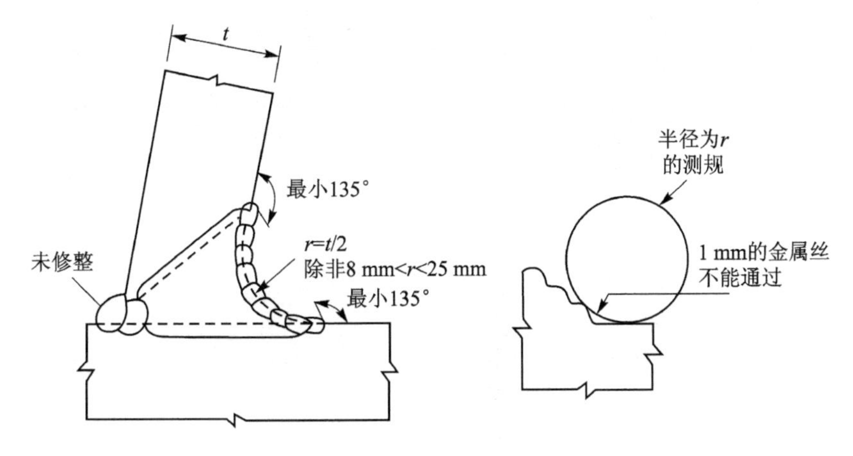

图 5 - 60　焊趾圆弧的测量

图 5 - 61 所示为熔修对焊趾几何形状的影响。

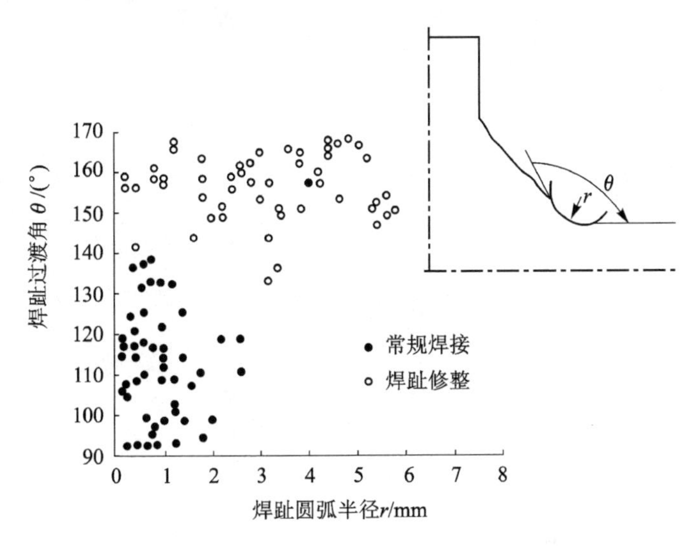

图 5 - 61　熔修对焊趾局部几何形状的影响

TIG 熔修工艺要求焊枪一般位于距焊趾根部 0.5～1.5 mm 处(见图 5 - 62),距离偏近或偏远的效果都不好。这种工艺适用于与应力垂直的横向焊缝。实验结果表明,焊趾的 TIG 熔修可使承载的横向焊缝接头的疲劳强度平均提高 25%～75%。非承载焊缝的接头疲劳强度平均提高 95%～250%(见图 5 - 63)。

(3) 特殊焊接工艺

在焊接过程中采用特殊处理方法来提高接头的疲劳强度,比在焊后修整更为简单和经济,因此越来越受到重视。这种方法主要是在焊接过程中控制焊缝形状,降低应力集中。如采用多道焊修饰焊缝表面,可以使焊缝的表面轮廓和焊趾根部过渡更为平缓。焊后使用轮廓样板检验焊趾过渡情况,若不满足要求,则需要进行熔修整形。也可以采用特殊药皮焊条进行焊接,改善熔渣的润湿性和熔融金属的流动性,使焊缝与母材的过渡平缓,降低应力集中,从而提高疲劳性能。

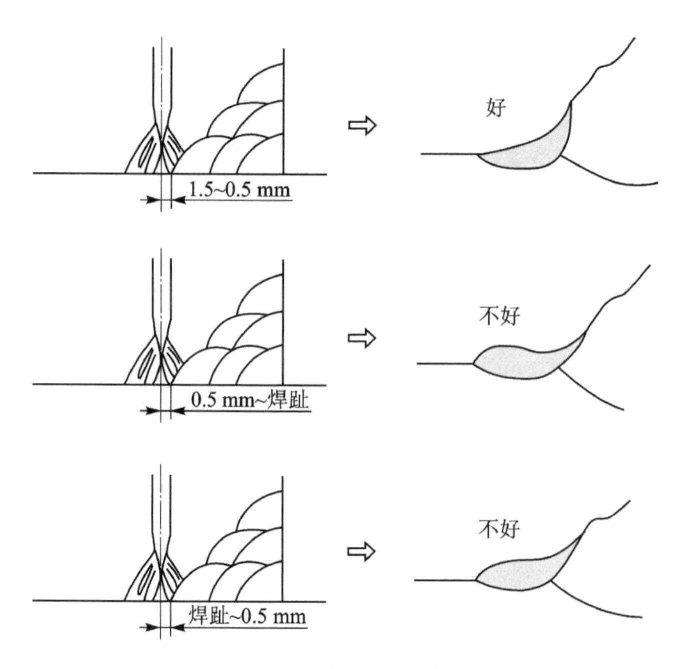

图5-62　电弧熔修位置对焊趾形状的影响

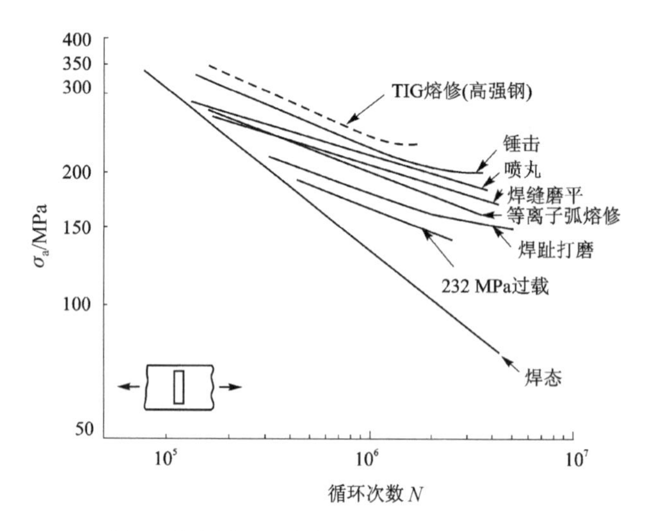

图5-63　各种焊缝修整方法对非承力角焊缝接头疲劳强度的影响

2. 调整残余应力方法

消除接头应力集中区的残余拉应力或使该处产生残余压应力，都可以提高接头的疲劳强度。主要方法如下：

(1) 应力释放

采用整体热处理是消除焊接残余应力的有效方法。但整体消除残余应力热处理后的焊接构件在某些情况下能提高疲劳强度，而在某些情况下反而使疲劳强度有所降低。一般情况下，在循环应力较小或应力较低、应力集中较高时，残余应力的不利影响增大，整体消除残余应力的热处理是有利的。

(2) 超载预拉伸

采用超载预拉伸方法可降低残余应力，甚至在某些条件下可在缺口尖端处产生残余拉伸应力，提高接头的疲劳强度。

由图 5－63 可见，超载预拉伸方法的效果较其他方法差。TIG 熔修对疲劳强度的改善效果最大，因此该方法在提高焊接接头疲劳抗力方面最具吸引力。

(3) 局部处理

因为疲劳裂纹的萌生大多起源于材料或接头表面，采用局部加热、滚压或喷丸时表面的塑性变形受到约束，使表面产生很高的残留压应力，这种情况下表面就不易萌生疲劳裂纹，即使表面有小的微裂纹，裂纹也不易扩展。

图 5－64 和图 5－65 所示为纵向焊缝端部的加热和加压点位置。

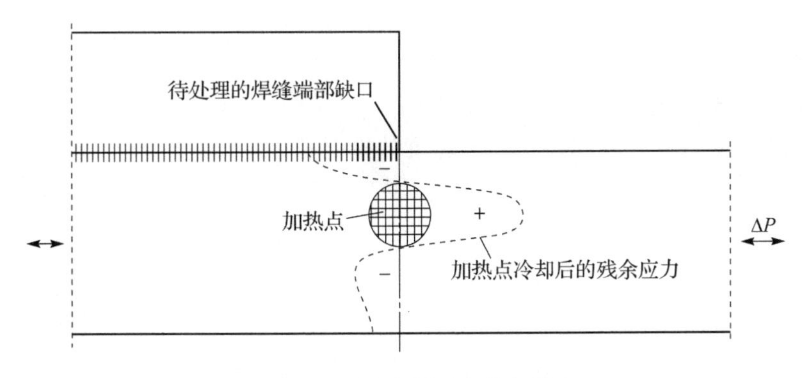

图 5－64　纵向焊缝端部的加热点

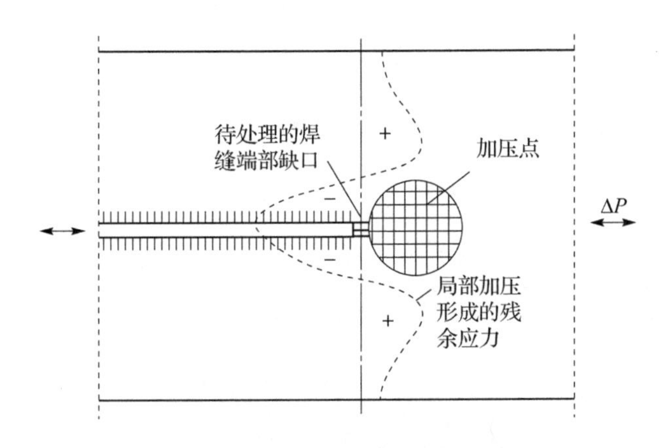

图 5－65　纵向焊缝端部的加压点

(4) 表面处理

利用表面化学热处理的方法，如渗碳氮化等，也能显著提高材料或接头的疲劳强度(当然，化学热处理的方法也有其他功用如耐磨、抗蚀等)。其表面强化的原理和上述的局部处理方法是相同的，是在渗层表面产生残余压应力。

采用一定的保护涂层可提高焊接接头抗大气及介质侵蚀对疲劳强度的影响。

① 表面强化　如喷丸、感应加热淬火、氮化等方法，对提高腐蚀疲劳强度仍然是有利的。

② 表面镀层或喷涂　阳极镀层如镀锌、镀镉作为阳极溶解保护了阴极，改善了腐蚀疲劳

的抗力。而镀铬、镀镍因电位较高,是阴极镀层,使表面产生了不利的拉应力,出现发状裂纹和氢脆,所以要避免阴极镀层。

③ 氧化物保护层　对提高腐蚀疲劳抗力也是有利的。特别是高强度铝合金表面包覆一层纯铝,纯铝表面产生一层致密的 Al_2O_3 薄膜能显著提高腐蚀疲劳抗力。

思考题

1. 什么是应力疲劳?什么是应变疲劳?分析其联系与差别。
2. 疲劳裂纹扩展有何一般规律?如何获得裂纹扩展速率?
3. 焊接构件的疲劳质量是如何分类的?
4. 什么是结构应力?如何确定?
5. 如何应用局部应力应变方法分析焊接接头的疲劳强度?
6. 什么是腐蚀疲劳?
7. 影响焊接结构疲劳强度的因素有哪些?
8. 预防疲劳破坏和提高焊接结构疲劳强度的措施有哪些?

第 6 章　焊接结构设计及制造

6.1　焊接结构的基本要求

焊接结构要满足特定的使用要求，是选择材料和制定焊接工艺规程的重要依据，焊接结构设计人员必须了解焊接结构的基本性能要求。

1. 结构效能

效能是在规定条件下达到规定使用目标的能力，即结构完成任务的能力。结构效能就是指结构系统分配给各个构件部分所应具有的能力。

结构效能是结构的作用与其固有性能的综合体现。在结构选材和焊接工艺制定时要进行效能分析，以优化制造过程。

2. 寿命周期费用

寿命周期费用是在预期的焊接结构寿命周期内，为结构的论证、研制、生产、使用保障及退役所付出的一切费用之和。

焊接结构效能不仅取决于它的性能，而且有赖于它的可靠性、维修性、保障性和安全性等因素，这些因素同时决定了结构的寿命周期费用。材料和焊接工艺对结构寿命周期费用的考虑往往被忽视，在现代焊接结构制造中必须予以重视。

3. 结构工艺性要求

结构工艺性指在一定的生产规模条件下，所选择的零件加工和装配的最佳工艺方案。因此，焊接件的结构工艺性是焊接结构设计和生产中一个比较重要的问题，是经济原则在焊接结构生产中的具体体现。

在焊接结构的生产制造中，除考虑使用性能之外，还应考虑制造时焊接工艺的特点及要求，才能保证在较高的生产率和较低的成本下，获得符合设计要求的产品质量。

焊接件的结构工艺性应考虑到各条焊缝的可焊到性、焊缝质量的保证，焊接工作量、焊接变形的控制、材料的合理应用、焊后热处理等因素，具体表现在焊缝的布置、焊接接头和坡口形式等几个方面。

4. 结构的可靠性与维修性

结构的可靠性是结构在规定的条件下和规定的时间内，完成规定功能的能力。可靠性是要求结构在长期反复使用过程中不出或少出故障，处于可用的时间长。对于材料和焊接件的可靠性，最重要的是掌握材料和焊接件性能的可靠性数据及其影响因素，应用统计学方法分析这些数据的分布规律，按照结构的可靠性要求对材料和焊接结构的质量与寿命进行评估。

结构的维修性是结构在规定的条件下和规定的时间内，按规定的程序和方法进行维修时，保持或恢复到规定状态的能力。维修性是研究结构是否容易维修的问题，目的是缩短结构的非可用时间。

5. 焊接结构的完整性与合于使用原则

焊接结构的显著特点之一就是整体性强，焊接结构的完整性就是要保证焊接结构在承受外载和环境作用下的整体性要求。焊接结构的整体性要求包括接头的强度、结构的刚度与稳定性、抗断裂性、耐久性等。焊接接头的性能不均匀性、焊接应力与变形、接头细节应力集中、焊接缺陷等因素对焊接结构的完整性都有不同程度的影响,充分考虑这些因素是焊接结构完整性分析的重点内容。

根据工程结构的经济可承受性要求,结构完整性应保证结构的可用性(适用性或合于使用性)。合于使用是指结构在规定的寿命期内具有足够的可以承受预见的载荷和环境条件(包括统计变异性)的功能。合于使用是结构完整性要求所要达到的目标,保证结构的完整性是确保合于使用的基础。焊接结构的绝对完整与可靠是很难做到的,合于使用原则是要求结构具有抵抗损伤的能力。

6.2 焊接结构的失效与安全风险防控

6.2.1 载荷作用

1. 载荷分类

焊接结构在使用过程中,要承受各种载荷(如静载、动载、交变载、冲击载和振动载等),各承载结构件会产生相应的应力和变形,如果超过一定的限度,就会丧失功能甚至破坏,从而造成危险。载荷计算是焊接结构及其组成构件受力分析的原始依据,也是报废或事故原因判断分析的重要依据。因此,需要了解焊接结构上的载荷种类、各种载荷的作用方向以及在不同工况下的载荷作用方式。

(1) 静力载荷

焊接结构的静力载荷包括重力载荷和不随时间变化的工作载荷。重力载荷主要是自重载荷。自重载荷包括焊接结构及其附加装置的重力载荷。一般情况下,附加设备可视为集中载荷作用在设备安装的位置中心,桁架的自重视为作用在结构节点上的集中载荷,箱型结构的自重作为均布载荷处理。

(2) 动力载荷

动力载荷使焊接结构产生动载效应,动载效应使原有静力载荷值增加。动力载荷包括惯性载荷和冲击载荷;在惯性载荷和冲击载荷作用下,焊接结构产生振动的振动载荷等。

(3) 自然载荷

自然载荷专指风、冰、雪、地震和温度变化等自然因素所造成的载荷。自然载荷在需要考虑时,可按有关规范确定或由用户提供有关资料进行计算。

2. 载荷组合

为了方便载荷计算常将焊接结构上的载荷分为基本载荷、附加载荷和特殊载荷三类。

(1) 基本载荷

基本载荷是指始终或经常作用在焊接结构上的载荷,包括自重载荷和工作载荷。

(2) 附加载荷

附加载荷是指在正常工作状态下,焊接结构所受到的非经常性作用的载荷,包括最大风载荷、温度载荷、冰雪载荷及某些工艺载荷等。

(3) 特殊载荷

特殊载荷是指处于非工作状态时,焊接结构可能受到的最大载荷,或者在工作状态下,结构偶然受到的不利载荷。前者如结构所受到的非工作状态的最大风载荷、试验载荷，以及根据实际情况决定而考虑的安装载荷、地震载荷和某些工艺载荷等；后者如焊接结构在工作状态下所受到的碰撞载荷等。

只考虑基本载荷组合者为组合Ⅰ，考虑基本载荷和附加载荷组合者为组合Ⅱ，考虑基本载荷和特殊载荷组合者或三类载荷都组合者为组合Ⅲ。

各类载荷组合是结构强度和稳定性计算的原始依据，强度和稳定性的安全系数必须同时满足载荷组合Ⅰ、Ⅱ和Ⅲ三类情况下的规定值，疲劳强度只按载荷组合Ⅰ进行计算。

6.2.2 焊接结构的失效形式

焊接结构中，由于焊接接头断裂、表面损伤、过量变形和材质劣化，而导致降低结构承受规定载荷能力的现象称为失效。焊接结构的失效形式与环境、载荷条件及焊接接头性能等因素密切相关。

1. 断裂失效

断裂是构件在外力作用下，当其应力达到材料的断裂强度时而产生的破坏。根据断裂机理可以把断裂分为脆性断裂、塑性断裂、疲劳断裂和蠕变断裂。实际金属构件发生断裂常常是几种断裂机制的复合形式。

(1) 脆性断裂

随着新材料和新结构的应用与发展，不断涌现高速运转、高压承载、高温或低温使用的大型设备和复杂的装备结构。但是，从军用的火箭、导弹、舰艇、高速战机和核反应堆装置，到民用的轮船、桥梁、锅炉、交通工具、电站设备和化工高压容器等，其工作条件往往符合设计要求，满足常规性能指标，然而却不断出现脆性断裂事故，造成了严重的损失。

(2) 塑性断裂

在外力作用下，构件的某一区域因剧烈滑移而产生明显塑性变形.最终导致分离称为塑性断裂(或称为韧性断裂)。塑性断裂往往是因材料受到较大的负载或过载引起的断裂。金属构件发生塑性断裂后，可观察到明显的塑性变形，断口有缩颈，其断面与主应力方向成45°，有较大剪切唇，断面多成暗灰色纤维状。

例如，压力容器壳体承受过高的应力，以致超过其屈服极限和强度极限，使壳体产生较大的塑性变形，最终导致塑性破裂。压力容器的塑性破裂的特征主要表现在，当严重超载时，爆炸能量大、速度快，金属来不及变形，易产生快速撕裂现象。

(3) 疲劳断裂

在交变循环应力多次作用下发生的断裂称为疲劳断裂。疲劳断裂失效是机器零件中常见的失效方式。各种装备中，因疲劳失效的零件达到失效总数的60%～70%。焊接结构的疲劳破裂往往发生在应力较高或存在焊接缺陷处，因此，在焊接结构设计中要尽量避免或减小应力集中，焊接过程和使用中要加强检验，及时发现和消除缺陷。

金属材料及构件在低于拉伸强度极限的热交变应力反复作用下，裂纹缓慢产生和扩展导致的突然断裂，称为热疲劳断裂，也称热疲劳。热疲劳断裂符合疲劳断裂的一般规律，但也具有高应变、低周疲劳、高温蠕变损伤和氧化腐蚀以及温度循环变化影响显微结构变化等特点，基本上属于高温高应变疲劳断裂。

(4) 蠕变断裂

金属材料在温度、应力的长时间作用下发生的塑性变形称为金属材料的蠕变，由于这种变形而最后导致材料的断裂称为蠕变断裂。蠕变断裂是在温度、应力作用下发生晶界滑动或晶界局部熔化而在晶界交叉点上形成显微孔洞的核心，显微孔洞扩散和滑移而扩大成裂纹，并沿晶界扩展而引起沿晶开裂。

2. 表面损伤

表面损伤是构件由于应力或温度的作用而造成的表面材料损耗，或者是由于构件与介质产生不希望有的化学或电化学反应而使金属表面损伤。表面损伤的主要形式如下：

(1) 磨　损

构件相对运动时，由于摩擦力的作用，表面发生复杂的物理和化学过程，材料呈微粒状脱落，致使构件的尺寸和质量逐渐减小，这种现象称为磨损。根据摩擦面之间相互作用的性质、表面层的变化和损坏特征，可把磨损分为磨粒磨损、粘着磨损、腐蚀磨损等类型。

(2) 腐蚀损伤

构件的表面在介质中发生化学或电化学作用而逐渐损坏的现象称为腐蚀损伤。应力和温度将加速腐蚀的进行，并且使腐蚀损伤复杂化。腐蚀对构件的损坏表现为：因腐蚀失重，使有效面积减小；腐蚀破坏了构件的表面状态，使之不能继续使用；腐蚀裂纹发展到临界尺寸，诱导疲劳裂纹的扩展或发生突然的脆性破坏。腐蚀损伤主要包括均匀腐蚀、电化学腐蚀、摩擦腐蚀、空蚀、应力腐蚀和高温腐蚀等。

(3) 接触疲劳

接触疲劳是构件表面长期受到接触变应力的作用而产生裂纹或微粒剥落的现象，是一种介于疲劳和摩擦之间的破坏形式。接触疲劳相当于周期脉动压缩加载情况，它有疲劳裂纹的起源和逐渐扩展，最后形成剥落的过程，也有疲劳极限等，这些与一般疲劳相似。但是，它还存在着摩擦现象，其表面发生塑性变形，存在氧化磨损以及润滑介质的作用，这些又不同于疲劳，而与磨损相似。接触疲劳损伤包括表面麻点、亚表面麻点和剥落等。

3. 过量变形

过量变形是金属构件在使用过程中产生超过设计配合要求的过量形变。过量变形的主要形式如下：

(1) 过量弹性变形

工程上通常用弹性模量来表示材料受力后产生弹性变形的能力。弹性模量是材料对弹性变形的抗力指标，是衡量材料刚度的参数，弹性模量愈大，材料的刚度愈大，在一定应力作用下产生的弹性变形就愈小。

金属构件在实际应用中需要限制过量弹性变形，要求具有足够的刚度。过量的弹性变形使构件运转时不平稳，达不到设计的性能要求。因此，刚度是零件和结构设计的重要问题之一。零件或结构的刚度除取决于材料的弹性模量外，还与零件或结构的尺寸和形状有关。

(2) 过量塑性变形(即永久变形)

过量塑性变形是构件失效的重要方式，轻则使装备工作状态恶化，重则使装备不能继续运行，甚至破坏。构件的设计是不允许有永久变形的。

塑性变形与弹性变形不同，塑性变形对材料内部组织结构及外部各种因素均十分敏感。不仅材料的成分、组织结构不同时塑性变形能力不同，而且温度、加载速度、表面状态和应力状态等外界条件不同时对塑性变形抗力也有很大的影响。

4. 材质变化失效

材质变化失效是由冶金因素、化学作用、辐射效应和高温长时间作用等因素引起材质变化，使材料性能降低而发生的失效现象。

以上几种失效形式中，以断裂失效危害最大，特别是脆性断裂，是焊接结构工作的最大威胁。脆性断裂总是突然发生，往往引起灾难性的破坏。表面损伤往往是断裂的前奏，表面损伤处常常是裂纹的发源地，最后导致构件的断裂。过量变形影响构件的配合精度，使构件不能使用，或者加速构件的破坏。

焊接结构的设计目标是确保结构在正常工作条件下不会发生失效。

6.2.3 焊接结构安全风险防控

工程结构在制造和使用过程中都带有一定的风险。风险由两部分组成：一是危险事件出现的概率；二是一旦危险出现，其后果严重程度和损失的大小。危险是可能产生潜在损失的征兆，是风险的前提，没有危险就无所谓风险。在焊接结构制造和使用过程中，应对风险有足够的认识。在焊接结构完整性监测中，风险分析要正确识别高风险的区域，确定可能导致结构破坏的主控因素，为焊接结构合于使用分析提供基础。

根据系统安全的理论和方法，认为系统中存在的危险源是事故发生的根本原因。危险源是可能导致事故的潜在的不安全因素。系统中不可避免地会存在着某些种类的危险源，系统安全的基本内容就是辨识系统中的危险源，采取措施消除和控制系统中的危险源，使系统安全运行。因此，焊接结构安全风险防控的首要任务是风险源识别。为降低工程中的各类风险，对于重要的焊接结构应开展风险识别、分析与评估、对策（处理）和控制等一系列活动，其中风险分析是比较普遍和关键的工作项目。风险分析流程见图 6-1。

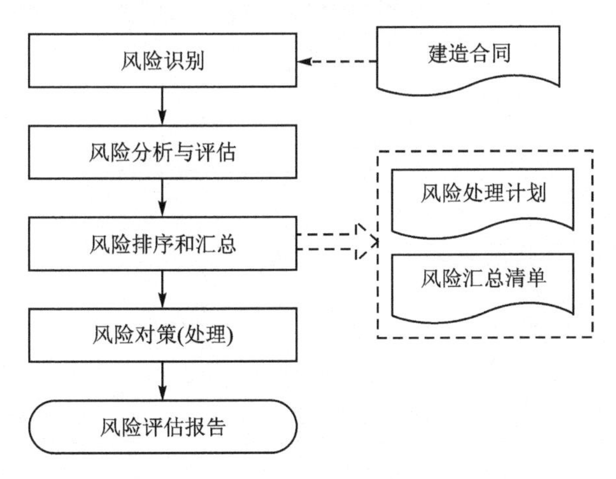

图 6-1　风险分析流程

工程风险后果的严重程度可分为：

不严重——对人员伤害、对环境污染均很小，经济损失也小；

严重——对人员可能伤害、甚至死亡，对环境可能污染，有明显的经济损失；

很严重——很大可能性导致一些人员伤害或死亡，明显的环境污染和巨大经济损失。

焊接结构安全风险防控是将风险限定在一个可接受的水平上。风险可接受程度要根据结构及使用条件、风险的预见性与可控性、风险后果、经济可承受性等多种因素的制约。制定可接受风险准则,除了考虑人员伤亡、结构损坏和财产损失外,环境污染和对人健康潜在危险的影响也是一个重要因素。

工程技术人员要掌握风险分析与控制的方法,提高应对风险的能力。焊接结构的风险性与结构的完整性密切相关,保证结构的完整性是降低技术风险的关键。材料及焊接质量是结构完整性的基础,因此,必须从防范风险的角度来重视材料及焊接技术。

6.3 焊接结构承载能力的设计方法

6.3.1 常规设计方法

常规设计方法也称为许用应力法,即在强度计算中以材料的屈服极限,在稳定性计算中以稳定临界应力,在疲劳强度计算中以疲劳强度极限除以一定的安全系数,分别得到强度、稳定性和疲劳强度的许用应力。结构构件的计算应力不得超过其相应的许用值。

为了避免焊接结构失效,设计计算所依据的准则是与零件的失效形式密切相关的。一个构件可能有多种失效形式,但在设计时,应根据其主要的失效形式而采用相应的计算准则。

1. 强度准则

强度是构件抵抗整体断裂、塑性变形和表面接触疲劳的能力。例如:对于一次断裂,应力不超过材料的强度极限;对于疲劳破坏,应力不超过零件的疲劳极限;对于残余变形,应力不超过材料的屈服极限。其一般的表达式为

$$\sigma \leqslant \sigma_{\lim} \tag{6-1}$$

考虑到各种偶然性或难以精确分析的影响,式(6-1)右边要除以设计安全系数 n,即

$$\sigma \leqslant \frac{\sigma_{\lim}}{n} = [\sigma] \tag{6-2}$$

式中:$\sigma_{\lim}$——极限应力。对应于一次断裂、疲劳断裂、塑性变形和表面接触疲劳,分别为材料的强度极限、构件的疲劳极限、材料的屈服极限和零件的接触疲劳极限。

$[\sigma]$——许用应力。

n——安全系数,其选择既要确保安全、可靠、耐用,又要充分利用材料,做到技术先进,经济合理。

2. 刚度准则

刚度是构件抵抗弹性变形的能力。如果构件的刚度不够,就会因过大的弹性变形而引起失效。刚度准则是指构件在载荷作用下产生的弹性变形量不超过许用变形量。其表达式为

$$y \leqslant [y] \tag{6-3}$$

式中:y——弹性变形量,可由各种求变形量的理论或实验方法确定;

$[y]$——许用变形量,即结构工作性能所允许的极限值,应随不同的工作情况,由理论值或经验值来确定其合理的数值。

3. 寿命准则

寿命是焊接结构能正常工作延续的时间。影响构件寿命的主要失效形式为腐蚀、磨损和

疲劳。由于它们各自的产生机理和发展规律不同，应有相应的寿命计算方法。但对于腐蚀和磨损，目前尚无法列出相应的寿命准则。对于疲劳寿命，通常是用求出使用寿命时的疲劳极限来作为计算的依据。

4. 振动稳定性准则

振动是指结构发生周期性的弹性变形现象。一般情况下，构件的振幅较小。但当构件的固有频率 f 与激振源的频率接近或成整倍数关系时，零件就要发生共振，振幅急剧增大，致使构件破坏。这种现象称为失去振动稳定性。振动稳定性准则是指设计时使结构中受激振作用的各零件的固有频率与激振源的频率 f_p 错开。其条件式通常为

$$0.85f > f_p \quad 或 \quad 1.15f < f_p \tag{6-4}$$

由于激振源的频率通常为确定值，故当不能满足上述条件时，可用改变构件和系统的刚性、改变支承位置、增加或减少辅助支承等办法来改变零件的固有频率 f，以避免发生共振。

此外，采用隔振元件把激振源与构件隔开以防止振动传播；采用阻尼以消耗引起振动的能量等措施，都可改善结构的振动稳定性。

6.3.2 概率极限状态设计法

1. 结构的可靠度

结构在规定的时间内，规定的条件下，完成预定功能的能力，称为结构的可靠性。结构可靠度是对结构可靠性的定量描述，即结构在规定的时间内，规定的条件下，完成预定功能的概率。对结构可靠度的要求与结构的设计基准期长短有关，设计基准期长，可靠度要求就高，反之则低。

2. 结构的极限状态

整个结构或结构的一部分超过某一特定状态就不能满足设计规定的某一功能要求，称此特定状态为该功能的极限状态。极限状态实质上是结构可靠与不可靠的界限，故也可称为界限状态。对于结构的各种极限状态，均应规定明确的标志或限值。

根据有关技术标准，承重结构应按下列二类极限状态进行设计：

① 承载能力极限状态　对应于结构或构件达到最大承载能力或出现不适于继续承载的变形，包括构件和连接的强度破坏、疲劳破坏和因过量变形而不适于继续承载，结构和构件丧失稳定，结构转变为机动体系和结构倾覆。

② 正常使用极限状态　对应于结构或构件达到正常使用或耐久能力的某项规定的限制值，包括影响结构、构件和非结构构件正常使用或耐久性能的局部损坏。

承载能力极限状态与正常使用极限状态相比较，前者可能导致人身伤亡和大量财产损失，故其出现的概率应当很低，而后者对生命的危害较小，故允许出现的概率可高些，但仍应给予足够的重视。

3. 概率极限状态设计原理

影响结构完成特定功能的两个基本因素是载荷效应 S 和结构抗力 R。载荷效应是指载荷作用在结构上所引起的结构及其构件的应力和变形；结构抗力是指结构及其构件承受载荷效应的能力。

结构的功能函数可表示为

$$Z = R - S \tag{6-5}$$

由于 R 和 S 都是随机变量,其函数 Z 也是一个随机变量。功能函数 Z 存在以下三种可能状态:

$$Z = R - S \begin{cases} >0 & \text{结构处于可靠状态} \\ =0 & \text{结构达到极限状态} \\ <0 & \text{结构处于失效状态} \end{cases}$$

结构或构件的失效概率可表示为

$$P_f = P(Z < 0) \tag{6-6}$$

设 R 和 S 的概率统计值均服从正态分布,可分别算出它们的平均值 μ_R、μ_S 和标准差 σ_R、σ_S,则功能函数 Z 也服从正态分布,其平均值和标准差分别为

$$\mu_Z = \mu_R - \mu_S \tag{6-7}$$

$$\sigma_Z = \sqrt{\sigma_R^2 + \sigma_S^2} \tag{6-8}$$

图6-2所示为功能函数为正态分布的概率密度曲线。图中由 $-\infty \sim 0$ 的阴影面积表示 $Z<0$ 的概率,即失效概率,需采用积分法求得。在正态分布的概率密度曲线中存在着 Z 的平均值和标准差的下述关系:

$$\beta\sigma_Z = \mu_Z \quad \text{或} \quad \beta = \frac{\mu_Z}{\sigma_Z} \tag{6-9}$$

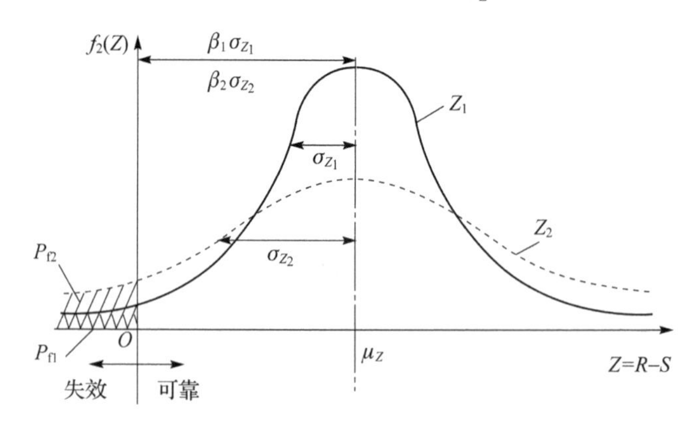

图6-2 功能函数 Z 的概率密度曲线

β 值与失效概率存在着对应关系

$$P_f = \Phi(-\beta) \tag{6-10}$$

式中:$\Phi(\cdot)$——标准正态分布函数。

由式(6-10)可知,只要求出 β 值就可获得对应的失效概率 P_f(而可靠度为 $P_r = 1 - P_f$),故称 β 为结构构件的可靠度指标。P_f 与可靠度指标 β 的关系如表6-1所列。

表6-1 失效概率与可靠度指标的对应关系

β	2.5	2.7	3.2	3.7	4.2
P_f	5×10^{-3}	3.5×10^{-3}	6.9×10^{-4}	1.1×10^{-4}	1.3×10^{-5}

将式(6-8)和式(6-9)代入式(6-10)有

$$\beta=\frac{\mu_Z}{\sigma_Z}=\frac{\mu_R-\mu_S}{\sqrt{\sigma_R^2+\sigma_S^2}} \tag{6-11}$$

当R和S的统计值不按正态分布时,结构构件的可靠度指标应以它们的当量正态分布的平均值和标准差代入式(6-11)来计算。当功能函数Z为非线性函数时,可将此函数展为泰勒级数而取其线性项计算β。

由于β的计算只采用分布的特征值,即一阶原点矩(均值)和二阶中心矩(方差即标准差的平方),对非线性函数只取线性项,而不考虑Z的全分布,故称此法为一次二阶矩法。

结构构件设计时采用的可靠度指标,可根据对现有结构构件的可靠度分析,并考虑使用经验和经济因素等确定。有关技术标准规定,结构构件承载能力极限状态的可靠度指标,不应小于表6-2所列的指标。

表6-2　结构构件承载能力极限状态的可靠度指标

破坏类型	安全等级		
	一级	二级	三级
延性破坏	3.7	3.2	2.7
脆性破坏	4.2	3.7	3.2

4. 承载能力极限状态表达式

为了应用简便并符合人们已熟悉的形式,可将式(6-11)作如下变换:

$$\mu_S=\mu_R-\beta\sqrt{\sigma_R^2+\sigma_S^2}$$

由于

$$\sqrt{\sigma_R^2+\sigma_S^2}=\frac{\sigma_R^2+\sigma_S^2}{\sqrt{\sigma_R^2+\sigma_S^2}}$$

故得

$$\mu_S+\alpha_S\sigma_S\leqslant\mu_R-\alpha_R\sigma_R \tag{6-12}$$

式中:

$$\alpha_S=\frac{\sigma_S}{\sqrt{\sigma_R^2+\sigma_S^2}}$$

$$\alpha_R=\frac{\sigma_R}{\sqrt{\sigma_R^2+\sigma_S^2}}$$

式(6-12)的左、右分别为S和R的设计验算点坐标S^*和R^*,可写为

$$S^*\leqslant R^* \tag{6-13}$$

为便于实际应用,须采用有关的载荷代表值、材料性能标准值、几何参数标准值以及各种分项系数等表达。若载荷效应S^*只包括永久载荷和一种可变载荷,即

$$S^*=S_G^*+S_Q^*$$

则式(6-13)可写为

$$S_G^*+S_Q^*\leqslant R^*$$

分项系数设计表达式可写成

$$\gamma_G S_{Gk} + \gamma_Q S_{Qk} \leqslant \frac{R^*}{\gamma_R}$$

式中的载荷效应和抗力都是指标准值。作用分项系数(包括荷载分项系数 γ_G、γ_Q)和结构构件抗力分项系数 γ_R 应根据结构功能函数中基本变量的统计参数和概率分布类型,以及表6-2所列的结构构件可靠度指标,通过计算分析,并考虑工程经验确定。

6.3.3 分析设计

1. 分析设计的基本思想

常规设计以弹性失效准则为基础,未对结构整体的各处应力作确切的数值计算,且所采用的应力限制条件并未区分应力性质,而是采用统一强度限制条件,不能满足焊接结构多种失效模式的设计要求。随着弹塑性力学及有限元方法的发展,计算出结构任意处的应力成为可能。分析设计是对结构进行详细的应力分析,然后进行应力分类,且对不同类型应力按不同的设计准则来限制,合理地采用区别对待的方法。

分析设计的设计步骤为:结构分析→应力分析→应力分类→计算应力强度→校核应力强度。分析设计采用最大剪应力理论(第三强度理论)作为判据,采用较高的许用应力,降低了自重载荷,提高了有效载荷。与常规设计相比,分析设计的计算工作量大,对材料、制造、检验的要求更严格。

2. 应力分类

根据应力产生的原因和应力分布,对失效的影响分为:一次应力 P、二次应力 Q 和峰值应力 F。

① 一次应力 P　也称基本应力,包括薄膜应力(P_m)和弯曲应力(P_b),由外载(压力和其他机械载荷)在结构中产生的应力(正应力或剪应力),满足外载-内力平衡,不具有自限性。

② 二次应力 Q　包括构件变形约束和边界条件引起的薄膜应力(Q_m)和弯曲应力(Q_b),以及热应力和残余应力,满足变形协调条件。

③ 峰值应力 F　包括构件局部形状改变所引起的应力,高度局部性,不会引起整个结构的明显变形;是导致疲劳破坏、脆性断裂的可能根源。峰值应力 F 一般定义为基本应力乘以应力集中系数减1,即

$$F = (K_t - 1)(P_m + P_b) \tag{6-14}$$

总应力为构件截面的基本应力、二次应力和峰值应力的叠加(见图6-3)。

应当注意,只有韧性较高的材料,允许出现局部塑变,上述分类才有意义(即应力分类的前提条件是材料为塑性材料);若是脆性材料,P 和 Q 影响没有明显不同,应力分类就没有意义;压缩应力主要与容器稳定性有关,也不需分类。

3. 应力强度

在分析设计中不是对应力本身进行评定,而是对其应力强度进行评定。定义计算点上的最大主应力与最小主应力之差为应力强度,即

$$S = \sigma_1 - \sigma_3$$

根据应力分类及组合,可分别定义如下:

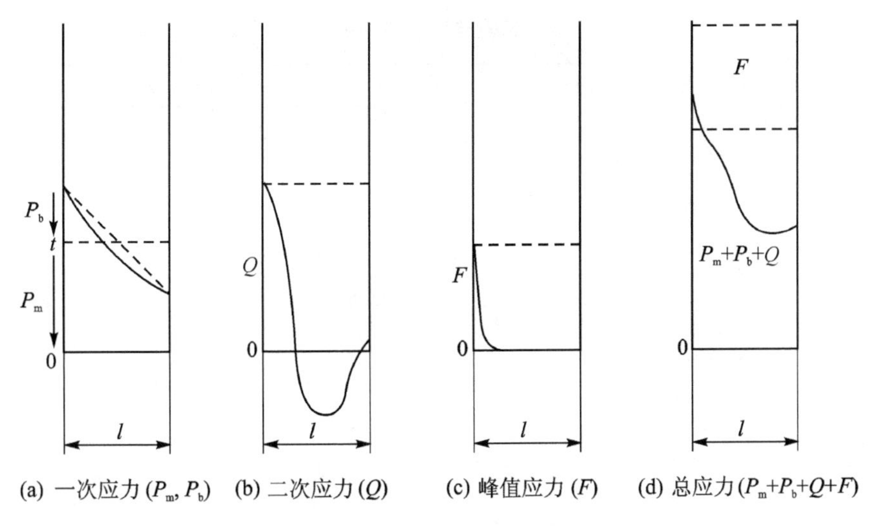

(a) 一次应力(P_m, P_b)　(b) 二次应力(Q)　(c) 峰值应力(F)　(d) 总应力(P_m+P_b+Q+F)

图 6-3　应力分类

① 一次总体薄膜应力强度 S_{I}(由 P_m 算得);

② 一次局部薄膜应力强度 S_{II}(由 P_L 算得);

③ 一次薄膜(总体或局部)加一次弯曲应力强度 S_{III}(由 P_L+P_b 算得);

④ 一次加二次应力强度 S_{IV}(由 P_L+P_b+Q 算得);

⑤ 峰值应力强度 S_{V}(由 P_L+P_b+Q+F 算得)。

一次应力强度是以极限分析原理为依据来确定其许用值。控制一次应力极限是为了防止过分弹性变形,包括稳定在内。

控制一次应力与二次应力叠加的极限是为了防止过分弹性变形的增长性破坏—塑性不安定(塑性疲劳)。

控制峰值应力极限的目的是防止由周期性载荷引起的疲劳破坏,所以要对各类应力提出限制条件。

上述五个基本应力强度值的限制条件如下:

$$\text{单独校核}\begin{cases} S_{\mathrm{I}} \leqslant KS_m \\ S_{\mathrm{II}} \leqslant 1.5KS_m \end{cases}$$

$$\text{组合校核}\begin{cases} S_{\mathrm{III}} \leqslant 1.5KS_m\text{(塑性分析-极限分析导出)} \\ S_{\mathrm{IV}} \leqslant 3S_m\text{(塑性分析-安定性分析导出)} \\ S_{\mathrm{V}} \leqslant S_a\text{(疲劳分析确定)} \end{cases}$$

式中:K——载荷组合系数,与载荷和组合方式有关,$K=1.0\sim1.25$;

S_m——设计应力强度值;

S_a——由疲劳曲线所确定的许用应力强度幅值。

当各类应力同时存在时,上面五个条件要同时满足。

分析设计在现代压力容器设计中得到了高度重视。压力容器分析设计的基础是对容器关键部位逐一进行详细应力计算,然后进行应力分类,且对不同类型应力按不同的设计准则来评定。

表 6-3 所列为压力容器典型零部件的应力分类。

表 6-3 压力容器典型零部件中的应力分类

序　号	零部件名称	位　置	应力的起因	应力分类	符　号
1	圆筒形或球形壳体	远离不连续处的壳壁	内压	一次总体薄膜应力 沿壁厚的应力梯度(如厚壁筒)	P_m Q
			轴向温度梯度	薄膜应力 弯曲应力	Q Q
		与封头或法兰的连接处	内压	局部薄膜应力 弯曲应力	P_L Q
2	任何筒体或封头	沿整个容器的任何截面	外部载荷或力矩,或内压	沿整个截面平均的总体薄膜应力 应力分量垂直横截面	P_m
			外部载荷或力矩	沿整个截面的弯曲应力 应力分量垂直于横截面	P_m
		在接管或其他开孔的附近	外部载荷或力矩,或内压	局部薄膜应力 弯曲应力 峰值应力	P_L Q F
		任何位置	壳体和封头间的温差	薄膜应力 弯曲应力	Q Q

图 6-4 所示为一承受高压的容器部分断面,各区域的应力分类如下:

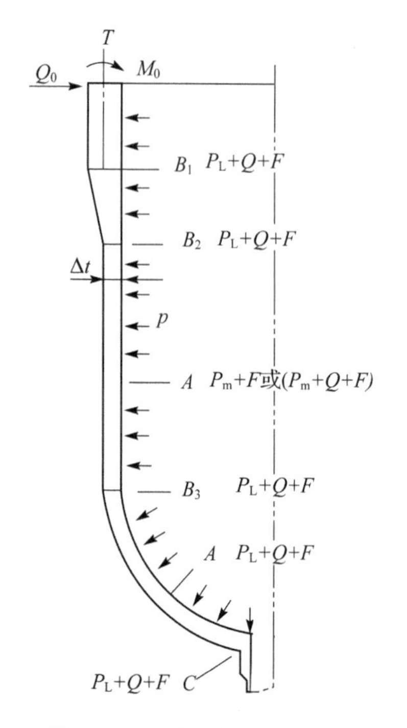

图 6-4 压力容器的应力分类

① 部位 A 属于远离结构不连续的区域,受内压及径向温差载荷。由内压产生的应力分两种情况:当筒体尚属薄壁容器时,其应力为一次总体薄膜应力(P_m);当属厚壁容器时,内外壁应力的平均值为一次总体薄膜应力(P_m),而沿壁厚的应力梯度划为二次应力(Q)。

② 部位 B 包括 B_1、B_2 及 B_3 等三个几何不连续部位,均存在由内压产生的应力。但因处于不连续区,该应力沿壁厚的平均值应划为一次局部薄膜应力(P_L),应力沿壁厚的梯度为二次应力(Q)。由总体不连续效应产生的弯曲应力也为二次应力(Q),而不连续效应的周向薄膜应力应偏保守地划为一次局部薄膜应力(P_L)。另外,由径向温差产生的温差应力已如部位 A 所述,作线性化处理后分为二次应力与峰值应力之和($Q+F$)。因此,B_1、B_2 和 B_3 各部位的应力分类为(P_L+Q+F)。

③ 部位 C 内压在球壳与接管中产生的应力(P_L+Q);球壳与接管总体不连续效应产生的应力(P_L+Q);径向温差产生的温差应力($Q+F$);因小圆

角(局部不连续)应力集中产生的峰值应力(F)。总计应为 P_L+Q+F。由于部位 C 未涉及管端的外加弯矩,管子横截面中的一次弯曲应力(P_b)便不存在。又由于部位 C 为拐角处,内压引起的薄膜应力不应划为总体薄膜应力(P_m),而应分类为一次局部薄膜应力(P_L)。

圆筒壳中轴向温度梯度所引起的热应力,接管和与之相接壳体间的温差所引起的热应力,壳壁径向温差引起的热应力的当量线性分量以及厚壁容器由压力产生的应力梯度,都属于二次应力。

由径向温差引起的温差应力沿壁厚呈非线性分布(见图6-5),近壁面(例如内壁)温差应力的梯度很大。将非线性分布的温差应力作等效的线性化处理,线性与非线性间的差值分类为峰值应力(见图6-6)。

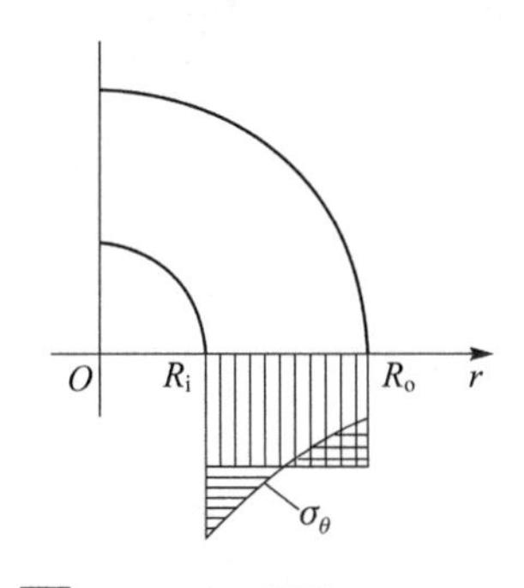

图6-5 内压厚壁圆筒环向应力的分解

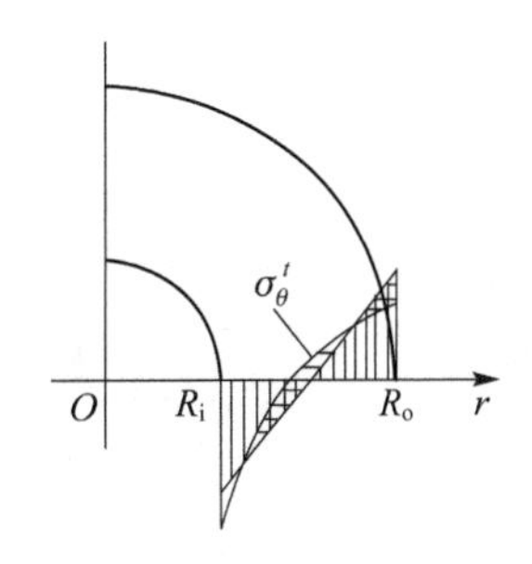

图6-6 外加热厚壁圆筒环向热应力的线性化处理

4. 应力分析的有限元法

有限元法的基本思路是将连续的结构离散成有限个单元,并在每一单元中设立有限个节点,将连续体看做只在节点处连接的一组单元的集合体;同时,选定场函数的节点值作为基本未知量,并在每一单元中假设一个近似插值函数以表示单元中场函数的分布规律;进而利用力学中的某种变分原理去建立用以求解节点未知量的有限元分析方程,从而将一个连续域中的无限自由度问题转化为离散域中的有限自由度问题,一经求解就可以利用解得的节点值和设定的插值函数确定单元上以至整个集合体上的场函数。

有限元法解题的一般步骤是:结构的离散化,选择位移模式,建立平衡方程,求解节点位移,计算单元中的应变和应力。其中,结构的离散化是有限元的基础。所谓离散化,就是将分析的结构分割成为有限个单元体,使相邻单元体仅在节点处相连接,而以此单元的结合体去代替原来的结构。如果分析的对象是二维或者三维的连续介质,就要根据实际物体的形状和对于计算结果所要求的精度来确定单元的形状和剖分方式。

选定离散结构所用的单元后,要对典型单元进行特性分析,分析的时候首先要对单元假设一个位移插值函数,或者选择一个位移模式。选择了位移模式,就可以通过节点的位移得到该节点所在的单元体内任意一点的位移。同时,也可以用几何关系和应力应变关系来导出单元体的应力应变关系式。

一般情况下,要对结构或者构件通过某一种能量变分原理来建立平衡方程、边界条件以及初始条件。例如对于有限元的位移法,就是通过最小势能原理来建立结构的节点位移和节点载荷之间的关系式,即结构的平衡方程。

将通过能量原理建立的平衡方程以及给出的边界条件、初始条件,联立方程式进行求解,可以得到所有的节点位移;再依据这些节点位移,通过上面选择的位移模式,就可以得到任意一点的应力和应变。

图6-7和图6-8所示分别为焊接接头的有限元模型和焊接节点的有限元模型。

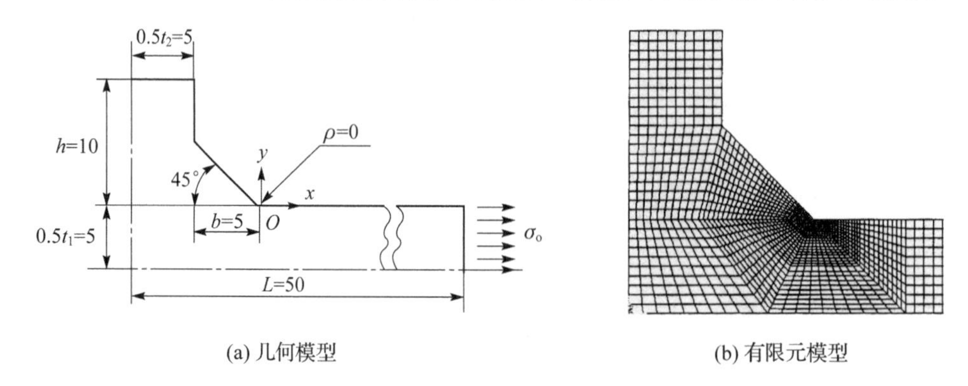

(a) 几何模型 (b) 有限元模型

图6-7 焊接接头的有限元分析

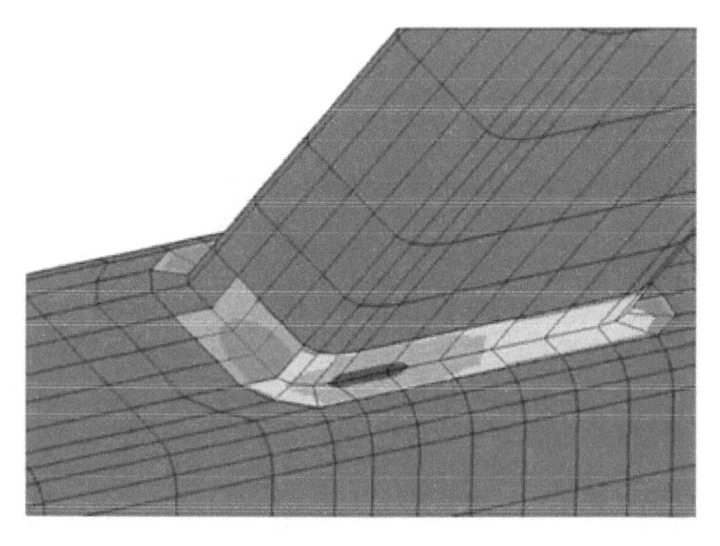

图6-8 焊接节点的有限元分析

6.3.4 面向结构完整性的设计

面向结构完整性的设计要点是既考虑传统的强度和刚度要求,又强调耐久性和损伤容限的抗断裂性能,并要求从这两个方面同时保证结构的使用功能,因此该方法具有系统性、整体性与综合性。这里仅介绍几种常用的结构完整性设计方法。

1. 破损-安全设计

实践表明,采用传统的安全寿命设计还远不能保证安全。即使结构在材料的疲劳限下工作,也会萌生疲劳裂纹(见图6-9),虽然不一定发生明显的扩展,但也构成对结构损伤。破损-安全设计方法允许结构在规定的使用年限内产生疲劳裂纹,并允许疲劳裂纹扩展,但其剩余强度大于限制载荷,而且在设计中要采取断裂控制措施,如采用多传力设计和设置止裂板等，以确保裂纹在被检测出来而未修复之前不致造成结构破坏。破损安全原则常常与安全寿命原则混合使用。

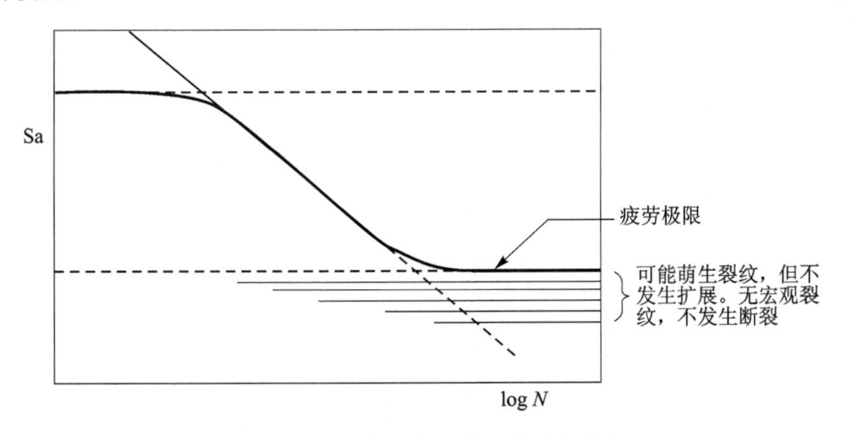

图 6-9　低于疲劳极限的疲劳裂纹萌生

结构在长期服役环境下的损伤导致其抗力性能随时间的增长而逐渐衰减(见图 6-10)，其变化是一个缓慢的能量耗散和不逆的过程。结构的疲劳失效在理论上可以归结为环境载荷等驱动力超越材料或结构的抗力的情况下发生的后果。失效是结构或构件的极限状态，结构或构件的性能是以极限状态为基础进行衡量的。

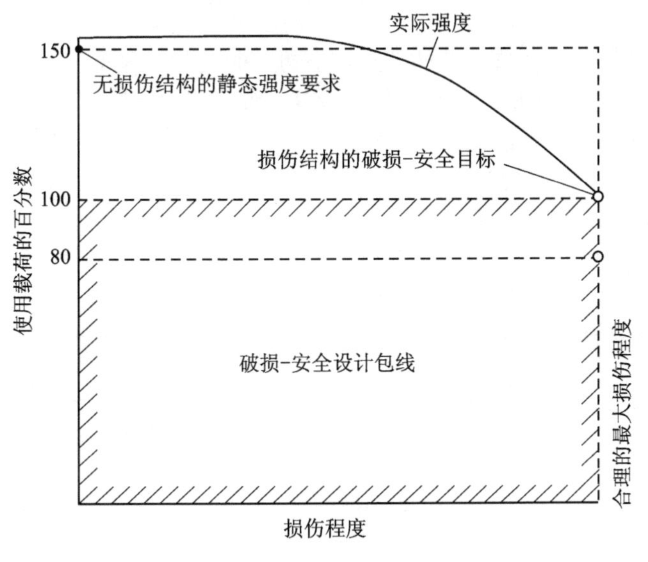

图 6-10　破损-安全设计要求

2. 损伤容限设计

损伤容限是指结构因环境载荷作用导致损伤后，仍能满足结构的静强度、动强度、稳定性和结构使用功能的要求的最大允许损伤状态。为了防止含损伤结构的早期失效，必须把损伤在规定的使用期内的增长控制在一定的范围内(见图 6-11)，使得损伤不发生不稳定(快速)扩展，在此期间，结构应满足规定的剩余强度要求，以满足结构的安全性和可靠性。为了确定损伤容限，首先确定结构性能随蚀损伤的变化规律，确定损伤部位的环境谱及具体部位的应力谱;然后计算结构损伤后的寿命,并评定不同损伤尺寸下的结构静强度、稳定性、结构功能等是否满足要求;最终确定损伤容限。

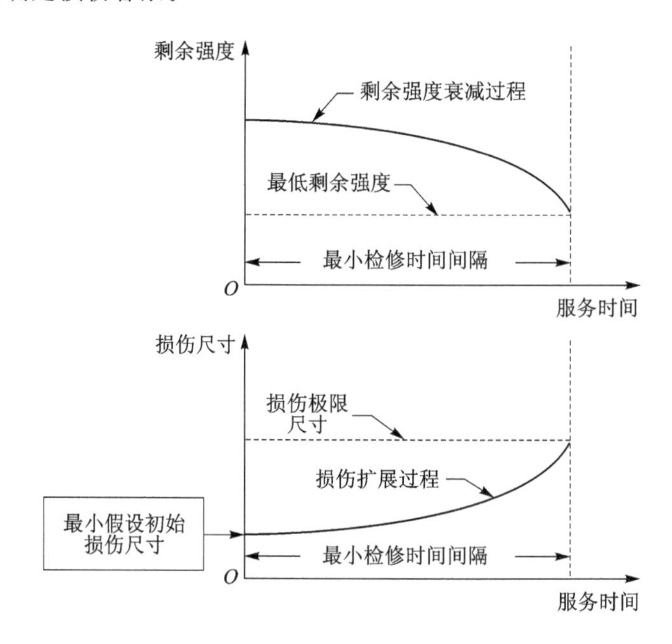

图 6-11 损伤容限设计

损伤容限设计原则考虑到意外损伤的可能存在,即从飞行安全出发,为了谨慎,假定新的飞机结构存在初始损伤,其尺寸依据制造厂无损检验能力确定,要求达到足够的检出概率,然后对带裂纹结构进行断裂分析或试验,确定裂纹在变幅载荷下扩展到临界尺寸的周期,由此制定飞机检修周期(见图6-12),即

$$检修周期=\frac{裂纹扩展周期}{分散系数}$$

式中:分散系数考虑到裂纹扩展速率的分散性和误差,比安全寿命的分散系数要小得多,一般可取为2。每次检修时对需要修理的损伤进行修理,使其在下一检修周期的扩展量仍处于允

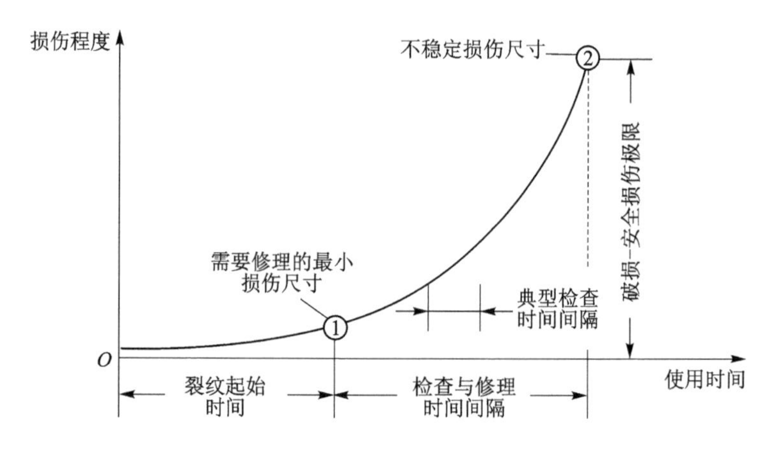

图 6-12 结构的裂纹扩展过程

许范围内，从而保证结构的剩余强度要求（见图 6－13）。裂纹的临界尺寸根据结构的残余强度不小于破损安全载荷的原则确定。破损安全载荷由强度规范规定，其数值因裂纹部位检测的难易而异。带裂纹结构的残余强度可用断裂力学方法计算或通过静力试验确定。裂纹扩展的速率通常用 Paris 公式计算。

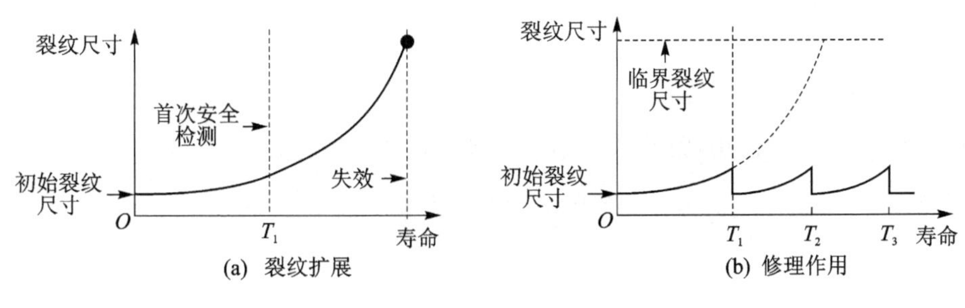

图 6－13　裂纹扩展控制

3. 耐久性设计

耐久性是结构固有的一种基本能力，是指在规定时期内，结构抵抗疲劳开裂（包括应力腐蚀和氢脆引起的开裂）、腐蚀、热退化、剥离和外来物损伤作用的能力。

耐久性设计认为结构在使用前（在制造、加工、装配、运输时）就存在着许多微小的初始缺陷，结构在载荷/环境谱的作用下，逐渐形成一定长度和一定数量的裂纹和损伤，继续扩展下去将造成结构功能损伤或维修费用剧增，影响结构的使用。耐久性方法首先要定义疲劳破坏严重细节（如孔、槽、圆弧、台阶等）处的初始裂纹质量（见图 6－14），描绘与材料、设计、制造质量相关的初始疲劳损伤状态，再用疲劳或疲劳裂纹扩展分析预测在不同使用时刻损伤状态的变化，确定其经济寿命，制定使用、维修方案。

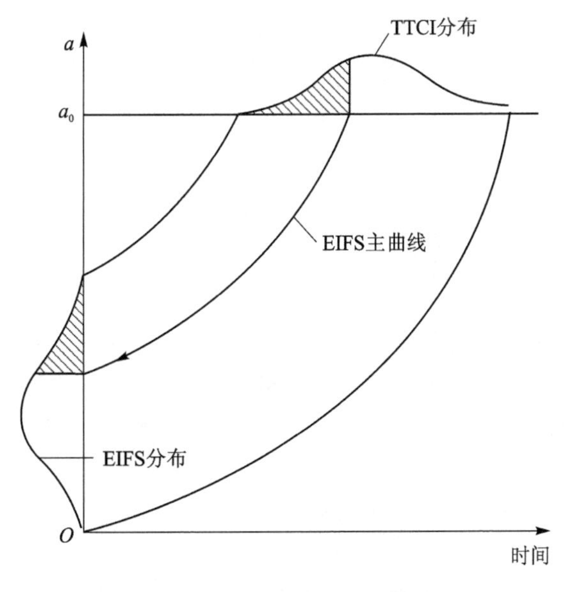

图 6－14　原始疲劳质量模型

耐久性设计由原来不考虑裂纹或仅考虑少数最严重的单个裂纹，发展到考虑可能全部出现的裂纹群；由仅考虑材料的疲劳抗力，发展到考虑细节设计及其制造质量对疲劳抗力以上各种疲劳设计方法,都反映了疲劳断裂研究的发展和进步。

耐久性/损伤容限定寿设计思想是20世纪70年代迅速发展起来的,并最具生命力的一种新的设计思想。其技术路线是用耐久性设计定寿,用损伤容限设计保证安全。耐久性和损伤容限设计要求是相容的、互补的。在实际结构设计中,要求结构既有好的耐久性,即延迟开裂的特性,又有好的损伤容限特性,即裂纹缓慢扩展的特性。

以上各种焊接结构设计方法,都反映了焊接结构研究的发展和进步。但是,由于焊接结构强度的影响因素多,使用条件和环境差别大,各种方法不是相互取代,而是相互补充的。不同的焊接结构构件,不同的使用情况,应根据需要选用合理的设计方法。

6.4 焊接结构的构造设计

6.4.1 截面设计

截面设计是结构刚度计算的主要工作。

1. 抗弯截面设计

梁构件的抗弯刚度与材料的弹性模量和截面的抗弯惯性矩的乘积成正比。材料确定后,构件的抗弯刚度主要由抗弯惯性矩的大小决定。最理想的抗弯截面形状应当是用最少的材料来获得最大抗弯惯性矩,即在截面积相同(材料消耗相同)的情况下,选择抗弯惯性矩最大的截面形状。

2. 抗扭截面设计

构件的抗扭刚度与材料的剪切弹性模量和截面的抗扭惯性矩的乘积成正比。材料确定后,构件的抗扭刚度主要由抗扭惯性矩的大小决定。

6.4.2 可达性设计

在焊接结构设计时需要考虑焊接的可达性和检验的可达性。焊接的可达性是使每条焊缝都能方便地施焊,不同的焊接方法和焊接设备,要求的条件不同;检验的可达性应使需要质量检验的焊缝能顺利地进行检验,不同的检验方法具有不同的要求。采用不同的焊接或检验方法,对结构的开敞性有不同的要求。焊接结构的开敞性与装配焊接方法有密切关系,调整装配焊接过程可有效地改善结构的开敞性,进而保证焊接和检验的可达性。

焊缝位置应便于施焊,有利于保证焊缝质量。焊缝可分为平焊缝、横焊缝、立焊缝和仰焊缝四种形式(见图6-15)。管口对接环焊缝的空间位置如图6-16所示。其中,施焊操作最方便、焊接质量最容易保证的是平焊缝,因此在布置焊缝时应尽量使焊缝能在水平位置上进行焊接。这样,就可选择既能保证良好的焊接质量,又能获得较高生产率的焊接方法,如埋弧焊和熔化极气体保护焊。对于立焊接头宜采用熔化极气体保护焊(薄板)、气电焊(中厚度),当板厚超过30 mm时可采用电渣焊。

T形、十字形和角接接头处于平焊位置进行的焊接称为船形焊,亦称为平位置角焊,见图6-17。船形焊相当于开90°角的Y形坡口内的水平对接焊,焊后焊缝成形光滑美观,一次焊成的焊脚尺寸范围较宽,对焊工的操作技能要求也较低,但一次焊成的焊缝凹度较大。

管子水平固定对接焊时,因同时包含仰、立、平三种焊接位置,所以称为全位置焊,也称为管子的水平固定焊,见图6-18。

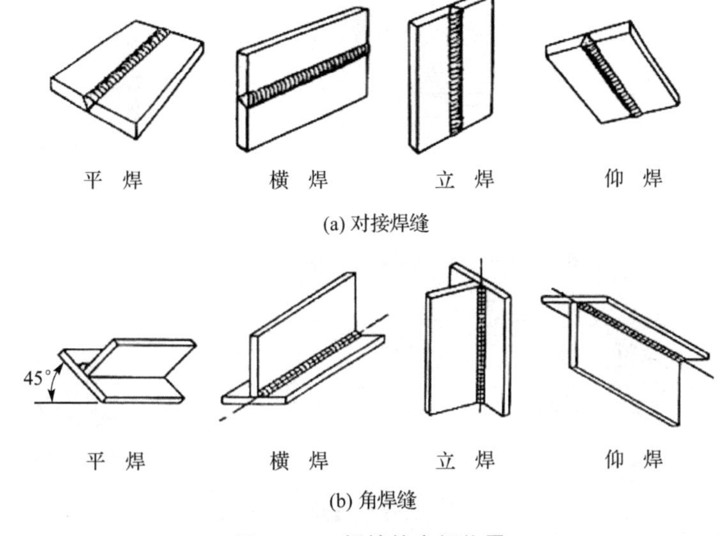

图 6 - 15　焊缝的空间位置

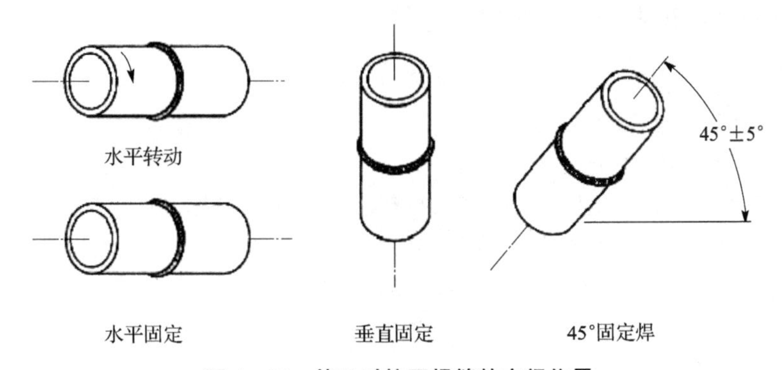

图 6 - 16　管口对接环焊缝的空间位置

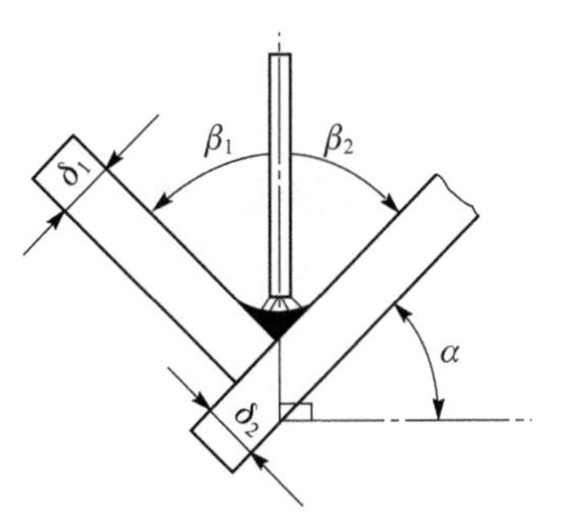

图 6 - 17　船形焊示意图

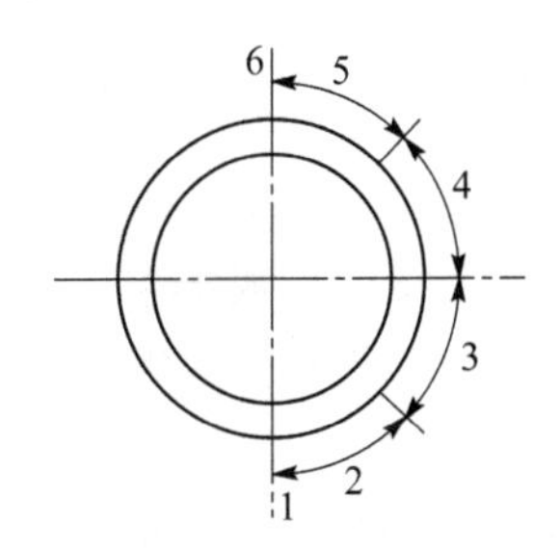

1—半圆起点；2—仰焊；3—仰立焊；
4—平立焊；5—平焊；6—半圆终点

图 6 - 18　水平管固定口焊接位置分布

除焊缝空间位置外，还应考虑各种焊接方法所需要的施焊操作空间。图 6 - 19 所示为考虑焊条电弧焊施焊空间时，对焊缝的布置要求；图 6 - 20 所示为考虑点焊或缝焊施焊空间（电极位置）时的焊缝布置要求。

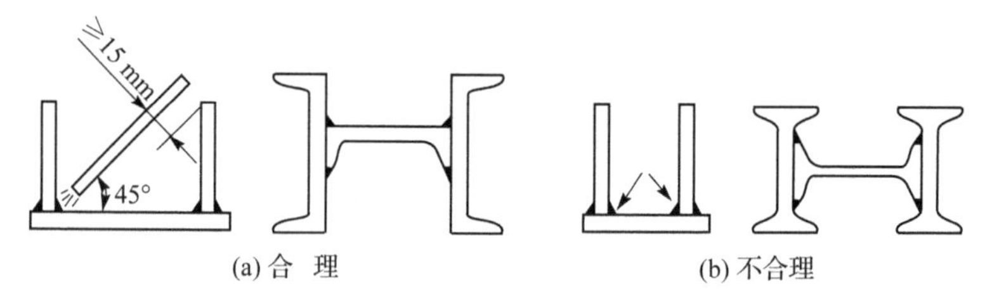

图 6-19 手工电弧焊对操作空间的要求

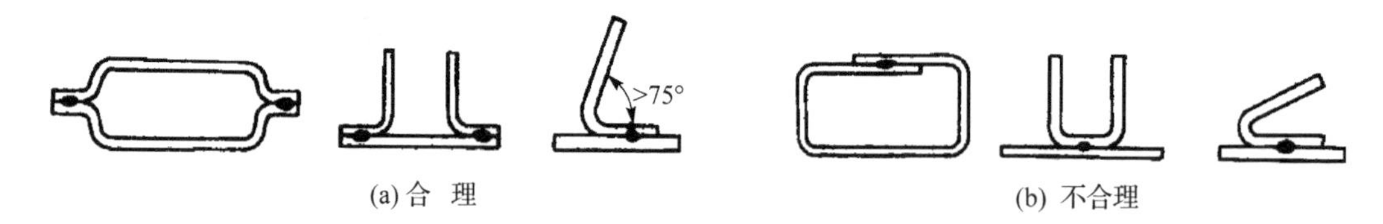

图 6-20 电阻点焊和缝焊时的焊缝布置

6.4.3 焊接应力和变形控制设计

焊缝位置对焊接应力和变形以及焊接生产率均有较大影响,通过合理布置焊缝来减小焊接应力和变形主要有以下途径:

(1) 尽量减少焊缝数量

多一条焊缝就多一处内应力源;过大的焊缝尺寸,焊接时受热区加大。使引起残余应力与变形的压缩塑性变形区或变量增大。采用型材、管材、冲压件、锻件和铸钢件等作为被焊材料,不仅能减小焊接应力和变形,还能减少焊接材料消耗,提高生产率。图 6-21 所示为箱体构件,如采用型材或冲压件(见图 6-21(b))焊接,可较板材(见图 6-21(a))减少两条焊缝。

(2) 选择合理的焊缝形状和尺寸

在保证结构有足够承载能力的前提下,应采用尽量小的焊缝尺寸。尤其是角焊缝尺寸,最容易盲目加大。焊接结构中有些仅起联系作用或受力不大,经强度计算尺寸甚小的角焊缝,应按板厚选取工艺上可能的最小尺寸。

对受力较大的 T 形或十字形接头,在保证强度相同条件下,采用开坡口的焊缝比不开坡口而用一般角焊缝可减少焊缝金属,对减小角变形有利,见图 6-22。

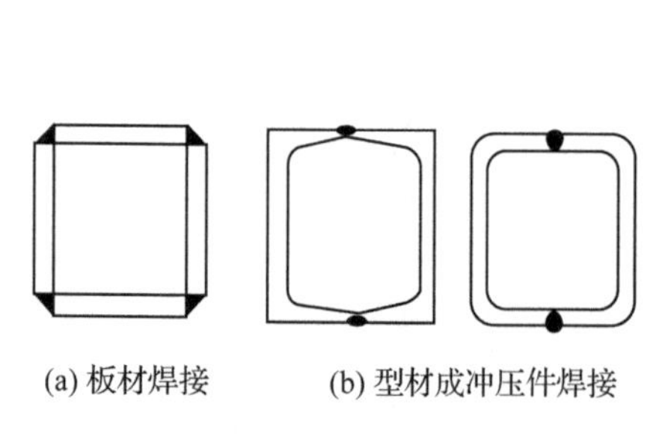

图 6-21 减少焊缝数量

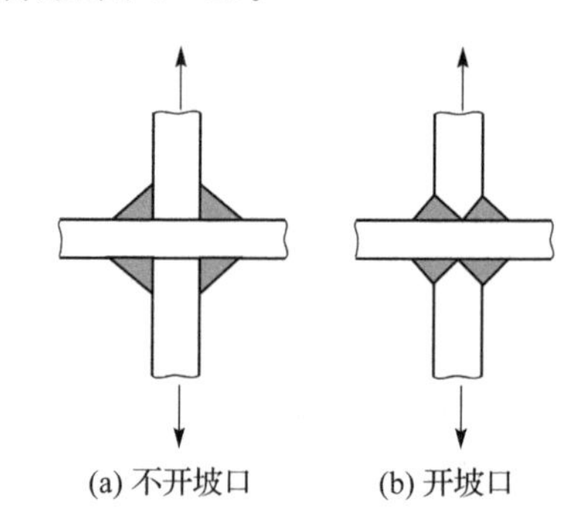

图 6-22 相同承载能力的十字形接头

选择合理的坡口形式。相同厚度的平板对接，开单面 V 形坡口的角变形大于双面 V 形坡口。因此，具有翻转条件的结构，宜选用两面对称的坡口形式。

(3) 尽可能分散布置焊缝

如图 6－23 所示，焊缝集中分布容易使接头过热，从而使材料的力学性能降低。焊缝过分集中使应力分布更不均匀，而且还会出现双向或三向复杂的应力状态。两条焊缝的间距一般要求大于 3 倍或 5 倍的板厚。

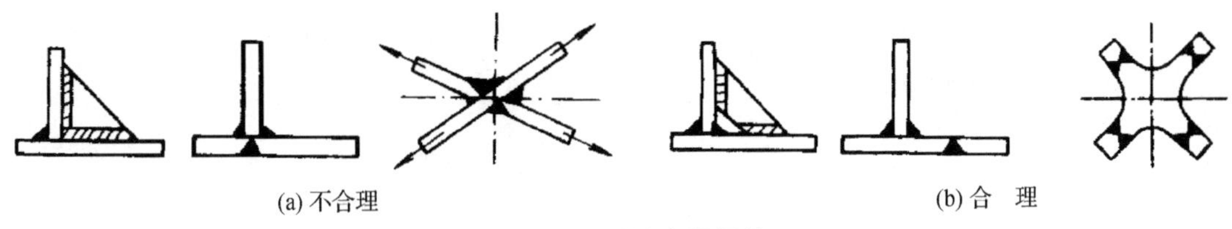

图 6－23　分散布置焊缝

(4) 尽可能对称分布焊缝

焊缝的对称布置可以使各条焊缝的焊接变形相抵销，对减小梁柱结构的焊接变形有明显的效果。

图 6－24 所示为箱形结构，图(a)中焊缝集中于中性轴一侧，弯曲变形大，图(b)中的焊缝安排合理。图(a)的筋板设计，使焊缝集中在截面的中性轴下方，筋板焊缝的横向收缩集中在下方，将引起上拱的弯曲变形。改成图(b)的设计，就能减小和防止这种变形。

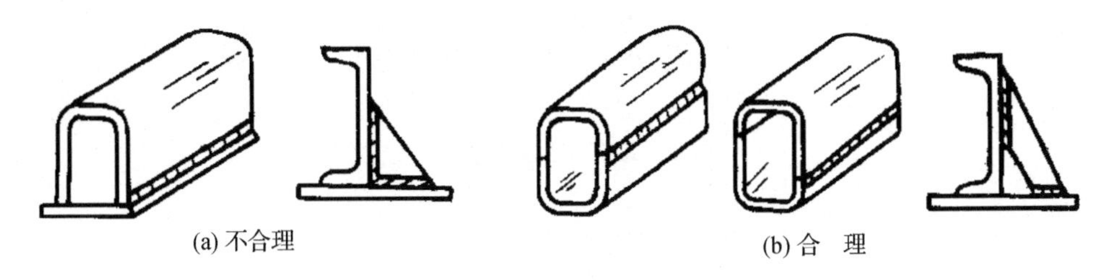

图 6－24　对称分布焊缝

(5) 焊缝应尽量避开机械加工面

一般情况下，焊接工序应在机械加工工序之前完成，以防止焊接损坏机械加工表面。此时，焊缝的布置也应尽量避开需要加工的表面，因为焊缝的机械加工性能不好，且焊接残余应力会影响加工精度。如果焊接结构上某一部位的加工精度要求较高，又必须在机械加工完成之后进行焊接工序时，则应将焊缝布置在远离加工面处，以避免焊接应力和变形对已加工表面精度的影响，如图 6－25 所示。

6.4.4　抗震性设计

只有重要的结构要求地震情况下不得损坏时，才考虑地震载荷的校核。钢结构的震害主要有节点连接的破坏、构件的破坏以及结构的整体倒塌三种形式。1994 年美国诺斯里奇(Northridge)地震和 1995 年日本阪神地震均造成了很多梁柱刚性节点的破坏。图 6－26所示是诺斯里奇地震时，H 形截面的梁柱节点的典型破坏形式。由图中可见，大多数节点破坏发生在梁端下翼缘处的柱中，这可能是由于混凝土楼板与钢梁共同作用，使下翼缘应力增大，而下翼缘与柱的连接焊缝又存在许多缺陷造成的。

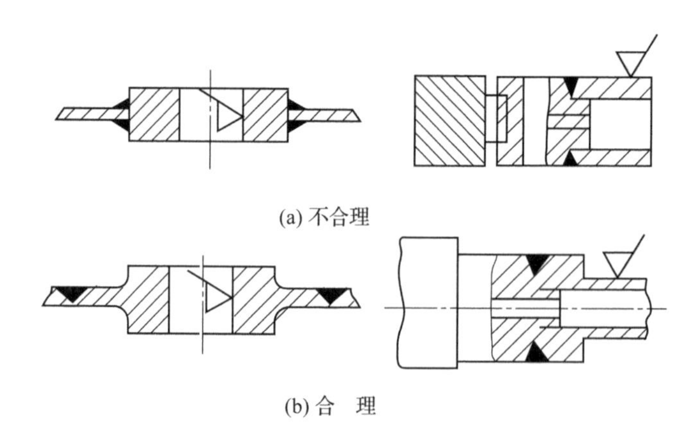

图 6-25 焊缝远离机械加工表面

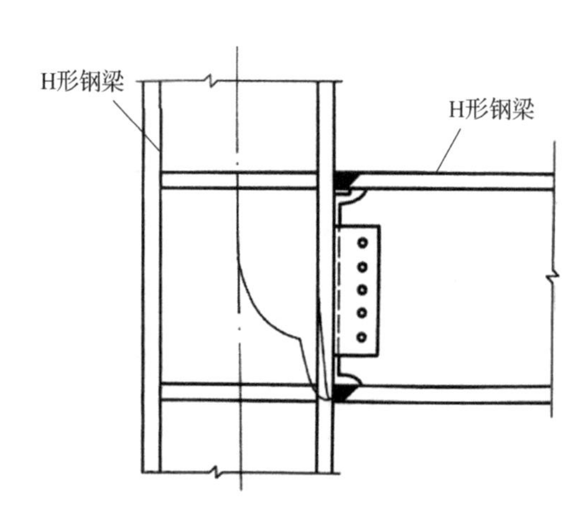

图 6-26 美国诺斯里奇地震中的梁柱连接裂缝

图 6-27(a)所示为焊缝连接处的多种失效模式。保留施焊时设置的衬板,造成下翼缘坡口熔透焊缝的根部不能清理和补焊,在衬板和柱翼缘板之间形成了一条"人工缝",在该处形成的应力集中促进了脆性破坏的发生,这可能是造成破坏的重要工艺原因。

图 6-27(b)所示是日本阪神地震中带有外伸横隔板的箱形柱与 H 形钢梁刚性节点的破坏形式。图中:1 表示梁翼缘断裂模式;2 和 3 表示焊接热影响区的断裂模式;4 表示横隔板断裂模式。上述连接破坏时,梁翼缘已有显著的屈服或局部屈曲现象。此外,连接裂缝主要向梁的一侧扩展,这主要和采用外伸的横隔板构造有关。

为了提高结构抗地震破坏的能力,除了要求选用优质的钢材和焊材以及保证焊接质量外,在焊接结构设计方面也必须保证具有必要的抗震承载能力。在焊接结构设计中应避免因部分结构或构件破坏而导致整个结构丧失抗震能力或对重力载荷的承载能力。结构应具有良好的变形能力和消耗地震能量的能力。例如,为了避免传统的梁柱刚性节点发生脆性破坏,可采用图 6-28 所示的在节点附近削弱梁翼缘截面的办法,或采用图 6-29 所示的在节点处设置加强梁段的方法,使梁中承受最大应力的截面离开梁柱接触表面,充分发挥塑性转动能力和消耗地震能量的能力。

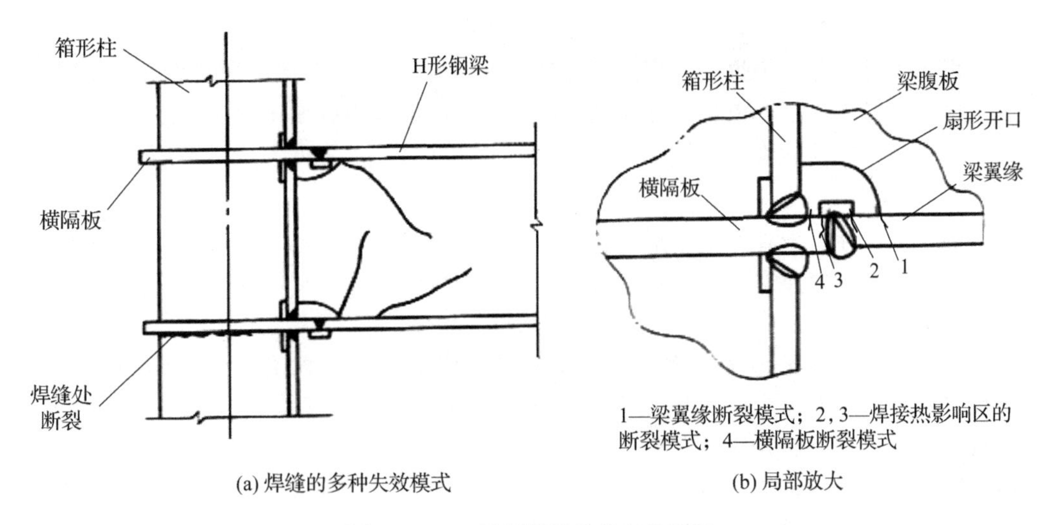

图 6-27　H 形钢梁刚性节点的破坏

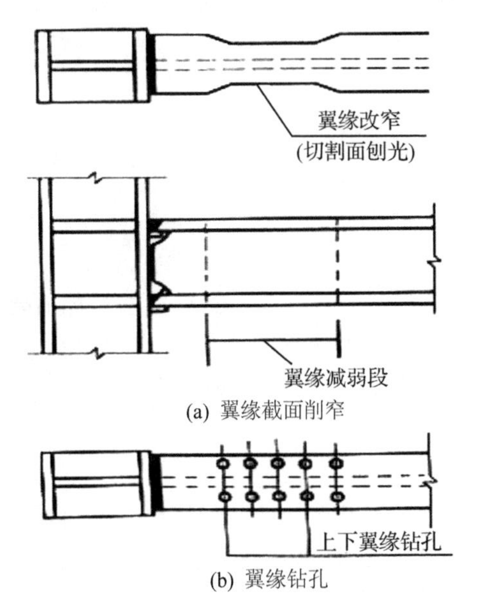

图 6-28　用狗骨式翼缘板及翼缘钻孔法使塑性铰外移

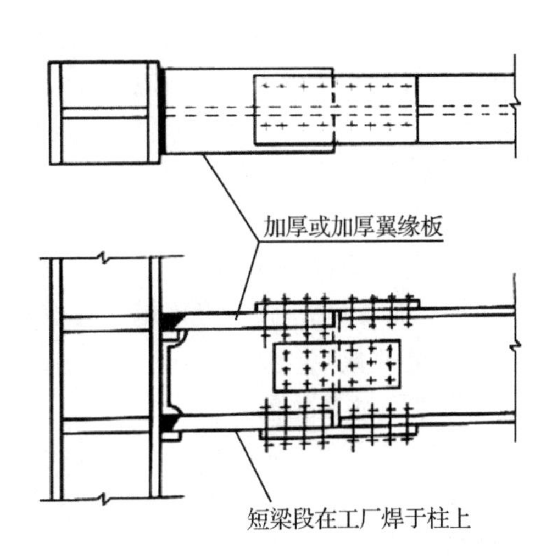

图 6-29　采用加强短梁段的树状梁柱节点

6.5　焊接结构制造

焊接结构制造是根据产品技术要求，生产条件，应用现代焊接及相关技术生产合格的结构。焊接结构制造过程必须充分考虑焊接结构特点、焊接方法的适用性、材料的焊接行为等要素。

6.5.1　结构焊接工艺性

焊接结构可分为结构与零部件两大类。这些不同结构的焊缝长短、形状、焊接位置等各不相同,因而适用的焊接方法也会不同。结构类产品中规则的长焊缝和环缝宜用埋弧自动焊。焊条电弧焊用于打底焊和短焊缝焊接。零部件接头一般较短,可根据其精度要求,选用气体保护焊、电阻焊、摩擦焊或电子束焊。形状规则的焊缝宜采用适于机械化的焊接方法。结构件焊接工艺需要考虑的主要因素有以下几方面:

1. 工件厚度

工件的厚度可在一定程度上决定所适用的焊接方法。每种焊接方法由于所用热源不同,都有一定的适用的材料厚度范围。在推荐的厚度范围内焊接时较易控制焊接质量和保持合理的生产率。

手工电弧焊板厚 6 mm 以上对接时,一般要开设坡口,对于重要结构,板厚超过 3 mm 就要开设坡口。厚度相同的工件常有几种坡口形式可供选择,Y 形和 U 形坡口只需一面焊,可焊到性较好,但焊后角变形大,焊条消耗量也大些。双 Y 形和双面 U 形坡口两面施焊,受热均匀,变形较小,焊条消耗量较小,在板厚相同的情况下,双 Y 形坡口比 Y 形坡口节省焊接材料 1/2 左右,但必须两面都可焊到,所以有时受到结构形状限制。U 形和双面 U 形坡口根部较宽,容易焊透,且焊条消耗量也较小,但坡口制备成本较高,一般只在重要的受动载的厚板结构中采用。

2. 接头形式和焊缝布置

根据焊接结构的使用要求和所用母材的厚度及形状,焊接接头常采用的类型如图 3-1 所示。其中对接接头适用于大多数焊接方法。钎焊一般只适于连接面积比较大而材料厚度较小的搭接接头。

3. 焊缝布置

产品中各个接头的位置往往根据产品的结构要求和受力情况决定。这些接头可能需要在不同的焊接位置焊接,焊缝位置对焊接接头的质量、焊接应力和变形以及焊接生产率均有较大影响,因此在布置焊缝时,应考虑施焊与检测的可达性、焊接应力与变形控制等因素。

4. 母材性能

(1) 母材的物理性能

母材的导热性能、导电性能、熔点等物理性能会直接影响其焊接性及焊接质量。当焊接导热系数较高的金属如铜、铝及其合金时,应选择热输入强度大、具有较高焊透能力的焊接方法,以使被焊金属在最短的时间内达到熔化状态,并使工件变形最小。

(2) 母材的力学性能

被焊材料的强度、塑性、硬度等力学性能会影响焊接过程的顺利进行,如铝、镁一类塑性温度区较窄的金属就不能用电阻凸焊,而低碳钢的塑性温度区宽则易于电阻焊焊接;又如,延性差的金属就不宜采用大幅度塑性变形的冷焊方法。再如爆炸焊时,要求所焊的材料具有足够的强度与延性,并能承受焊接工艺过程中发生的快速变形。

(3) 母材的冶金性能

由于母材的化学成分直接影响了它的冶金性能,因而也影响了材料的焊接性。因此这也是选择焊接方法时必须考虑的重要因素。

5. 生产条件

(1) 技术水平

在选择焊接方法以制造具体产品时,要顾及制造厂家的设计及制造的技术条件。其中,焊工的操作技术水平尤其重要。

(2) 设 备

每种焊接方法都需要配用一定的焊接设备,包括:焊接电源、实现机械化焊接的机械系统、控制系统及其他一些辅助设备。电源的功率、设备的复杂程度、成本等都直接影响了焊接生产的经济效益,因此焊接设备也是选择焊接方法时必须考虑的重要因素。

(3) 焊接用消耗材料

焊接时的消耗材料包括:焊丝、焊条或填充金属、焊剂、钎剂、钎料和保护气体等。

各种熔化极电弧焊都需要配用一定的消耗性材料,如焊条电弧焊时使用涂料焊条;埋弧焊、熔化极气体保护焊都需要焊丝;电渣焊则需要焊丝、熔嘴或板极。埋弧焊和电渣焊除电极(焊丝等)外,都需要有一定化学成分的焊剂。

钨极氩弧焊和等离子弧焊时需使用熔点很高的钨极、钍钨极或铈钨极作为不熔化电极。此外,还需要价格较高的高纯度的惰性气体。电阻焊时通常用电导率高、较硬的铜合金作电极,以使焊接时既能有高的电导率,又能在高温下承受压力和磨损。

1) 焊条的选用

根据熔渣化学性质的不同,焊条可分为酸性焊条和碱性焊条。

酸性焊条:熔渣中以酸性氧化物为主,氧化性强,合金元素烧损大,故焊缝的塑性和韧度不高,且焊缝中氢含量高,抗裂性差,但酸性焊条具有良好的工艺性,对油、水、锈不敏感,交直流电源均可用,广泛用于一般结构件的焊接。

碱性焊条(又称低氢焊条):药皮中以碱性氧化物以萤石为主,并含较多铁合金,脱氧、除氢、渗金属作用强,与酸性焊条相比,其焊缝金属的含氢量较低,有益元素较多,有害元素较少,因此焊缝力学性能与抗裂性好,但碱性焊条工艺性较差,电弧稳定性差,对油污、水、锈较敏感,抗气孔性能差,一般要求采用直流焊接电源,主要用于焊接重要的钢结构或合金钢结构。

焊条的选择的主要考虑如下几方面:

① 考虑母材的力学性能和化学成分 焊接低碳钢和低合金结构钢时,应根据焊接件的抗拉强度选择相应强度等级的焊条,即等强度原则;焊接耐热钢、不锈钢等材料时,则应选择与焊接件化学成分相同或相近的焊条,即等成分原则。

② 考虑结构的使用条件和特点 对于承受动载荷或冲击载荷的焊接件,或结构复杂、大厚度的焊接件,为保证焊缝具有较高的塑性和韧度,应选择碱性焊条。

③ 考虑焊条的工艺性 对于焊前清理困难,且容易产生气孔的焊接件,应当选择酸性焊条;如果母材中含碳、硫、磷量较高,则应选择抗裂性较好的碱性焊条。

④ 考虑焊接设备条件 如果没有直流焊机,则只能选择交直流两用的焊条。

在确定了焊条牌号后,还应根据焊接件厚度、焊接位置等条件选择焊条直径。一般是焊接件愈厚,焊条直径应愈大。

2) 焊 剂

在埋弧焊和电渣焊中,焊剂与焊丝配合使用,焊剂起着与焊条药皮类似的作用。焊剂通常可按焊剂的制造方法、化学成分、化学性质和颗粒结构进行分类。例如,按焊剂的制造方法分类,可分为熔炼焊剂和非熔炼焊剂两大类。熔炼焊剂是将各种原料按配方比例组成炉料,混合均匀后进行炉内熔炼而成。非熔炼焊剂可分为粘结焊剂和烧结焊剂。熔炼焊剂主要起保护作用,非熔炼焊剂除了保护作用外,还可以起脱氧、去硫、渗合金等冶金处理作用。我国目前使用的绝大多数焊剂是熔炼焊剂。

3) 焊 丝

焊丝可分为实芯焊丝和药芯焊丝两大类。

实芯焊丝广泛应用于埋弧焊、气体保护焊等焊接工艺。埋弧焊的焊丝直径为1.6～6 mm,起电极和填充金属以及脱氧、去硫、渗合金等冶金处理作用,为了获得高质量的埋弧焊焊缝,必须正确选配焊丝和焊剂。

药芯焊丝是将类似焊条药皮的药粉连续送入薄钢带被轧制为管状,经拉拔而成一定直径的焊丝。药芯焊丝可以与适当的焊剂或保护气体配合使用,也可以单独使用。使用药芯焊丝焊接时具有生产效率高、焊接工艺性好、焊缝力学性能高等特点。

6. 焊接工艺规程

焊接工艺规程是经评定合格的书面焊接工艺文件,以指导按法规的要求焊制产品焊缝,焊接工艺规程可用来指导焊工和焊接操作者施焊产品接头,以保证焊缝的质量符合法规的要求。焊接工艺规程也是技术监督部门检查企业是否按法规要求生产焊接产品资格的证明文件之一,是企业质量保证体系和产品质量计划中最重要的质量文件之一。

焊接工艺规程应当列出为完成符合质量要求的焊缝所必需的全部焊接工艺参数,主要包括焊接方法,母材金属类别及厚度范围,焊接材料的种类、牌号、规格,预热和后热温度,热处理方法和制度,焊接工艺参数,接头及坡口形式,焊接顺序和焊后检查方法及要求。

焊接工艺规程的文件形式主要有工艺卡片、工序卡片、作业指导书、工艺守则等。

依据焊接工艺规程是否能获得符合技术要求的焊接接头,需要通过焊接工艺评定或焊接试验来确定。重要的焊接结构在编制焊接工艺规程之前都要进行焊接工艺评定。

7. 焊接工艺评定

焊接工艺评定是在产品施焊之前,对所制定的焊接工艺进行验证性试验,以确定焊接接头性能是否满足产品设计要求。通过评定的焊接工艺是制定焊接工艺规程的依据。重要的焊接结构在生产制造之前都要进行焊接工艺评定。

焊接工艺评定应根据有关标准提出评定项目,编制工艺评定任务书和指导书,然后进行焊接工艺评定试验。焊接工艺评定试验是用选定的焊接方法和工艺参数焊制试件,检验接头的各项性能,如拉伸、弯曲、冲击、硬度及金相等;亦可进行疲劳、断裂韧性、腐蚀等试验评定。试验结束后编写焊接工艺评定报告,根据试验结果决定所选定的工艺是否可行。评定为合格者,则作为资料存档保存,用于编制焊接工艺规程;评定为不合格者,应分析原因,提出改进措施,修改焊接工艺评定指导书,重新进行评定直至合格为止。

6.5.2 焊接结构制造工艺

焊接结构制造是指从投料开始,经过一系列工序,最后加工成焊接产品的过程(见图6-30)。其中,主要的工序是备料加工、装配与焊接。

1. 备料加工

(1) 材料的矫正

对金属材料在运输、保管等过程中出现的变形要进行矫正。金属材料矫正的方法主要有手工矫正、机械矫正和火焰矫正。

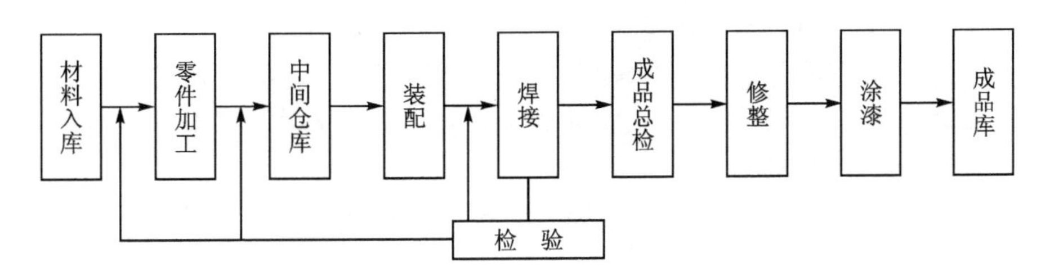

图 6-30　焊接结构制造过程

(2) 材料表面清理

常用的清理方法主要有机械法和化学法。机械法包括喷沙或喷丸、手动风砂轮或钢丝刷等。化学法主要是用溶液进行清理。

(3) 画线、号料、放样

按构件设计图纸的图形与尺寸 1∶1 画在待下料的材料上，以便按画线图形进行下料加工的工序称为画线。根据图纸制作样板或样杆称为放样，应用样板或样杆在待下料的材料上进行画线的工序称为号料。计算机辅助切割系统则把号料与下料切割工序相结合，可实现自动快速下料。

(4) 材料剪切与切割

剪切是按材料上所画的线或根据剪床的尺寸设定将材料剪断的工艺。切割的方法主要有氧-乙炔火焰切割、等离子切割、激光切割等。

(5) 焊接坡口加工

为了保证焊透，需要根据板厚及焊接工艺方法的要求，把对接焊口的边缘加工成各种形式的坡口。坡口加工的方法主要有机械法及气割法。

(6) 材料的变形加工

根据焊接结构的设计形状，采用弯曲、冲压等工艺对材料进行成形加工。

2. 装配工艺

装配是使组成结构的零件、毛坯以正确的相互位置加以固定，然后再用规定的连接方法将已确定相互位置的零件连接起来。装配工艺直接关系到焊接结构的质量和生产效率。零件装配定位方法主要有夹具定位或画线定位，装配时零件的固定常用定位焊、装配焊接夹具来实现。重要焊件的生产必须采用夹具，以保证零件相对位置的准确。装配定位在经过定位和检验合格后，方可进行定位焊。

3. 焊　接

焊接可以在夹具中或夹具外进行。需要预热的要按规定选用预热方法，多层焊时注意保持层间温度。焊前检查焊接设备与工艺参数、必要情况下先进行试板焊接，对所选焊接工艺进行评定。焊接过程中注意控制焊接变形和降低焊接应力，焊后根据需要进行消除应力处理和变形矫正。

6.5.3　焊接制造自动化与智能化

现代焊接技术的发展趋势是自动化与智能化。焊接机器人系统集中体现了在焊接自动化与智能化方面的优势。焊接机器人是从事焊接(包括切割与喷涂)的工业机器人。工业机器人是一种多用途的、可重复编程的自动控制操作机，具有三个或更多可编程的轴，用于工业自动化领域。为了适应不同的用途，机器人最后一个轴的机械接口，通常是一个连接法兰，可接装不同工具或称末端执行器。焊接机器人就是在工业机器人的末轴法兰装接焊钳或焊(割)枪的，使之能进行焊接、切割或热喷涂。

焊接机器人的焊接操作控制有示教型和智能型，分别称为示教型焊接机器人和智能型焊接机器人。

示教型焊接机器人是通过示教，记忆焊接轨迹及焊接参数，并严格按照示教程序完成产品的焊接。只需一次示教，机器人便可以精确地再现示教的每一步操作。这类焊接机器人的应用较为广泛，适宜于大批量生产，用于流水线的固定工位上，其功能主要是示教再现，对环境变化的应变能力较差。

智能型焊接机器人可以根据控制指令自动确定焊缝的起点、空间轨迹及有关参数，并能根据实际情况自动跟踪焊缝轨迹、调整焊炬姿态、调整焊接参数、控制焊接质量。这是先进的焊接机器人，具有灵巧、轻便、容易移动等特点，能适应不同结构、不同地点的焊接任务。

根据用途，焊接机器人又可分为弧焊机器人和点焊机器人。

弧焊机器人(见图6-31)由焊接电源，控制系统、送丝机、焊枪等部分组成。对于智能机器人还应有传感系统，如激光或摄像传感器及其控制装置等。在弧焊过程中，焊丝端头的运动轨迹、焊枪姿态、焊接参数都要求精确控制。弧焊机器人多采用气体保护焊方法(MAG、MIG、TIG)，通常的晶闸管式、逆变式、波形控制式、脉冲或非脉冲式等的焊接电源都可以装到机器人上作电弧焊。送丝机构可以装在机器人的上臂上，也可以放在机器人之外，前者焊枪到送丝机之间的软管较短，有利于保持送丝的稳定性，而后者软管较长，当机器人把焊枪送到某些位置，使软管处于多弯曲状态，会严重影响送丝的质量。所以，送丝机的安装方式一定要考虑保证送丝稳定性的问题。

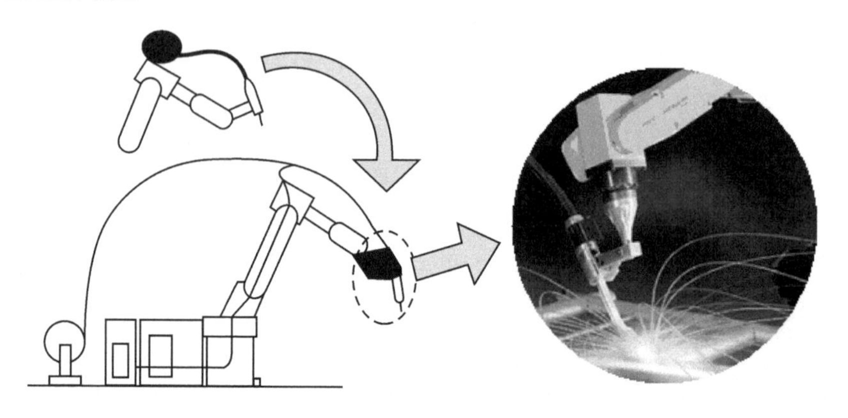

图6-31 弧焊机器人焊接系统

在焊接机器人中，点焊机器人占50%～60%，它由机器人本体、点焊系统和控制系统三大部分组成。点焊对所用的机器人的要求是不很高的。因为点焊只需点位控制，至于焊钳在点与点之间的移动轨迹没有严格要求。这也是机器人最早只能用于点焊的原因。点焊用机器人不仅要有足够的负载能力，而且在点与点之间移位时速度要快捷，动作要平稳，定位要准确，以缩短移位的时间，提高工作效率。

焊接机器人必须配备相应的外围设备组成一个焊接机器人系统才有意义。如果工作在整个焊接过程中无须变位,就可以用夹具把工件定位在工作台面上,这种系统是最简单不过的了。但在实际生产中,更多的工件在焊接时需要变位,使焊缝处在较好的位置(姿态)下焊接。对于这种情况,变位机与机器人可以是分别运动,即变位机变位后机器人再焊接;也可以是同时运动,即变位机一边变位,机器人一边焊接,也就是常说的变位机与机器人协调运动。这时变位机的运动与机器人的运动相复合,使焊枪相对于工件的运动既能满足焊缝轨迹又能满足焊接速度及焊枪姿态的要求。实际上,这时变位机的轴已成为机器人的组成部分,这种焊接机器人系统可有多达 7～20 个轴;更多、最新的机器人控制柜可以是两台机器人的组合做12 个轴协调运动,其中一台是焊接机器人,另一台是搬运机器人作变位机用;多台焊接机器人工作站(单元)可以根据需要组成一条焊接机器人生产线。随着基于人工智能 AI(Artificial Intelligence) 的机器视觉技术的发展,智能型焊接机器人将在焊接智能化方面发挥重要作用。传统焊接向智能焊接转变的显著特征是信息技术的作用。

6.5.4　焊接结构制造质量控制

焊接质量是保证结构完整性的重要基础,在焊接生产中建立以结构完整性为核心的质量体系是焊接结构的全寿命周期管理主要任务。焊接质量控制中对结构完整性构成较大影响的要素包括焊接工艺对缺陷和接头性能的影响,焊接过程中应力与变形控制对结构强度的影响等方面。为了确保产品质量,焊接结构制造质量控制须贯穿于焊前、焊接过程和焊后的全过程。

1. 焊前质量控制

焊前质量控制主要是预先防止和减少在焊接时产生缺陷的可能性,其主要内容包括:原材料和辅助材料、焊接设备等检验。

焊接时所消耗材料(如焊条、焊丝和焊剂等)都应有制造厂的质量合格证,应满足国家或部颁有关标准,必要时应进行化学成分和性能的复验,确认选用是否正确。

焊接工艺的选择需要经过反复试验验证才能确定。重要工作是评估所选材料对有关工艺的适用性,以及成型件性能对工艺参数的敏感性。同时,要分析可能出现的缺陷,确定检验的方法与标准,以及缺陷的修复方案等。只有通过工艺评定证明是符合要求的成型工艺方案,才能正式投入生产。如果通过试制,证明工艺方案不能满足要求,则必须修改或重新制定工艺方案,再进行试制和验证,直到合格为止。不经过试制和验证就盲目投产,一旦方案有问题,就会给生产带来很大的损失。

对大批量生产的焊接件,工艺验证要分两步进行:一是工艺试验及鉴定,其目的是检查成型件的设计质量、工艺性能及使用性能,以及所采用的工艺方案及工艺路线的合理性和经济性;二是试生产鉴定,其目的是检查生产稳定性。只有通过了工艺试验鉴定以后,才能进行试生产鉴定。

2. 施焊过程中的质量控制

焊接生产过程中的质量控制是焊接中最重要的环节,一般是先按照设计要求选定焊接工艺参数,然后边生产、边检验。每一工序都需要按照焊接工艺规范或国家标准检验,主要包括焊接规范的检验、焊缝尺寸检验、焊接工装夹具的检验与调整、焊接结构装配的检查等。

(1) 焊接规范的检验

焊接规范是指焊接过程中的工艺参数,如焊接电流、焊接电压、焊接速度、焊条(焊丝)直径、焊接的道数、层数、焊接顺序、电源的种类和极性等。焊接规范及执行规范的正确与否对焊缝和接头质量起着决定作用。正确的规范是在焊前进行试验、总结而取得的。有了正确的规范,还要在焊接过程中严格执行,才能保证接头质量的优良和稳定。对焊接规范的检查,不同的焊接方法有不同的内容和要求。

(2) 焊缝尺寸的检查

焊缝尺寸的检查应根据工艺卡或国家标准所规定的精度要求进行。一般采用特制的量规和样板来测量。最普通的测量焊缝的量具是样板,样板是分别按不同板厚的标准焊缝尺寸制造出来的,样板的序号与钢板的厚度相对应。例如,测量 12 mm 厚的板材的对接焊缝,则选用 12 mm 的一片进行测量。此外,还可用万能量规测量,它可用来测量 T 形接头焊缝的焊脚的凸出量及凹下量,对接接头焊缝的余高,对接接头坡口间隙等。

(3) 夹具工作状态检查

夹具是结构装配过程中用来固定、夹紧工件的工艺装备。它通常要承受较大的载荷,同时还会受到由于热的作用而引起附加应力的作用,故夹具应有足够的刚度、强度和精确度。在使用中应对其进行定期的检修和校核。检查它是否妨碍对工件进行焊接;焊接后工件由于热的作用而发生的变形,是否会妨碍夹具卸下取出。当夹具不可避免地要放在施焊处附近时,是否有防护措施,防止因焊接时的飞溅而破坏了夹具的活动部分,造成卸下取出夹具困难。还应检查夹具所放的位置是否正确,会不会因位置放置不当引起工件尺寸的偏差和因夹具自身质量而造成工件的歪斜变形。此外,还要检查夹紧是否可靠。不应因零件热胀冷缩或外来的震动而使夹具松动失去夹紧能力。

(4) 结构装配质量的检验

在焊接之前进行装配质量检验是保证结构焊接后符合图纸要求的重要措施。对焊接装配结构主要应作如下几项检查:

① 按图纸检查各部分尺寸,基准线及相对位置是否正确,是否留有焊接收缩余量、机械加工余量等。

② 检查焊接接头的坡口型式及尺寸是否正确。

③ 检查定位焊的焊缝布置是否恰当,能否起到固定作用,是否会给焊后带来过大的内应力。同时一并检验定位焊焊缝的缺陷,若有缺陷要及时处理。

④ 检查焊接处是否清洁,有无缺陷(如裂缝、凹陷、夹层等)。

3. 焊后成品的质量控制

焊接产品虽然在焊前和焊接过程中进行了检验,但由于需方对产品的整体要求,以及使用时条件的变化、波动等都有可能引发新的缺陷,所以,为了保证产品的质量,对成品也必须进行质量检验。成品检验的方法很多,应根据产品的使用要求和图纸的技术条件进行选用。焊接结构成品主要检验外观和无损探伤。同时,焊接产品在使用中的检验也是成品检验的一部分。当然,由于使用中的焊接产品检验的条件发生了改变,所以,检验的过程和方法也有所变化。

(1) 外观检查和测量

焊接接头的外观检验是一种手续简便而又应用广泛的检验方法,是成品检验的一个重要内容。这种方法有时也使用在焊接过程中,如厚壁焊件作多层焊时,每焊完一层焊道时便采用这种方法进行检查,防止前道焊层的缺陷被带到下一层焊道中。

外观检查主要是发现焊缝表面的缺陷和尺寸上的偏差。这种检查一般是通过肉眼观察,并借助标准样板、量规和放大镜等工具来进行检验的。所以，也称为肉眼观察法或目视法。

(2) 致密性检验

贮存液体或气体的焊接容器，其焊缝的不致密缺陷，如贯穿性的裂纹、气孔、夹渣、未焊透以及疏松组织等，可用致密性试验来发现。致密性检验方法有：煤油试验、沉水试验、吹气试验、水冲试验、氨气试验和氦气试验等。

(3) 强度检验

强度检验方法常用于贮藏液体或气体的受压容器检查上，一般除进行密封性试验外，还要进行强度试验。由于受压容器产品的特殊性和整体性，所以对这类产品进行的接头强度检验只能通过检验其完整产品的强度来确定焊接接头是否符合产品的设计强度要求，也是对整体产品质量的综合性考核。

产品整体的强度试验分两类：一类是破坏性强度试验，另一类是超载试验。

破坏性强度试验，是在大量生产而质量尚未稳定的情况下，按百分之一或千分之一的比例进行抽查，或在试制新产品时及改变产品的加工工艺规范时才选用。试验时载荷要加至产品破坏为止，用破坏载荷和正常工作载荷的比值来说明产品的强度是否符合设计部门规定的要求。

超载试验是对产品所施加载荷超过工作载荷一定量，如超过 25%、50%，保持一定的停留时间，观察结构是否出现裂纹和存在其他渗漏缺陷，且产品变形部分是否在规定范围以内，从而判别其强度是否合格。受压的焊接容器和管道 100%均要接受这种检查。

常用受压容器整体的强度试验加载方式有水压试验和气压试验两种。

(4) 物理方法的检验

物理检验方法是利用一些物理现象进行测定或检验被检材料或焊件的有关技术参数，如温度、压力、粘度、电阻等，来判断其内部存在的问题，如内应力分布情况，内部缺陷情况等。有关材料技术参数测定的物理检验方法属于材料测试技术。材料或焊件内部缺陷存在与否的检验，一般都是采用无损探伤的方法，将超标的缺陷及时检验出，以确保成型质量和结构安全。

(5) 环境条件试验

环境条件实验是将成型件置于自然或人工模拟的环境条件下(如温度、湿度、辐射和腐蚀等)，经受环境因素的作用，以评价产品在实际使用环境条件下的性能，并分析研究环境因素的影响程度及其作用机理。

最终质量检验合格的焊件，应由检验人员签发合格证后办理入库手续或转入下一工序。凡检验不合格的焊件，应进行返工、返修、降级或报废处理。经返工、返修后的成形件必须再次进行全面检验，同时作好返工、返修焊件的检验记录，保证焊件质量具有可追溯性。

(6) 焊接检验信息数字化

焊接检验信息是整个焊接生产质量保证体系的重要组成部分。它不仅反映了焊接产品的实际质量，而且也为焊接质量控制与分析提供数据。当焊接产品运行发生损坏时，需要检查和修复，查阅检验信息，考查产品的原始质量，以便采取相应的措施，保证维修质量。用户为了提高焊接产品的运行参数或改善设备的维修管理条件，对陈旧设备进行技术改造，也必须依据焊接检验信息，参考原设计才能完成技术改造项目。

焊接信息数字化在现代焊接制造系统中具有极其重要的作用。焊接检验信息与工件焊接有关的材料、工艺、设备、标准、能耗、人员、成本等基础信息进行集成并用于生产过程控制。建立在计算机软硬件基础上的焊接检验信息数字化系统可方便、快速地传递、查询、修改信息。焊接检验信息的有效管理依赖强大的数据库支持。建立符合焊接生产实际需要的数据库可使焊接结构设计、工艺、生产管理等工作实现信息共享,有利于提高工作效率,缩短产品的研制周期。

6.5.5 安全生产

随着新材料、新能源、新技术的应用,焊接结构生产技术水平越来越高,其中的不安全因素导致事故的危险性也随之增大。如果不能有效地消除和控制焊接生产中的不安全因素,就可能发生事故而遭受伤害。防止生产事故,是顺利进行安全生产的前提和保证。保护劳动者在生产过程中的生命健康,是安全生产的基本任务。

生产安全性是指在产品制造活动中不发生事故的能力,研究的对象是风险或危险,其目的是减少事故的发生。现代安全理论认为系统中存在的危险源是事故发生的根本原因。危险源是可能导致事故的潜在的不安全因素。系统中不可避免地会存在着某些种类的危险源。系统安全的基本内容就是辨识系统中的危险源,采取措施消除和控制系统中的危险源,使系统安全运行。

安全风险防控是安全生产的重要构成。我国的安全生产方针可以概括为“安全第一,预防为主”。“安全第一”,就是在进行工业生产时,时刻把安全工作放在重要位置,当做头等大事来做好。“预防为主”,就要掌握工业伤亡事故发生和预防规律,针对生产过程中可能出现的不安全因素,预先采取防范措施,消除和控制它们,做到防微杜渐,防患于未然。

根据危险源在事故发生、发展中的作用,危险源可分为两大类,即第一类危险源和第二类危险源。将系统中存在的、可能发生意外释放的能量或危险物质称作第一类危险源。实际生产中往往把产生能量的能量源或拥有能量的能量载体看作第一类危险源来处理,例如,焊接电源、工装设备等。导致人员伤害的能量形式有机械能、电能、热能、化学能、电离及非电离辐射、声能等。在伤害事故中机械能造成伤害的情况最为常见,其次是电能、热能及化学能造成的伤害。

能量在焊接生产过程中是不可缺少的,利用各种能量以实现焊接结构的制造。为了利用能量,让能量按照人们的意图在系统中流动、转换和做功,必须采取措施约束、限制能量,即必须控制危险源。约束、限制能量的屏蔽应该可靠地控制能量,防止能量意外地释放。实际上,绝对可靠的控制措施并不存在。导致约束、限制能量措施失效或破坏的各种不安全因素称作第二类危险源。第二类危险源包括人、物、环境三个方面的问题。

焊接中电能与机械能、热能和化学能引起的伤害事故,不仅直接给人体造成伤害,还会导致易燃物或可燃物燃烧与爆炸而造成间接伤亡事故。焊接中还易发生局部电击伤害,例如电灼伤以及电光眼等。焊接过程还会产生的粉尘以及有毒和有害气体,需要通风来改善车间内的作业环境,保护工人身体健康。

控制危险源主要通过技术手段来实现。危险源控制技术包括防止事故发生的安全技术和减少或避免事故损失的安全技术。显然,在采取危险源控制措施时,我们应该着眼于前,做到防患于未然。另一方面也应做好充分准备,一旦发生事故时防止事故扩大或引起其他事故,把事故造成的损失限制在尽可能小的范围内。

管理也是危险源控制的重要手段。管理的基本功能是计划、组织、指挥、协调、控制。通过一系列有计划、有组织的系统安全管理活动，控制系统中人的因素、物的因素和环境因素，有效地控制危险源。

在安全生产中，人是首要因素。技术人员的个人品质、责任心、敬业精神、合作能力和法律意识、环境意识与其工程质量和安全密切相关。安全风险防控原则应坚持利益主义与人道主义的统一。利益主义要求工程活动首先是为人类谋福利的，把人类的利益作为评价和选择生产活动的准则。人道主义原则要求任何生产活动都要尊重、维护人的健康和生命，至少不危及和损害人类的生存、健康和安全。当利益主义与人道主义发生冲突时，应坚持以人为本，对明显的危及人道的生产活动要及时制止，对隐含的安全风险问题提出警示，以确保生产质量、人民的生命安全和国家的经济利益。

思考题

1. 分析焊接结构的失效形式及特点。
2. 常规设计准则的依据是什么？
3. 何谓概率极限状态设计？
4. 说明分析设计的基本原理。
5. 什么是焊接结构的可达性设计？
6. 如何提高焊接结构的抗震性？
7. 调研先进焊接技术在工程结构制造中的应用。
8. 分析焊接结构的生产过程。
9. 焊接结构生产中的风险源主要有哪些？

参考文献

[1] Larry Jeffus. Welding：Principles and Applications. 8th ed. Boston：Cengage Learning，2017.

[2] Goldak John A，Akhlaghi Mehdi. Computational Welding Mechanics. New York：Springer Science＋Business Media，Inc.，2005.

[3] Ghosh Utpal K. Design of welded steel structures：principles and practice. Boca Raton：Taylor & Francis Group，LLC，2016.

[4] Anderson T L. Fracture Mechanics：Fundamentals and Applications. 4th ed. Boca Raton：Taylor & Francis Group，LLC，2017.

[5] Macdonald Kenneth A. Fracture and fatigue of welded joints and structures. Cambridge：Woodhead Publishing Limited，2011.

[6] Radaj D，Sonsino C M. Fatigue assessment of welded joint by local approaches. Cambridge：Abington Pub.，1998.

[7] Jonsson Bertil，Dobmann G，Hobbacher A F，et al. IIW Guidelines on Weld Quality in Relationship to Fatigue Strength. Paris：International Institute of Welding，2016.

[8] 增渊兴一. 焊接结构分析. 张伟昌，等译. 北京：机械工业出版社，1985.

[9] 拉达伊 D. 焊接热效应. 熊第京，郑朝云，等译. 北京：机械工业出版社，1997.

[10] 上田幸雄，村川英一. 焊接变形和残余应力的数值计算方法与程序. 罗宇，王江超，译. 成都：四川大学出版社，2008.

[11] 汪建华. 焊接数值模拟技术及应用. 上海：上海交通大学出版社，2003.

[12] 佐藤邦彦，向井喜彦，丰田政南. 焊接接头的强度与设计. 张伟昌，严鸾飞，等译. 北京：机械工业出版社，1979.

[13] 田锡唐. 焊接结构. 北京：机械工业出版社，1982.

[14] 焦馥杰. 焊接结构分析基础. 上海：上海科学技术文献出版社，1991.

[15] 张彦华. 焊接力学与结构完整性原理. 北京：北京航空航天大学出版社，2007.

[16] 张耀春. 钢结构设计原理. 2 版. 北京：高等教育出版社，2011.

[17] 贾安东. 焊接结构与生产. 2 版. 北京：机械工业出版社，2007.

[18] 孟广喆，贾安东. 焊接结构强度和断裂. 北京：机械工业出版社，1986.

[19] 霍立兴. 焊接结构的断裂行为及评定. 北京：机械工业出版社，2000.

[20] 张彦华. 焊接强度分析. 西安：西北工业大学出版社，2011.

[21] 拉达伊 D. 焊接结构疲劳强度. 郑朝云，张式成，译. 北京：机械工业出版社，1994.

[22] 王宽福. 压力容器焊接结构工程分析. 北京：化学工业出版社，1998.

[23] 王国凡. 钢结构焊接制造. 北京：化学工业出版社，2004.